高等职业教育电子信息类专业“十二五”规划教材

电工电子技术

郑建红　任黎明　主　编
李杰峰　高云华　副主编
苏　洁　参　编

U0310665

中国铁道出版社
CHINA RAILWAY PUBLISHING HOUSE

内容简介

本书体现工学结合的高职教育人才培养理念，强调“实用为主，必需和够用为度”的原则，在知识内容与结构上有所创新，不仅符合高职学生的认知特点，而且紧密联系一线生产实际，真正实现学以致用。

本书共分10章，其主要内容包括：电工电子基础知识、电工测量基础知识、交流电路、变压器、电动机、常用电子器件及其应用、集成运算放大器、组合逻辑电路、时序逻辑电路、模拟量与数字量的转换等内容。

本书可作为高职院校电子信息类、机械类专业电工电子技术课程的教材，也可供成人教育、职业培训及相关技术人员参考。

图书在版编目(CIP)数据

电工电子技术／郑建红，任黎明主编．—北京：中国铁道出版社，2012.8

高等职业教育电子信息类专业“十二五”规划教材

ISBN 978-7-113-14633-7

Ⅰ.①电… Ⅱ.①郑… ②任… Ⅲ.①电工技术—高等职业教育—教材②电子技术—高等职业教育—教材 Ⅳ.①TM②TN

中国版本图书馆CIP数据核字(2012)第191420号

书　　名：电工电子技术
作　　者：郑建红　任黎明　主编

策　　划：吴　飞　　　**读者热线：**400-668-0820
责任编辑：吴　飞
编辑助理：绳　超
封面设计：付　巍
封面制作：刘　颖
责任印制：李　佳

出版发行：中国铁道出版社（100054，北京市西城区右安门西街8号）
网　　址：http://www.51eds.com
印　　刷：河北新华第二印刷有限责任公司
版　　次：2012年8月第1版　　2012年8月第1次印刷
开　　本：787mm×1092mm　1/16　　**印张：**18.25　**字数：**438千
印　　数：1~3 000册
书　　号：ISBN 978-7-113-14633-7
定　　价：36.00元

版权所有　侵权必究

凡购买铁道版图书，如有印制质量问题，请与本社教材图书营销部联系调换。电话：(010)63550836

打击盗版举报电话：(010)63549504

FOREWORD 前言

本书遵循高职高专教育规律，按照“必需、够用、发展”和突出实践能力培养的原则，结合编者多年的教学经验和教改实践，对部分内容进行整合，使教材结构更加符合学生的认知规律，可供电子信息类、机械类等多个专业使用，参考学时136学时。

本书在教学目标上，注重培养技能，着重应用；在文字表述上力求准确、通俗、简洁；在元件结构、原理的介绍上力求简明、清晰、易懂，便于读者自学；在内容选取上以理论够用为原则，删繁就简，注重理论知识与实践的结合；在编写思路上从职业能力培养、企业的技术需要出发，力图做到重点突出、概念准确、层次清晰、深入浅出、学用结合，体现高职高专培养生产一线高技能人才的要求。同时借鉴国外先进高职办学经验，体现基于工作过程的课程开发与教学理念，以就业为导向，加大课程建设与改革的力度，创新教材模式，同时引入先进技术信息，拓展专业实践经验，理论联系实际，注重培养学生理解、分析、应用和创新的综合能力。

本书以满足培养适合生产一线的高素质高级技能型专门人才的需要为基本宗旨，以电工电子技术的基础知识为起点，摒弃传统、繁杂的教学内容体系，以“适度够用”为原则设计教学内容，力争使教材具有鲜明的思想性、先进性、启发性、应用性和科学性，突出职业教育特色，满足当前电工电子技术课程教学的需要。

本书在教学内容的选取上更贴近当前高职教育教学改革的实际和高职教育的培养目标，注重技术应用能力的培养，突出实用技术应用的训练，既考虑了教学内容的完整性和连续性，又大大降低了学习难度；同时也考虑了与后续课程的衔接，为专业课程的学习奠定基础。本书在课时、教学内容和要求等方面安排适当，并编写了紧密联系实际、形式多样的拓展实训、思考与练习题，方便教师教学和学生学习。

与以往传统的教材内容相比，本书的主要特点如下：

1. 有机地融合了相关课程的内容，主要体现在两点：

(1) 弱化了电工电子的理论知识，强化了相关知识点的应用和实践技能的操作；

(2) 对教学内容和体系进行了适当的调整，如增加常用电工工具、安全用电常识等内容。

2. 在内容上，基础理论知识以“必需和够用为度”，专业实践操作部分强调实用性，注意理论教学与实训教学的密切结合和学生在应用技术方面的能力培养。

3. 为了体现理论与实践结合，在主要章节的最后，都设置了相关实训项目。

本书由郑建红、任黎明担任主编，由李杰峰、高云华担任副主编，苏洁参与编写。具体编写分工为：第1～5章由郑建红、李杰峰编写；第6～10章由任黎明、高云华编写；苏洁参与了部分章节内容的编写工作。全书由郑建红、任黎明负责统稿工作。

本书在编写过程中，参考了许多文献、资料，在此对相关作者表示衷心的感谢！

本书可作为高职院校电子信息类、机械类专业电工电子技术课程的教材，也可作为成人教育、职业培训机构的教学用书，还可供相关技术人员参考。

由于编者水平有限，加之时间仓促，书中如有错误与欠妥之处，恳请广大读者批评指正。

编　者

2012年6月

CONTENTS 目录

第1章 电工电子技术基础知识 …… 1
1.1 电路的基本概念及基本定律 …… 1
1.1.1 电路模型 …… 1
1.1.2 参考方向 …… 3
1.1.3 电路的基本定律 …… 5
1.2 电路的分析方法 …… 7
1.2.1 电压源和电流源的等效变换 …… 7
1.2.2 戴维南定理与诺顿定理 …… 10
1.3 电路的工作状态 …… 10
1.3.1 电路的有载状态 …… 10
1.3.2 电路的开路状态 …… 11
1.3.3 电路的短路状态 …… 11
1.3.4 电气设备的额定值 …… 11
1.4 拓展实训 …… 12
1.4.1 基尔霍夫定律验证实验 …… 12
1.4.2 戴维南定理验证实验 …… 14
1.4.3 电压源与电流源的等效变换实验 …… 16
小结 …… 19
思考与练习题 …… 20
第2章 电工测量基础知识 …… 22
2.1 电工常用仪表 …… 22
2.1.1 电工仪表的基础知识 …… 22
2.1.2 电工仪表的使用方法 …… 24
2.2 电工常用工具 …… 36
2.2.1 低压试电笔 …… 36
2.2.2 螺钉旋具 …… 38
2.2.3 电工钳 …… 39
2.2.4 电烙铁 …… 40
2.3 拓展实训 …… 41
2.3.1 直流电路电位、电压、电流测量 …… 41
2.3.2 照明电路安装与故障处理 …… 43
小结 …… 45
思考与练习题 …… 45

第3章　交流电路 ………………………………………… 46
3.1　交流电路的基本概念……………………………………… 47
3.1.1　正弦量 ……………………………………… 47
3.1.2　相量 ……………………………………… 49
3.2　*RLC*交流电路 ……………………………………… 49
3.2.1　单一参数电路 ……………………………………… 50
3.2.2　*RLC*电路……………………………………… 54
3.2.3　电路的谐振 ……………………………………… 57
3.3　三相交流电路……………………………………… 58
3.3.1　三相电源 ……………………………………… 58
3.3.2　三相负载 ……………………………………… 60
3.3.3　三相电路的计算 ……………………………………… 62
3.3.4　三相电路的功率 ……………………………………… 63
3.4　安全用电……………………………………… 65
3.4.1　触电 ……………………………………… 65
3.4.2　保护接地与保护接零 ……………………………………… 67
3.4.3　安全用电措施 ……………………………………… 68
3.4.4　触电急救 ……………………………………… 68
3.5　拓展实训……………………………………… 70
3.5.1　*RLC*串联谐振电路实训 ……………………………………… 70
3.5.2　三相交流电路电压、电流的测量 ……………………………………… 72
小结 ……………………………………… 75
思考与练习题 ……………………………………… 76
第4章　变压器 ………………………………………… 78
4.1　变压器的结构、原理、运行……………………………………… 78
4.1.1　变压器的结构和分类 ……………………………………… 78
4.1.2　变压器的基本工作原理 ……………………………………… 83
4.1.3　变压器的运行 ……………………………………… 85
4.2　变压器的选择和使用……………………………………… 86
4.2.1　实际变压器 ……………………………………… 86
4.2.2　变压器的额定值 ……………………………………… 87
4.2.3　变压器的选用 ……………………………………… 87
4.3　特殊变压器……………………………………… 88
4.3.1　自耦变压器 ……………………………………… 88
4.3.2　仪用互感器 ……………………………………… 89
4.3.3　小功率电源变压器 ……………………………………… 90
4.3.4　三相电力变压器 ……………………………………… 92
4.4　拓展实训……………………………………… 93
单相变压器的测试 ……………………………………… 93

小结 …… 94
思考与练习题 …… 95
第5章　电动机 …… 97
5.1　电动机的分类 …… 98
5.2　三相异步电动机 …… 98
5.2.1　三相异步电动机的结构 …… 98
5.2.2　三相异步电动机的工作原理 …… 99
5.2.3　三相异步电动机的铭牌数据 …… 103
5.2.4　三相异步电动机的特性 …… 104
5.2.5　三相异步电动机的运行 …… 106
5.3　直流电动机 …… 112
5.3.1　直流电动机的结构 …… 112
5.3.2　直流电动机的转动原理 …… 114
5.3.3　直流电机的铭牌数据 …… 115
5.3.4　直流电动机的电磁转矩和电枢电动势 …… 117
5.3.5　直流电机的机械特性 …… 119
5.3.6　直流电动机的运行 …… 121
5.4　常用控制电动机 …… 129
5.4.1　伺服电动机 …… 129
5.4.2　步进电动机 …… 131
5.5　拓展实训 …… 134
三相笼形异步电动机实训 …… 134
小结 …… 138
思考与练习题 …… 139
第6章　常用电子器件及其应用 …… 140
6.1　半导体二极管 …… 141
6.1.1　本征半导体 …… 141
6.1.2　N型半导体和P型半导体 …… 142
6.1.3　PN结 …… 143
6.1.4　二极管基本特性 …… 144
6.1.5　常用二极管及其选型 …… 147
6.1.6　二极管应用电路 …… 149
6.1.7　二极管稳压电路 …… 154
6.2　半导体三极管 …… 155
6.2.1　三极管的基本结构 …… 155
6.2.2　电流分配和放大原理 …… 156
6.2.3　三极管的特性曲线 …… 158
6.2.4　三极管的主要参数 …… 159
6.2.5　三极管的判别方法 …… 160

6.3　共发射极基本放大电路 …… 161
6.3.1　基本放大电路的组成 …… 161
6.3.2　共射极交流电压放大电路的分析 …… 162
6.4　射极输出器 …… 167
6.5　拓展实训 …… 168
6.5.1　二极管、三极管判别与检测 …… 168
6.5.2　晶体管共射极单管放大器连接与测试 …… 170
6.5.3　射极跟随器连接与测试 …… 171
6.5.4　整流滤波电路及稳压管稳压电路实训 …… 174
小结 …… 175
思考与练习题 …… 176
第7章　集成运算放大器 …… 179
7.1　集成运算放大器基础 …… 179
7.1.1　集成运放的结构特点 …… 179
7.1.2　集成运放的主要性能指标 …… 180
7.1.3　集成运放的理想化条件 …… 181
7.1.4　集成运放工作在线性区特点 …… 181
7.2　放大电路中的反馈 …… 181
7.2.1　负反馈的基本概念 …… 182
7.2.2　反馈的分类 …… 182
7.2.3　集成运放负反馈四种组态性能比较 …… 184
7.2.4　负反馈对放大电路性能的影响 …… 184
7.3　集成运放的基本运算电路 …… 185
7.3.1　比例运算电路 …… 185
7.3.2　加法运算电路 …… 186
7.3.3　减法运算电路 …… 187
7.3.4　积分运算电路 …… 187
7.3.5　微分运算电路 …… 187
7.3.6　集成运放的非线性应用 …… 188
7.4　拓展实训 …… 190
7.4.1　负反馈放大器实训 …… 190
7.4.2　集成运算放大器的调零保护电路实训 …… 191
7.4.3　集成运算放大器的基本运算电路连接与测试 …… 193
7.4.4　由集成运算放大器组成的电压比较器电路连接与测试 …… 196
小结 …… 198
思考与练习题 …… 198
第8章　组合逻辑电路 …… 200
8.1　逻辑代数及应用 …… 200
8.1.1　逻辑代数的基本公式 …… 200

8.1.2 逻辑代数的基本定律 …… 201
8.2 门电路 …… 201
8.3 组合逻辑电路 …… 203
8.3.1 组合逻辑电路的分析与设计 …… 203
8.3.2 译码器 …… 207
8.3.3 编码器 …… 211
8.4 拓展实训 …… 215
8.4.1 TTL 集成逻辑门实训 …… 215
8.4.2 集成逻辑电路连接和驱动 …… 218
8.4.3 组合逻辑电路实训 …… 220
8.4.4 译码器实训 …… 223
小结 …… 224
思考与练习题 …… 225
第 9 章 时序逻辑电路 …… 227
9.1 触发器 …… 228
9.1.1 *RS* 触发器 …… 228
9.1.2 *D* 触发器 …… 229
9.1.3 *JK* 触发器 …… 230
9.2 时序逻辑电路的一般分析方法 …… 231
9.3 计数器 …… 232
9.3.1 二进制计数器 …… 232
9.3.2 十进制计数器 …… 233
9.3.3 集成计数器 …… 235
9.4 数码寄存器与移位寄存器 …… 237
9.4.1 数码寄存器 …… 237
9.4.2 移位寄存器 …… 238
9.5 集成 555 定时器 …… 238
9.5.1 555 定时器 …… 238
9.5.2 555 定时器的典型应用电路 …… 239
9.6 拓展实训 …… 242
9.6.1 触发器实训 …… 242
9.6.2 计数器实训 …… 244
9.6.3 移位寄存器实训 …… 247
9.6.4 555 定时器实训 …… 249
小结 …… 250
思考与练习题 …… 251
第 10 章 模拟量与数字量的转换 …… 253
10.1 数-模转换技术 …… 253
10.1.1 权电阻 D/A 转换器 …… 253

10.1.2 $R/2R$ 倒 T 形电阻网络 D/A 转换器 …… 254
10.1.3 $R/2R$ T 形电阻网络 D/A 转换器 …… 257
10.1.4 D/A 转换器的技术指标 …… 257
10.1.5 典型 D/A 转换芯片及应用 …… 258
10.2 模-数转换技术 …… 259
10.2.1 并行 A/D 转换器 …… 259
10.2.2 双积分 A/D 转换器 …… 260
10.2.3 逐次比较式 A/D 转换器 …… 263
10.2.4 A/D 转换器 ADC0804 …… 264
10.2.5 A/D 转换器的转换精度与速度 …… 264
小结 …… 266
思考与练习题 …… 265
附录 …… 267
附录 1 集成逻辑门电路新旧图形符号对照 …… 267
附录 2 集成触发器新旧图形符号对照 …… 268
附录 3 部分集成电路引脚排列 …… 269
部分习题参考答案 …… 278
参考文献 …… 281

第1章 电工电子技术基础知识

知识点

- 电路的基本组成。
- 电流和电压的参考方向。
- 电路的分析与计算。
- 电流的工作状态。

学习要求

1. 了解
   - 电路的基本组成。
   - 电路的三种工作状态。
2. 掌握
   - 电压源和电流源的等效变换。
   - 戴维南定理与诺顿定理。
3. 能力
   - 能够进行常用电路模型的绘制。
   - 学会运用各种电路分析方法解决实际电路问题。

通过本章的学习主要了解电路组成、作用及电路的基本物理量；理解电阻元件、电感元件、电容元件的特点及电压和电流的关系；熟练掌握电压和电流的参考方向和关联参考方向的概念，欧姆定律、基尔霍夫定律、支路电流法、叠加定理、电压源电流源等效互换、戴维南定理及其应用；学会运用各种电路分析方法解决实际电路问题。

电路是电工电子技术的基础，学好直流电路，特别是掌握常用的电路分析方法，为学习电工技术、电子技术打下坚实基础。

1.1 电路的基本概念及基本定律

1.1.1 电路模型

电路是电流所经过的路径，是为实现某种功能而将若干电气设备和元器件按一定方式连接起来的整体。电路种类有很多，由直流电源供电的电路称为直流电路；由交流电源供电的电路称为交流电路；由晶体管放大元件组成将信号进行放大的电路称为放大电路。但无论哪种电路均由电源(或信号源)、负载和中间环节这三个最基本的部分组成，如图 1-1 所示。

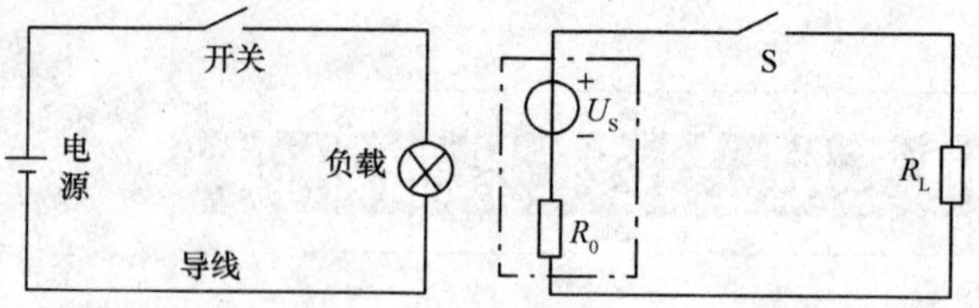

(a) 电路原理图　　(b) 电路模型

图 1-1　简单电路的组成

电源是提供电路所需电能的装置，它将其他形式的能量转化为电能。如蓄电池是将化学能转化成电能；太阳能电池是将光能转化成电能；发电机是将机械能转化成电能。

负载在电路中是消耗电能的用电设备，它将电能转化为其他形式的能量。如电灯是将电能转化为光能和热能；电动机是将电能转化为机械能；电暖器是将电能转化为热能等。

中间环节是传输、分配和控制电能的部分，它把电源和负载连接起来组成闭合回路，并对整个电路进行控制。包括：导线、插座、普通开关、空气自动开关、熔断器、测量仪表(如电能表、电流表、电压表等)。

用于构成电路的电工、电子元器件或设备统称为实际电路元件，简称实际元件。任何实际电路都是由多种实际元件所组成。实际元件的物理性质，从能量转换的角度看，有电能的产生、电能的消耗以及电场能量和磁场能量的储存。电路中各种元件所表征的电磁现象和能量转换的特征一般都比较复杂，而按实际元件做出电路图有时也比较困难和复杂，因此，在分析和计算实际电路时，是用理想电路元件及其组合来近似替代实际电器元件所组成的实际电路。所谓理想电路元件，是指在一定条件下，突出其主要电磁特性，忽略其次要因素以后，把电器元件抽象为只含一个参数的电路元件。基本的理想电路元件有电阻元件 R、电感元件 L、电容元件 C、理想电压源 U_S 和理想电流源 I_S 五种，它们的电路模型符号如图 1-2 所示。

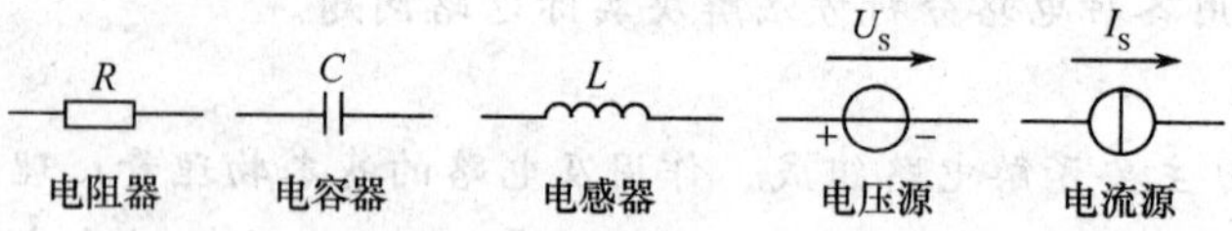

图 1-2　理想电路元件符号

由理想元件组成的，并用统一规定的符号表示而构成的电路，就是电路模型，如图 1-1(b)所示。实际电气元件在一定条件下都可用理想元件来代替，并与实际电器元件相对应。建立了电路模型，用有限的理想电路元件代替了种类繁多的电气设备和器件，采用电路模型来分析电路，不仅使数据计算过程大为简化，而且能更清晰地反映电路的物理实质；电路模型还反映了电路的主要性能，忽略了它的次要性能。但电路模型只是实际电路的近似，二者并不完全等同。

电路的种类繁多，从电路的功能来看，可分为两类。一类是实现电能的传输和转换的电路，即电力工程，包括发电、输电、配电、电力拖动、电热、电气照明，以及交直流电之间的整流和逆变等。例如从发电厂到用电户的远距离输电线路、生活中给照明灯具和各种家用电器供电的线路、生产中给电动机负载供电的动力供电线路等。另一类是以进行信号的传递与处理为目的的电路，包括语言、文字、音乐、图像的广播和接收，生产过程中的自动调节，各种输入数据的数值处理，信号的存储等。

1.1.2 参考方向

1. 电流及参考方向

带电粒子(电子、离子)定向移动形成电流，通常把正电荷定向移动的方向定义为电流的实际方向。电路中形成电流有两个条件：一是有电源供电；二是必须有闭合回路，即在闭合电路中，电荷在电源的作用下规则的定向移动形成电流。电流的大小与在一定时间内通过导体横截面的电荷数量的多少有关。单位时间内，通过导体横截面的电荷数量越多，流过该导体的电流就越强；反之就越弱。用单位时间内通过导体横截面的电荷量来表示电流的大小，称为电流强度，以字母 i 表示。设在时间 t(单位 s)内通过导体横截面的电荷量是 q，则电流

$$i=\frac{\mathrm{d}q}{\mathrm{d}t} \tag{1-1}$$

电流的单位是安培，简称安，用符号 A 表示。电量的单位是库仑，简称库，用 C 表示。常用的电流单位还有千安(kA)、毫安(mA)、微安(μA)等。它们之间的换算关系如下：

1 千安(kA)＝ 1×10^3 安(A)

1 安(A)＝ 1×10^3 毫安(mA)

1 毫安(mA)＝ 1×10^3 微安(μA)

大小和方向都不随时间变化的电流称为恒定电流，简称直流(DC)；大小和方向都随时间变化的电流称为交流电流，简称交流(AC)。

习惯上规定电流的方向(实际方向)为正电荷运动的方向。对于简单电路，电流方向可以根据电源的极性很容易地判断出来，但在进行复杂电路的分析和计算时，某支路中电流的实际方向往往难以判断，这时就需要引入参考正方向的概念。任意选定某一方向作为电流的参考方向，称为参考正方向。参考方向是人为任意设定的。选定的电流参考正方向与电流实际方向的关系是：当参考正方向与电流的实际方向一致时，则计算出的电流值为正；反之，则为负。在参考正方向选定之后，电流值才有正负之分。图 1-3 所示为电流的参考方向。

在求解过程中，按参考方向求解得出的电流若为正值，说明设定的参考方向与实际方向一致；若为负值，说明设定的参考方向与实际方向相反。在电路图上所标出的电流的方向，一般都是参考正方向。

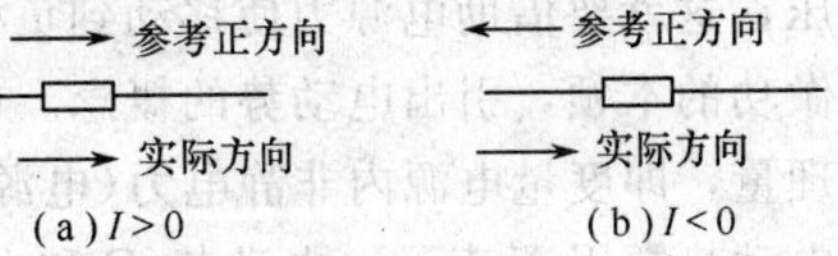

图 1-3 电流的参考方向

2. 电压与电动势及参考方向

在电工技术中，经常使用电压的概念。所谓电压是指带电的物体周围存在电场，电场对处在电场中的电荷有力的作用。当电场力使电荷移动时，即电场力对电荷做了功。单位正电荷从 a 点移动到 b 点时电场力所做的功称为 a、b 两点间的电压为

$$U_{\mathrm{ab}}=\frac{W}{q} \tag{1-2}$$

式中 W——电场力将电荷从 a 点移动到 b 点所做的功，J；

q——从 a 点移动到 b 点的电荷量，C。

在国际单位制中，常用的电压单位有伏(V)、千伏(kV)、毫伏(mV)、微伏(μV)，它们

之间的换算关系如下：

$$1\text{千伏(kV)}=1\times10^{3}\text{伏(V)}$$

$$1\text{伏(V)}=1\times10^{3}\text{毫伏(mV)}$$

$$1\text{毫伏(mV)}=1\times10^{3}\text{微伏}(\mu\text{V})$$

与电流一样，电压不仅有大小，而且有方向。电压总是对电路中的两点而言。在电路中，任意两点之间的电压的实际方向往往不能预先确定，因此同样可以任意设定某段电路电压的参考正方向，并以此为依据进行电路计算。电压的方向(实际方向)习惯上规定从高电位点指向低电位点，即电压降的方向。但在分析电路时，也需要选取电压的参考方向。当电压的参考方向与实际方向一致时，电压为正($U>0$)；相反时，电压为负($U<0$)。如图 1-4 所示。

在电路分析时，电压和电流参考方向是任意的，两者之间相互独立无关。但为了方便，对于同一元件或同一电路，电压和电流常取一致的参考方向，这称为关联参考方向，反之，称为非关联参考方向。

在图 1-5 中，图(a)所示的 U 与 I 参考方向一致，则其电压与电流的关系是 $U=IR$；而图(b)所示的 U 与 I 参考方向不一致，则电压与电流的关系是 $U=-IR$。可见，在写电压与电流的关系式时，式中的正负号由它们的参考方向是否一致来决定。

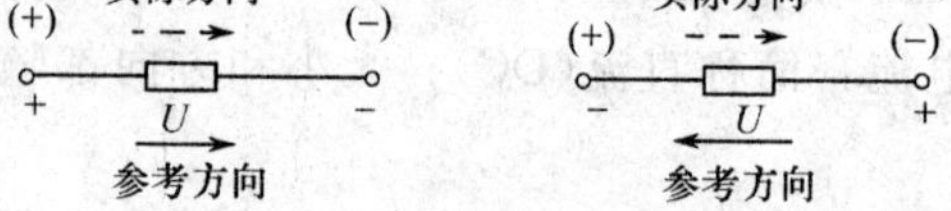

(a) $U>0$　　(b) $U<0$

图 1-4　电压及参考方向

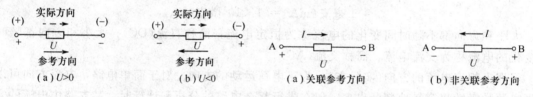

(a) 关联参考方向　　(b) 非关联参考方向

图 1-5　关联参考方向与非关联参考方向

在电路中，正电荷在电场力作用下不断从正极流向负极，如果没有一种外作用力，正极因正电荷的减少会使电位逐渐降低，而负极则因正电荷的增多会使电位逐渐升高，故正、负极板间的电位差就会减小，最后为零。为了维持电流，必须使正、负极板间保持一定的电压，这就要借助电源力使移动到负极的正电荷经电源内部移到正极。为了衡量电源力对电荷做功的本领，引出电动势的概念。电动势是反映电源把其他形式的能转换成电能的本领的物理量，即度量电源内非静电力(电源力)做功能力的物理量。在电路中，电动势常用 E 表示。电动势 E 和电压 U 的单位一样，都是伏特(V)，但电压是指在任意一段电路上，把电荷从电路的一端推向另一端时，电场力所做的功。而电动势则是电源内部所具有的把电子从正极搬运到负极的本领。对于一个电源来说，电动势的方向是从内电路负极到正极，电压的方向是从外电路正极到负极，但数值上有 $U=E$，如图 1-6 所示。

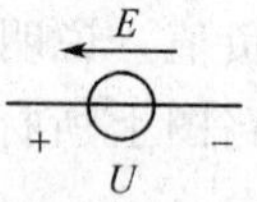

图 1-6　电动势与电压的关系

3. 电位与电压

在电路分析和实际工程测量中，经常用到电位的概念。所谓电位是指在电路中任选一点作为参考点，则任意一点到参考点的电压就称为该点的电位。电位的单位和电压一样，也用伏特(V)表示。在电路中，各点均有一定的电位，两点间有电位差而形成电流，在外电路中电流总是从高电位流向低电位。电路中各点的电位是相对的物理量，要确定电路中某点的电位值，需首先选定计算电位的起点，即参考点。参考点的电位通常规定为零，所以参考点又称为零电位点。零电位点可以任意选定，但为了统一，在工程中习惯上取大地为参考点，用符号“⏚”表示，这是因为大地容纳电荷的能力非常强，它的电位很稳定，不受局部电荷量变化的影响。在电气线路中，设备的机壳不接地，则选择许多导线的公共点(也可以是机壳)作参考点，电路中用符号“⊥”表示。

电位是一个相对的物理量，它的大小和极性与所选取的参考点有关。参考点的选择不同，电路中各点电位的大小和方向也就不同。参考点的电位为 0 V，故也称为零电位点，电路中 a 点到 b 点的电压就等于 a 点与 b 点的电位之差，即

$$U_{ab}=V_a-V_b \tag{1-3}$$

【例 1-1】 在图 1-7 所示的电路中，求分别以 A 点、B 点和 D 点为参考点时各点的电位及 A、B 两点间的电压。

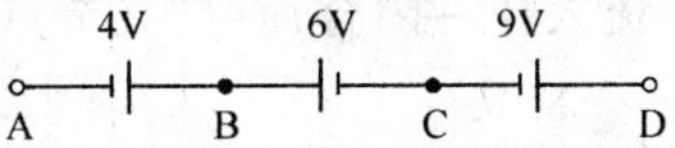

图 1-7　例 1-1 图

解：(1) 以 A 点为参考点，即 $V_A=0$ V，则

$$V_B=4\text{ V},\ V_C=(-6+4)\text{ V}=-2\text{ V},\ V_D=[9+(-6)+4]\text{ V}=7\text{ V}$$

$$U_{AB}=V_A-V_B=(0-4)\text{ V}=-4\text{ V}$$

(2) 以 B 点为参考点，即 $V_B=0$ V，则

$$V_A=-4\text{ V},\ V_C=-6\text{ V},\ V_D=[9+(-6)]\text{ V}=3\text{ V}$$

$$U_{AB}=V_A-V_B=(-4-0)\text{ V}=-4\text{ V}$$

(3) 以 D 点为参考点，即 $V_D=0$ V，则

$$V_C=-9\text{ V},\ V_B=[6+(-9)]\text{ V}=-3\text{ V},\ V_A=[-4+6+(-9)]\text{ V}=-7\text{ V}$$

$$U_{AB}=V_A-V_B=[-7-(-3)]\text{ V}=-4\text{ V}$$

由例 1-1 可知，A、B 两点间的电压与参考点的选择无关，不管参考点为哪一个点，$U_{AB}=-4$ V。

1.1.3　电路的基本定律

对于简单电路用欧姆定律即可求解，但在电路的求解过程中，常会遇到一些不能用串、并联公式进行简化的电路，即复杂电路，要解决这类问题就需要基尔霍夫定律与欧姆定律配合使用。下面着重介绍基尔霍夫定律。

基尔霍夫定律包括电流定律和电压定律。为了便于讨论，先介绍几个名词。

支路：电路中流过同一电流的一个分支称为一条支路。图 1-8 中共有三条支路，分别为 bafe、be、bcde。其中两条含有电源的支路称为有源支路，不含电源的支路称为无源支路。

节点：电路中三条或三条以上支路的连接点称为节点。图 1-8 中有 2 个节点，分别为 b 点和 e 点。

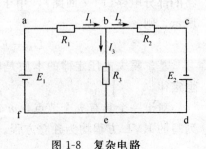

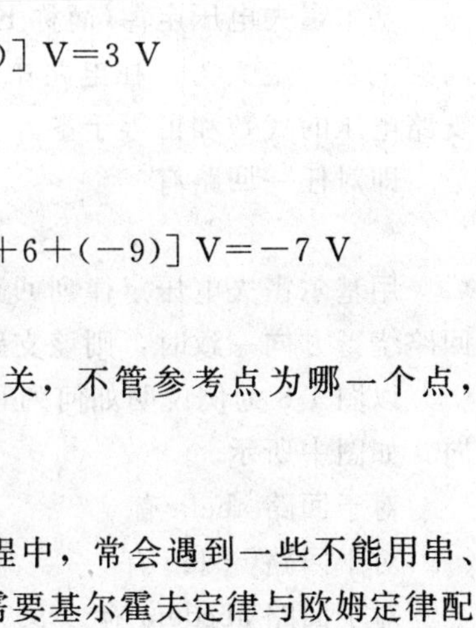

图 1-8　复杂电路

回路：电路中任一闭合路径称为回路。图 1-8 中有三个回路，分别为 abefa、bcdeb 和 abcdcfa。

网孔：内部不含支路的回路称为网孔。图 1-8 中有两个网孔，分别为 abefa 和 bcdeb。

1. 基尔霍夫电流定律

基尔霍夫电流定律(简称 KCL)：在电路中，对任一节点，在任一时刻，流入节点的电流之和等于流出节点的电流之和，即 $\Sigma I_{入}=\Sigma I_{出}$。如图 1-8 所示，对于节点 b 有

$$I_1=I_2+I_3 \tag{1-4}$$

若规定流入节点的电流为正，流出节点的电流为负，则基尔霍夫电流定律还可表述为：对任一节点各支路的电流代数和为零，即 $\Sigma I=0$。如图 1-8 所示，对于节点 b 有

$$I_1-I_2-I_3=0 \tag{1-5}$$

KCL 的推广：在任一时刻，流入任一闭合面(广义节点)的电流之和等于流出该闭合面的电流之和。如图 1-9 所示，有

$$I_1=I_2+I_3 \tag{1-6}$$

基尔霍夫电流定律的本质是电流连续性的表现，即流入节点的电流等于流出节点的电流。对于一个具有 n 个节点的电路，根据 KCL 只能列出$(n-1)$个独立方程。与这些独立方程对应的节点称为独立节点。

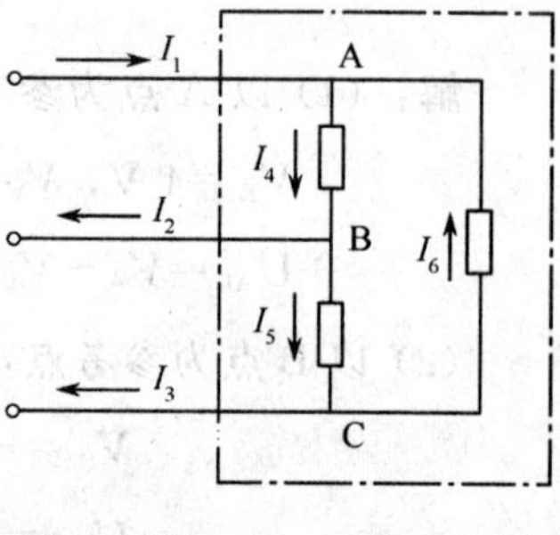

图 1-9 KCL 的推广

2. 基尔霍夫电压定律

基尔霍夫电压定律(简称 KVL)用以确定回路中的各段电压间的关系，定义为：在电路中，任一时刻，沿任一回路，所有支路电压的代数和恒等于零。

即对任一回路有

$$\Sigma U=0 \tag{1-7}$$

用基尔霍夫电压定律列回路方程，首先必须假定回路的绕行方向，电压参考方向与假定回路绕行方向一致时，则该支路电压取正；相反，支路电压取负。

以图 1-8 为例说明如何列写 KVL 方程。该电路有三个回路，取顺时针方向为绕行正方向，如图中所示。

对于回路 abefa 有　　$I_1R_1+I_3R_3-E_1=0$

对于回路 bcdeb 有　　$I_2R_2-E_2-I_3R_3=0$

对于回路 abcdefa 有　　$I_1R_1+I_2R_2-E_1-E_2=0$

基尔霍夫电压定律不仅适用于闭合回路，也可以推广应用到回路的部分电路(广义回路)，用于求回路的开路电压 U_{ab}。如图 1-10 所示，则

$$U_{ab}-E_1-E_2=0 \tag{1-8}$$

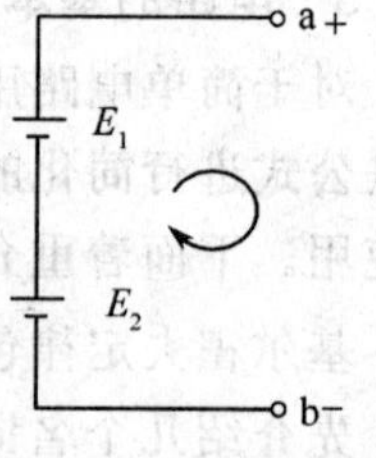

图 1-10 KVL 的推广

基尔霍夫电压定律的本质是电压与路径无关，它反映了能量守恒定律。

对于一个具有 n 个节点，m 条支路的电路，独立的 KVL 方程数等于网孔数，故按网孔列写的 KVL 方程均为独立方程。

1.2 电路的分析方法

电路的分析与计算要应用欧姆定律和基尔霍夫定律，但对于复杂电路仅仅使用这两大定律是不够的，本节将介绍电源等效变换、支路电流法、叠加定理、戴维南定理等其他基本电路分析的方法。

1.2.1 电压源和电流源的等效变换

电源是能够向电路提供电能的电路元件，可以给负载提供电压、电流，实际工程中常用的电源有发电机、蓄电池、干电池、稳压电源等。在进行电路分析时，电源有两种不同的电路模型，一种是用电压的形式来表示的，称为电压源；另一种是用电流的形式来表示的，称为电流源。

1. 电压源

电压源模型是由一个理想电压源 U_S 和内阻 R_0 串联而成的。电路模型如图 1-11 所示。图(a)为直流电压源模型，图(b)为实际电压源模型，用理想电压源 U_s 和内阻 R_0 来表示。

对于实际电路，可表示为如图 1-12 所示的模型电路。

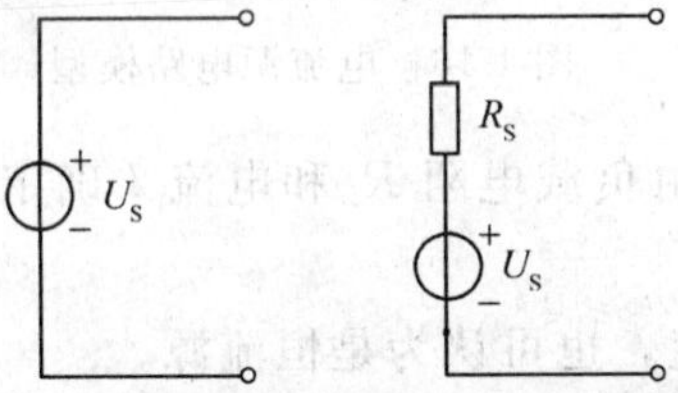

(a) 直流电压源模型　(b) 实际电压源模型

图 1-11　电压源模型

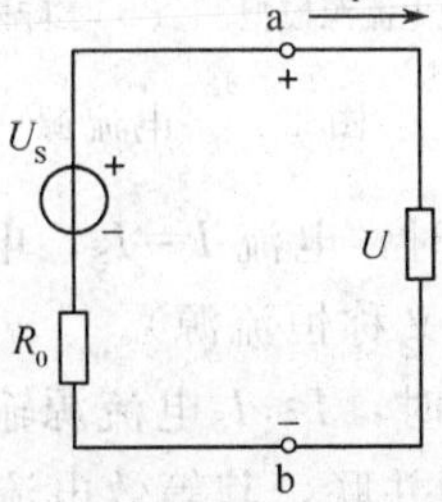

图 1-12　电压源电路模型

电源的输出电压为 U，则

$$U = U_S - IR_0 \tag{1-9}$$

式(1-9)表明，电源输出电压 U 随电源输出电流的变化而变化，其伏安特性曲线如图 1-13 所示。从电压源特性曲线可以看出：电压源输出电压的大小，与其内阻阻值的大小有关。内阻 R_0 越小，输出电压的变化就越小，也就越稳定。当 $R_0 = 0$ 时，$U = U_S$，电压源输出的电压是恒定不变的，与通过它的电流无关，即理想电压源。

在实际应用中 $R_0 = 0$ 是不太可能的，当电源的内阻远远小于负载电阻时，即 $R_0 \ll R$ 时，内阻压降 $IR_0 \ll U$，则 $U \approx U_S$，电压源的输出基本上恒定，此时可以认为是理想电压源(也称恒压源)。

n 个电压源串联，其等效电压源为 n 个电压源电压的代数和 U_s，如图 1-14 所示，有

$$U_S = U_2 + U_3 - U_1 \tag{1-10}$$

2. 电流源

不论负载怎样变化，都能提供一个确定电流的电源称为理想电流源，简称电流源。电流源的电流为一定值 I_S，而电流源两端的电压取决于电流源外接的电路。电流源为零在电路中相当于开路。电流源的电路符号如图 1-15 所示，(a)图为直流电流源模型，(b)图为实际

电流源模型，用理想电流源 I_S 并联内阻 R_S 来表示。

电流源的电路模型如图 1-16 所示。图中两条支路并联，流过的电流分别为 I_S 和 U/R_0。其伏安特性如图 1-17 所示。

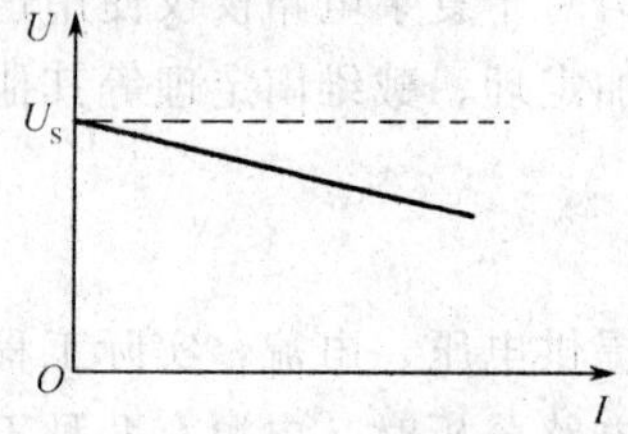

图 1-13　电压源伏安特性曲线

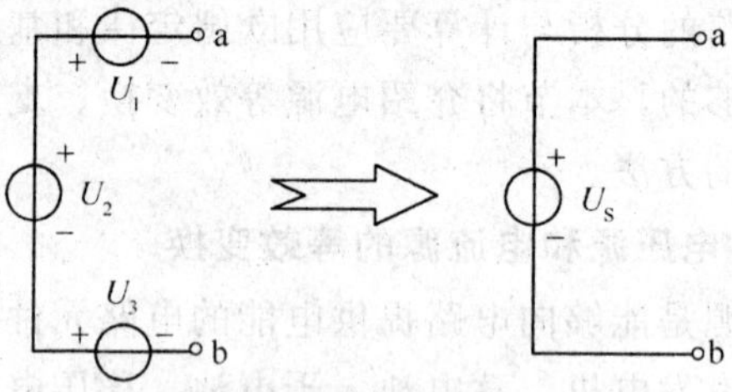

图 1-14　电压源串联

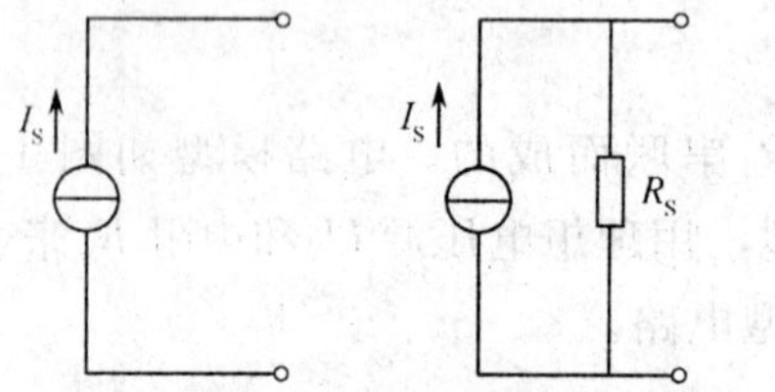

(a)直流电流源模型　(b)实际电流源模型

图 1-15　电流源

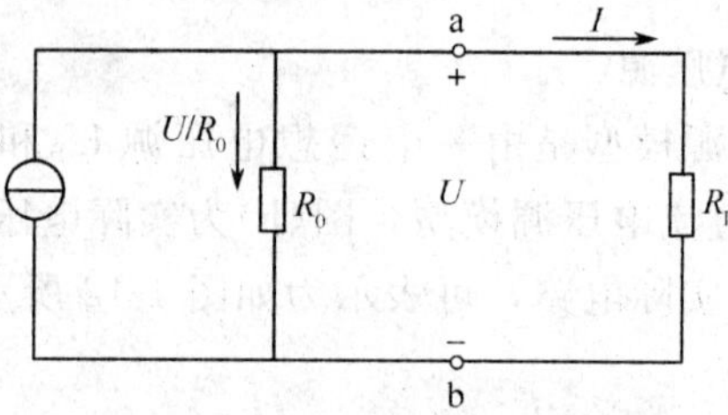

图 1-16　电流源电路模型

当 $R_0=\infty$ 时，电流 $I=I_S$，电源输出的电压由负载电阻 R_L 和电流 I 确定。此时电流源为理想电流源(又称恒流源)。

当 $R_0 \ll R_L$ 时，$I \approx I_S$ 电流源输出电流基本恒定，也可认为是恒流源。

n 个电流源并联，其等效电流源为 n 个电流源电流的代数和 I_S，如图 1-18 所示，有

$$I_S = I_1 + I_2 - I_3 \tag{1-11}$$

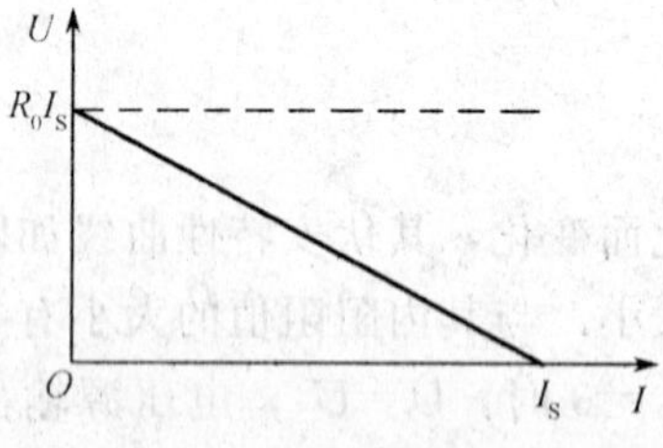

图 1-17　电流源外特性

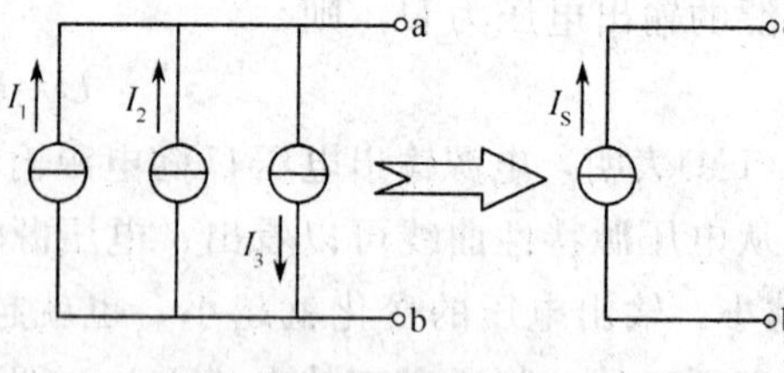

图 1-18　电流源并联

3. 实际电源的等效变换

实际电源的两种模型：电压源串内阻和电流源并内阻具有相同的外特性，可进行等效变换。

4. 实际电压源与电流源的等效变换

实际电源的两种模型：电压源串内阻和电流源并内阻具有相同的外特性，因此可进行等效变换，如图 1-19 所示。

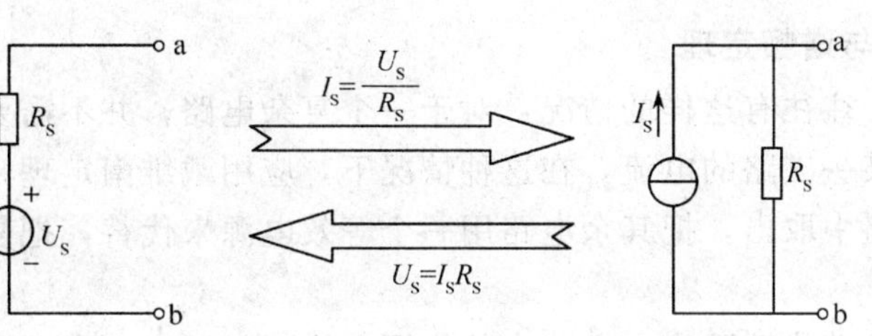

图 1-19　实际电源的等效变换

需要注意的是：

(1) 电源的两种模型等效变换时，极性必须一致，即电流源流出电流的一端与电压源的正极性端相对应。

(2) 理想电压源和理想电流源之间不能进行等效变换。

(3) 电压源和电流源是同一实际电源的两种模型，两者对于外电路而言是等效的。

【例 1-2】 试将图 1-20(a)所示的电源电路分别简化为电压源和电流源。

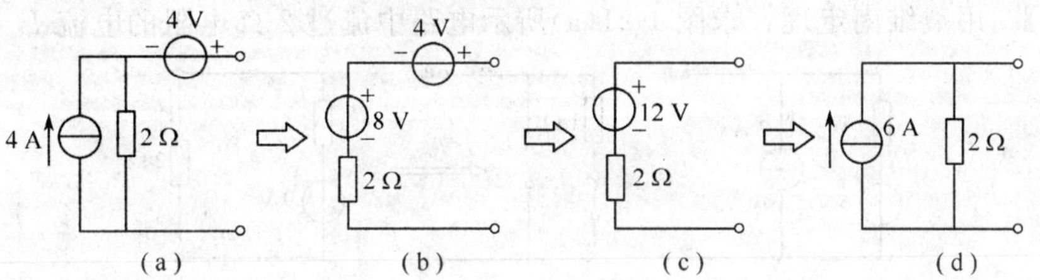

图 1-20　电源电路的简化

解：

(1) 简化为电压源。将 4 A 电流源和 2 Ω 内阻可转化为 8 V、2 Ω 的电压源，如图 1-20(b)所示；将图 1-20(b)4 V 的电压源和 8 V 的电压源串联，极性相同，故可转化为一个 12 V、2 Ω 的电压源，极性如图 1-20(c)所示。

(2) 图 1-20(c)的电压源可等效为图 1-20(d)的电流源。参数 $I_S=(12/2)$ A=6 A，内阻 $R_0=2$ Ω。

【例 1-3】 用电源等效变换法解图 1-21(a)所示电路中通过 2 Ω 电阻的电流 I。

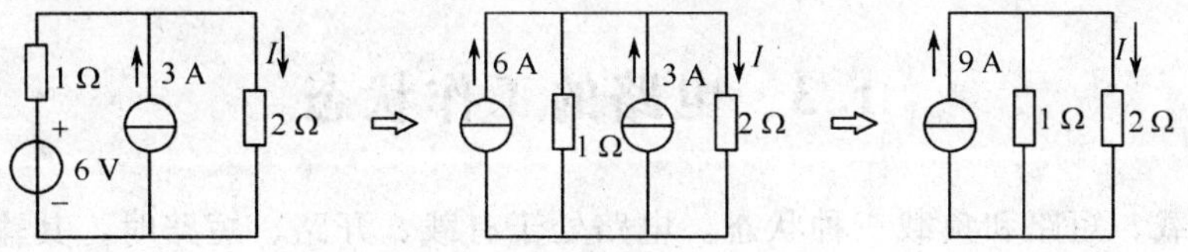

图 1-21　电源等效变换法的应用

解：将 6 V 电压源串联 1 Ω 电阻等效变换为电流源，电流源电流 $I_S=(6/1)$ A=6 A，电阻 $R_S=1$ Ω，如图 1-21(b)所示。

两电流源极性相同，合并电流源整理得：$I_S=(6+3)$ A=9 A，如图 1-21(c)所示，所以有

$$I=\left(\frac{1}{1+2}\times 9\right)\ \text{A}=3\ \text{A}$$

1.2.2 戴维南定理与诺顿定理

在实际问题中，往往有这样的情况：对于一个复杂电路，并不需要把所有的支路电流都求出来，而只是求某一支路的电流，在这种情况下，应用戴维南定理来求解更为简便。此法是将待求支路从电路中取出，把其余电路用一个等效电源来代替，把复杂的电路转化为简单的电路再进行求解。

任何一个有源两端线性网络在电路中的作用，均可以用一个含源支路即一个电压源和电阻的串联组合的电路来等效代替，该电压源的电压等于有源二端网络的开路电压 U_{OC}，该电源的内阻 R_0 等于把网络中有源二端网络化成无源二端网络（电压源短路，电流源开路）时从两个端子看进去的等效电阻，这就是戴维南定理。

任何一个有源二端线性网络，均可以用一个含源支路即一个电流源和电阻的并联组合的电路来等效代替，电流源的电流 I_{SC} 等于这个含源端口网络各电源均为零时无源端口网络的输入端电流，并联电阻 R_0 等于网络中所有独立源为零时所得无源网络的等效电阻，这个结论就是诺顿定理。

【例 1-4】 用戴维南定理，求图 1-21(a)所示电路中流过 2 Ω 电阻的电流 I。

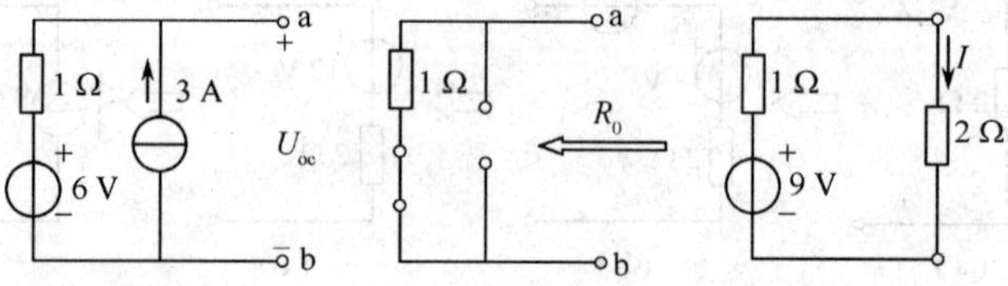

图 1-22 戴维南定理的应用

解：

(1) 将待求支路(2 Ω 电阻支路)断开，如图 1-22(a)所示。求有源二端网络的开路电压 U_{OC}，则 $U_{OC}=(3\times1+6)$ V$=9$ V。

(2) 将电压源短路、电流源开路，求从 a、b 端看进去的等效电阻 R_0，如图 1-22(b)所示，则 $R_0=1$ Ω。

(3) 将待求支路接入戴维南等效电路，如图 1-22(c)所示，所求电流为 $I=\frac{9}{1+2}$ A$=3$ A。

1.3 电路的工作状态

电路有空载、短路和负载三种状态。电路处于有载、开路、短路时，其输出电压、工作电流、输出功率呈现不同的特征。

1.3.1 电路的有载状态

如图 1-23 所示，开关 S 闭合，电源与负载接通成闭合回路，电路中有电流流过，并有能量的传输和转换，称电路处于负载状态，此时电路中的电流称为负载电流。负载状态的电路方程为

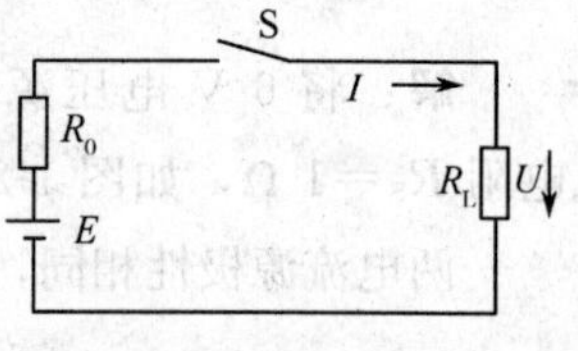

图 1-23 简单电路

$$I=\frac{E}{R_0+R_L} \tag{1-12}$$

$$U=IR_L=E-IR_0 \tag{1-13}$$

$$P=UI=EI-I^2R_0 \tag{1-14}$$

可见，通路时电源产生的电功率等于负载从电源得到的功率和电源内部消耗的功率之和，即功率是平衡的。

1.3.2 电路的开路状态

如图 1-23 所示，开关 S 断开，电路不通，电路中没有电流，电源和负载之间也没有能量的传输和转换，称为电路的开路状态，又称断路或空载状态。开路时，电路的端电压在数值上等于电源电动势，称为开路电压，用 U_{OC} 表示，外电路电阻可视为无穷大，其电路特征如下：

(1) 电路中电流为零，即 $I=0$。

(2) 电源端电压等于电源的电动势，此电压称为空载电压或开路电压，用表示 U_{OC}，此时 $U_{OC}=E$。由此可以得出粗略测量电源电动势的方法。

(3) 电源的输出功率和负载所吸收的功率均为零。

1.3.3 电路的短路状态

图 1-23 中，若外电路电阻 R 用导线代替，则电路中仅有电源内阻 R_0，电路中的电流全部从导线流过，这时的电路处于短路状态，电路中的电流称为短路电流，用 I_S 表示。由全电路欧姆定律可知：$I_S=\dfrac{E}{R_0}$，此时电路特征如下：

(1) 电源中的电流最大，外电路输出电流为零。

(2) 电源和负载的端电压均为零，电源的电动势全部降在电源的内阻上，因而无输出电压。

(3) 电源对外输出功率和负载所吸收的功率均为零，这时电源电动势所发出的功率全部消耗在内阻上。

由于电源内电阻一般很小，所以短路电流比负载电流大得多。此时电路的输出电压为零，电源对外不输出功率。电源功率全部转换为热能，使温度迅速上升以致使电源烧毁，也会使连接导线发热起火，引起火灾。

由于短路电流远大于负载电流，所以电源的短路是应该避免的。为防止短路引起大电流而导致用电事故的发生，保护电气设备和供电线路是十分重要的，通常在电路中安装熔断器或其他自动保护装置。有时由于某种需要，也会人为地将电路的某一部分或某个元件短路。例如，为防止电动机启动时的大电流对电流表的冲击，在启动时将电流表短接，使启动电流由旁路通过，待电动机启动后再断开短路线，恢复电流表的作用。这种有用的短路称为短接。

1.3.4 电气设备的额定值

电路处于负载状态时，若加在电路中的电气设备(负载)上的电压为额定电压，流过电气设备的电流为额定电流，该设备消耗的电功率为额定功率，则称该电气设备处于额定工作状态，又称满载状态。

若加在电气设备上的电压过高或流过其中的电流过大，就可能会使绝缘材料击穿而导致损坏。反之，若电气设备工作时的电压、电流比额定值小得多，则电气设备不能达到合理的工作状态，也得不到充分利用。电气设备工作在额定状态时是最经济合理、安全可靠的。电气设备的额定值是综合考虑产品的可靠性、经济性和使用寿命等诸多因素，由制造厂商提供的。额定值往往标注在设备的铭牌上或写在设备的使用说明书中。

额定值是指电气设备在电路的正常运行状态下，能承受的电压、允许通过的电流以及它们吸收和产生功率的限额。如额定电压 U_N、额定电流 I_N、额定功率 P_N。如一个灯泡上标明 220 V、100 W，这说明额定电压 220 V，在此额定电压下消耗功率 100 W。

电气设备的额定值和实际值是不一定相等的。如上所述，220 V、60 W 的灯泡接在 220 V的电源上时，由于电源电压的波动，其实际电压值稍高于或稍低于 220 V，这样灯泡的实际功率就不会正好等于其额定值 60 W 了，额定电流也相应发生了改变。

【例 1-5】 某直流电源的额定输出功率为 200 W，额定电压为 50 V，内阻为 0.5 Ω，负载电阻可以调节，如图 1-24 所示。试求：(1)额定状态下的电流及负载电阻；(2)空载状态下的电压；(3)短路状态下的电流。

解：

(1) 额定电流为 $I_N=\frac{P_N}{U_N}=\frac{200}{50}\text{ A}=4\text{ A}$

负载电阻为 $R_L=\frac{U_N}{I_N}=\frac{50}{4}\,\Omega=12.5\,\Omega$

(2) 空载电压为 $U_0=U_S=I_N(R_0+R_L)$

$=[4\times(0.5+12.5)]\text{ V}=52\text{ V}$

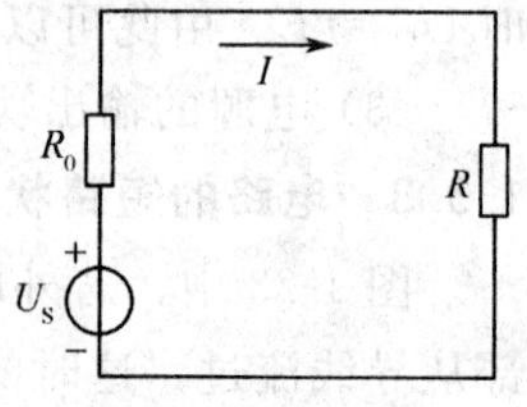

图 1-24 例 1-5 图

(3) 短路电流为 $I_{SC}=\frac{U_S}{R_0}=\frac{52}{0.5}\text{ A}=104\text{ A}$

短路电流是额定电流的 26 倍，短路电流很大，若没有短路保护，则一旦发生短路后，电源将会烧毁，应该避免。

1.4 拓展实训

1.4.1 基尔霍夫定律验证实验

1. 实验目的

(1) 练习电路接线，学习电压表、电流表和稳压电源的使用方法。

(2) 加深对基尔霍夫定律的认识。

(3) 加深对电压、电流参考方向的理解。

2. 实验设备与器材

实验设备与器材见表 1-1。

表 1-1 实验设备与器材

序号	名　　称	型号与规格	数 量	备　注
1	直流稳压电源	30 V 可调	1台	
2	电阻器	20、50、100×(1±5%) Ω/1W	各1只	
3	直流毫安表	0～500 mA	2只	
4	直流毫安表	0～100 mA	1只	
5	直流电压表	0～30 V	1只	

3. 实验原理

基尔霍夫定律是电路的基本定理，在测量电路的支路电流及元件两端的电压，可以应用压基尔霍夫电流定律(KCL)和基尔霍夫电流定律(KVL)，对于电路中的任一个节点满足 $\Sigma I=0$。

4. 实验内容

(1) 电路如图 1-25 所示，(开关 S_1、S_2 均断开)经教师检查无误后，方可进行下一步操作。

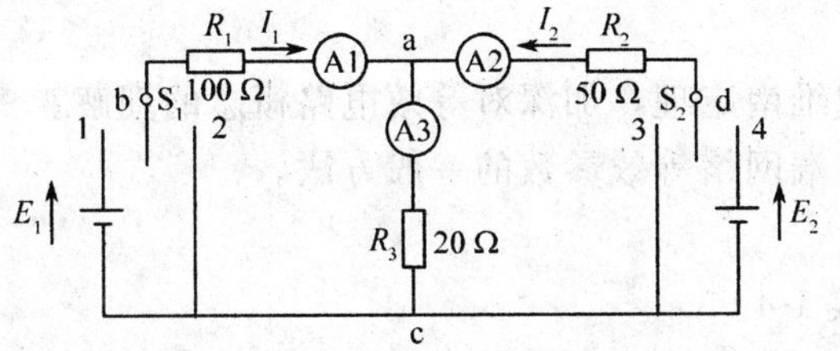

图 1-25　基尔霍夫定律验证电路图

(2) 调节稳压电源第一组的输出为 12 V 作为 E_1，第二组的输出电压为 3 V 作为 E_2，把 S_1、S_2 分别合向点 1 和点 4。

(3) 将各电流表读数填入表 1-2 中测量值栏内，并验算 a 点电流的代数和 $\Sigma I=0$。

(4) 用电压表分别测量各元件电压 U_{ab}、U_{bc}、U_{cd} 及 U_{da}，记录于表 1-3 中；并验算回路 abcda 及 abca 的电压代数和。

注意：在电路中串联电流表时，电流表的极性应按图 1-25 所标电流参考方向去接，若表针反偏，则应将电流表"＋"、"－"接线柱上的导线对换，但其读数应记作负值，这就是参考方向的实际意义。测量电压时也有同样的情况。

表 1-2　电流数据记录表

电量及有关数值 / 项目	数　值			验　算
	I_1/mA	I_2/mA	I_3/mA	节点 a 电流的代数和 ΣI 是否为 0
理论计算值				
测量值				

表 1-3　电压数据记录表

电量及有关数值 / 项目	数　值					验　算	
	U_{ab}/V	U_{bc}/V	U_{cd}/V	U_{da}/V	U_{ca}/V	回路 abcda 的 ΣU 是否为 0	回路 abca 的 ΣU 是否为 0
理论计算值							
测量值							

5. 实验注意事项

(1) 所有需要测量的电压值，均以电压表测量的读数为准。

(2) 避免稳压电源的两个输出端短路。

(3) 用指针式电压表或电流表时，如果仪表指针反偏，则必须确认仪器极性后重新测量。若用数字电压表或电流表测量，则可直接读出电压或电流值。对于电压或电流的正负号应根据设定的参考方向来判断。

6. 实验总结

(1) 根据实验数据，选定节点 a，验证 KCL 的正确性。

(2) 根据实验数据，选定实验电路中的任一闭合回路，验证 KVL 的正确性。

(3) 将支路和闭合回路的电流方向重新设定，重复(1)、(2)的两项验证。

(4) 根据测量的数据进行误差分析。

1.4.2 戴维南定理验证实验

1. 实验目的

(1) 通过实验验证戴维南定理，加深对等效电路概念的理解。

(2) 掌握测量含源二端网络等效参数的一般方法。

2. 实验设备与器材

实验设备与器材见表 1-4。

表 1-4 实验设备与器材

序号	名　　称	型号与规格	数 量	备　　注
1	可调直流稳压电源	0～30 V	1	
2	可调直流恒流源	0～500 mA	1	
3	直流数字电压表	0～200 V	1	
4	直流数字毫安表	0～200 mA	1	
5	万用表		1	
6	可调电阻箱	0～99 999.9 Ω	1	DGJ-05
7	电位器	1 kΩ/2 W	1	DGJ-05
8	戴维南定理实验电路板		1	DGJ-05

3. 实验原理

1) 戴维南定理

戴维南定理：任何一个含源二端网络，总可以用一个电压源 U_S 和一个电阻 R_S 串联组成的实际电压源来代替，其中：电压源 U_S 等于这个含源二端网络两端的开路电压 U_{OC}，内阻 R_0 等于该网络中所有独立电源均置零(电压源短接，电流源开路)后的等效电阻。

2) 含源二端网络等效参数的测量方法

(1) 开路电压、短路电流法测 R_0。在有源二端网络输出端开路时，用电压表直接测其输出端的开路电压 U_{OC}，然后再将其输出端短路，用电流表测其短路电流 I_{SC}，则等效内阻为 $R_0=\dfrac{U_{OC}}{I_{SC}}$。

如果二端网络的内阻很小，若将其输出端口短路则易损坏其内部元件，因此这种情形不宜用此法测 R_0。

(2) 伏安法测 R_0。用电压表、电流表测出有源二端网络的外特性曲线，如图 1-26 所示。根据外特性曲线求出斜率 $\tan\varphi$，则内阻

$$R_0=\tan\varphi=\frac{\Delta U}{\Delta I}=\frac{U_{OC}}{I_{SC}}$$

也可以先测量开路电压 U_{OC}，再测量电流为额定值 I_N 时的输出电压 U_N，则内阻为

$$R_0=\frac{U_{OC}-U_N}{I_N}$$

(3) 半电压法测 R_0。如图 1-27 所示，当负载电压为被测网络开路电压的一半时，负载电阻(由电阻箱的读数确定)即为被测有源二端网络的等效内阻值。

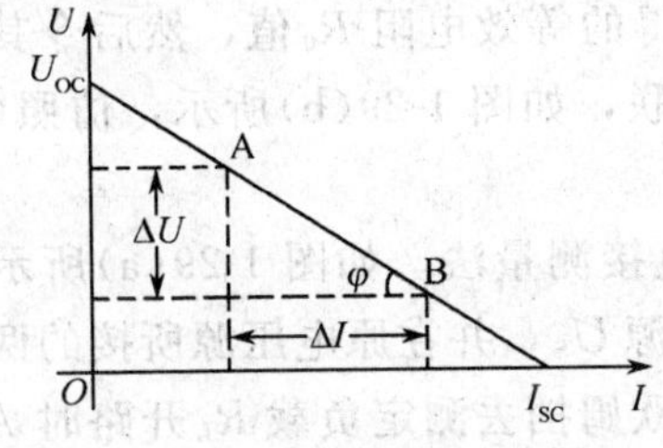

图 1-26　有源二端网络的外特性曲线

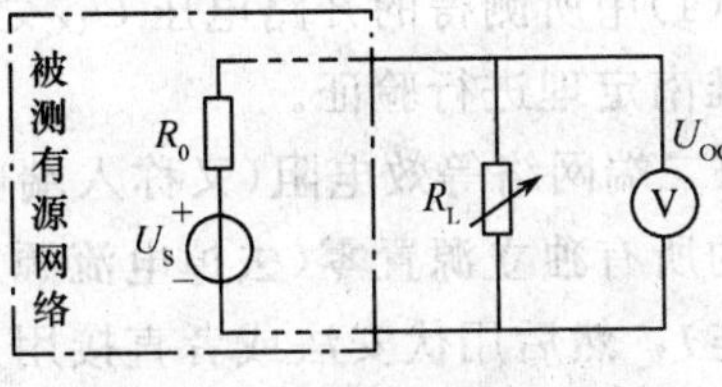

图 1-27　半电压法测 R_0 电路图

(4) 零示法测 U_{OC}。在测量具有较大内阻有源二端网络的开路电压时，用电压表直接测量会造成较大的误差。为了消除电压表内阻的影响，往往采用零示测量法，测量电路如图 1-28 所示。

零示法测量原理是用一小内阻的稳压电源与被测有源二端网络进行比较，当稳压电源的输出电压与有源二端网络的开路电压相等时，电压表的读数为 0。然后将电路断开，测量此时稳压电源的输出电压，即为被测有源二端网络的开路电压。

4. 实验内容

被测有源二端网络如图 1-29(a)所示。

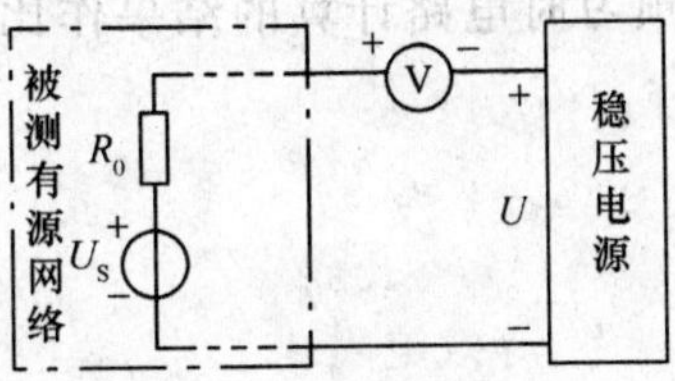

图 1-28　测量电路

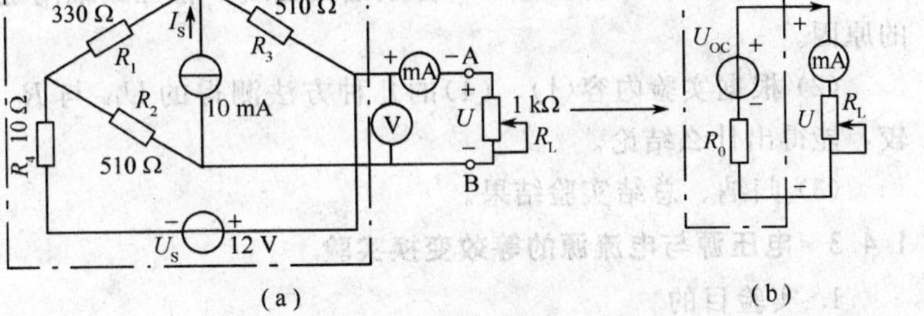

图 1-29　被测有源二端网络

(1) 用开路电压、短路电流法测定戴维南等效电路见图 1-29(b)的 U_{OC}、R_0。按图 1-29(a)接入稳压电源 $U_S=12$ V 和恒流源 $I_S=10$ mA (以仪表测量值为准，注意电流源勿接反)，不接入 R_L。测出 U_{OC} 和 I_{SC}，并计算出 R_0。(测 U_{OC} 时，不接入毫安表)将数据填入表 1-5 中。

表 1-5　电压数据记录表

U_{OC}/V	I_{SC}/mA	$R_0=\frac{U_{OC}}{I_{SC}}/\Omega$

(2) 负载实验。按图 1-29(a)接入 R_L(电阻箱×100 挡)。改变阻值，测量有源二端网络的外特性曲线，将测试结果填入表 1-6 中。

表 1-6 电压数据记录表

U/V							
I/mA							

(3) 验证戴维南定理：从电阻箱上选取(1)中所得的等效电阻 R_0值，然后令其与直流稳压电源(调到(1)中所测得的开路电压 U_{OC}之值)相串联，如图 1-29(b)所示，仿照(2)测其外特性，对戴维南定理进行验证。

(4) 有源二端网络等效电阻(又称入端电阻)的直接测量法。如图 1-29(a)所示。将被测有源网络内的所有独立源置零(去掉电流源 I_S和电压源 U_S，并在原电压源所接的两点用一根短路导线相连)，然后用伏安法或者直接用万用表的欧姆挡去测定负载 R_L开路时 A、B 两点间的电阻，此电阻即为被测网络的等效内阻 R_0，或称为网络的入端电阻 R_i。

5. 实验注意事项

(1) 测量时应注意电流表量程的更换。

(2) 实验内容(4)中，电压源置零时不可将稳压源短接。

(3) 用万用表直接测 R_0时，网络内的独立源必须先置零，以免损坏万用表。其次，欧姆挡必须经调零后，再进行测量。

(4) 用零示法测量 U_{OC}时，应先将稳压电源的输出调至接近于 U_{OC}，再按图 1-28 所示电路测量。

(5) 改接线路时，要关掉电源。

6. 实验总结

(1) 根据实验内容(2)、(3)分别绘出曲线，验证戴维南定理的正确性，并分析产生误差的原因。

(2) 根据实验内容(1)、(4)的几种方法测得的 U_{OC}与 R_0与预习时电路计算的结果作比较，能得出什么结论。

(3) 归纳、总结实验结果。

1.4.3 电压源与电流源的等效变换实验

1. 实验目的

(1) 掌握电源外特性的测试方法。

(2) 验证电压源与电流源等效变化的条件。

2. 实验设备与器材

实验设备与器材，见表 1-7。

表 1-7 实验设备与器材

序号	名 称	型号与规格	数 量	备 注
1	直流稳压电源	3～30 V	1台	
2	直流恒流源	0～200 mA	1只	
3	可调电阻箱	0～99 999.9 Ω	1只	
4	直流电流表	0～200 mA	1只	

续表

序号	名　　称	型号与规格	数 量	备　　注
5	直流电压表	0～200 V	1 只	
6	万用表		1 只	自备

3. 实验原理

(1) 一个直流稳压电源在一定的电流范围内，具有很小的内电阻。故在实际中，常将它视为理想电压源，即其输出电压不随负载电流而变。其外特性曲线，即伏安特性曲线是一条平行于 I 轴的直线。

(2) 一个理想的电流源，其输出电流不随负载电阻而变，其外特性曲线，即伏安特性曲线是一条平行于 U 轴的直线。

(3) 一个实际的电源，就其外特性而言，其端电压(或输出电流)不可能不随负载而变，因它具有一定的内阻值。实验中，用一个电阻与电压源串联(与电流源并联)来模拟一个实际的电源。

(4) 一个实际的电源，就其外部特性而言，既可以看成是一个电压源，又可以看成是一个电流源。若视为电压源，可以用一个理想电压源与一个电阻串联的组合来表示；若视为电流源，则可以用一个理想电流源与一个电阻相并联的组合来表示。如果这两种电源能向同样大小的负载提供同样大小的电流和电压，则称这两个电源是等效的。即具有同样的外特性。一个电压源与一个电流源等效变换的条件为：内阻大小不变，串、并联互换；电激流 I_S 和电动势 U_S 之间关系，根据欧姆定律确定。

4. 实验内容

1) 测定理想电压源和实际电压源的外特性

(1) 按图 1-30(a)连接电路。调节电位器令其阻值由大到小变化，在表 1-8 中记录电压表、电流表的读数。

表 1-8　电阻由大到小变化时电压表、电流表读数

R_L/Ω	∞	2 000	1 500	1 000	800	500	300	200
U/V								
I/mA								

(2) 按图 1-30(b)连接电路。调节电位器令其阻值由小到大变化，在表 1-9 中记录电压表、电流表的读数。

表 1-9　电阻由小到大变化时电压表、电流表读数

R_L/Ω	∞	2 000	1 500	1 000	800	500	300	200
U/V								
I/mA								

2) 测定电流源的外特性

按图 1-31 所示连接电路。调节直流恒流源输出电流 5 mA，令内阻分别为 1 kΩ 和无穷大(即接入和断开)，调节电位器，测出这两种情况下的电压表和电流表读数。在表 1-10、

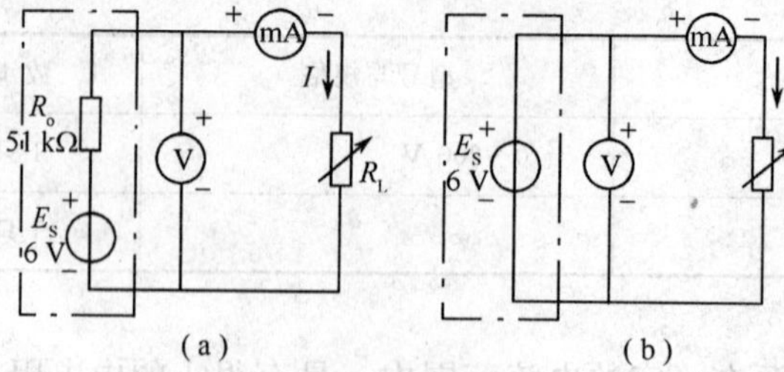

图 1-30　测定理想电压源和实际电压源的外特征电路

表 1-11中记录实验数据。

表 1-10　$R_0=1\ k\Omega$ 时电压表和电流表读数

R_L/Ω	0	200	400	600	800	1 000	2 000	5 000
I/mA								
U/V								

表 1-11　$R_0=\infty$ 时电压表和电流表读数

R_L/Ω	0	200	400	600	800	1 000	2 000	5 000
I/mA								
U/V								

3）测定电源等效变换的条件

先按图 1-32(a)连接电路，记录电压表和电流表的读数。然后按图 1-32(b)接线，调节恒流源的大小，使电压表和电流表的读数与图 1-32(a)时的数值相等，记录电流的值，验证等效变换条件的正确性。

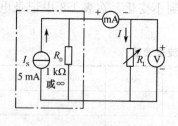

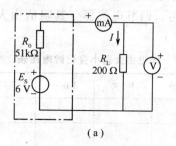

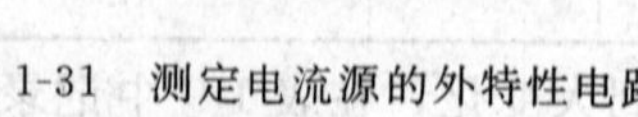

图 1-31　测定电流源的外特性电路

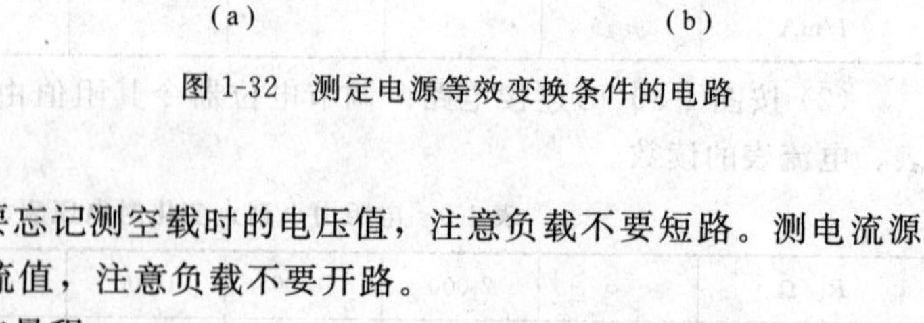

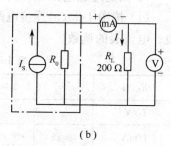

图 1-32　测定电源等效变换条件的电路

5. 实验注意事项

(1) 在测电压源外特性时，不要忘记测空载时的电压值，注意负载不要短路。测电流源外特性时，不要忘记测短路时的电流值，注意负载不要开路。

(2) 电流表的接入，注意极性与量程。

6. 实验总结

(1) 根据实验数据绘出电源的四条外特性曲线，并总结、归纳各类电源的特性。

(2) 从实验结果，验证电源等效变换的条件。

小　结

1. 电路的基本概念

1）电路的组成及其作用

任何一个完整的电路都由电源、负载和中间环节这三个基本组成部分构成，并按其所要完成的功能用一定方式连接起来的。它的作用是：能量的传输和转换；信息的传递和处理。

在分析与计算电路时，用理想电路元件及其组合来近似替代实际电器元件，即用电路模型进行分析与计算。实际电路模型化的意义在于简化电路分析与计算的过程。

2）电路的主要物理量

电流的实际方向是指正电荷定向移动的方向；电压的实际方向是指电位降低的方向；电动势的方向是指电位升高的方向；电流和电压的参考方向可任意选定，当参考方向与实际方向一致时，其值为正，反之为负。在未选定参考方向的情况下，电流与电压的正负无任何意义；当电流与电压选定一致的参考方向时，称为关联参考方向，反之为非关联参考方向。

在分析电路时，常取参考点的电位为零，电路中其他各点的电位等于该点与参考点之间的电压。当参考点不同时，各点的电位不同，而各点之间的电压不变。

3）电气设备的额定值

电气设备的额定值是由生产厂家根据电气设备运行时所允许的上限值制定的。电气设备和元器件在额定状态下工作是安全的、合理的。

4）电路的三种状态

空载即电源开路，电流为零，电源端电压等于理想电压源电压，此时电路不消耗功率；短路通常是一种故障状态，这时电源端电压为零，电路功率全部消耗在电源内阻上，可将电源烧毁，应采取保护措施；负载状态是电路的正常工作状态。

2. 电压源与电流源

组成电路的理想电路元件通常有电阻元件、电感元件、电容元件、理想电压源、理想电流源等。其中理想电压源和理想电流源是提供能量的元件，称为有源元件。

理想电压源的电压恒定不变，电流随外电路变化而变化。理想电流源的电流恒定不变，电压随外电路变化而变化。

一个实际电源的电路模型有电压源模型和电流源模型两种形式。电压源模型是由理想电压源和电阻元件串联组成；电流源模型是由理想电流源和电阻元件并联组成。电压源模型与电流源模型之间可以进行等效变换。

3. 电路的基本定律

1）欧姆定律

它适用于线性电阻电路。

2）基尔霍夫定律

基尔霍夫定律具有普遍适用性。它适用于任一瞬时、任何电路、任何变化的电流和电压。它包括基尔霍夫电流定律和基尔霍夫电压定律。

(1) 基尔霍夫电流定律可应用于节点，也可推广应用于广义节点。列方程时，若选流入节点的电流为正，则流出节点的电流为负。

(2) 基尔霍夫电压定律可应用于闭合回路，也可推广应用于广义回路。列方程时，首先在元件上设定电流、电压的参考方向和选定闭合回路的循行方向。当元件上电压参考方向和回路循行方向相同时取正，反之取负。

由于基尔霍夫定律只受电路结构的约束，与电路中元件的性质无关，因此可用于含电感元件、电容元件的电路。

4. 电路分析的基本方法

支路电流法是分析和计算电路的基本方法。它是以电路的全部支路电流为待求变量，应用 KCL 和 KVL 列出电流和电压方程，联立方程求解支路电流。

思考与练习题

1-1 什么是电路？一个完整的电路包括哪几部分？各部分的作用是什么？

1-2 电路中电位相等的各点，如果用导线接通，对电路其他部分有没有影响？

1-3 两个数值不同的电压源能否并联后“合成”一个向外供电的电压源？两个数值不同的电流源能否串联后“合成”一个向外电路供电的电流源？为什么？

1-4 何谓二端网络？有源二端网络？无源二端网络？对有源二端网络除源时应遵循什么原则？

1-5 恒压源、恒流源各有什么特点？

1-6 电压源模型与电流源模型等效变换的条件是什么？

1-7 已知如图 1-33 所示，求 b 点的电位。

1-8 试用电源等效变换的方法，求图 1-34 所示电路中的电流 I。

1-9 运用支路电流法计算题图 1-35 所示电路中的各支路电流。

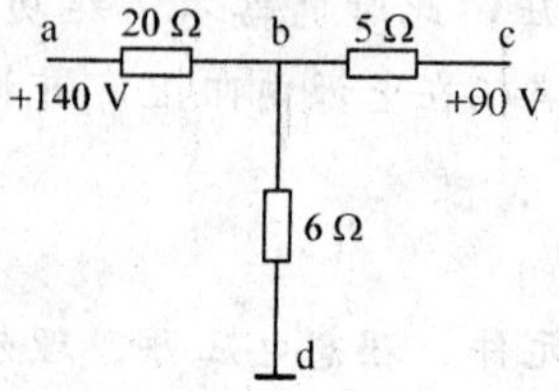

图 1-33 1-7 题图

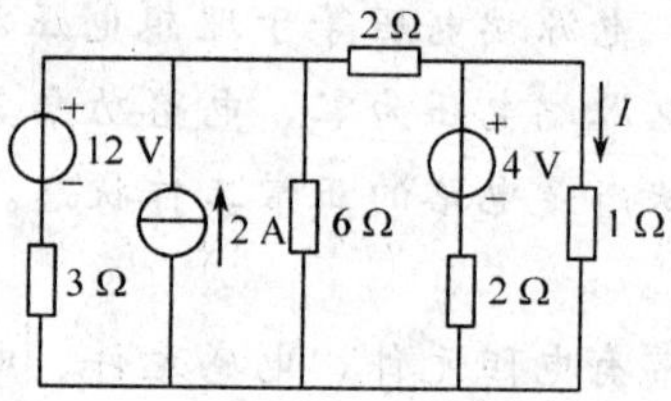

图 1-34 1-8 题图

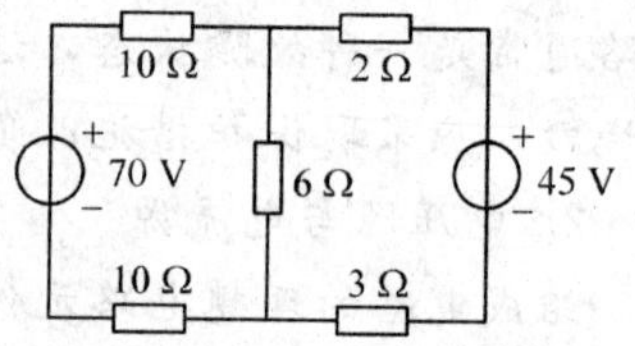

图 1-35 1-9 题图

1-10 电路如图 1-36 所示，开关 S 倒向 1 时，电压表读数为 10 V，S 倒向 2 时，电流表读数为 10 mA，问 S 倒向 3 位时，电压表、电流表读数各为多少？

1-11 求题 1-37 图示电路中 A、B、C 点的电位。

1-12 在图 1-38 所示电路中，已知电流 $I=10$ mA，$I_1=6$ mA，$R_1=3$ kΩ，$R_2=1$ kΩ，$R_3=2$ kΩ。求电流表 A_4 和 A_5 的读数是多少？

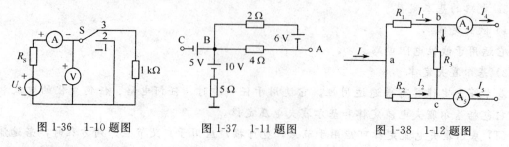

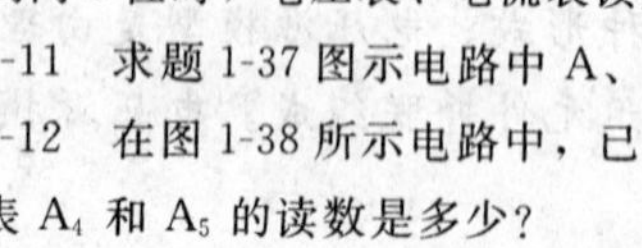

图 1-36 1-10 题图

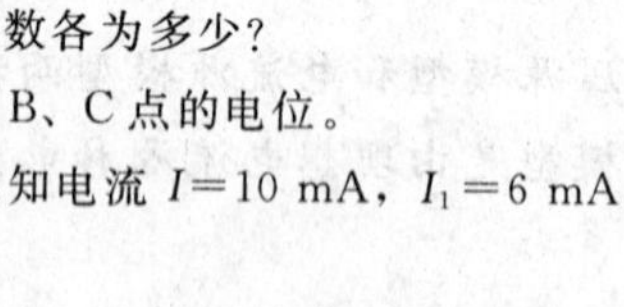

图 1-37 1-11 题图

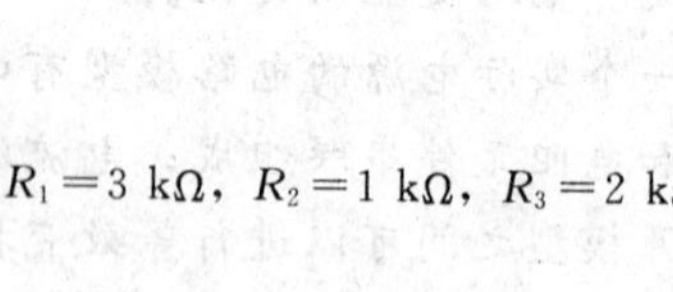

图 1-38 1-12 题图

1-13 求题图 1-39 所示电路中 R_3 为何值时，R_5 支路中的电流 $I_5=0$。

1-14　求如图 1-40 所示电路中开关 S 打开及合上两种情况下的 A 点电位和电流 I。

1-15　应用戴维南定理计算题图 1-41 所示电路中 4 Ω 电阻中的电流 I。

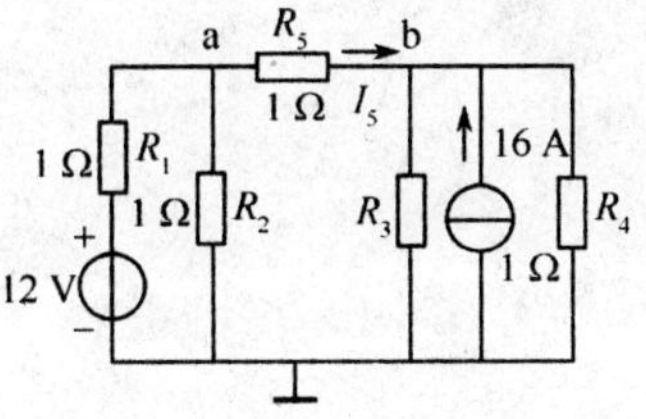

图 1-39　1-13 题图

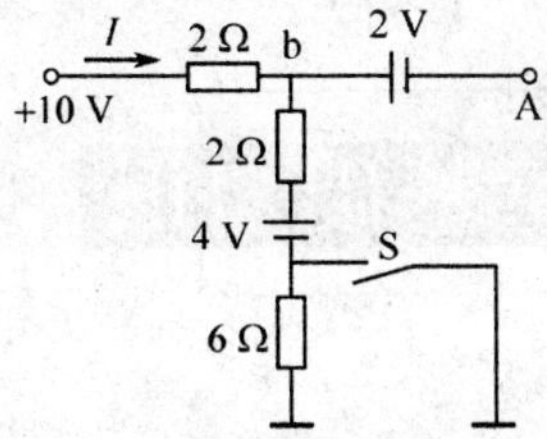

图 1-40　1-14 题图

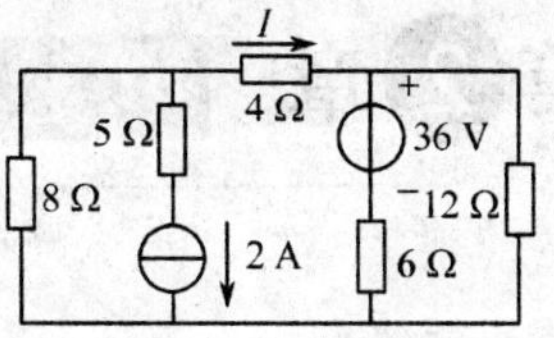

图 1-41　1-15 题图

1-16　在题图 1-42 中，已知 $I=1$ A，应用戴维南定理求电阻 R。

1-17　用戴维南定理求图 1-43 电路中 R_5 所在支路的电流。已知 $R_1=R_2=R_4=R_5=5$ Ω，$R_3=10$ Ω，$U=6.5$ V。

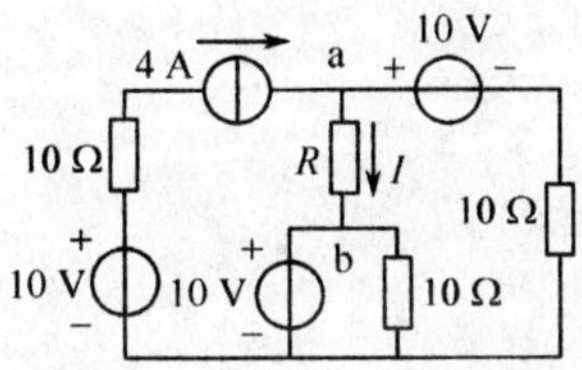

图 1-42　1-16 题图

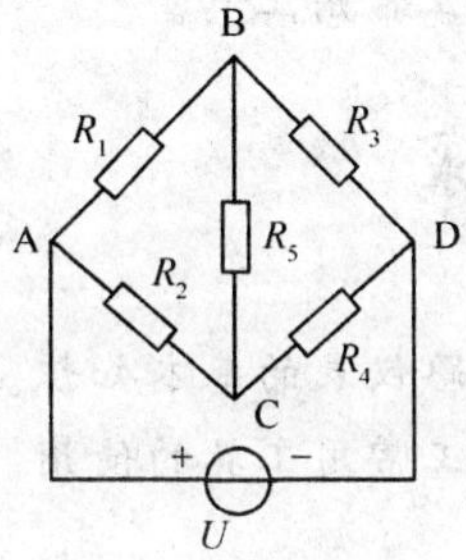

图 1-43　1-17 题图

第2章 电工测量基础知识

知识点

- 电工仪表的分类。
- 电工仪表及使用。
- 电工常用工具。

学习要求

1. 了解
   - 电路仪表的基本知识。
   - 电工常用工具的使用。
2. 掌握
   - 电工常用仪表的正确使用。
   - 电工常用工具的正确使用。
3. 能力
   - 能够使用电工仪表进行数据的测量。
   - 学会运用电工工具解决实际电路中的问题。

通过本章的学习，主要了解常用的电工仪表与测量的基本知识，常用的电工仪表的结构、原理、应用范围及技术特性；掌握合理选择和使用电工仪表，维护保养和校调电工仪表；掌握正确的电工测量方法，培养熟练的操作技能，学会对测量数据的正确处理方法。

电工测量的对象主要是电阻、电流、电压、电功率、电能、功率因数等。电工仪表与测量研究的对象是常用的电工仪表的结构、工作原理、技术特性及使用方法，电工测量方法的选择，测量数据的处理等内容。

2.1 电工常用仪表

2.1.1 电工仪表的基础知识

1. 电工仪表的分类

电工仪表是实现电工测量过程所需技术工具的总称，目前一般根据结构、用途等几个方面的特性，把电工仪表分为以下几类：

1）电气测量指示仪表

电气测量指示仪表是电测仪表的一个主要组成部分，这种仪表的特点是：直接将通入测量仪表的被测量转换成可动部分的机械位移，连接在可动部分的指针在标度尺上的指示，直接在标尺上反映被测量的数值，又称直接作用指示仪表。

电气测量指示仪表具有测量简便、读数可靠、结构简单、测量范围广、制造成本低等一系列优点，因此目前仍被广泛地使用。但随着微电子技术的发展，以及对测量要求的提高，电气测量仪表逐步被电子数字仪表所取代。

2）比较仪器

比较仪器用于比较法测量，主要包括用于精密测量的交直流仪器和标准量具，它是用比较法测量采用仪器的总称。直流比较仪器主要有电桥、电位差计、标准电阻箱等。交流比较仪器有交流电桥、标准电感、标准电容。由于应用比较法将被测量和标准量具进行比较，所以比较仪器的测量准确度和灵敏度都很高，但操作过程复杂，测量速度较慢。

3）数字仪表

数字仪表是一种直读式仪表，它的特点是把被测量转换为数字量，然后以数字方式直接显示出被测量的数值。由于这种仪表采用数字电子技术设计而成，因此如果再与微处理器配合，可以在测量中实现自动选择量程、自动存储测量结果、自动进行数据处理及自动补偿。数字仪表在测量速度和精度方面都超过指示仪表，但它缺乏指示仪表那种良好的模拟直观性，所以观察者与仪表稍有距离就可能看不清所显示的数字值。而指示仪表只要能看到指针，就能大体上判断出被测量的数值。测量各种电磁量的数字仪表，按被测对象分类，又分为数字频率表、数字电压表、数字欧姆表、数字功率表等。

2. 电工仪表的主要技术指标

电工仪表性能的优劣，一般从技术指标和经济指标两个方面来进行评价：首先应满足技术指标的要求，为保证测量的准确可靠，国家标准对电工仪表的技术特性都作了具体的规定和要求，主要包括以下几个方面：

1）准确度

准确度是电测仪表的最基本的技术指标，它表示仪表在规定的测量条件下，测量结果与被测量的实际值接近的程度、通常用相对误差来比较测量结果的准确度。

对电气测量指示仪表的准确度是以最大允许绝对误差值占满量程值的百分比来表示，又称引用误差。

按照规程要求，在正常工作条件下使用仪表时，它的实际误差应小于或等于该仪表准确度等级所允许的误差范围。

2）稳定性

稳定性就是表明仪表保持其误差特性的能力稳定性，可分为仪表对时间的稳定性和温度的稳定性。稳定性的优劣常以一定时间的误差变化量大小来衡量。

3）灵敏度与分辨率

电测仪表的灵敏度和分辨率都是表示仪表对下限测量值的反应能力，但表示方法有所区别。

指示仪表常用灵敏度来表示单位被测量引起的指针在刻度盘上的位移。对多数指示仪表来讲，灵敏度就是满量程值除以标尺全长所得结果。对于满量程为通常测量值的仪表，灵敏度并不是一个重要指标（如用450 V量程的电压表测量380 V的电路电压），而对于精密测量的仪表以及检流计等来说，却是第一位的指标。

对于仪器和数字仪表，常用分辨率来表示对下限被测量值的反应能力。如分辨率为 10^{-6} V的电压表，即表示当电压变化1 μV时仪表显示有明显的变化。

电测仪表的灵敏度（或分辨率）与测量范围有关，并与它的准确度相适应。例如，一台1 V的电位差计，如果有0.01级的测量准确度，那么它的分辨率起码必须优于万分之一伏，否则准确度将失去意义。

4）可靠性

可靠性是指仪表保持原来工作能力的指标，常以正常工作直至出现故障的时间来衡量其优劣。

稳定性和可靠性不同。稳定性差是指仪表在仍然工作的条件下，其误差经过长时间而产生的缓慢的变差较大，而可靠性差是指仪表在短时间内即出现很大误差而不能正常工作的问题。稳定性差的仪表测出的结果仍有参考价值，而可靠性差的仪表测出的结果则可能毫无意义。

一般来说，结构越复杂的仪表，可靠性越不容易得到保证。对于大量应用电子技术的仪表可靠性是很重要的指标。对于复杂的电子仪器，其可靠性的优劣是决定其是否应用的重要问题。

5）测量时间

测量时间一般希望越短越好，但是由于测量原理和仪表结构的不同，测量时间的长短相差悬殊。例如，指示仪表接入被测电路后只要几秒钟就能读数，而比较仪器就要很长的时间。

6）使用方便

选择仪表必须考虑其使用的简便，这也是反映仪表性能的一个方面。仪表使用要尽可能的简便，例如，能够立即接入电路测量而不需或稍需预热、接入电路及量程转换方便、具有多种测量对象、读数不必运算以及不需要很高的保存条件等。

2.1.2 电工仪表的使用方法

1. 电流表的使用

电流的测量是电工测量中最基本的测量内容，电流表是用于测量电流的常用仪表。可分为直流电流表，如图2-1(a)所示；交流电流表，如图2-1(b)所示。

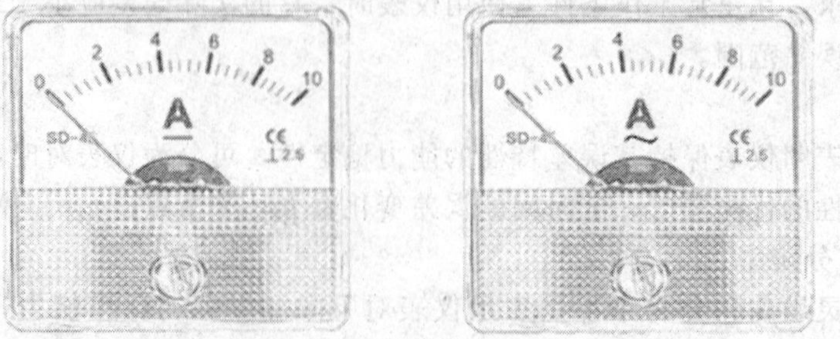

（a）直流电流表　　（b）交流电流表

图2-1　电流表

1）直流电流表

测量直流电路中电流的仪表称为直流电流表。直流电流表的刻度盘上标有“—”的符号。直流电流表按其测量范围可分为四类，即微安表(μA)、毫安表(mA)、安培表(A)和千安表(kA)；按其量程数也可分为：单量程直流电流表和多量程直流电流表。

2）交流电流表

测量交流电路中电流的仪表称为交流电流表。交流电流表的刻度盘上标有“～”的符号。低压交流电流表按其接线方式可分为：直接接入和经电流互感器二次绕组接入两种。直接接入电流表一般最大满偏电流不超过 200 A，而经电流互感器接入的电流表，测量电流可高达 10 kA，这种电流表应标明电流互感器的变流比。

3）电流的测量方法

测量电流时，使用直读式指示仪表，即用电流表直接进行测量，根据仪表的读数获取被测电流的方法，称直接测量法。直流电流表的测量范围一般为 10^{-7}～10^{2} A。交流指示式仪表的基本误差为 0.1%～2.5%。在电力工程中，直读式电工仪表已能满足测量电流的要求。

(1) 电流表的接法。电流表要串联在电路中，要测量某一部分电路中的电流，必须把电流表串联在这部分电路里。电流要从“+”接线柱入，从“—”接线柱出，否则指针反偏。

(2) 被测电流不要超过电流表的量程(可以采用试触的方法来看待测量是否超过量程)。

(3) 绝对不允许不经过用电器而把电流表连到电源的两极上(电流表内阻很小，相当于一根导线。若将电流表连到电源的两极上，轻则指针打歪，重则烧坏电流表、电源、导线)。

(4) 在读取数据之前，要先确认使用的电流表的量程，然后根据量程确认每个大格和每个小格所表示的电流值。

(5) 测量电流的方法误差。电流表本身都具有一定的电阻，即电流表的内阻不可能等于零。因此，仪表接入被测电路后，仪表必然要消耗一定的功率。这种由于仪表的内耗功率不为零，致使原来电路的工作状态发生变化而引起的误差称为方法误差。

2. 电压表的使用

1）直流电压表

测量直流电路中电压的仪表称为直流电压表。直流电压表的刻度盘上标有“—”的符号，如图 2-2(a)所示。直流电压表按其测量范围一般分为毫伏表(mV)、伏特表(V)、千伏表(kV)。

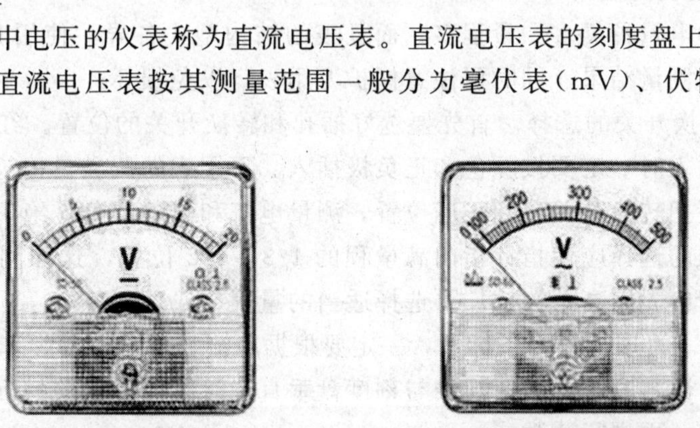

(a) 直流电压表　　(b) 交流电压表

图 2-2　电压表

为了扩大电压表的使用量程范围，一般磁电式的便携式直流电压表都制成多量程的。只要按照所需量程的要求选择不同的附加电阻器即可。采用附加电阻器(以下简称电阻)可以扩大电压表的量程，其原理电路如图 2-3 所示。

表头串联附加电阻 R_f后，流过测量机构的电流 $I_C=\dfrac{U}{R_C+R_f}$，根据被测电压选择合适的附加电阻 R_f，便可使通过表头的电流限制在允许范围内，此时由于 I_C仍与被测电压成正比，仪表仍可以通过偏转角反映出被测电压的大小。

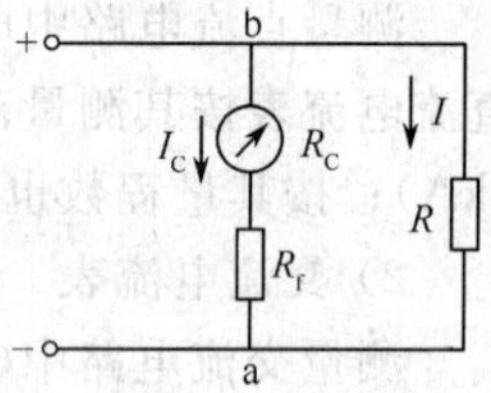

图 2-3　用附加电阻扩大电压表量限

附加电阻有专用的和定值的两种。专用附加电阻只用于与它一起校准的仪表；而定值附加电阻可与相同额值的任何一只磁电式电压表配用。使用时需选择其额定电流与所用测量机构的满偏电流相同的定值附加电阻。为了减小温度变化的影响，附加电阻采用温度系数小的锰铜丝制成。一般量程不超过 600 V 的电压表都做成内附式的，即附加电阻装在表壳内部。量程高于 600 V 的电压表采用外附式的，外附式附加电阻是单独制造的，并且必须与相应仪表配套使用。

2）交流电压表

测量交流电路中电压的仪表，称为交流电压表。交流电压表的刻度盘上标有"～"的符号，如图 2-2(b)所示。交流电压表按照供电系统电压等级和接线方式来分，可分为低压直接接入式和高压经电压互感器二次侧接入式两种。电力系统中，低压电压主要是指三相四线制中的线电压(380 V)和相电压(220 V)，通常用于测量线电压的电压表量程为 0～450 V，测量相电压的电压表量程为 0～250 V。测量高压的交流电压表，其刻度盘上标示的变压比(即 U_1/U_2)应与所配用的电压互感器的变压比相同。

3. 万用表的使用

万用表是一种可以测量多种电量的多量程便携式仪表。由于它具有测量种类多、量程范围宽、价格低以及使用和携带方便等优点，因此广泛应用于电气维修和测试中。一般的万用表可以测量交直流电流、交直流电压、电阻、电容、电感以及晶体管的 β 值等。按照表头读数的方式不同可分为：指针式万用表和数字式万用表。

1）指针式万用表的使用

万用表测量的电量种类多，量程多，而且表的结构型式各异，使用时一定要小心操作，以期获得较准确的测量结果。同时要注意保护万用表，以免损坏。

(1) 插孔和转换开关的选择。首先要选好插孔和转换开关的位置。红色表笔为"＋"，黑色表笔为"－"，插入时一定要按颜色和正负极插入。万用表的挡和量程较多，使用前要选好测量挡和量程，要把转换开关旋到正确位置。测量电流和电阻部分，绝不可误测电压，否则会损毁表头。量程的选择应使指针指向满量程的 1/3～1/2 位置，这样测量误差较小。如被测量大小不详时，应先用高挡测试，再选择适当的量程。

(2) 正确读数。万用表有多条标尺，一定要根据所测物理量的种类和量程看清所对应的标尺，以免读错。读数时应尽量使视线与刻度盘垂直；对装有反射镜的万用表，应使镜中指针像与指针重合后，再进行读数。

(3) 测电阻时的注意事项：

① 测量前应首先进行欧姆调零，即把两表笔短接，调节欧姆调零器，使指针指在欧姆零位上。

② 严禁在被测电路带电的情况下测量电阻(包括电池内阻)，因为这相当于接入一个外

加电压，使测量结果不准确，而且极易损坏万用表。检查电路中的滤波电容时，应先将电解电容正负极短接一下，防止大电容上积存的电荷经过万用表泄放，烧毁表头。

③ 测量电阻，尤其是大电阻时，不能用两手接触表笔的导电部分，以免影响测量结果。

④ 用欧姆表内部电池作测试电源时(如判断晶体管管脚)，注意此时表笔的正负极恰与电池极性相反，即红表笔所接为电池负极，黑表笔接为电池正极。这一点在测量晶体管、稳压管、电解电容等有极性元件的等效电阻时也需注意。

⑤ 万用表的 $R\times10$ k(Ω)挡大多采用 9 V 叠层电池，所以 $R\times10$ k(Ω)挡不宜测耐压很低的元件，以免损坏元件。

(4) 测电流、电压时的注意事项：

① 测直流量时，要注意正负极性，测电流时，表笔与电路串联；测电压时，表笔与电路并联。

② 测电流时，若电源内阻和负载电阻都很小，应尽量选择较大的电流量程，以降低电流挡的内阻，减小对被测电路工作状态的影响。

③ 如果误用直流电压挡去测交流电压，指针就不动或稍微抖动。如果误用交流电压挡去测直流电压，读数可能偏高一倍，也可能为零，这与万用表的具体接法有关。

④ 严禁在测较高电压或较大电流时拨动量程选择开关，以免产生电弧，烧坏开关触点。

⑤ 测量带电感电路的电压(如日光灯镇流器两端的压降)时，必须在切断电源之前先脱开万用表，防止因自感现象产生的高压损坏万用表。

⑥ 当被测电压高于 100 V 时必须注意安全。应先将一支表笔固定在被测电路的公共地端，再拿另一支笔去接触被测点。

(5) 万用表的维护：

① 万用表在测量完毕后，应将量程选择开关拨到最高电压挡，不可置于欧姆挡，以免两表笔碰到一起或被其他金属短接而使表内电池电量耗尽。

② 万用表长期不用时，应将电池取出，避免电池存放过久而变质，渗出的电解液腐蚀电路板。更换电池时，新旧电池不要混合使用。

③ 万用表应在干燥、无振动、无强磁场，环境适宜的条件下使用和存放。潮湿的环境能使仪表的绝缘强度下降，还能使表内元件受潮而变质，机械振动和冲击，可使表头磁钢退磁，导致灵敏度下降。

2) 数字式万用表的使用和维护

使用之前要仔细阅读使用说明书，熟悉电源开关功能及量程转换开关、输入插孔、专用插口以及各种功能键、旋钮、附件的作用。此外，还应了解万用表的极限参数，出现过载显示、极性显示、低电压显示及其他标志符显示和报警的特征，掌握小数点位置的变化规律。测量前，应仔细检查表笔有无裂痕，引线的绝缘层有无破损，表笔的位置是否插对，以确保操作人员的安全。

使用注意事项：

(1) 数字式万用表刚测量时仪表会出现跳数现象，应等显示值稳定后再读数。

(2) 每次测量前，应再次核对一下测量项目及量程开关是否拨对位置，输入插孔(或专用插口)是否选对。

(3) 假如事先无法估计被测电流或电压的大小，应先拨至最高量程试侧一次，再根据情况选择合适的量程。

(4) 测量完毕，应将量程开关拨至最高电压挡，防止下次开始测量时不慎损坏仪表。

(5) 若仅最高位显示数字“1”，其他位均消隐，证明仪表已处于过载状态，应选择更高的量程。

(6) 新型数字式万用表大多带读数保持键(HOLD键)，按下此键即可将现在的读数保持下来，供读取数值或记录用。作连续测量时不需要使用此键，否则仪表不能正常采样并刷新数值。刚开机时若固定显示某一数值且不随被测量发生变化，就是误按下 HOLD 键而造成的。松开此键即转入正常测量状态。

(7) 测量交流电压时，应当用黑表笔接触被测电压的低电位端(例如，被测信号源的公共地端，220 V 交流电源的零线端等)，以消除仪表输入端对地(COM)分布电容的影响，减小测量误差。

(8) 禁止在测量高压(100 V 以上)或大电流(0.5 A 以上)时拨动量程开关，以免产生电弧，将转换开关的触点烧毁。

(9) 测量电阻，特别是小电阻时，测试插头与插座之间必须接触良好，否则会引起测量误差或导致读数不稳定。在用 20 MΩ 电阻挡时，显示值需经过几秒钟才趋于稳定，这属于正常现象，应等示值稳定之后再读数。

(10) 测量电阻时两手不得碰触表笔的金属端或元器件的引出端，以免引入人体电阻，影响测量结果。严禁在被测线路带电的情况下测量电阻，也不允许直接测量电池的内阻。因为这相当于给仪表输入端外加一个测试电压，不仅使测量结果失去意义，还容易损坏仪表。

(11) 测量电容器之前必须将电容器短路放电，以免损坏仪表。

(12) 禁止在高温、阳光直射、潮湿、寒冷、灰尘多的环境下使用或存放数字万用表，以免损坏液晶显示器和其他元器件。液晶屏长期处于高温环境下，表面会发黑，造成永久性损坏。潮湿环境则容易造成集成电路印制板的漏电，使测量误差明显增大，甚至引发其他短路故障。

(13) 长期不使用仪表，应取出电池，以免电池渗出电解液将印制板腐蚀。叠层电池不宜长期存放。

4. 兆欧表

兆欧表，又称摇表、绝缘电阻表，是专用于检查和测量电气设备或供电线路的绝缘电阻的一种可携式仪表，其外形如图 2-4 所示。

由于多数电气设备要求其绝缘材料在高压(几百伏至万伏左右)情况下满足规定的绝缘性能，因此，测量绝缘电阻时应在规定的耐压条件下进行。这就是必须采用备有高压电源的兆欧表而不能采用普通测量大电阻方法进行测量的原因。

图 2-4 兆欧表

一般绝缘材料的电阻都在兆欧(10^6 Ω)以上，所以兆欧表标度尺的单位用兆欧(MΩ)表示。

选用兆欧表时其额定电压一定要与被测的电气设备或线路的工作电压相对应。如果测量高压设备的绝缘电阻用 500 V 以下的兆欧表，则测量结果不能正确反映在工作电压作用下的绝缘电阻。同样也不能用电压太高的兆欧表测量低压电气设备的绝缘电阻，以防损坏绝缘部分。此外兆欧表的测量范围也要与被测绝缘电阻的范围相吻合。

兆欧表的选择及使用维护方法：

用兆欧表测量绝缘电阻，看起来很简单，但实际上如果接线或操作不正确，将会直接影响测量结果，甚至危及人身安全。所以使用兆欧表时，一定要注意正确接线和操作。

1）兆欧表的选择

应根据测量要求选择兆欧表的额定电压值和测量范围。对于额定电压高的电气设备，必须使用额定电压高和测量范围大的兆欧表进行测量，这是因为电压高的电气设备，对绝缘电阻值要求大一些。而对于低电压的电力设备，其内部绝缘所能承受的电压不高，为了设备安全，此时应选用额定电压较低的兆欧表。通常在各种电气和电力设备的测试检修规程中，都规定有应使用何种额定电压等级的兆欧表。

选择兆欧表时，要注意不要使测量范围超出被测绝缘电阻阻值过大，否则读数将产生较大误差。另外，有些兆欧表的标尺不是从零开始而是从 1 MΩ 或 2 MΩ 开始的，这种兆欧表不适宜测量处于潮湿环境中低压电气设备的绝缘电阻，因为此时电气设备的绝缘电阻可能小于 1 MΩ，在兆欧表上得不到读数，容易误认为绝缘电阻为零。

2）兆欧表的使用维护方法

① 兆欧表必须在被测电气设备不带电的情况下进行测量。即测量前必须将被测电气设备的电源切断，并对被测设备接地短路放电，以排除断电后其电感及电容带电的可能性。另外，测量前必须对被测设备进行清洁处理，以防止灰尘、油泥等因素对测量结果的影响。

② 兆欧表接线柱有三个：“线”(L)、“地”(E)和“屏”(G)，在进行一般测量时，只要把被测量绝缘电阻接在 L 与 E 之间即可。但对测量表面不干净或潮湿的对象，为了准确测量绝缘材料的绝缘电阻(即体积电阻)，就必须使用 G 接线柱。

当测量电解电容的介质绝缘电阻时，应按电容器耐压的高低选用兆欧表。接线时使 L 端与电容器正极相连接，E 端与电容器负极连接，切不可反接，否则会使电容器击穿。在测量其他无极性电容器的介质绝缘电阻时，可不考虑这一点。

③ 测量绝缘电阻时，发电机的手柄应由慢渐快地摇动，若发现指针指零，则说明被测绝缘电阻有短路现象，应停止摇动手柄；若指示正常，应使发电机转速稳定在规定的范围内，切忌忽快忽慢而使指针摆动，加大误差。读数时，一般采用 1 min 以后的读数为准，若遇电容较大的被测物时，可等指针稳定不变时再读数。

④ 测量完毕后，当兆欧表没有停止转动或被测物没有放电以前，不可用手去触及被测物测量部分和进行拆线工作。特别是测试完大电容电气设备时，必须先将被侧物对地短路放电后，再停止手柄的转动。这主要是防止电容器放电使兆欧表损坏。

5. 功率表

功率表，又称瓦特表，用 W 表示。功率表是测量某一时刻电气设备所发出、传送、消耗的电能(即功率)的仪表。

1）电动式功率表

电动式功率表大多由电动式测量机构制成。电动式功率表具有两组线圈，一组与负载串联，反映出流过负载的电流；另一组与负载并联，反映出负载两端的电压，所以电动式功率表适用于测量电功率。

电动式功率表的偏转角与被测功率成正比，如果适当选择线圈的尺寸、形状和可动部分的起始位置，使系数为常数，则电动式功率表可获得接近均匀的标尺刻度。

当被测电路功率因数较低时，用普通功率表测量，其指针偏角较小。误差较大，应改用低功率因数功率表进行测量。

2）三相有功功率和无功功率的测量方法

由于工程上广泛采用三相交流电，三相交流电功率的测量也就成了基本的电测量之一。三相功率测量用的仪表，大多采用单相功率表，也有用三相功率表的。

（1）用一个单相功率表测三相对称负载功率。在对称三相系统中，可用一只单相功率表测量一负载的功率，三相总功率就等于功率表读数的 3 倍。“一表法”测三相功率接线方法如图 2-5 所示。

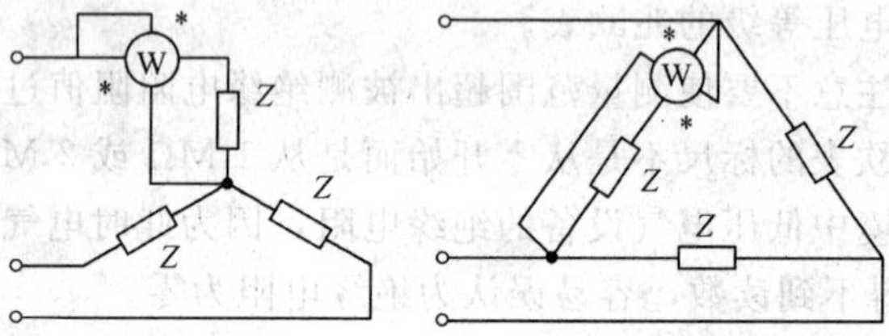

图 2-5　一表法测三相功率

功率表的电流线圈串联接入三相电路中的任意一相，通过电流线圈的电流为相电流；功率表电压支路两端的电压是相电压。这样，功率表两个线圈中电流的相位差为零，所以功率表的读数就是对称负载一相的功率。

（2）用两个单相功率表测三相三线制的功率（以下简称“两表法”）。“两表法”测三相功率接线方法如图 2-6 所示。

用两只单相功率表来测量三相功率，三相总功率为两个功率表的读数之和。若负载功率因数小于 0.5，则其中一个功率表的读数为负，会使这个功率表的指针反偏。为了避免指针反偏，需将其电压线圈或电流线圈反接，这时三相总功率为两个功率表的读数之差。

（3）用三个单相功率表测量不对称三相四线制电路的功率（以下简称“三表法”）。三相四线制负载多数是不对称的，所以需要用三个单相功率表才能测量，“三表法”测三相功率接线方法如图 2-7 所示。

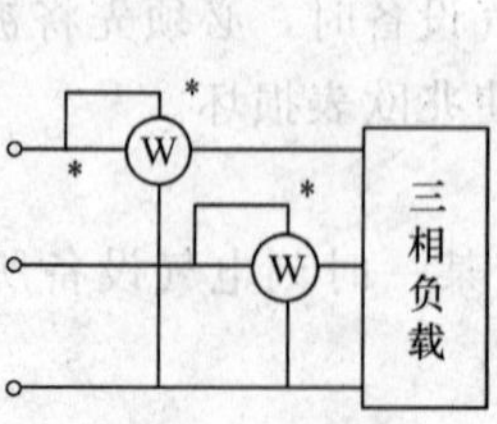

图 2-6　两表法测三相功率

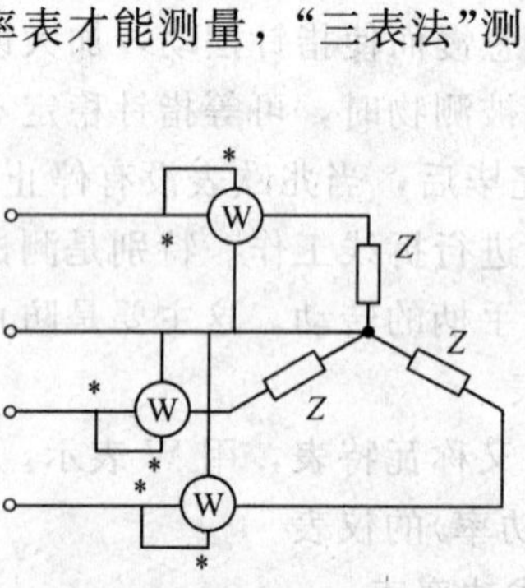

图 2-7　三表法测三相功率

每个单相功率表的接线和用一个单相功率表测量对称三相负载的功率时的接线一样，只是把三个功率表的电流线圈相应地串接入每一相线，三个功率表的电压支路的“*”端接到该功率表电流线圈所在的线上，另一端都接到中线上。这样，每个功率表测量了一相的功率，所以三相电路总的功率就等于三个功率表读数之和。

(4) 用三相功率表测量三相电路功率。三相功率表通常有“二元三相功率表”和“三元三相功率表”两种。二元三相功率表适用于测量三相三线制或负载完全对称的三相四线制电路的功率。三元三相功率表则适用于测量一般三相四线制电路的功率。二元三相功率表有 7 个接线端子，其中四个为电流端子，三个为电压端子，其接入电路的方法如图 2-8 所示。

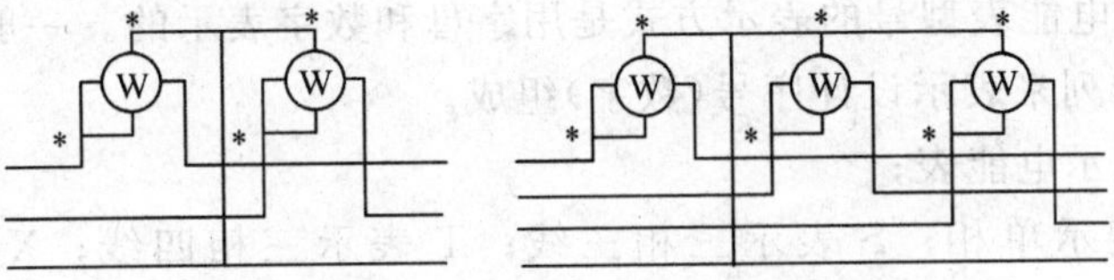

(a) 二元功率表　　(b) 三元功率表

图 2-8　三相功率表测三相功率

6. 电能表

电能表主要是用来测量某一段时间内发电机发出电能或负载消耗电能的仪表，如图 2-9 所示。随着我国电力工业的发展，电能已成为工农业生产和人民生活中不可缺少的主要能源。在电能的生产、输送和使用过程中，必须通过专用的电能测量仪表对电能进行准确可靠的测量。电能表是测量和记录电能累积值的专用仪表，是目前电测仪表中应用最为广泛的电能计量仪表。

电能表与功率表不同的是，它不仅能间接反映出功率的大小，而且能够反映出电能随时间增长积累的总和。这决定了电能表需要有不同于其他仪表的特殊结构，即它的指示器不是停在某一位置，而是随电能的不断增长而变化，随时反映出电能积累的数值。

按其使用的电路可分为直流电能表和交流电能表，如家庭用的电源是交流电使用的是交流电能表。

目前交流电能表一般分为感应式和电子式两大类。在 20 世纪 90 年代以前，一般使用电气机械式电能表又称感应式电能表或机械式电能表。电子式电能表是近年来发展起来的新型仪表，其性能优于感应式电能表，其分类形式与感应式电能表相同。随着电子技术的发展，电子式电能表的应用日益广泛。

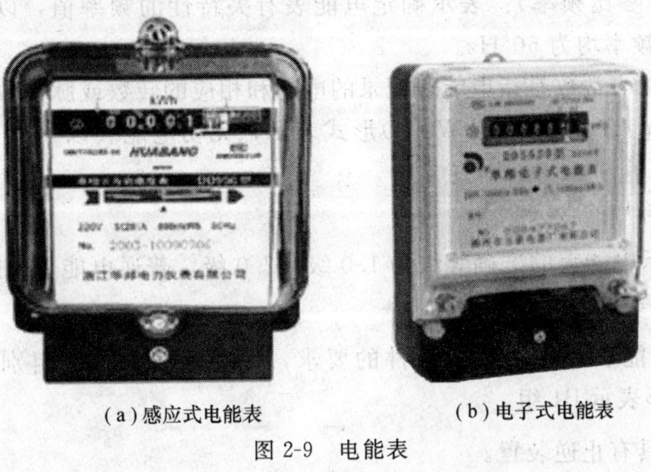

(a) 感应式电能表　　(b) 电子式电能表

图 2-9　电能表

由于用途的不同，在交流电能的测量中，电能表又可分为有功电能表、无功电能表、最大需量电能表、分时计费电能表和预付费电能表等。

按被测线路的不同又分为单相电能表、三相三线电能表和三相四线电能表，一般家庭使用的是单相电能表，工业用户使用三相三线和三相四线电能表。

1）电能表的型号规格及铭牌

（1）型号含义。电能表型号的表示方式是用字母和数字表示的。一般由类别代号、组别代号、用途代号的排列来表示设计序号(数字)组成。

类别代号：D 表示电能表；

组别代号：D 表示单相；S 表示三相三线；T 表示三相四线；X 表示无功；B 表示标准。

用途代号：Z 表示最大需量；F 表示分时计费；S 表示电子式；Y 表示预付费；D 表示多功能；M 表示脉冲。

设计序号：用阿拉伯数字表示该产品制造厂生产设计规定的序号；横线后面的数字表示电能表标定电流的最大允许过载倍数。例如，DT864－4 型电能表，其含义为设计序号为 864 型的三相四线有功电能表，额定最大电流为标定电流的四倍；DTSD341 型电能表的型号含义为设计序号为 341 的三相四线电子式多功能电能表；DDY11 则表示设计序号为 11 的单相预付费电能表。

除上述型号的表示方式外，有些电能表还标有派生号，如 T 表示湿热、干燥两用；TH 表示湿热带用；TA 表示干热带用；G 表示高原用；F 表示化工防腐用等。

（2）规格。

额定电压(又称参比电压)：表示电能表接入电路的电压，一般有 220 V；3×380 V；3×380V/220 V；3×100 V；$3\times100/\sqrt{3}$ V；

额定电流：表示电能表接入电路的标定电流和额定最大允许电流。标定电流仅作为计算电能表负载的基数，而最大额定电流是电能表允许长期工作的负载电流。如标注为 1.5(6) A 和 10(40) A 的电能表，标定电流是 1.5 A 和 10 A；最大允许负载电流则分别为 6 A 和40 A。

额定频率(又称参比频率)：表示确定电能表有关特性的频率值，以赫兹(Hz)为单位。国产电能表的额定频率均为 50 Hz。

（3）常数。电能表常数是指电能表记录的电能和相应的转数或脉冲数之间的关系：有功电能表以 Wh/r(imp)或 r(imp)/(kW・h)形式表示；无功电能表以 varh/r(imp)或 r(imp)/(kvarh)表示。

（4）铭牌图形符号的含义。

(1.0) (2.0)——表示电能表的准确等级为 1.0 级、2.0 级。普通电能表一般分为：0.5、1.0、2.0、3.0 四个准确等级。

△B1——表示电能表对现场工作条件的要求，耐受环境条件的组别，一般分为 P、S、A、B 四组，该图形表示 B1 组。

◇止逆——表内具有止逆装置。

◇双向——表示该表具有双向计量功能。一般用来计量感性和容性时的无功电能。

(MC)——计量器具制造许可标记，表示制造厂已获得制造计量器具的许可。

2）电能表的主要技术特性

（1）准确度等级与负载范围。

我国国家标准规定有功电能表的准确度等级为 0.5 级、1.0 级和 2.0 级。无功电能表的准确度等级为 2.0 级和 3.0 级。

电能表性能好坏的重要标志之一，就是它所能应用的负载电流范围的宽窄。所谓“宽负载电能表”，是指能将使用电流范围扩大的电能表。它的使用电流可超过标定电流的 2 倍、3 倍、4 倍，甚至 6 倍、7 倍等。在允许超过的范围内，其基本误差仍应不超过原来规定的数值。这一性能用“额定最大电流”表示。

（2）灵敏度。当电能表在额定电压、额定频率及功率因数 $\cos\varphi=1$ 的条件下，调节负载电流，从零均匀地增加，只有达到一定大小时转盘才开始不停地转动，这个能使电能表开始不停地转动的最小电流与标定电流的百分比，即为电能表的灵敏度。按规定这个电流不能大于规定电流的 0.5%，对于 3.0 级无功电能表，不能大于 0.1%。如标定电流为 10 A 的 2.0 级电能表，该电流值不得大于 0.05 A。

（3）潜动(又称无载自动)。潜动，是指负载电流等于零时，电能表转盘仍然稍微转动的现象。按照规定，电能表电流线路中的电流为零，而加于电压线路上的电压为额定值的(80～110)%时，电能表的转动不应超过一整圈。

（4）功率消耗。当电能表的电流线圈中无电流时，在额定电压及额定频率下，单相电能表电压线路和三相电能表每个电压线路中，所消耗的功率不超过规定值。

3）电能表的选用

电能表的选型一般应根据实际负载的大小和计量方式的要求选择其型号、额定电压、额定电流和准确等级。

根据国家标准 GB/T 15283－1994 和国际标准 IEC 521：1988 电能表标有两个电流值，如 10(20) A。这里所标 10 A 为基本电流符号，是确定仪表有关特性的电流值，也称此电流值为标定电流。括号内所标 20 A 为额定最大电流符号，为仪表能满足标准规定的准确度的最大电流值。通过电能表的电流可高达基本电流的 2～8 倍，若达不到 2 倍，电能表上只标基本电流值。也就是说，如果某用户所装电能表只标有一个电流值，如 5 A，这只是基本电流值，并非允许通过的最大电流。对于这种电能表一般可以超载到 120%也不会发生问题，而且能满足电能表的准确测量。另一方面，感应系电能表由于其转动机构阻力较大，按标准规定启动电流不能低于基本电流的 0.5%(准确度为 0.5 级的电能表)，可见电能表轻载到基本电流的 0.5%以下时可能无法启动。

在我国家庭住宅供电电压是 220 V，频率是 50 Hz，所选电能表的额定电压和适用频率应与此线路电压、频率一致，也应是 220 V、50 Hz。

选择电能表时，电流值选择最重要，也最复杂。其一是启动电流，即能够使转盘连续转动的最小电流；其二是最大额定电流相对基本电流的倍数。另外，旧式表和新式表在性能方面有差异。目前老住宅仍在使用的旧式电能表，启动电流比较大，一般为 5%～10%；最大额定电流小，一般小于或等于 2 A，在表盘的盘面上只标一个电流值，且笼统地称为额定电流。所以在旧电工手册中指出，使用时负载电路的电流应大于额定电流的 10%，小于 120%或小于 125%。根据国家标准 GB/T 15283－1994 和国际标准 IEC 521－1988 生产的电能表，新建住宅中使用的电能表启动电流小，对于级表来说为 0.5%；最大额定电流大，一般最大额定电流为 2～4 A，有的可达 6～8 A。在新电能表表盘的盘面上标有两个电流值，如 5(20) A,选用这个电能表时一方面要注意负载最小电流不能低于启动电流，即 0.5%×5 A=0.025 A；另一方面长期使用的值不能高于最大额定电流值 20 A。选择电能表时，应考虑到进入家庭的各种电器日益增多，要留有余量，也要合理、适度，因为倍数越大的电能表价钱越高。括号前的电流值与叫标定电流，是作为计算负载基数电流值的，括号内的电流值 20 叫额定最大电流，是能使电能表长期正常工作，而误差与温升完全满足规定要求的最大电流值。根据规程要求，直接接入式的电能表，其标定电流应根据额定最大电流和过载倍数来确定，其中，额定最大电流应按经核准的客户报装负荷容量来确定；过载倍数，对正常运行中的电能表实际负荷电流达到最大额定电流 30%以上的，应取 2 倍值；实际负荷电流低于最大额定电流 30%的，应取 4 倍值。

7. 钳形电流表

在日常的电气工作中，常常需要测量用电设备、电力导线的负荷电流值。通常在测量电流时，需将被测电路断开，将电流表或电流互感器的一次绕组串接到电路中进行测量。为了在不断开电路的情况下测量电流，就需要使用钳形电流表。

钳形电流表俗称钳表、卡表，它的最大特点是无需断开被测电路，就能够实现对被测导体中电流的测量。所以，特别适合于不便于断开线路或不允许停电的测量场合。同时该表结构简单、携带方便。因此，在电气工作中得到广泛应用。

1) 钳形电流表的基本结构及原理

一般在测量交流电流时，需切断电源，将电流表或电流互感器一次绕组串联接入电路，这样测量很不方便，有时甚至无法做到。钳形电流表可以在不断开电路的情况下测量电路电流。因此得到广泛的应用，其结构如图 2-10 所示。

钳形电流表由电流互感器和测量仪表组成。电流互感器和铁心在握紧手柄时便可张开，这样被测载流导线可不必切断就可穿过铁心的缺口，然后松开手柄使铁心闭合。此时通过电流的导线就相当于电流互感器的单匝一次绕组，铁心上缠绕的二次绕组中便会出现与线路电流成一定比例的二次感应电流。与二次绕组相连的电流表的指针便会偏转，从而指示出被测电流值。这种钳形电流表在实际应用中十分方便，可利用量程开关改变和调整测量范围。

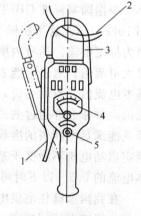

钳形电流表有两种结构。一种是整体式，即钳形互感器与测量仪表固定连接；另一种是分离式，即钳形互感器与测量仪表分离，组合时进行交流电流的测量，分离时则成为一只多功能万用表，如 MG36 型多功能钳形表。

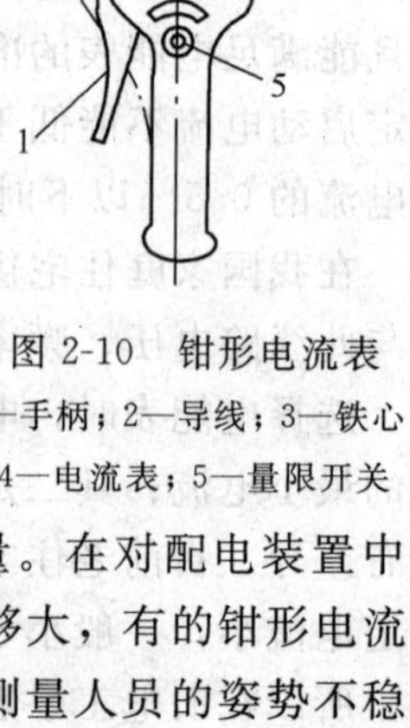

图 2-10　钳形电流表

1—手柄；2—导线；3—铁心；4—电流表；5—量限开关

2) 钳形电流表测量操作中的技术要点

(1) 安全性要求。

① 我们在实际工作中常常要对低压导线或设备进行电流值的测量。在对配电装置中低压母线及其电气元件电流的测量中，一般低压母线排布的线间距离不够大，有的钳形电流表体形尺寸较大，测量时张开钳口就有可能引起相间短路或接地，倘若测量人员的姿势不稳或胳膊发生晃动，就更容易发生事故。所以，必须根据现场实际情况，在测量之前，采用合格

的绝缘材料将母线及电气元件加以相间隔离，同时应注意不得触及其他带电部分。

② 在测量裸导线的电流时，如果不同相导线之间及导线与地之间的距离较小，若钳口绝缘不良或者绝缘套已经损坏，就很容易造成相与相之间、相与地之间短路事故。因此，通常规定不允许用钳形电流表测量裸导线的电流，如果必须测量，应当做好裸导线绝缘隔离的安全准备工作，防止意外情况的发生。

③ 对于多用钳形电流表，各项功能不得同时使用。例如，在测量电流时，就不能同时测量电压，出于安全考虑，测试线必须从钳形电流表上拔下来。

④ 在测量现场，各种器材均应井然有序，测量人员身体的各部分与带电体之间必须保持足够大的距离，不得小于安全距离(低压系统安全距离为 0.1～0.3 m)。读数时，往往会不由自主地低头或探腰，这时要特别注意肢体，尤其是头部与带电部分之间的安全距离。

(2) 准确性要求。

① 测量电流时，钳形电流表挡位高低的选择应适当，最好使表针落到刻度尺的 1/3 以上的刻度上，因为表针的偏转角太小，刻度值不易分辨，影响测量的准确度。

②被测导线要尽量放置在钳口内的中心位置上，如被测量导线过于偏斜，被测电流在钳口铁心所产生的磁感应强度将会发生较大幅度的变化，直接影响测量的准确度，一般由被测量导线在钳口内位置不当而造成的测量误差可达 2%～5%。

③ 为使读数准确，应使铁心钳口两个面紧密闭合。如听到钳口发出的电磁噪声或把握钳形电流表的手有轻微振动的感觉，说明钳口端面结合不严密，此时应重新张、合一次钳口；如果杂声依然存在，应检查钳口端面有无污垢或锈迹，若有应将其清除干净，直至钳口密合良好为止。

④ 对于数字式钳形电流表，尽管在使用前曾检查过电池的电量，但在测量过程中，也应当随时关注电池的电量情况，若发现电池电量不足(如出现低电压提示符号)，必须在更换电池后再继续测量；如果测量现场存在电磁干扰，就必然会干扰测量的正常进行，故应设法排除干扰。能否正确地读取测量数据，也直接关系到测量的准确性。

⑤ 对于指针式钳表的表头，首先应认准所选择的档位，其次认准所使用的是哪条刻度尺。观察表针所指的刻度值时，眼睛要正对表针和刻度以避免斜视，减小视差。数字式表头的显示虽然比较直观，但液晶屏的有效视角是有限的，眼睛过于偏斜时很容易读错数字，还应当注意小数点及其所在的位置，这点千万不能忽视。

⑥ 测量场所的温度异常或剧烈变化都将影响测量的准确度。因为温度的变化会使表计量的误差增大，从而降低其准确度。钳形电流表受温度影响的原因主要是：由于温度变化改变了构成仪表关键结构件材料性能的结果。如环境温度变化后常使仪表产生反作用力矩的游丝的弹性发生变化，从而使仪表值随之变化，还可以使形成磁场的永久磁铁的磁性发生变化，使仪表的作用力矩的大小发生变化。此外，由于环境温度的变化，构成仪表的线路的电阻，以及各种电子元件、半导体器件的参数均会产生变化，最终结果都将影响到测量的准确度。

⑦ 测量过程中不能同时钳住两根或多根导线。测量小于 5 A 以下的电流时，为了得到较准确的读数，若条件允许，可把导线多绕几圈放进钳口进行测量，但实际电流值应为读数除以放进钳口内的导线圈数。

3）钳形电流表的使用与维护

(1) 首先应当明确被测量电流是交流还是直流。整流式钳形电流表只适于测量波形失真较低、频率变化不大的工频电流。否则，将产生较大的测量误差。对于电磁式钳形电流表来说，由于其测量机构可动部分的偏转性质与电流的极性无关，因此，它既可用于测量交流电流，也可用于测量直流电流，但准确度通常都比较低。钳形电流表的准确度主要有 2.5 级、3 级、5 级等几种，应当根据测量技术要求和实际情况选用。

(2) 对于数字式钳形电流表而言，其测量结果的读数直观、方便，并且测量功能也扩充了许多，如扩展到能测量电阻、二极管、电压、有功功率、无功功率、功率因数、频率等参数。然而，数字式钳形电流表并不是十全十美的，当测量场合的电磁干扰比较严重时，显示出的测量结果可能发生离散性跳变，从而难以确认实际电流值；若使用指针式钳形电流表，由于磁电式机械表头本身所具有的阻尼作用，使得其本身对较强电磁场干扰的反应比较迟钝，最多就是表针产生小幅度的摆动，其示值范围比较直观，相对而言读数不太困难。

(3) 钳形电流表的钳形电流互感器开口处的铁心接触面应定期检查，以免油污或锈迹影响钳口的密合，而引起测量误差。

(4) 用钳形表测量电流时，要注意钳形电流表的测量范围，量程过小不能满足测量要求，可能损坏表头，过大则影响测量准确度。

(5) 测量小于最小量程 1/2 以下电流时，为了得到较为准确的测量值，在条件允许的情况下，可把导线在钳口内绕几匝进行测量，但实际电流值应为读数除以钳口内导线匝数。

(6) 使用钳形表进行电流测量时，一定要注意安全。一般钳形电流表仅限于测量低压电路的负载电流，并应注意，不得让表钳接触带电体，以免造成人员触电。

(7) 每次测量完毕后一定要把调节开关放在最大电流量程的位置，以防下次使用时，由于未经选择量程而造成仪表损坏。

(8) 要有专人保管，不用时应存放在环境干燥、温度适宜、通风良好、无强烈振动、无腐蚀性和有害成分的室内货架或柜子内加以妥善保管。

2.2 电工常用工具

2.2.1 低压试电笔

低压试电笔又称测电笔(简称电笔)，是电工常用的检测工具，是用来检查测量低压导体和电气设备的金属外壳是否带电的一种常用工具。它具有体积小、质量小、携带方便、检验简单等优点，是电工必备的工具之一，有钢笔式和螺丝刀式(又称旋凿式或起子式)两种，如图 2-11 所示。

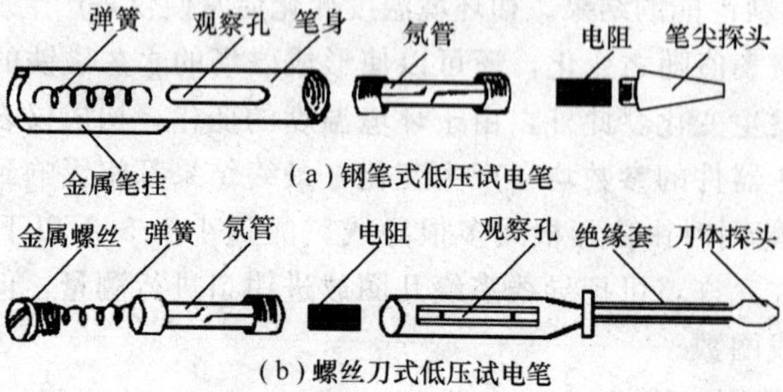

图 2-11 低压试电笔

钢笔式低压试电笔由氖管、电阻、弹簧、笔身和笔尖探头等组成，如图 2-11(a)所示。螺丝刀式低压试电笔也由氖管、电阻、弹簧、刀体探头等组成，如图 2-11(b)所示。

试电笔的握法如图 2-12 所示。

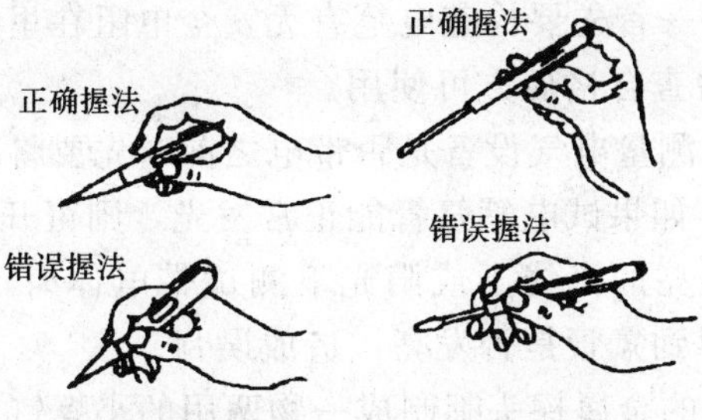

(a) 钢笔式握法　　(b) 螺丝刀式握法

图 2-12　试电笔的握法

1. 低压验电笔的使用

当用试电笔测试带电体是否带电时，电流经带电体、试电笔、人体到大地形成通电回路，只要带电体与大地之间的电位差超过 60 V 时，试电笔中的氖管就发光。

低压试电笔检测电压的范围为 60～500 V，是用来检验对地电压在 500 V 及以下的低压电气设备和线路是否带电的专用工具。除此之外，它还有以下功能和用途。

(1) 区别相线与中性线(火线或零线)：在交流电路中，当试电笔触及导线时，氖管发亮的即是相线，不亮的则是中性线。正常的情况下，中性线是不会使氖管发亮的。

(2) 区别直流电与交流电：交流电通过试电笔时，氖管里的两个极同时发亮，而直流电通过试电笔时，氖管里两个电极只有一个发亮。

(3) 区别直流电的正负极：把试电笔连接在直流电的正负极之间，氖管发亮的一端即为直流电的负极。

(4) 区别电压的高低：测试时可根据氖管发亮的强弱来估计电压的高低。如果氖光灯暗红，轻微亮，则电压低；如氖光灯泡发黄红色，很亮，则电压高；如果有电、不发光，则说明电压低于 36 V，为安全电压。

(5) 判别同相与异相：两手各持一支试电笔，同时触及两条线，同相不亮而异相亮。值得注意的是，由于我国 380 V/220 V 供电系统，变压器中性点普遍采用直接接地，因此做该试验时人体(两脚)应与地绝缘，避免构成回路，造成误判。

(6) 识别相线碰壳：用试电笔触及电动机、变压器等电气设备外壳，若氖管发亮，则说明该设备相线有碰壳现象。如果壳体上有良好的接地装置，氖管是不会发亮的。

(7) 识别相线接地：用试电笔触及三相三线制星形接法的交流电路时，有两根比通常稍亮，而另一根的亮度较暗则说明亮度较暗的相线有接地现象，但还不大严重。如果两根很亮，而另一根不亮，则这一相有接地现象。在三相四线制电路中，当单相接地后，中性线用试电笔测量时，也会发亮。

(8) 判断用电事故：在照明线路发生故障(断电)时，如果检验相线和中性线上均有电，且发出同样亮度的光，说明中性线或中性线上熔断器熔丝熔断。如果两根导线上均无电，可能是电源断电(包括漏电保护器跳闸)，或是相线或相线熔丝熔断。在三相四线制电网中，若发生两相相线发光正常，一相不发光，且中性线也发光，则证明不发光的相线接地。

(9) 判断设备漏电：在变压器中性点不接地或经高阻抗接地的供电系统中，若用试电笔检验电气设备外壳，氖光灯发光时，说明该设备绝缘损坏。

2. 在使用验电笔时注意以下几个问题：

(1) 使用试电笔之前，一首先要检查电笔有无安全电阻在里面，再直观检查试电笔是否损坏，有无受潮或进水，检查合格后方可使用。

(2) 在使用试电笔正式测量电气设备是否带电之前，先要将试电笔在有电源的部位检查一下氖管是否能正常发光，如果试电笔氖管能正常发光，则可开始使用。

(3) 如果试电笔需在明亮的光线下或阳光下测试带电体时，应当避光检测电气设备带电，以防光线太强不易观察到氖管是否发亮，造成误判。

(4) 大多数试电笔前面的金属探头都制成一物两用的小螺钉旋具，在使用中特别注意试电笔当作螺钉旋具使用时，用力要轻，扭矩不可过大，以防损坏。

(5) 试电笔在使用完毕后要保持清洁，放于干燥处，严防摔碰。

2.2.2 螺钉旋具

1. 螺钉旋具的规格及选择

电工最常用的工具为螺钉旋具，通常又称为螺丝刀、“起子”、旋凿等，它是一种紧固或拆卸螺钉的工具。其头部形状有一字形和十字形两种，手柄制成为木柄或塑料手柄，如图 2-13 所示。

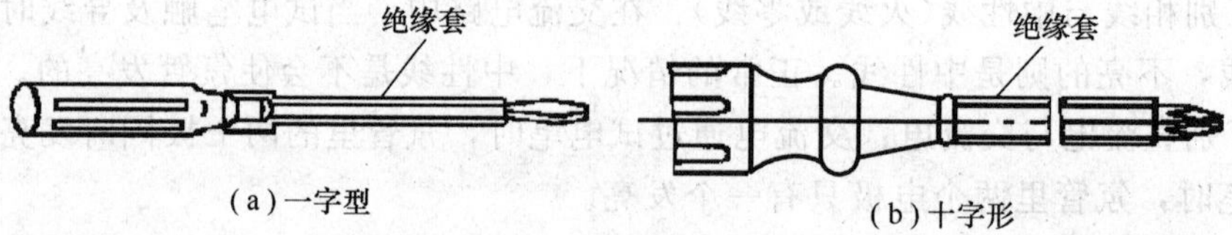

图 2-13 螺钉旋具

一字形螺钉旋具以柄部以外的刀体长度表示规格，单位为 mm，电工常用的有 100 mm、150 mm、300 mm 等几种。

十字形螺钉旋具按其头部旋动螺钉规格的不同，分为四个型号：Ⅰ、Ⅱ、Ⅲ、Ⅳ号，分别用于旋动直径为 2～2.5 mm、3～5 mm、6～8 mm、10～12 mm 等规格的螺钉。其柄部以外的刀体长度规格与一字形螺钉旋具相同。

现在流行一种组合工具，由不同规格的螺钉旋具、锥、钻、凿、锯、锉、锤等组成，柄部和刀体可以拆卸使用。柄部内装氖管、电阻、弹簧，作测电笔使用。

螺钉旋具使用时，应按螺钉的规格选用适合的刀口。以小代大或以大代小均会损坏螺钉或电气元件。

2. 螺钉旋具的使用

(1) 大螺钉旋具的使用：大螺钉旋具一般用来紧固较大的螺钉。使用时，除大拇指、食指和中指要夹住握柄外，手掌还要顶住柄的末端，这样就可防止旋转时滑脱。

(2) 小螺钉旋具的使用：小螺钉旋具一般用来紧固电气装置接线柱上的小螺钉，使用时，可用大拇指和中指夹着握柄，用食指顶住柄的末端捻旋。

(3) 较长螺钉旋具的使用：可用右手压紧并转动手柄，左手握住螺钉旋具的中间部分，以使螺钉旋具不致滑脱，此时左手不得放在螺钉的周围，以免螺钉旋具滑出时将手划破。

3. 使用螺钉旋具的安全知识

(1) 电工不可使用金属杆直通柄顶的螺钉旋具，否则很容易造成触电事故。

(2) 使用螺钉旋具紧固拆卸带电的螺钉时，手不得触及螺丝刀的金属杆，以免发生触电事故。

(3) 为了避免螺钉螺钉旋具的金属杆触及皮肤或触及邻近带电体，应在金属杆上穿套绝缘管。

(4) 螺钉旋具手柄要保持干燥清洁，以防带电操作中发生漏电。

(5) 切勿将螺钉旋具当做签子使用，以免损坏螺钉旋具手柄或刀刃。

2.2.3　电工钳

电工钳是电工用于剪切或夹持导线、金属丝、工件的常用钳类工具。包括电工钢丝钳、尖嘴钳、偏口钳、剥线钳等。

1. 电工钢丝钳

电工钢丝钳常用的规格有 150 mm、175 mm 和 200 mm 三种。

1) 电工钢丝钳的构造和用途

电工钢丝钳由钳头和钳柄两部分组成，钳头有钳口、齿口、刀口和铡口四部分组成。钢丝钳的不同部位有不同的用途：钳口用来弯绞或钳夹导线线头或其他金属、非金属物体；齿口用来紧固或松动螺母；刀口用来剪切导线、起拔铁钉或剖削软导线绝缘层；铡口用来铡切电线线芯、钢丝或铅丝等软硬金属。其构造及用途如图 2-14 所示。

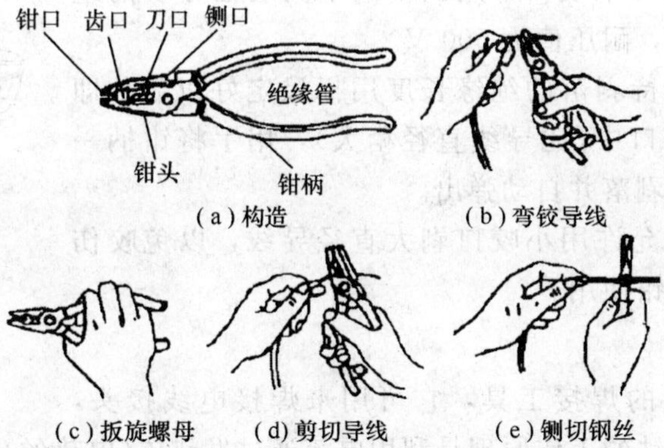

图 2-14　电工钢丝钳构造及用途

电工所用的钢丝钳，在钳柄上应套有耐压值为 500 V 以上的绝缘管。使用时的握法如图 2-14(b)所示，刀口朝向自己面部。

2) 使用电工钢丝钳的安全知识

① 使用电工钢丝钳以前，必须检查绝缘柄的绝缘部分是否完好。绝缘部分如果损坏，进行带电作业时会发生触电事故。

② 用电工钢丝钳剪切带电导线时，不得用刀口同时剪切相线和零线，或同时剪切两根相线，以免发生短路故障。

2. 尖嘴钳

尖嘴钳的头部尖细，适用于在狭小的工作空间操作。尖嘴钳也有铁柄和绝缘柄两种。绝缘柄为电工用尖嘴钳，绝缘柄的耐压值为 500 V，其外形如图 2-15(a)所示。尖嘴钳的规格以其全长用毫米数表示，有 130 mm、160 mm、180 mn 等多种。

(a)尖嘴钳

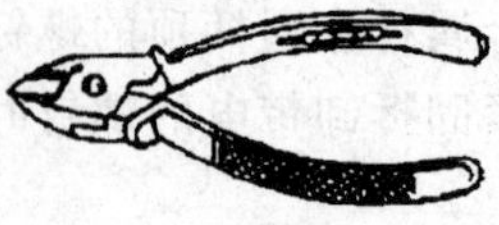

(b)断线钳

图 2-15　尖嘴钳和断线钳

尖嘴钳的用途：

① 带有刃口的尖嘴钳能剪断细小金属线；

② 尖嘴钳夹持较小螺钉、垫圈、导线等元件；

③ 在装接控制线路板时，尖嘴钳能将单股导线弯成一定圆弧的接线鼻子；

④ 还可剪断导线、剥削绝缘层。

3. 断线钳

断线钳又称斜口钳，其头部扁斜，钳柄有铁柄、管柄和绝缘柄三种，其中电工用的绝缘柄断线钳的外形如图 2-15(b)所示，其耐压值为 1000 V。断线钳是专供剪断较粗的金属丝、线材及电线电缆等用。

4. 剥线钳

剥线钳是用于剥落小直径导线绝缘层的专用工具，其外形如图 2-16 所示。

其钳口部分分设有几个咬口，用以剥落不同线径导线的绝缘层。其手柄是绝缘的，耐压值为 500 V。

使用剥线钳时，把待剥落的绝缘长度用标尺定好以后，即可把导线放入相应的刃口中(比导线直径稍大)，用手将钳柄一握，导线的绝缘层即被剥落并自动弹出。

使用剥线钳时，不允许用小咬口剥大直径导线，以免咬伤导线芯；不允许当钢丝钳使用。

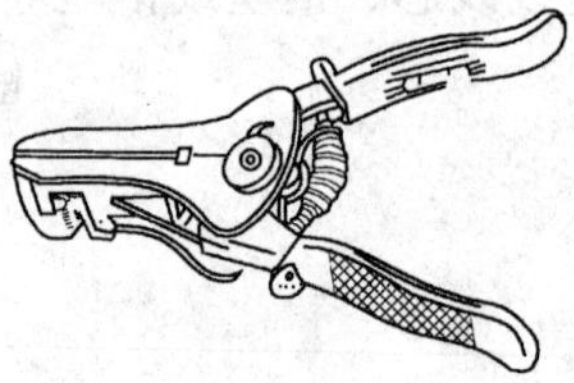

图 2-16　剥线钳

2.2.4　电烙铁

电烙铁是电工常用的焊接工具，它可用来焊接电线接头，电气元件接点等。电烙铁的工作原理是利用电流通过发热体(电热丝)产生的热量熔化焊锡后进行焊接。电烙铁的形式很多，有外热式电烙铁、内热式电烙铁和感应式电烙铁等多种，如图 2-17 所示。外热式电烙铁是具有耐受振动，机械强度大，适用于较大体积的电线接头焊接，但缺点是预热时间较长，效率较低。内热式电烙铁优点是体积小、质量小、发热快，适用于在印制电路板上焊接电子元件，缺点是机械强度差，不耐受振动，不适于大面积场合。

电烙铁在使用时要注意以下几点：

(1) 使用之前应检查电源电压与电烙铁上的额定电压是否相符，一般为 220 V，检查电源和接地线接头是否接错。

(2) 新烙铁应在使用前先用砂纸把烙铁头打磨干净，然后在焊接时和松香一起在烙铁头上沾上一层锡(称为搪锡)。

(3) 电烙铁不能在易爆场所或腐蚀性气体环境中使用。

(4) 电烙铁在使用中一般用松香作为焊剂，特别是电线接头、电子元器件的焊接，一定

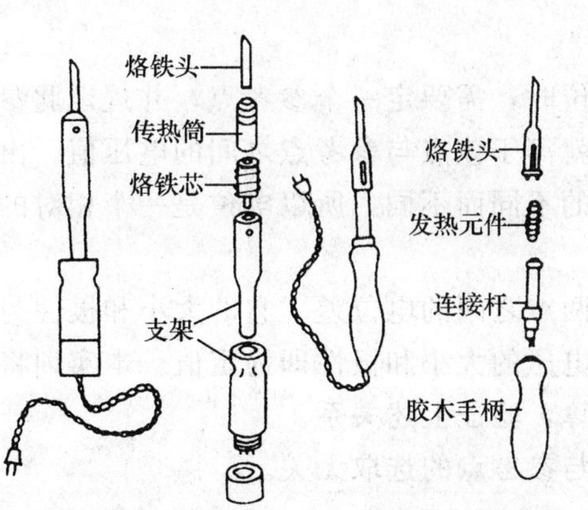

(a) 外热式电烙铁　　(b) 内热式电烙铁

图 2-17　电烙铁

要用松香做焊剂，严禁用盐酸等带有腐蚀性的焊锡膏焊接，以免腐蚀印制电路板或短接电气线路。

(5) 电烙铁在焊接金属铁、锌等物质时，可用焊锡膏焊接。

(6) 如果在焊接中发现紫铜制的烙铁头氧化不易沾锡时，可将铜头用锉刀锉去氧化层，在酒精内浸泡后再用，切勿浸入酸内浸泡以免腐蚀烙铁头。

(7) 焊接电子元器件时，最好选用低温焊丝，头部涂上层薄锡后再焊接。焊接场效应品体管时，应将电烙铁电源线插头拔下，利用余热焊接，以免损坏管子。

(8) 使用外热式电烙铁、应经常将铜头取下，清除氧化层，以免日久造成铜头烧坏。

(9) 电烙铁通电后不能敲击，以免缩短使用寿命。

(10) 电烙铁使用完毕，应拔下插头，待冷却后放于干燥处，以免受潮漏电。

2.3　拓 展 实 训

2.3.1　直流电路电位、电压、电流测量

1. 实训目的

(1) 电压的相对性和电压的绝对性验证。

(2) 用实验证明电路中电流之间的关系。

(3) 掌握电路电位图的绘制方法。

2. 实训设备与器材

实训设备与器材，见表 2-1。

表 2-1　实训设备与器材

序号	名　称	型号与规格	数 量	备　注
1	直流电压表	0～20 V	1 只	
2	直流电流表	0～200 mA	3 只	
3	恒压源	+6 V，+12 V，0～30 V	各 1 台	
4	导线		若干	

3. 实训原理

在测量电路中各点电位时，需要定一个参考点，并规定此参考点电位为零。

电路中某一点的电位就等于该点与参考点之间的电压值。由于所选参考点不同，电路中各点的电位值将随参考点的不同而不同，所以电位是一个相对的物理量，即电位的大小和极性与所选参考点有关。

电压是指电路中任意两点之间的电位差。它的大小和极性与参考点的选择是无关的。一旦电路结构及参数一定，电压的大小和极性即为定值。本实训将通过对不同参考点时电路各点电位及电压的测量和计算，验证上述关系。

电路中测量的电流值与参考点的选取无关。

4. 实训内容

(1) 分别将 E_1，E_2 两路直流稳压电源接入电路，令 $U_1=6$ V，$U_2=12$ V。

(2) 以图 2-18 中的 A 点作为电位的参考点，分别测量 B、C、D、E、F 各点的电位及相邻两点之间的电压值 U_{AB}，U_{BC}，U_{CD}，U_{DE}，U_{EF} 及 U_{FA}，数据填入表 2-1 中。

(3) 以 D 点作为参考点，重复实验步骤(2)，测得数据填入表 2-2 中。

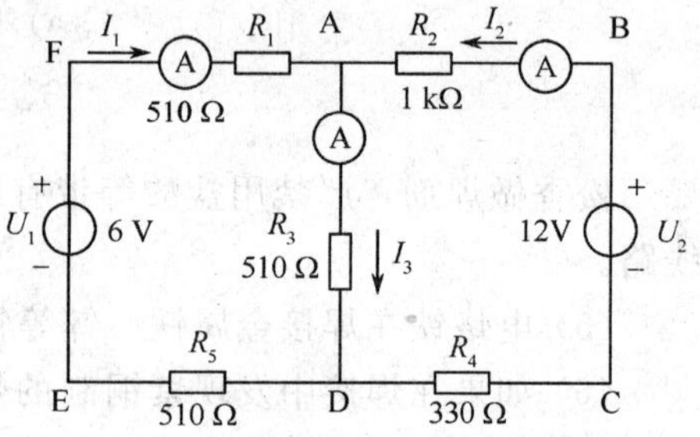

图 2-18 电压、电位、电流测量图

表 2-2 电位电压实验结果数据

电位参考点	φ与U	φ_A	φ_B	φ_C	φ_D	φ_E	φ_F	U_{AB}	U_{BC}	U_{CD}	U_{DE}	U_{EF}	U_{FA}
A	计算值												
	测量值												
	相对误差												
D	计算值												
	测量值												
	相对误差												

(4) 电流的测量。将测量数据填入表 2-3 中。

表 2-3 电流测量数据

电流	I_1	I_2	I_3
计算值			
测量值			
相对误差			

5. 实训注意事项

(1) 实训线路板系多个实训通用，本次实训没有用到电流插头和插座。

(2) 测量电位时，用万用表的直流电压挡或用数字直流电压表测量时，用负表笔(黑色)接参考电位点，用正表笔(红色)接被测各点，若指针正向偏转或显示正值，则表明该点电位为正(即高于参考点电位)；若指针反向偏转或显示负值，此时应调换万用表的表笔，然后读出数值，此时在电位值之前应加一负号(表明该点电位低于参考点电位)。

6. 实训总结

(1) 根据实训数据，绘制两个电位图形；

(2) 完成数据表格中的计算，对误差作必要的分析；

(3) 总结电位相对性和电压绝对性的原理；

(4) 心得体会及其他。

2.3.2　照明电路安装与故障处理

1. 实训目的

(1) 熟练掌握照明电路的安装和检测技能。

(2) 练习使用常用的电工工具。

2. 实训设备与器材

实训设备与器材，见表 2-4。

表 2-4　实训设备与器材

序号	名　　称	型号与规格	数量	备注
1	电源插头	250 V/10 A	1 只	
2	插座	250 V/10 A	1 只	
3	闸刀开关	HR5	1 只	
4	螺口灯头	E27	1 只	
5	白炽灯	220 V/60 W	1 只	
6	拉线开关		1 个	
7	熔丝盒		1 只	
8	熔丝	0.5 A	若干	
9	绝缘导线		若干	
10	瓷夹板若干		若干	
11	绝缘胶布		若干	
12	试电笔	250 V	1 个	
13	剥线钳		1 只	
14	尖嘴钳		1 只	
15	螺钉旋具		1 只	
16	木螺钉	$L<30$ mm	若干	
17	五合板或木板		1 块	

3. 实训原理

通过加在白炽灯两个金属触点两端的电压把电能转化为光能而发光。

4. 实训内容

(1) 先把闸刀开关，拉线开关在五合板或木板的预定位置固定好。闸刀开关的安装，必须使向上推时为闭合，不可装倒。

(2) 把两条导线平行架设，用瓷夹板将导线固定好；并按电路用导线把闸刀开关，拉线开关接好，用导线把灯头连接起来。

拉线开关必须与火线串接，螺口灯头的螺旋套必须与地线连接。灯头和吊线盒接线时裸铜丝不能外露，以防短路。

在闸刀开关的输入端用插头接线，接线时注意不要使插头的两导线裸露部分相碰而发生短路接线图如图 2-19 所示。

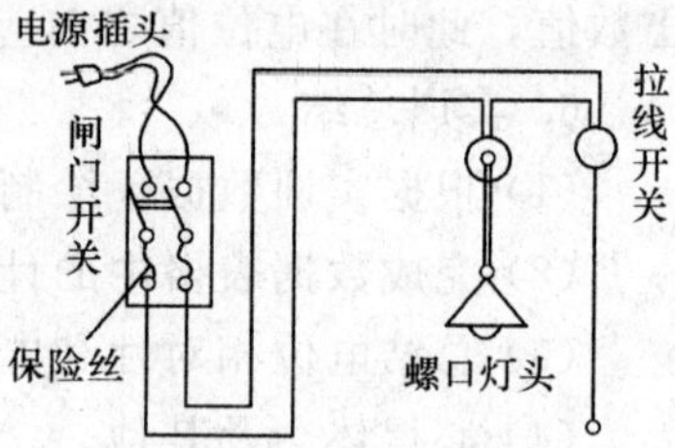

图 2-19　照明电路接线图

(3) 用试电笔测试开关是否接在火线上，如果没有，可将插头调向。

(4) 经检查无误后，在闸刀开关上接好保险丝，安上灯泡后将插头插入实验室插座内，将闸刀开关合上，拉动拉线开关，看灯泡是否发光。

(5) 将插头取下，拆除电路。

5. 实训注意事项

(1) 凡是导线接头处都必须用绝缘胶布把裸露的导线包扎好，不能用医用胶布或塑料代替。

(2) 选用保险丝的规格不应大于 0.5 A。

(3) 在拆除电路时，应首先将电源断开。严禁带电操作，以防触电。

(4) 保险盒接在火线上。保险盒保证整个电路安全用电。要放在接入照明电源火线的最前端。

6. 常见故障分析

常见故障分析，见表 2-5。

表 2-5　常见故障分析

故障现象	产生故障的可能原因	处理方法
灯泡不发光	1. 灯丝断裂 2. 灯座或开关接点接触不良 3. 熔丝烧断 4. 电路开路 5. 停电	1. 更换灯泡 2. 把接触不良的触点修复，无法修复时，应更换完好的灯座或开关 3. 修复熔丝 4. 修复线路 5. 开启其他用电器给以验明或用试电笔进行检验
灯泡发光强烈	灯丝局部短路(俗称搭丝)	更换灯泡
不断烧断熔丝	1. 灯座连接处两线头互碰 2. 负载过大 3. 熔丝太小 4. 线路短路	1. 重新接好线头 2. 减轻负载 3. 正确选配熔丝规格 4. 修复线路
灯光暗红	1. 灯座、开关或导线对地严重漏电 2. 灯座、开关接触不良或导线连接处接触电阻增加 3. 线路导线细长，电压降太大	1. 更换完好的灯座、开关或导线 2. 修复接触不良的触点，重新连接接头 3. 缩短线路长度或更换较大截面的导线

7. 实训总结

(1) 根据照明实际线路的连接误差完成实训报告。

(2) 从实训现象和结果，仔细分析线路连接过程中出现的问题。

小　结

本章主要介绍了电工仪表与测量的有关知识，包括常用电工仪表的基本知识以及测量方法。在测量中除了应该正确选用仪表和使用仪表之外，还必须采用合适的测量方法，掌握测量的操作技术，以便尽可能地减少测量误差。

在电工测量过程中，除了正确使用测量仪表外还要能够正确使用常用的电工工具，掌握电工工具的基本结构和使用的注意事项。

学习本章内容后，能够进行简单电路的设计、安装与调试，以及相关问题的解决。

思考与练习题

2-1　电工仪表的主要技术指标有哪些？

2-2　如何正确使用指针式万用表的插孔和转换开关？

2-3　兆欧表的接线柱如何接线？

2-4　为什么测量绝缘电阻要用兆欧表，而不能用万用表？

2-5　电能表与功率表有什么不同？

2-6　如何用钳形电流表测量电流？

2-7　低压试电笔除了用来检测电压外，还有哪些用途？

第3章 交流电路

知识点

- 电压、电流的正弦表示。
- 电压、电流的向量表示。
- *RLC* 交流电路。
- 三相交流电路。
- 安全用电常识。

学习要求

1. 了解

- 交流电流、电压的特点。
- *RLC* 交流电路的特点。

2. 掌握

- 电压、电流的正弦和向量表示方法。
- *RLC* 交流电路的表示方法。

3. 能力

- 能够运用交流电路电压和电流量的表达式。
- 学会解决实际交流电路中相关数值的求解。

通过本章的学习，主要了解常用的电工仪表与测量的基本知识，常用的电工仪表的结构、原理、应用范围及技术特性；掌握选择、使用、维护保养、校调电工仪表的基本方法；掌握正确的电工测量方法，培养熟练的操作技能，学会对测量数据的正确处理方法。

电工测量的对象主要是电阻、电流、电压、电功率、电能、功率因数等。电工仪表与测量研究的内容包括常用电工仪表的结构、工作原理、技术特性及使用方法，电工测量方法的选择，测量数据的处理等内容。

日常生活和工业生产中我们除了用到直流电路外，还有交流电路。发电厂生产出来的以及带动生产机械运转的发动机驱动电路是随时间按正弦规律变化的交流电，收音机、电视机、计算机等也都采用的是正弦交流电。大小和方向都随时间变化的电流(电压)，称为交流电流(电压)。

3.1 交流电路的基本概念

3.1.1 正弦量

大小和方向随时间按正弦规律变化的电动势、电压、电流统称为正弦交流电。交流电的瞬时值用小写字母 i、u 和 e 表示。以 i 为例，其波形图如图 3-1 所示。它的表达式可写成

$$i=I_m\sin(\omega t+\varphi) \tag{3-1}$$

其中幅值 I_m、角频率 ω 和初相 φ 称为交流电的三要素。如果已知这三个量，交流电的瞬时值即可确定。

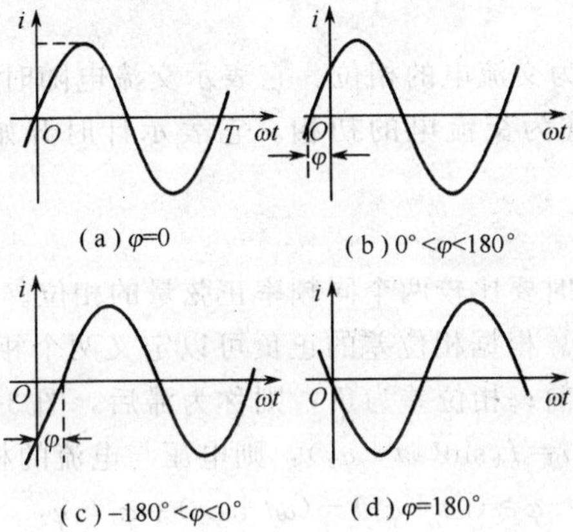

图 3-1　交流电的波形图

1. 交流电的三要素

1）频率和角频率

正弦交流电完整变化一周所需的时间叫周期，用字母 T 表示，单位是秒(s)。每秒正弦交流电重复变化的次数称为频率，用字母 f 表示，频率的单位是赫兹(Hz)，更高的频率单位是千赫(kHz)或兆赫(MHz)。周期和频率是描述正弦量变化快慢的物理量。

周期和频率的关系为

$$f=\frac{1}{T}\text{或 }T=\frac{1}{f}$$

我国规定工业用电的标准频率为 50 Hz，其周期为 0.02 s，这种频率在工业上广泛应用，习惯称为工频。在电工技术中正弦量变化快慢还常用角频率表示，它表示一个周期内经历了 2π 弧度，角频率用 ω 表示，单位是弧度每秒(rad/s)。它与频率和周期的关系为

$$\omega=\frac{2\pi}{T}\text{或 }\omega=2\pi f$$

2）幅值和有效值

幅值是交流电的最大值，表示交流电的强度。用带下标 m 的字母表示，如式(3-1)中的 I_m。在分析和计算正弦交流电路的问题时，常用的是有效值。

正弦交流电的瞬时值和振幅只是交流电某一瞬时的数值，不能反映交流电在电路中做功的实际效果，而且测量和计算都不方便。为此，在电工技术中常用有效值来表示交流电的大

小。交流电的有效值用大写英文字母如 U、I 等表示。有效值是分析和计算交流电路的重要表达方式。在实际生产中，一般所说的交流电的大小，都是指它的有效值。如交流电路中的电压 220 V，380 V 都是指有效值；在电路中用电流表、电压表、功率表测量所得的值都是有效值；电动机的铭牌所标的电流、电压值也是有效值。交流电的有效值是根据电流热效应原理来定义的。如果在一个周期内，一个交流电流通过一个电阻产生的热量与一个直流电流流过相同的电阻、相同的时间所产生的热量相等，则这个直流电流 I 就称为该交流电流的有效值。

幅值与有效值的关系为

$$U_m=\sqrt{2}U \tag{3-2}$$

$$I_m=\sqrt{2}I \tag{3-3}$$

3）初相

式(3-1)中的$(\omega t+\varphi)$称为交流电的相位。它表示交流电随时间变化的情况。当 $t=0$ 时，$\omega t=0$，此时的相位为 φ，称为交流电的初相。它表示计时开始时交流电所处的状态。如图 3-1中所示。

2. 相位差

在正弦交流电路中，有时要比较两个同频率正弦量的相位。两个同频率正弦量相位之差称为相位差，以字母 φ 表示。根据相位差的正负可以定义两个相量相位的超前和滞后关系，如果相位差为正，则称为超前；相位差为负，则称为滞后，图 3-2 中我们称电压超前电流 φ 角。若 $u=U_m\sin(\omega t+\varphi_1)$、$i=I_m\sin(\omega t+\varphi_2)$，则电压与电流的相位差为

$$\varphi=(\omega t+\varphi_1)-(\omega t+\varphi_2)=\varphi_1-\varphi_2$$

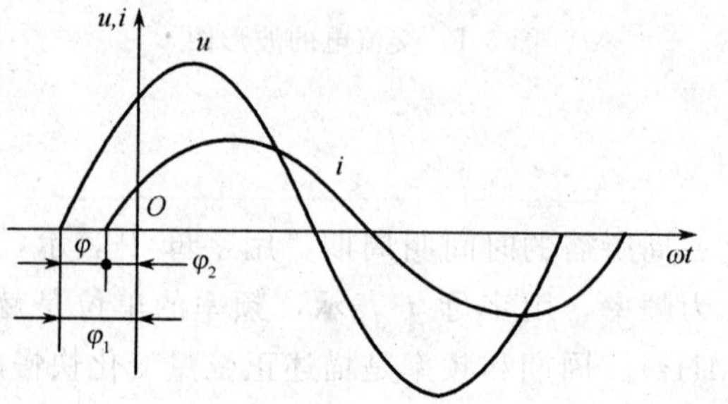

图 3-2　正弦交流电压和电流

相位差等于它们的初相之差，与时间 t 无关。需要注意的是只有同频率的正弦量才能比较相位。同频率正弦量的相位关系如图 3-3 所示。另外，相位差和初相都规定不得超过±180°。

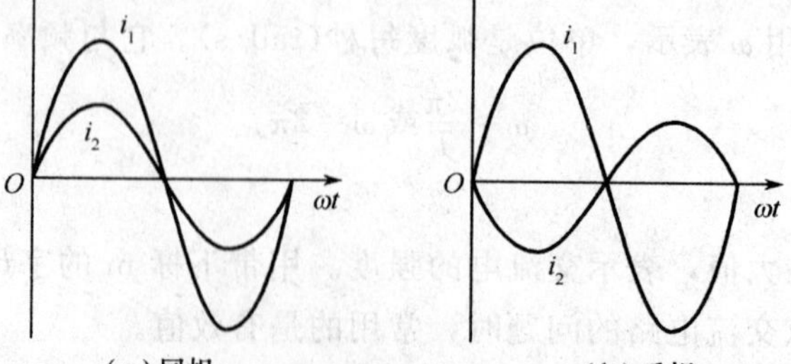

图 3-3　同频率正弦量的相位关系

若 $\varphi>0$，表明 $\varphi_1>\varphi_2$，则 u 比 i 先达到最大值，称 u 超前于 i 一个相位角 φ，或者说 i 滞后于 u 一个相位角 φ。

若 $\varphi=0$，表明 $\varphi_1=\varphi_2$，则 u 与 i 同时达到最大值，称 u 与 i 同相位，简称同相。

若 $\varphi=\pm180°$，则称 u 与 i 的相位相反。

若 $\varphi<0$，表明 $\varphi_1<\varphi_2$，则 u 滞后于 i(或 i 超前于 u)一个相位角 φ。

3.1.2　相量

交流电的瞬时值表达式，是以三角函数的形式表示出交流电的变化规律；由交流电的波形图可直观地看出交流电的变化规律。这两种方法虽然比较直观，但是用它们分析和计算正弦交流电路时十分复杂，为了便于交流电路的分析和计算，采用用复数表示交流电的方法来进行交流电数据的计算。用复数表示交流电的方法，称为交流电的相量表示法。

图 3-4 是正弦电压 $u=U_m\sin(\omega t+\varphi)$的波形，有向线段 A 在 xOy 坐标系中以角速度 ω 作逆时针旋转，A 的长度代表正弦量的幅值，它的初始位置与 x 轴正方向的夹角等于正弦量的初相 φ。可见，有向线段 A 具有了正弦量的三个特征，所以可用来表示正弦量。

正弦量也可用复数表示，在一个直角坐标系中，设：横轴为实轴，单位用+1 表示；纵轴为虚轴，单位用+j 表示(在数学中虚轴的单位用i，这里为了和电流符号相区别而改用j)，则构成的复平面如图 3-5 所示，有向线段 A 用复数表示为

$$A=a+\mathrm{j}b \tag{3-4}$$

式中，复数的实部：　$a=r\cos\varphi$

复数的虚部：　$b=r\sin\varphi$

复数的模：　$r=\sqrt{a^2+b^2}$

复数的幅角：　$\varphi=\arctan\dfrac{b}{a}$

根据欧拉公式，式(3-4)还可表示为

$$A=r\angle\varphi \tag{3-5}$$

用复数表示的正弦量称为相量，为了与一般的复数区别，规定正弦量的相量用上方加“·”的大写字母表示。

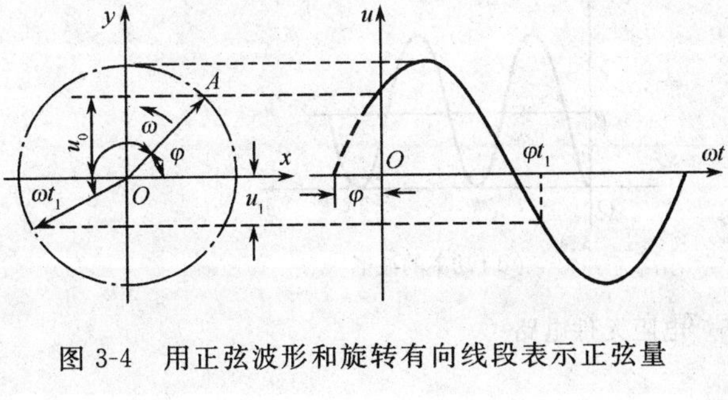

图 3-4　用正弦波形和旋转有向线段表示正弦量

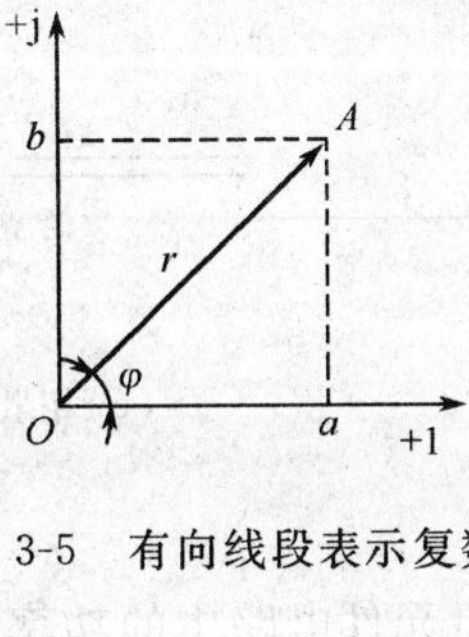

图 3-5　有向线段表示复数

3.2　*RLC* 交流电路

最简单的交流电路是由电阻、电容或电感中任一个元件组成的交流电路，这些电路元件

仅由 R、L、C 三个参数中的一个来表征其特性，这样的电路称为单一参数的交流电路。各种实际电工、电子元器件及电气设备在进行电路分析时均可用电阻、电感、电容三种电路元件来等效。在交流电路中，同时有电阻 R、电感 L 及电容 C 三种参数的作用。

3.2.1 单一参数电路

1. 电阻元件电路

电路中导线和负载上产生的热损耗以及用电器吸收的不可逆的电能，都通常归结于电阻，电阻元件的参数用 R 表示。日常生活中所用的白炽灯、电饭锅、热水器等在交流电路中都可以看成是电阻元件，如图 3-6(a)所示。

1）电压与电流的关系

在电阻 R 的两端加上正弦交流电压，则电路中就有交流电流流过。按图中所示的电流、电压的参考正方向，以电压为参考变量，令其初相位为零，则其瞬时值表达式为 $u=U_{\mathrm{m}}\sin\omega t$。

如选择电流为参考正弦量，即电流的初相为零，则其瞬时值表达式为 $i=I_{\mathrm{m}}\sin\omega t$。

其波形图如图 3-6(b)所示。由上式及波形图可知，电阻元件电路中 u 与 i 同频率同相位。其有效值及相量关系分别为

$$U=RI \tag{3-6}$$

$$\dot{U}=R\dot{I} \tag{3-7}$$

此即为电阻元件电路中欧姆定律的相量形式和有效值形式。电压与电流的相量图如图 3-6(c)所示。

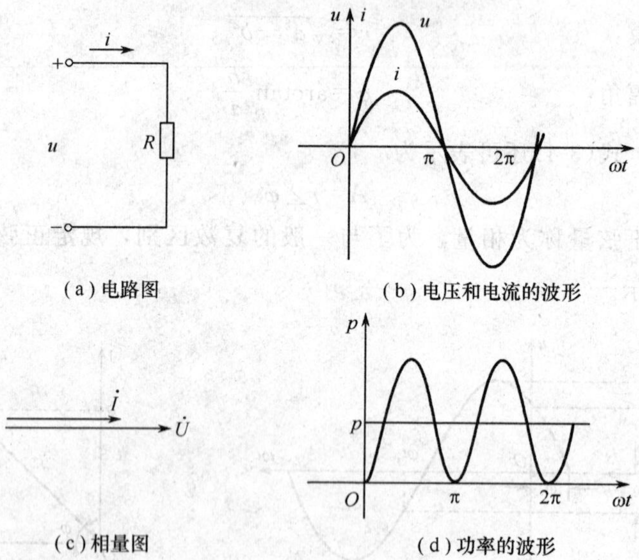

(a) 电路图　(b) 电压和电流的波形　(c) 相量图　(d) 功率的波形

图 3-6　电阻元件电路

2）电阻元件电路中的功率

在交流电路中，电压与电流都是随时间而变化的。因此，电阻所消耗的功率也是随时间变化的。瞬时功率就是任一瞬间的电压与电流瞬时值的乘积，用小写字母 p 表示，即

$$p=ui=U_{\mathrm{m}}\sin(\omega t+\varphi)I_{\mathrm{m}}\sin(\omega t+\varphi)=UI(1-\cos 2\omega t)=UI-UI\cos 2\omega t \tag{3-8}$$

瞬时功率的随时间变化的规律，如图 3-6(d)所示。由此可见，功率 p 的频率是 i 的频率的 2 倍，电阻元件上瞬时功率总是大于或等于零。瞬时功率为正值，说明元件吸收电能。从能量的观点看，由于电阻元件上能量转换过程不可逆，所以电阻元件是电路中的耗能元件。

瞬时功率总随时间变化，因此无法确切地度量电阻元件上的能量转换规模，只能说明功率的变化情况，实用意义不大。通常用瞬时功率在一个周期内的平均值来表示电路实际消耗的功率，称为平均功率，又称有功功率，用大写字母 P 来表示，有

$$P=UI=I^2R=U^2/R \tag{3-9}$$

通常交流电气设备上铭牌上所标示的额定功率就是平均功率。平均功率也称为有功功率，所谓有功，实际上指的是能量转换过程电阻元件上消耗的能量。

2. 电感元件电路

电感元件在电工技术中应用非常广泛，如变压器的线圈、电动机的绕组等。若电阻忽略不计时，这个线圈或绕组则可视为一个理想的电感元件，将它接在交流电源上就是纯电感电路，电感元件的参数用 L 表示。其电路图如图 3-7(a)所示。

1) 电压与电流关系

如仍选择电流为参考正弦量，即电流 i 的初相为零，则其瞬时值表达式为

$$i=I_{\mathrm{m}}\sin\omega t \tag{3-10}$$

电感元件两端的电压为

$$u=L\frac{\mathrm{d}i}{\mathrm{d}t}=L\frac{\mathrm{d}I_{\mathrm{m}}\sin\omega t}{\mathrm{d}t}=\omega LI_{\mathrm{m}}\cos\omega t=U_{\mathrm{m}}(\sin\omega t+90^\circ) \tag{3-11}$$

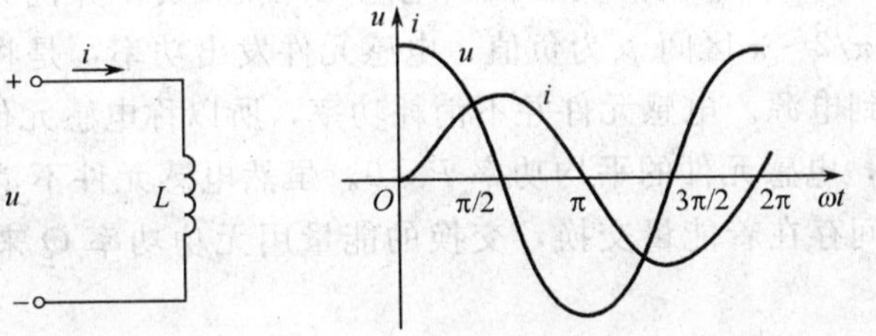

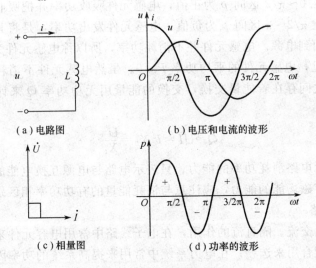

(a) 电路图　　(b) 电压和电流的波形

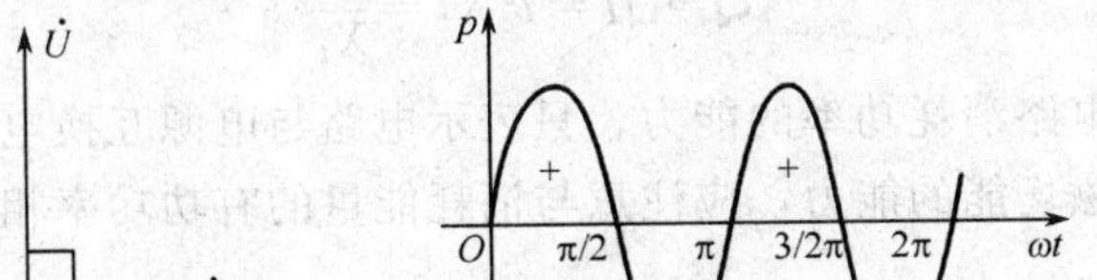

(c) 相量图　　(d) 功率的波形

图 3-7　电感元件电路

由式可见，对于电感元件电路，u 与 i 频率相同，相位却不同，u 超前 i 90°。其波形如图 3-7(b)所示。

有效值的关系为 $U=X_LI$ 或 $I=\dfrac{U}{X_L}$

$$X_L=\omega L=2\pi fL \tag{3-12}$$

式中，X_L 为感抗，单位也是欧姆(Ω)。它表示电感元件对电流阻碍作用大小的物理量。X_L 与电感 L 和频率 f 成正比，如果 L 一定，f 越高 X_L 越大，f 越低 X_L 越小。在直流电路中，$f=0$，

$X_L=\omega L=2\pi fL=0$，说明电感元件在直流电路中可视为短路，即电感元件有通直流、阻交流的作用，因此电感元件可以有效地阻止高频电流的通过。常用在交流电路中，既可起到限流作用又可避免能量损耗。如日光灯、电焊机、电动机启动器等，均采用电感元件限流。

由于电感元件对不同频率的交流电有不同的感抗，所以在电子电路中用电感元件来滤波和选频。特别需要注意的是，电感元件电路中电流、电压瞬时值之间的关系不符合欧姆定律，电感元件两端电压与电流变化率成正比。

电感元件两端的电压与电流的相量关系为$\dot{U}=\mathrm{j}X_L\dot{I}$或$\dot{I}=\dfrac{\dot{U}}{\mathrm{j}X_L}$。

相量图如图 3-7(c)所示。图中的 i 的初相 $\varphi=0°$，$I=I\angle 0°$则

$$U=\mathrm{j}X_L\dot{I}=\angle 90° X_L I\angle 0°=X_L I\angle 90°+0°=U\angle 90° \tag{3-13}$$

2）电感元件电路中的功率

电感元件的瞬时功率

$$p=ui=U_{\mathrm{m}}\sin(\omega t+90°)I_{\mathrm{m}}\sin\omega t=2UI\sin\omega t\cos\omega t=UI\sin 2\omega t \tag{3-14}$$

$$i=I_{\mathrm{m}}\sin\omega t=\sqrt{2}I\sin\omega t \tag{3-15}$$

$$u=L\frac{\mathrm{d}i}{\mathrm{d}t}=L\frac{\mathrm{d}(I_{\mathrm{m}}\sin\omega t)}{\mathrm{d}t}=\omega LI_{\mathrm{m}}\sin(\omega t+90°)=U_{\mathrm{m}}\sin(\omega t+90°)=\sqrt{2}U\sin(\omega t+90°) \tag{3-16}$$

由上式可知：电感元件上瞬时功率 p 的频率是 u 或 i 频率的 2 倍，并按正弦规律变化，如图 3-7(d)所示。在 $0\sim\pi/2$ 区间 p 为正值，电感元件吸收功率并把吸收的电功率转换成磁场能量储存起来；在 $\pi/2\sim\pi$ 区间 p 为负值，电感元件发出功率，是将其储存的磁场能量再转换成电场能量送回到电源。电感元件并不消耗功率，所以称电感元件为储能元件。

由图 3-7(d)可见，电感元件的平均功率 $P=0$。虽然电感元件不消耗功率，但作为负载的电感元件与电源之间存在着能量交换，交换的能量用无功功率 Q 来计量。无功功率的单位为乏(var)。

$$Q=UI=I^2X_L=\frac{U^2}{X_L} \tag{3-17}$$

无功功率不表示电路消耗功率的能力，只表示电路与电源互换电能的能力，即表示电感元件建立磁场和储存磁场能的能力，应注意与消耗能量的有功功率相区别。

3. 电容元件电路

电容元件具有通交流、隔直流的作用，在电子线路中常用电容元件来滤波、隔直及旁路交流、与其他元件配合用来选频；在电力系统中常用来提高系统的功率因数。下面讨论电容元件在交流电路中的作用。电容电路如图 3-8(a)所示。

1）电压与电流关系

由于电压的不断变化，电容元件上电荷量随电压而变化，电路中产生电流。如选择电压为参考正弦量，即电压的初相为 0°，电压 u 的瞬时值表达式为

$$u=U_{\mathrm{m}}\sin\omega t \tag{3-18}$$

则电容元件上所流过的电流

$$i=C\frac{\mathrm{d}u_C}{\mathrm{d}t}=C\frac{\mathrm{d}U_{\mathrm{m}}\sin\omega t}{\mathrm{d}t}=\omega CU_{\mathrm{m}}\cos\omega t=I_{\mathrm{m}}\sin(\omega t+90°) \tag{3-19}$$

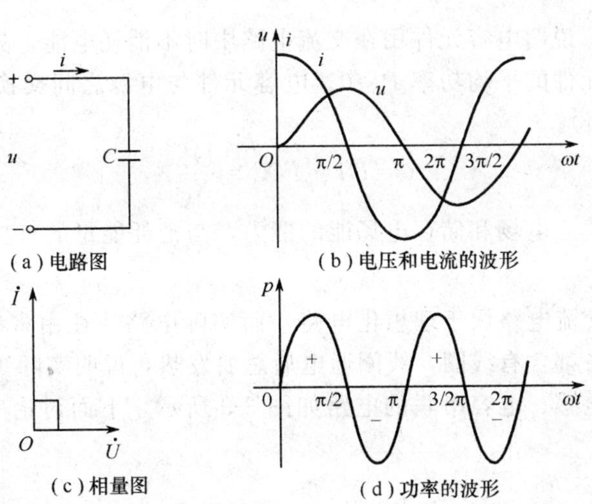

(a)电路图　(b)电压和电流的波形

(c)相量图　(d)功率的波形

图 3-8　电容元件电路

由上式可知，对于电容元件电路，u 与 i 也是同频率不同相位，i 超前 u90°，其波形如图 3-8(b)所示。有效值的关系为

$$U = X_C I \text{ 或 } I = \frac{U}{X_C}$$

$$X_C = \frac{1}{\omega C} = \frac{1}{2\pi f C} \tag{3-20}$$

式中，反映了电容元件对交流电的阻碍作用，称为容抗，单位是欧姆，符号为 Ω，它表示电容元件对电流阻碍作用大小的物理量。当频率 f 一定时，容抗 X_C 与电容量 C 成反比，即 C 越大，X_C 越小。电容 C 一定时，容抗 X_C 与频率 f 成反比，即电压变化频率越高，容抗越小。当 $f=0$ 时，即在直流电的作用下，$X_C \to \infty$，电容元件相当于开路，也就是说电容元件具有隔直流、通交流的作用。

上式说明纯电容元件电路中，电流、电压有效值、最大值的关系符合欧姆定律。

需特别注意的是，纯电容元件电路中，电压与电流瞬时值间的关系不符合欧姆定律，电容元件电流的大小与电压的变化率成正比。电容元件两端的电压与电流的相量关系为

$$\dot{U} = -\mathrm{j} X_C \dot{I} \text{ 或 } \dot{I} = \frac{\dot{U}}{-\mathrm{j} X_C} = \mathrm{j}\,\frac{\dot{U}}{X_C}$$

相量图如图 3-8(c)所示。图(c)中 u 的初相 $\varphi = 0°$，$\dot{U} = U\angle 90°$，则

$$\dot{I} = \mathrm{j}\,\frac{\dot{U}}{X_C} = \frac{U}{X_C}\angle 90° + 0° = I\angle 90° \tag{3-21}$$

2）电容元件电路中的功率

电容元件的瞬时功率

$$p = ui = I_m \sin(\omega t + 90°) U_m \sin\omega t = 2UI \sin\omega t \cos\omega t = UI \sin 2\omega t \tag{3-22}$$

由式可见：电容元件瞬时功率 p 的频率也是 i 或 u 频率的 2 倍，并按正弦规律变化，如图 3-8(d)所示。由 p 的波形图可见，在 0～π/2 区间，p 为正值，电容元件吸收功率，并把吸收的功率以电场能量的形式储存起来；在 π/2～π 区间，p 为负值，电容元件发出功率，将其储存的电场能量再送回到电源。电容元件并不消耗功率，所以电容元件也是储能元件。电容元件在一个完整周期内两次为正，两次为负，说明它吸收电能两次，释放电能两次。吸

收与释放的电能相等，说明电容元件用在交流电路中时不消耗电能，只是与电源之间进行电能的相互交换。电容元件的平均功率 $P=0$。电容元件与电源之间交换的能量用无功功率 Q 来表示，单位是乏(var)。

$$Q=UI=I^2X_C=\frac{U^2}{X_C} \tag{3-23}$$

它表示电容元件建立电场和储存电场能的能力，与消耗能量的有功功率不同。

3.2.2 *RLC* 电路

单一参数的正弦交流电路属于理想化电路，而实际电路往往由多参数组合而成。例如，电动机、继电器等设备都含有线圈，线圈通电后总要发热，说明实际线圈不仅有电感，还存在发热电阻。电阻、电感、电容串联的电路如图 3-9 所示。下面讨论串联后的阻抗、电压、电流及功率的关系。

1. 电压三角形

在图 3-9 中，设电流为参考量，则电流 $i=I_m\sin\omega t$，根据基尔霍夫电压定律可列方程式

$$u=u_R+u_L+u_C \tag{3-24}$$

$$u_L=\omega LI_m\sin(\omega t+90°)=U_{Lm}\sin(\omega t+90°) \tag{3-25}$$

$$u_C=\frac{1}{\omega C}I_m\sin(\omega t-90°)=U_{Cm}\sin(\omega t-90°) \tag{3-26}$$

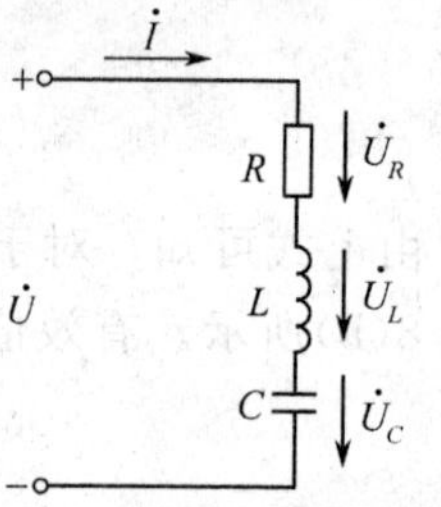

图 3-9 *RLC* 串联电路

对应的电压有效值相量表达式为

$$\dot{U}=\dot{U}_R+\dot{U}_L+\dot{U}_C=R\dot{I}+jX_L\dot{I}+(-jX_C\dot{I})$$

$$=[R+j(X_L-X_C)]\dot{I}=R\dot{I}+jX\dot{I}=Z\dot{I}\quad(其中，Z=R+jX)$$

上式称为基尔霍夫电压定律的相量表示式，用相量图表示如图 3-10 所示。

图 3-10(a)所示为电压相量图，为电压 U 与电流 I 之间的相位差，数值上与阻抗角相等。图 3-10(b)所示为电压相量三角形，图 3-10(c)所示为电压有效值三角形，简称电压三角形。有效值之间的关系为

$$U=\sqrt{U_R^2+(U_L^2-U_C^2)} \tag{3-27}$$

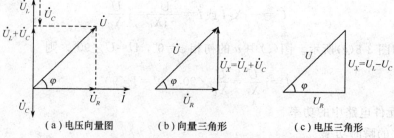

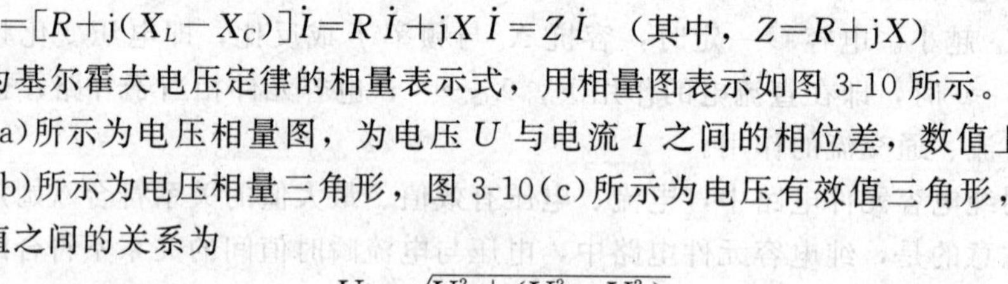

图 3-10 *RLC* 串联电路电压关系图

电压与电流之间的相位差 φ 也可从中得出，即

$$\varphi=\arctan\frac{U_L-U_C}{U_R} \tag{3-28}$$

2. 阻抗三角形

R、L、C 串联后对电流的阻碍作用称为阻抗，用字母 Z 表示，单位为欧姆(Ω)。根据

电压三角形，可得

$$\dot{U}=\dot{I}\sqrt{R^2+(X_L-X_C)^2}\angle\arctan\frac{X_L-X_C}{R}=\dot{I}\mid Z\mid\angle\varphi \tag{3-29}$$

式中的 Z 叫复阻抗，其模值 $|Z|$ 反映了电阻、电感和电容串联电路对正弦交流电流所产生的总的阻碍作用，称为正弦交流电的阻抗，即 $|Z|=\sqrt{R^2+(X_L-X_C)^2}$，复阻抗 Z 的幅角 Ψ 可表示为

$$\varphi=\arctan\frac{X_L-X_C}{R}$$

阻抗三角形如图 3-11 所示。

分析可得，当频率一定时，φ 的大小由电路负载参数决定，即

(1) 若 $X_L>X_C$ 时，则 $\varphi>0$，此时电压超前电流 φ 角，电路呈感性；

(2) 若 $X_L<X_C$ 时，则 $\varphi<0$，此时电压滞后电流 φ 角，电路呈容性；

(3) 若 $X_L=X_C$ 时，则 $\varphi=0$，此时电压与电流同相位，电路呈阻性。

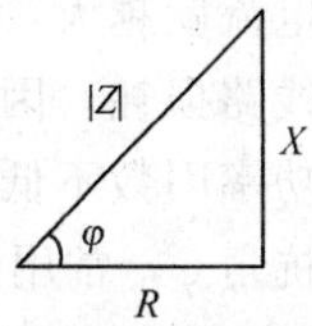

图 3-11　RLC 串联电路阻抗三角形

3. 功率三角形

在电阻元件、电感元件与电容元件串联的正弦交流电路中，将电压三角形的各个边乘以电流 I，就可得到功率三角形，如图 3-12 所示，其中 P 为有功功率，即电阻所消耗的功率，单位是瓦(W)。由电压三角形中电压关系知

$U_R=U\cos\varphi=RI$，则有功功率为

$$P=U_RI=I^2R=UI\cos\varphi \tag{3-30}$$

在交流电路中的平均功率一般不等于电压与电流有效值的乘积。把电压与电流有效值的乘积称为视在功率，其单位为伏·安(V·A)，用 S 表示，即

$$S=UI \tag{3-31}$$

电感元件和电容元件都要在正弦交流电路中进行能量的互换，因此相应的无功功率 Q 为这两个元件的共同作用形成，即

$$Q=U_LI-U_CI=(X_L-X_C)^2=UI\sin\varphi \tag{3-32}$$

有功功率 P、无功功率 Q 和视在功率 S 三者之间的关系构成了一个直角三角形，称为功率三角形，如图 3-12 所示。图中的 φ 称为功率因数角，在数值上功率因数角、阻抗角和总电压与电流之间的相位差，三者之间是相等的。

阻抗三角形、电压三角形和功率三角形是分析计算 R、L、C 串联或其中两种元件串联电路的重要依据。

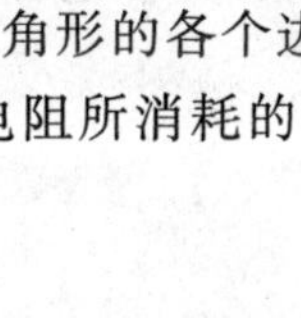

图 3-12　RLC 串联电路功率三角形

4. 功率因数的提高

在工厂里，使用的电动机较多，电感量很大，工厂占用的无功功率很大，虽然无功功率并没消耗掉，但是这部分功率也无法供给其他用电户使用。电业部门对无功功率的占用量有一定的限制。为了减少电感元件对无功功率的占用量，通常采用并联电容元件的方法。还有民用单相异步电动机的工作(如洗衣机、电风扇等)，也须接入电容元件进行分相，因为如果

电容元件坏了，电动机就不能启动运转了。在模拟电子技术中电容元件和电感元件的应用很多。

设交流电路中电压和电流之间相位差为 φ，则有功功率 P 为

$$P=UI\cos\varphi \tag{3-33}$$

这里我们称 $\cos\varphi$ 为电路的功率因数。由以前分析可知，$\cos\varphi$ 的大小由电路的参数决定，对纯电阻负载 φ 为 0，则 $\cos\varphi=1$；对于其他负载电路，$\cos\varphi$ 介于 0～1 之间。电路功率因数过低，会引起两个方面不良后果：一是发电设备的容量不能充分利用；二是电路损耗增加。当负载的有功功率 P 和电压 U 一定时，电路中的电流为 $I=\dfrac{P}{U\cos\varphi}$。可见 $\cos\varphi$ 越小，电路中的电流就越大，消耗在输电线路和设备上的功率损耗就越大。反之，提高功率因数会大大降低线路损耗，因此，提高功率因数有很大的经济意义，我国供电规则中要求：高压供电企业的功率因数不低于 0.95，其他用电单位不低于 0.9。要提高功率因数的值，必须尽可能减小阻抗角 φ，常用的方法是在电感性负载端并联补偿电容元件。

【例 3-1】 图 3-13(a)所示电路中，已知感性负载的功率 $P=100$ W，电源电压有效值为 100 V，功率因数 $\cos\varphi_1=0.6$，要将功率因数提高到 $\cos\varphi_2=0.9$，求两端应并联多大的电容器(设 $f=50$Hz)。

解：并联电容前：
$$I_1=\frac{P}{U\cos\varphi}=\frac{100}{100\times0.6}\text{A}\approx1.67\ \text{A}$$

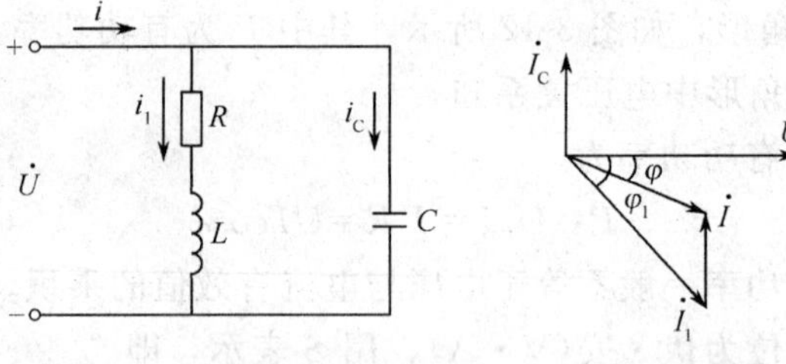

(a) 电路图　　(b) 向量图

图 3-13　例 3-1 图

并联电容元件后，虽然电路的总电流发生变化，但是流过电感负载的电流、负载吸收的有功功率和无功功率都没有变化，而流过电容元件的电流将比电压超前 90°，电压和电流的相量图如图 3-13(b)图所示，因此可得

$$\varphi_1=\arctan0.6\approx53.1°$$
$$\varphi=\arctan0.9\approx25.8°$$
$$UI_1\cos\varphi_1=UI\cos\varphi_2$$

故并联后的电路总电流 I 为

$$I=\frac{UI_1\cos\varphi_1}{UI\cos\varphi}=\frac{0.6\times1.67}{0.9}\ \text{A}\approx1.11\ \text{A}$$

根据相量图可求得

$$I_C=I_1\sin\varphi_1-I\sin\varphi=[1.67\sin53.1°-1.11\sin25.8°]\ \text{A}\approx0.85\ \text{A}$$

由 $I_C=\dfrac{U}{X_C}=U\omega C$ 可得

$$C=\frac{I_C}{U\omega}=\frac{0.85}{2\times3.14\times50\times100}\ \mathrm{F}\approx2.7\times10^{-5}\ \mathrm{F}=27\ \mu\mathrm{F}$$

3.2.3　电路的谐振

正弦交流电路中，如果包含电感元件和电容元件，则电路两端的电压和电流一般不同相。

如果调节电源的频率或调节电路的参数，使得电路端口的电压和电流同相，使整个电路的负载呈电阻性，这种现象称为谐振。所以谐振发生的条件是：电压与电流相位相同。按谐振发生的电路不同，谐振分为串联谐振和并联谐振两种。谐振在计算机、收音机、电视机、手机等电子电路中都有应用。在工业生产中的高频淬火，高频加热等也有着广泛的应用。但有时谐振也会带来干扰和损坏元器件等不利现象。讨论谐振产生的条件和特点，可以取其利而避其害。

1. 串联谐振

R、L、C 串联电路如图 3-14(a)所示。

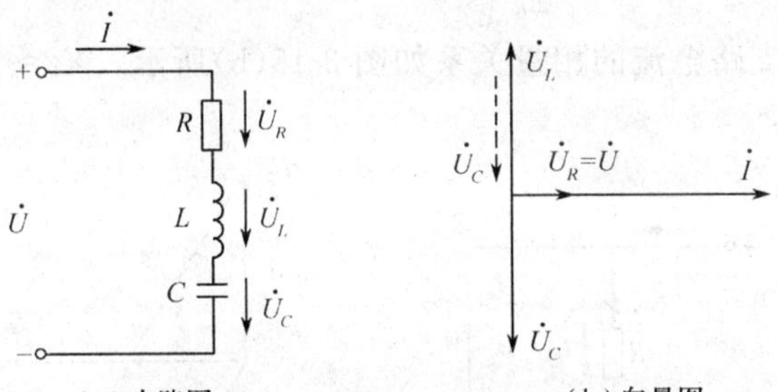

图 3-14　串联谐振

当 $X_L=X_C$时，$\varphi=0$，电源电压与电流同相，如图 3-13(b)所示，此时发生的现象称为谐振。因为谐振是发生在串联电路中的，所以该谐振称为串联谐振。此时电路的频率称为谐振频率，用 f_0表示。由阻抗三角形可以得出，串联谐振的条件是 $X_L=X_C$，即

$$2\pi f_0L=\frac{1}{2\pi f_0C} \tag{3-34}$$

式中，f_0为固有频率，且 $f_0=\frac{1}{2\pi\sqrt{LC}}$。

从上式可知，电路发生谐振是通过改变电路的频率和电路的参数来实现的。电路发生串联谐振时具有以下几个特点：

(1) 电路的阻抗最小并呈电阻性，根据阻抗三角形有

$$|Z_0|=\sqrt{R^2+(X_L-X_C)^2} \tag{3-35}$$

(2) 电路中的电流最大，谐振时的电流为

$$I_0=\frac{U}{|Z_0|}=\frac{U}{R} \tag{3-36}$$

(3) $U_L=U_C$且相位相反，互相抵消；

(4) 有功功率 $P=UI$，而无功功率 $Q=0$。

由于串联谐振具有这些特点，它在无线电工程中有广泛应用。例如，在收音机的输入电

路中，就是调节电容值使某一频率的信号在电路中发生谐振，在回路中产生最大电流，再通过互感送到下一级。如果调节可变电容器的值，使电路的谐振频率达到某个电台信号的频率时，该信号输出最强。相反由于其他电台信号在电路中没有产生串联谐振，相应地在线路中的电流小，无法被选中。这样只有频率为无线电频率的信号被天线回路选择出来。

2. 并联谐振

电感元件与电容元件并联的电路如图 3-15(a)所示。图 3-15(a)中 R 为线圈电阻，一般很小，特别是在频率较高时，$R \ll L\omega$，$\dot{U}=\dot{I}$同相时，即 $\varphi=0$，电路产生并联谐振。由复阻抗的串并联关系可推导出并联谐振的条件是(在 $R \ll \omega L$ 时) $X_L=X_C$，谐振频率为 $f_0=\frac{1}{2\pi\sqrt{LC}}$。可见，并联谐振频率与串联谐振频率近似相等，它具有以下几个特点：

(1) 电路的阻抗最大，呈电阻性，$|Z_0|=\frac{L}{RC}$。

(2) 电路的总电流最小，$I_0=\frac{U}{|Z_0|}$。

(3) 谐振总电流和支路电流的相量关系如图 3-15(b)所示。$X_L \approx X_C$且并联支路电流远高于总电流。

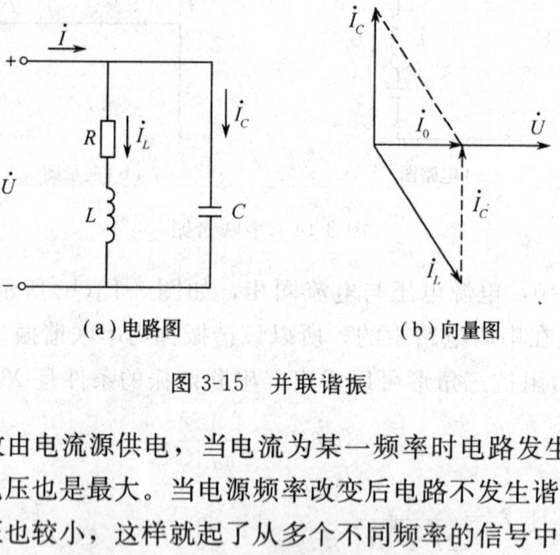

(a) 电路图　　　(b) 向量图

图 3-15　并联谐振

如果并联谐振电路改由电流源供电，当电流为某一频率时电路发生谐振，电路阻抗最大，电流通过时电路两端的电压也是最大。当电源频率改变后电路不发生谐振，称为失谐，此时阻抗较小，电路两端的电压也较小，这样就起了从多个不同频率的信号中选择其一的作用。

3.3 三相交流电路

三相交流电路是由三个频率相同、振幅相同、相位彼此相差 120°的正弦电动势作为供电电源的电路。目前发电及供电系统都是采用三相交流电。在日常生活中所使用的交流电源，只是三相交流电其中的一相。工厂生产所用的三相电动机是三相制供电，三相交流电也称动力电。

3.3.1 三相电源

三相交流电是由三相同步发电机产生的。三相同步发电机内有三个结构相同、空间位置互差 120°对称分布的固定绕组，在同一旋转磁场中切割磁感线，产生三相对称的交流电(通常用下角字母 A、B、C 或 U、V、W 分别表示每一相)。

$$\begin{aligned} e_A &= E_A \sin\omega t \\ e_B &= E_B \sin(\omega t - 120°) \\ e_C &= E_C \sin(\omega t - 240°) = E_C \sin(\omega t + 120°) \end{aligned} \qquad (3\text{-}37)$$

其向量图和波形图如图 3-16 所示。

若用三个电压源分别表示三相交流发电机三个绕组的电压 u_A、u_B 和 u_C，并设其参考方向由始端指向末端，则有(其中 U_m 为交流电压的最大值)：

$$\begin{aligned} u_A &= U_m \sin\omega t \\ u_B &= U_m \sin(\omega t - 120°) \\ u_C &= U_m \sin(\omega t - 240°) = U_m \sin(\omega t + 120°) \end{aligned} \qquad (3\text{-}38)$$

三相交流电在相位上的先后顺序称为相序。相序指三相交流电达到最大值的顺序。实际中常采用 U→V→W 的顺序作为三相交流电的顺相序，而把 W→V→U 的顺序称为逆相序。

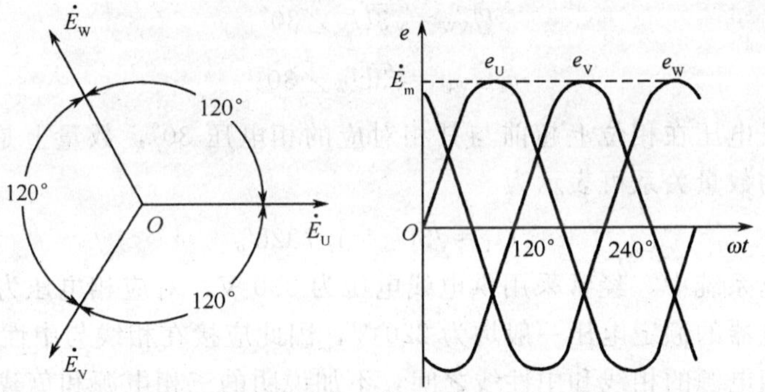

(a) 向量图　　(b) 正弦波图

图 3-16　三相交流电相量图和波形图

1. 星形(Y形)联结

星形联结方式如图 3-17 所示。把三相电源绕组的尾端连在一起向外引出一根出电线，称其为电源的中性线(俗称零线)；由三相电源绕组的首端分别向外引出三根输电线，称为电源的相线(俗称火线)。

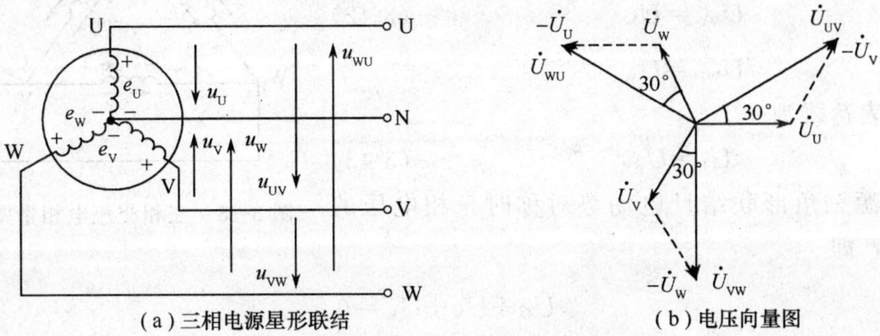

(a) 三相电源星形联结　　(b) 电压向量图

图 3-17　三相交流电相量图和波形图

按照图 3-17(a)所示Y形联结方式向外供电的体制称为三相四线制。我们把两相线之间的电压称为线电压，分别用 u_{UV}、v_{VW} 和 w_{WU} 表示。相线与中性线之间的电压称为相电压分

别用 u_U、v_V和 w_W表示。由于三个相电压通常是对称的，对称三个相电压数量上相等，用 U_p统一表示。在相电压对称的情况下，三个线电压也对称，对称三个线电压数量上也相等，用 U_l统一表示。在中性线接地的情况下，各相相电压即等于三根火线端的电位值，则各线电压分别为

$$\begin{aligned}\dot{U}_{UV}&=\dot{U}_U-\dot{U}_V=\dot{U}_U+(-\dot{U}_V)\\\dot{U}_{VW}&=\dot{U}_V-\dot{U}_W=\dot{U}_V+(-\dot{U}_W)\\\dot{U}_{WU}&=\dot{U}_W-\dot{U}_U=\dot{U}_W+(-\dot{U}_U)\end{aligned}\tag{3-39}$$

三个相电压总是对称的，如图 3-17(b)所示。

根据上述关系式，应用平行四边形法则相量求和的方法作出相量图，根据相量图的几何关系求得各线电压分别为

$$\begin{aligned}\dot{U}_{UV}&=\sqrt{3}\dot{U}_U\angle 30^\circ\\\dot{U}_{VW}&=\sqrt{3}\dot{U}_V\angle 30^\circ\\\dot{U}_{WU}&=\sqrt{3}\dot{U}_W\angle 30^\circ\end{aligned}\tag{3-40}$$

上式说明，线电压在相位上超前与其相对应的相电压 30°，数量上是各相电压的$\sqrt{3}$倍，线、相电压之间的数量关系可表示为

$$U_l=\sqrt{3}U_p=1.732U_p\tag{3-41}$$

一般低压供电系统中，经常采用供电线电压为 380 V，对应相电压为 220 V。日常生活照明和设备所用电器的额定电压一般均为 220 V，因此应接在相线与中性线之间。单相电源实际上引自于三相电源的相线和中性线之间，不加说明的三相电源和负载的额定电压通常都指线电压的数值。

2. 三角形(△形)联结

三相电源的三角形联结方式如图 3-18 所示，三相电源绕组的六个引出端依次首尾相接连成一个闭环，由三个联节点分别向外引出三根火线的供电方式为三相电源的三角形联结。

此时线电压等于相电压，即

$$\begin{aligned}\dot{U}_{UV}&=\dot{U}_U\\\dot{U}_{VW}&=\dot{U}_V\\\dot{U}_{WU}&=\dot{U}_W\end{aligned}\tag{3-42}$$

其数值表达式为

$$U_l=U_p\tag{3-43}$$

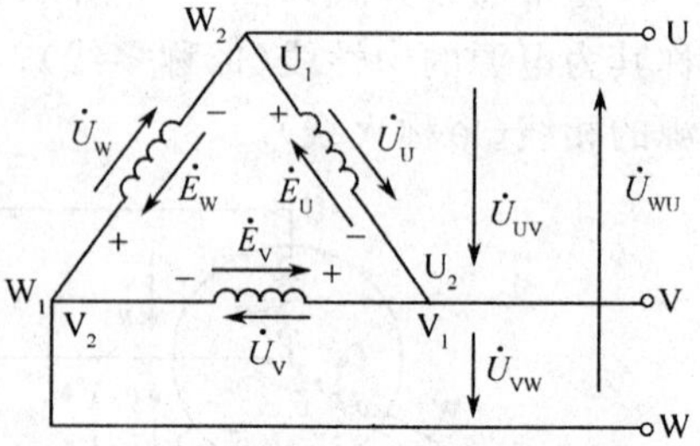

图 3-18　三相交流电相量图和波形图

三相电源三角形联结且电动势对称时三相电压的相量和为零，即

$$\dot{U}_U+\dot{U}_V+\dot{U}_W=0\tag{3-44}$$

电源绕组作三角形联结时，各相绕组的首尾端决不能接反，否则将在电源内部引起环流把电源烧损，因此实际生产中发电机绕组很少接成三角形。

3.3.2　三相负载

交流电气设备种类繁多，按其需要配用的电源可分为两类：一类为三相负载，需要配用

三相电源，如三相异步电动机、大功率三相电炉等；另一类是单相负载，需配用单相电源，如各种照明灯具和家用电器等。三相电路的负载由三部分组成，其中的每一部分叫做一相负载。各相负载的复阻抗相等的三相负载称为对称三相负载。由对称三相电源和对称三相负载所组成的电路称为对称三相电路。与三相电源一样，三相负载也可以有星形和三角形两种联结方式。

1. 负载的Y形联结

如图 3-19 所示，为三相负载与三相电源间的Y形联结电路，也称三相四线制。三相四线制各相电源与各相负载经中线构成各自独立的回路，可以利用单相交流电的分析方法对每相负载进行独立的分析。

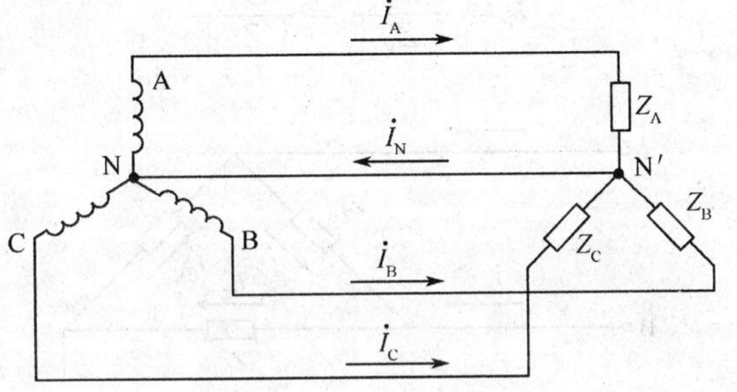

图 3-19　三相四线制

每相负载所流过的电流称为相电流，其有效值用 I_p 表示，流过相线的电流称为线电流，其有效值用 I_l 表示。负载Y形联结时，线电流与相电流、线电压与相电压的关系为

$$I_l = I_p = \frac{U_p}{|Z_p|} \qquad U_l = \sqrt{3}U_p \tag{3-45}$$

各相电流与各相电压及各相负载之间的相量关系为

$$\dot{I}_A = \frac{\dot{U}_A}{Z_A} \qquad \dot{I}_B = \frac{\dot{U}_B}{Z_B} \qquad \dot{I}_C = \frac{\dot{U}_C}{Z_C} \tag{3-46}$$

中线上的电流可根据 KCL 得

$$\dot{I}_N = \dot{I}_A + \dot{I}_B + \dot{I}_C \tag{3-47}$$

三相四线制的中线不能断开，中线上不允许安装熔断器和开关。否则，一旦中线断开，各相则不能独立正常工作，出现过压或欠压甚至会造成负载的损坏。

负载 $Z_A = Z_B = Z_C$ 时，称为对称负载，这时有 $I_A = I_B = I_C$，相位互差 120°，若以 $\dot{I}_A$ 为参考相量，则对称负载电流相量关系如图 3-20 所示。

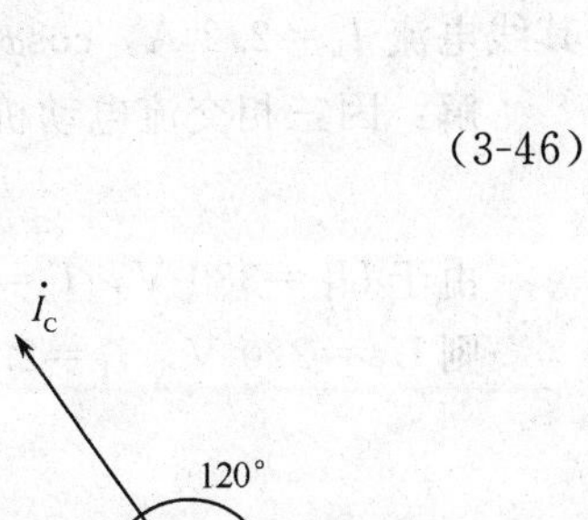

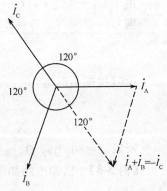

图 3-20　对称负载电流相量图

根据相量关系可得

$$\dot{I}_N=\dot{I}_A+\dot{I}_B+\dot{I}_C=0 \quad (3\text{-}48)$$

对称负载Y形联结时，$\dot{I}_N=0$，中线可以省去，构成Y形联结三相三线制。工厂中使用的额定功率 $P_N \leqslant 3$ kW 的三相异步电动机，均采用Y形联结三相三线制。

2. 负载的△形联结

负载作三角形联结的三相电路如图 3-21 所示，由图可见，三相负载的电压即为电源的线电压，且无论负载对称与否，电压总是对称的，即 $U_p=U_1$。

三相负载对称时，

$$I_1=\sqrt{3}I_P \quad (3\text{-}49)$$

$$I_P=\frac{U_p}{|Z_p|}=\frac{U_1}{|Z_p|} \quad (3\text{-}50)$$

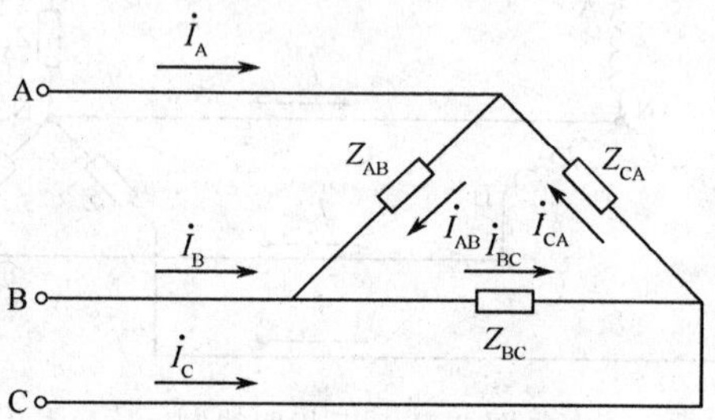

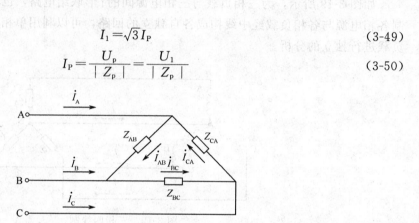

图 3-21　对称负载电流相量图

三相负载不对称时，尽管三个相电压对称，但三个相电流因阻抗不同而不再对称，三相电流各不相等，只能逐相计算各线电流。

三相电动机铭牌上常有“Y/△、380 V/220 V”标志，即Y接时接 380 V 线电压，△接时接 220 V 线电压，每相负载均工作在相电压下。

3.3.3　三相电路的计算

【例 3-2】　一台三相交流电动机，定子绕组星形联结于 $U_L=380$ V 的对称三相电源上，其线电流 $I_L=2.2$ A，$\cos\varphi=0.8$，试求每相绕组的阻抗 Z。

解：因三相交流电动机是对称负载，因此可选一相进行计算。三相负载作星接时

$$U_l=\sqrt{3}U_p$$

由于 $U_L=380$ V，$I_L=2.2$ A，

则 $U_P=220$ V，$I_P=2.2$ A，

$$|Z|=\frac{U_p}{I_p}=\frac{220}{2.2}\ \Omega=100\ \Omega$$

由阻抗三角形得

$$R=|Z|\cos\varphi=100\times0.8\ \Omega=80\ \Omega$$

$$X_L=\sqrt{|Z|^2-R^2}=(\sqrt{100^2-80^2})\ \Omega=60\ \Omega$$

所以 $Z=80+j60\ \Omega$。

【例 3-3】　已知电路如图 3-22 所示。电源电压 $U_l=380$ V，每相负载的阻抗为 $R=X_L=X_C=10\ \Omega$。

(1) 该三相负载能否称为对称负载？为什么？

(2) 计算中性线电流和各相电流。

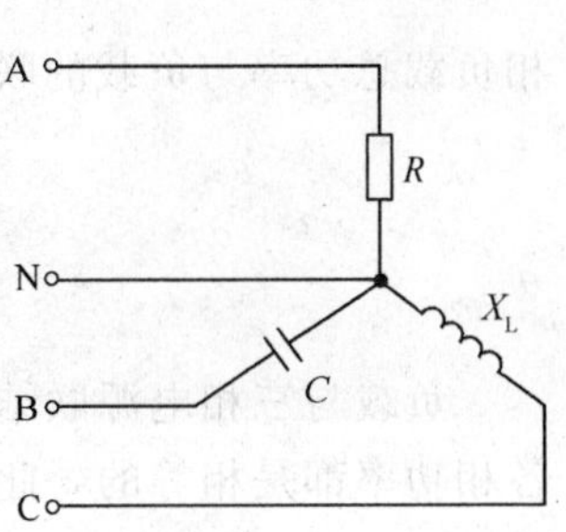

图 3-22　例 3-3 图

解：(1) 三相负载不能称为对称负载，因为三相负载的阻抗性质不同，其阻抗角也不相同。故不能称为对称负载。

(2) $U_l=380$ V，则 $U_p=220$ V。

设$\dot{U}_R=220\angle 0°$ V，则

$$\dot{U}_C=220\angle 120° \text{ V},\ \dot{U}_L=220\angle 120° \text{ V}$$

$$\dot{I}_A=\frac{\dot{U}_a}{R}=22\angle 0° \text{ A}$$

$$\dot{I}_B=\frac{\dot{U}_b}{-jX_C}=\frac{220\angle -120°}{-j10} \text{ A}=22\angle -30° \text{ A}$$

$$\dot{I}_C=\frac{\dot{U}_C}{jX_L}=\frac{220\angle 120°}{j10} \text{ A}=22\angle 30° \text{ A}$$

所以，$\dot{I}_N=\dot{I}_A+\dot{I}_B+\dot{I}_C=22\angle 0°+22\angle -30°+22\angle 30°=60.1\angle 0°$ A

【例 3-4】 电路如图 3-23 所示的三相四线制电路，三相负载联结成星形，已知电源线电压 380 V，负载电阻 $R_a=11\ \Omega$，$R_b=R_c=22\ \Omega$，试求：

(1) 负载的各相电压、相电流、线电流和三相总功率；

(2) 中线性断开，A 相又短路时的各相电流和线电流；

(3) 中性线断开，A 相断开时的各线电流和相电流。

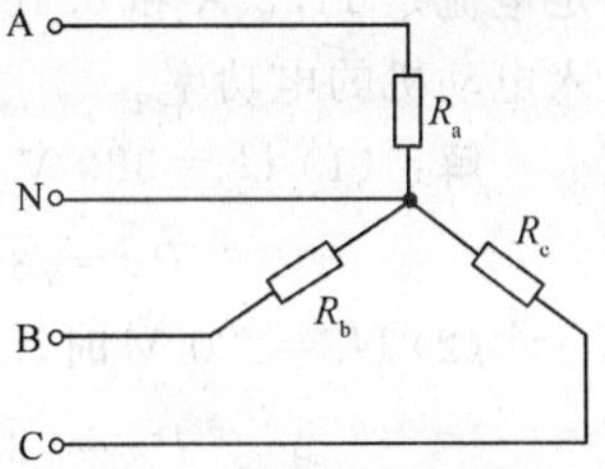

图 3-23　例 3-4 图

解：(1) $U_l=380$ V，则 $U_p=220$ V。

设$\dot{U}_a=220\angle 0°$ V，则

$$\dot{U}_b=220\angle -120° \text{ V},\ \dot{U}_c=220\angle 120° \text{ V}$$

$$\dot{I}_A=\frac{\dot{U}_a}{R}=20\angle 0° \text{ A}$$

$$\dot{I}_B=\frac{\dot{U}_b}{R_b}=\frac{220\angle -120°}{22} \text{ A}=10\angle -120° \text{ A}$$

$$\dot{I}_C=\frac{\dot{U}_C}{R_c}=\frac{220\angle 120°}{22} \text{ A}=10\angle 120° \text{ A}$$

$$\dot{I}_N=\dot{I}_A+\dot{I}_B+\dot{I}_C=(20\angle 0°+10\angle -120°+10\angle 120°) \text{ A}=26.46\angle 19.1° \text{ A}$$

(2) 中性线断开，A 相又短路时的电路如图所示，此时 R_b、R_c上的电压为电源线电压，则

$$I_B=I_b=\frac{U_b}{R_b}=\frac{380}{22} \text{ A}=17.27 \text{ A}$$

$$I_C=I_c=\frac{U_c}{R_c}=\frac{380}{22} \text{ A}=17.27 \text{ A}$$

(3) 中性线断开，A 相断开时 R_b、R_c两负载串联后的电压为电源线电压，则

$$I_B=I_C=\frac{U_{BC}}{R_b+R_c}=\frac{380}{22+22} \text{ A}=8.64 \text{ A}$$

3.3.4　三相电路的功率

单相交流电路中，有功功率 $P=UI\cos\varphi$，无功功率 $Q=UI\sin\varphi$，视在功率 $P=UI$。三

相负载总功率与负载的联结方式无关。三相负载总的有功功率等于各相有功功率之和，即

$$\begin{cases}P=P_U+P_V+P_W\\Q=Q_U+Q_V+Q_W\\S=\sqrt{P^2+Q^2}\end{cases}\tag{3-51}$$

负载与三相电源联结时尽可能对称分布。若三相负载对称，无论负载是Y接还是△接，各相功率都是相等的，此时三相总功率是各相功率的3倍，即则三相负载总功率分别为

$$\begin{cases}P=3U_pI_p\cos\varphi=3U_1I_1\cos\varphi\\Q=3U_pI_p\sin\varphi=3U_1I_1\sin\varphi\\S=3U_pI_p=3U_1I_1\end{cases}\tag{3-52}$$

需要注意的是，这样表达并非负载接成对称时功率相等。可以证明，U_1一定时，同一负载Y接时的功率与△接时的功率 P_Y 和 $P_\triangle$ 间的关系为

$$\begin{cases}P_Y=3P_\triangle\\Q_Y=Q_\triangle\\S_Y=3S_\triangle\end{cases}\tag{3-53}$$

【例 3-5】 一台三相异步电动机，铭牌上的额定电压是 380 V/220 V，接线是△/Y，额定电流是 11.2 A 和 6.48 A，$\cos\varphi=0.84$，试分别求出电源线电压为 380 V 和 220 V 时，输入电动机的电功率。

解：(1) $U_1=380$ V 时，按铭牌规定电动机定子绕组应Y接，此时输入的电功率为

$$P_Y=\sqrt{3}U_1I_1\cos\varphi=1.732\times380\times6.48\times0.84\ \text{W}=3\ 582\ \text{W}$$

(2) $U_1=220$ V 时，按铭牌规定电动机定子绕组应△接，此时输入的电功率为

$$P_\triangle=\sqrt{3}U_1I_1\cos\varphi=1.732\times220\times11.2\times0.84\ \text{W}=3\ 584\ \text{W}$$

此例表明，只要按照铭牌数据上的要求接线，输入电动机的功率不变。

应该注意，虽然Y形联结和△形联结计算功率的形式相同，但其具体的计算值并不相等，现举例说明如下。

【例 3-6】 图 3-24 所示的三相对称负载，每相负载的电阻 $R=6\ \Omega$，感抗 $X_L=8\ \Omega$，接入 380 V 三相三线制电源。试比较Y形和△形联结时三相负载总的有功功率。

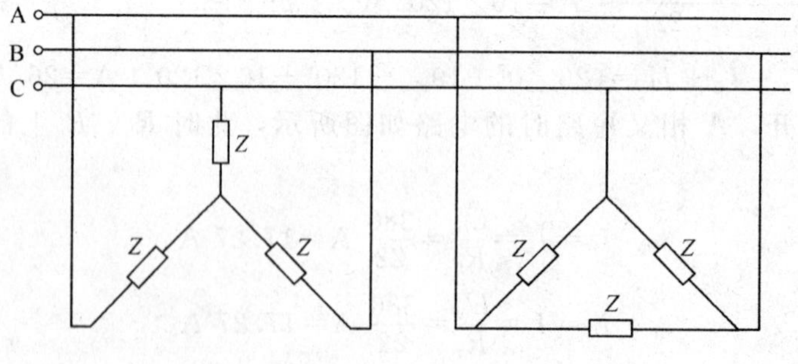

图 3-24 例 3-6 题图

解：各相负载的阻抗为

$$|Z|=\sqrt{R^2+X_L^2}=\sqrt{6^2+8^2}\ \Omega=10\ \Omega$$

Y形联结时，负载的相电压

$$U_p=\frac{U_1}{\sqrt{3}}=\frac{380}{\sqrt{3}}\ \text{V}=220\ \text{V}$$

线电流等于相电流

$$I_1=I_p=\frac{U_p}{|Z|}=\frac{220}{10}\ \text{A}=22\ \text{A}$$

负载的功率因数

$$\cos\varphi=\frac{R}{|Z|}=\frac{6}{10}=0.6$$

故Y形联结时三相负载总的有功功率为

$$P_Y=\sqrt{3}U_1 I_1\cos\varphi=1.732\times380\times22\times0.6\ \text{W}=8687\ \text{W}\approx8.7\ \text{kW}$$

若改为△形联结时，负载的相电压等于电源的线电压为

$$U_1=U_p=380\ \text{V}$$

负载的相电流为

$$I_p=\frac{U_p}{|Z|}=\frac{380}{10}\ \text{A}=38\ \text{A}$$

则线电流为

$$I_1=\sqrt{3}I_p=\sqrt{3}\times38\ \text{A}=66\ \text{A}$$

若负载的功率因数不变，仍为 $\cos\varphi=0.6$，则△形联结时的三相负载总的有功功率为

$$P_Y=\sqrt{3}U_1 I_1\cos\varphi=1.732\times380\times66\times0.6\ \text{W}=26063\ \text{W}\approx26.1\ \text{kW}$$

由此例可知

$$P_\triangle=3P_Y$$

此例结果表明，在三相电源线电压一定的条件下，对称负载△形联结的功率是Y形联结的三倍。这是由于△形联结时负载相电压是Y形联结时的$\sqrt{3}$倍，因而使相电流增加到$\sqrt{3}$倍；又由于△形联结时线电流是相电流的$\sqrt{3}$倍，因此使△形联结时的线电流是Y形联结时线电流的三倍，因此 $P_\triangle=3P_Y$。

3.4　安全用电

安全用电包括供电系统的安全、用电设备的安全及人身安全三个方面，它们之间又是紧密联系的。供电系统的故障可能导致用电设备的损坏或人身伤亡，用电事故也可能导致局部或大范围停电，甚至造成严重灾难。

3.4.1　触电

1. 触电的原因

人体是导体，当人体接触带电体而构成电流回路时，就会有电流流过人体，引起对人的伤害或致人死亡，这种现象称为触电。

触电发生的原因一般是由于人们粗心大意、不遵守电气操作规程，电气设备安装不合格和不规范等。

2. 触电的危害

触电对人体的伤害程度与通过体内的电流的大小、时间长短及电流的频率、途径及人体的健康状况有关。0.1 A 的电流即可致命；0.01 A 的工频电流，流经人体时间超过 1 s 时就会有生命危险；当人体流过 0.03 A 以上的交流电，将引起呼吸困难、血压升高、痉挛等，

自己若不能摆脱电源，就有生命危险；触电的危险性还与通过人体的生理部位有关，当触电电流经过心脏或中枢神经时最危险；男性、成年人、身体健康者的触电伤害程度相对要轻一些。一般0.01 A以下的工频交流电流或0.05 A以下的直流电流，对人体来说可以看作是安全的电流。

通过人体电流的大小与触电电压和人体电阻有关。人体电阻从800欧至几万欧不等，它不仅与人的身体状况有关也与环境条件等因素有关。

电流流过人体时，人体承受的电压越低，触电伤害就越轻。当电压低于某一数值后，就不会造成触电了。这种不带任何防护设备，人体触及带电体时身体各部位均不会受到伤害的电压值称为安全电压。根据环境的不同，我国规定的安全电压等级有36 V、24 V、12 V等几种，不同场合适合的安全电压等级不同。需要注意的是，尽管处于安全电压下，也决不允许随意或故意去触碰带电体，因为“安全”也是相对而言的，安全电压是因人而异的。

3. 触电方式

1）单相触电

单相触电就是人体的某一部位接触带电设备的一相，而另一部位与大地或中性线接触引起触电，如图3-25(a)所示，这是最常见的触电方式。

2）两相触电

两相触电就是人体的不同部位同时接触两相带电体而引起的触电，加在人体上的电压为电源线电压，电流直接以人体为回路，触电电流远大于人体所能承受的极限电流值，如图3-25(b)所示。

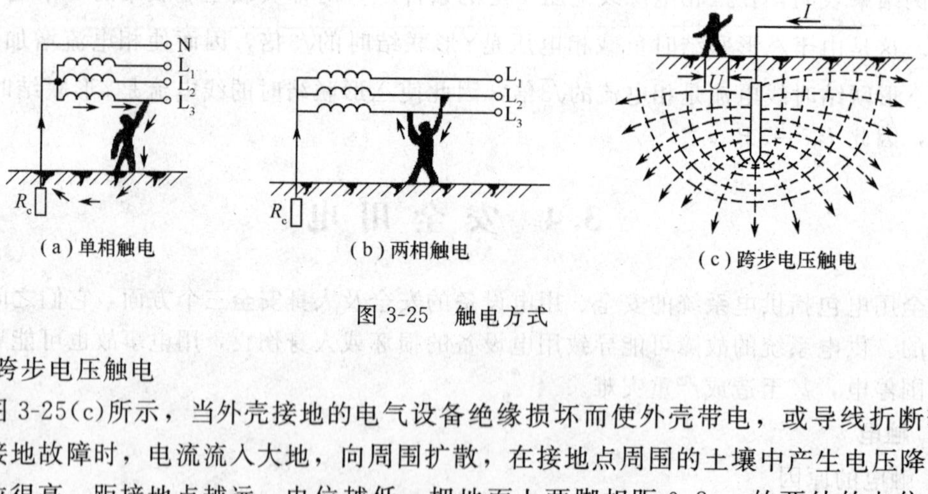

(a)单相触电　(b)两相触电　(c)跨步电压触电

图3-25　触电方式

3）跨步电压触电

如图3-25(c)所示，当外壳接地的电气设备绝缘损坏而使外壳带电，或导线折断落地发生单相接地故障时，电流流入大地，向周围扩散，在接地点周围的土壤中产生电压降，接地点的电位很高，距接地点越远，电位越低。把地面上两脚相距0.8 m的两处的电位差叫做跨步电压。人跨进这个区域，两脚踩在不同的电位点上就会承受跨步电压，电流从接触高电位的脚流入，从接触低电位的脚流出，步距越大，跨步电压越大。跨步电压的大小与接地电流的大小、人距接地点的远近、土壤的电阻率等因素有关。在雷雨时，当强大的雷电流通过接地体时，接地点的电位很高，因此在高压设备接地点周围应使用护栏围起来，这不只是防止人体触及带电体，也防止人被跨步电压袭击。人体万一误入危险区，将会感到两脚发麻，这时千万不能大步跑，而应单脚跳出接地区，一般10 m以外就没有危险了。

3.4.2　保护接地与保护接零

在日常生产和生活中，对供电系统和用电设备通常采取各种各样的接地或接零措施，以保证电力系统的安全运行、人身安全、设备正常运行。

1. 保护接地

在正常情况下，将电气设备的金属外壳与埋入地下的接地体可靠联结，称为保护接地。一般用钢管、角钢等作为接地体，其电阻不得超过 4 Ω。保护接地适用于中性点不接地的供电系统。电压低于 1 000 V 而中性点不接地，当电压高于 1 000 V 的电力网中均应采取保护接地的措施。

图 3-26 所示为保护接地的原理图。

电动机漏电时，若人体触及外壳，则人体电阻 R_b 与接地电阻 R_e 并联，由于人体电阻远大于接地电阻，所以，漏电电流主要通过接地电阻流入大地，流过人体电流很小，从而避免了触电的危险。

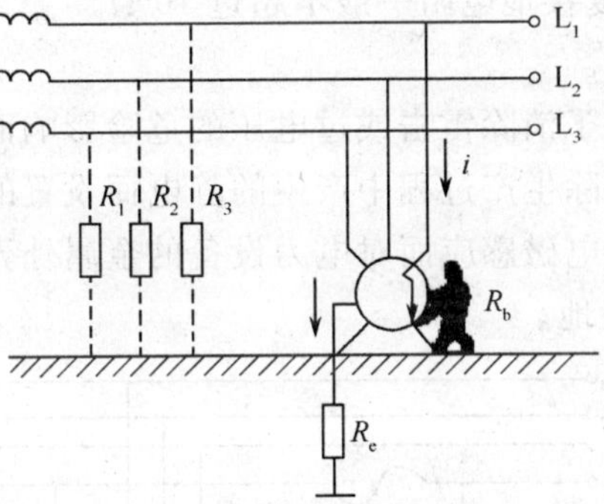

图 3-26　保护接地的原理图

2. 保护接零

保护接零就是在电源中性点直接接地的三相四线制低压供电系统中，将电气的外壳与中性线相联结。这时电源中性点的接地是为了保证电气设备可靠地工作。

采取保护接零后，如图 3-27 所示，当设备的某相漏电时，就会通过设备的外壳形成该相短路，使该相熔断器熔断，切断电源，避免触电事故发生。保护接零的保护作用比保护接地更为完善。

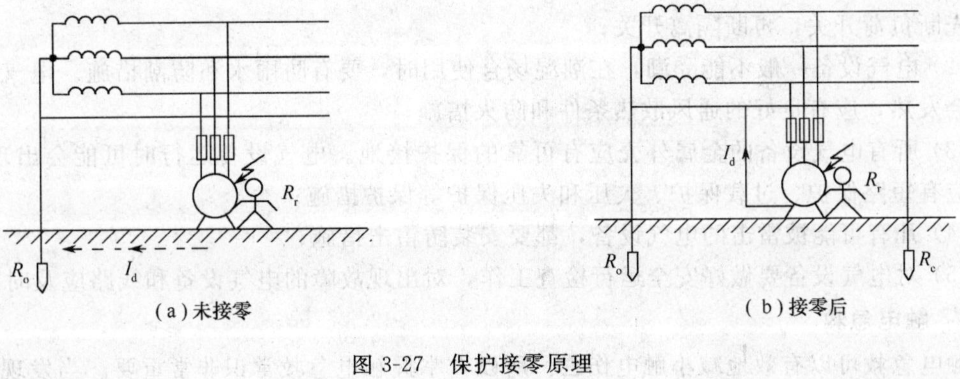

图 3-27　保护接零原理

在采用保护接零时应注意，中性线决不允许断开；联结中性线的导线联结必须牢固可靠，接触良好，保护中性线与工作中性线一定要分开，决不允许把接在用电器上的中性线直接与设备外壳连通，而且同一低压供电系统中决不允许一部分设备采用保护接地，而另一部分设备采用保护接零。

国标规定：

L——相线；

N——中性线；

PE——保护接地线；

PEN——保护中性线，兼有保护接地线和中性线的作用。

3. 重复接地

在保护接零的系统中，若中性线断开，而设备绝缘又损坏时，会使用电设备外壳带电，造成触电事故。因此，除将电源中性点接地外，将中性线每隔一定距离再次接地，称为重复接地，如图 3-28 所示。重复接地电阻一般不超过 10 Ω。

4. 其他保护接地

(1) 过电压保护接地为了消除雷击或过电压的危险影响而设置的接地。

(2) 防静电接地为了消除生产过程中产生的静电而设置的接地。

(3) 屏蔽接地为了防止电磁感应而对电力设备的金属外壳、屏蔽罩、屏蔽线的外皮或建筑物金属屏蔽体等进行的接地。

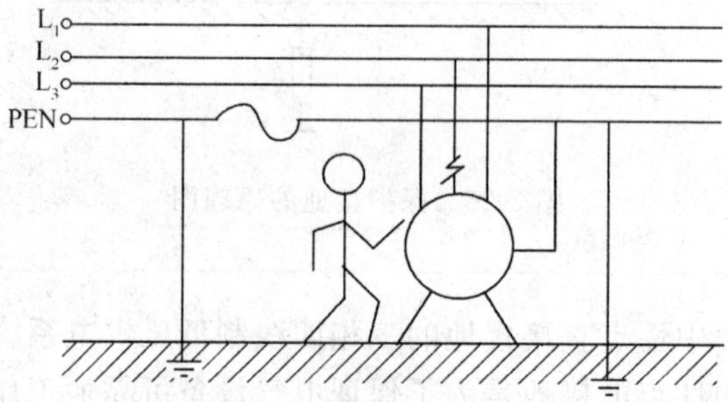

图 3-28　重复接地

3.4.3　安全用电措施

(1) 必须严格遵守操作规程，合上电流时，先合隔离开关，再合负荷开关，分断电流时，先断负荷开关，再断隔离开关；

(2) 电气设备一般不能受潮，在潮湿场合使用时，要有防雨水和防潮措施。电气设备工作时会发热，应有良好的通风散热条件和防火措施；

(3) 所有电气设备的金属外壳应有可靠的保护接地。电气设备运行时可能会出现故障，所以应有短路保护、过载保护、欠压和失压保护等保护措施；

(4) 凡有可能被雷击的电气设备，都要安装防雷击措施；

(5) 对电气设备要做好安全运行检查工作，对出现故障的电气设备和线路应及时检修。

3.4.4　触电急救

触电急救可以有效地减小触电伤亡。所以，掌握触电急救常识非常重要。当发现有人触电时，切不可惊惶失措，应先以最快的速度使触电者脱离电源。若救护人员距电源开关较近，则应立即切断电源；若距电源开关较远或不具备切断电源的条件时就用木棒或竹竿等绝缘物使触电者脱离电源，但不能赤手空拳地去拉触电者。

触电者脱离电源后，应采取正确的救护方法。救护人员应迅速拨打急救电话，请医生救治。若触电者神志尚清醒，但有头晕、恶心、呕吐等现象时，应让其静卧休息，减轻心脏负担；若触电者已失去知觉，但有呼吸、心跳，则应解开其衣领、裤带，让触电者平卧在阴凉通风的地方；若触电者出现痉挛、呼吸衰弱或心脏停跳、无呼吸等假死现象时，应实施人工呼吸。

触电急救的要点是要动作迅速，救护得法，切不可惊慌失措、束手无策。

1. 首先要尽快地使触电者脱离电源

人触电以后，可能由于痉挛或失去知觉等原因而紧抓带电体，不能自行摆脱电源。这时，使触电者尽快脱离电源是救活触电者的首要因素。

（1）低压触电事故。对于低压触电事故，可采用下列方法使触电者脱离电源：

① 触电地点附近有电源开关或插头，可立即断开开关或拔掉电源插头，切断电源。

② 电源开关离触电地点较远，可用有绝缘柄的电工钳或干燥木柄的斧头分相切断电线，断开电源；或用干木板等绝缘物插入触电者身下，以隔断电流。

③ 电线搭落在触电者身上或被压在身下时，可用干燥的衣服、手套、绳索、木板、木棒等绝缘物作为工具，拉开触电者或挑开电线，使触电者脱离电源。

（2）高压触电事故。对于高压触电事故，可以采用下列方法使触电者脱离电源：

① 立即通知有关部门停电。

② 戴上绝缘手套，穿上绝缘靴，用相应电压等级的绝缘工具断开开关。

③ 抛掷裸金属线使线路短路接地，迫使保护装置动作，断开电源。注意在抛掷金属线前，应将金属线的一端可靠地接地，然后抛掷另一端。

（3）脱离电源的注意事项：

① 救护人员不可以直接用手或其他金属及潮湿的物件作为救护工具，必须采用适当的绝缘工具且要单手操作，以防止自身触电。

② 防止触电者脱离电源后，可能造成的摔伤。

③ 如果触电事故发生在夜间，应当迅速解决临时照明问题，以利于抢救，并避免扩大事故。

2. 现场急救方法

当触电者脱离电源后，应当根据触电者的具体情况，迅速地对症进行救护。现场应用的主要救护方法是人工呼吸法和胸外心脏按压法。

（1）对触电者救治时，大体上按照以下三种情况分别处理：

① 如果触电者伤势不重，神志清醒，但是有些心慌、四肢发麻、全身无力；或者触电者在触电的过程中曾经一度昏迷，但已经恢复清醒。在这种情况下，应当使触电者安静休息，不要走动，严密观察，并请医生前来诊治或送往医院。

② 如果触电者伤势比较严重，已经失去知觉，但仍有心跳和呼吸，这时应当使触电者舒适、安静地平卧，保持空气流通。同时解开他的衣服，以利于呼吸。如果天气寒冷，要注意保温，并要立即请医生诊治或送医院。

③ 如果触电者伤势非常严重，呼吸停止、心脏停止跳动或两者都已停止时，则应立即实施人工呼吸和胸外挤压，并迅速请医生诊治或送往医院。

应当注意，急救要尽快地进行，不能等候医生的到来，在送往医院的途中，也不能中止急救。

（2）人工呼吸法是在触电者呼吸停止后应用的急救方法。具体步骤如下：

① 触电者仰卧，迅速解开其衣领和腰带。

② 触电者头偏向一侧，清除口腔中的异物，使其呼吸畅通，必要时可用金属匙柄由口角伸入，使口张开。

③ 救护者站在触电者的一边，一只手捏紧触电者的鼻子，一只手托在触电者颈后，使触电者颈部上抬，头部后仰，然后深吸一口气，用嘴紧贴触电者嘴，大口吹气，接着放开触电者的鼻子，让气体从触电者肺部排出。每 5 s 吹气一次，不断重复地进行，直到触电者苏醒为止，如图 3-29 所示。

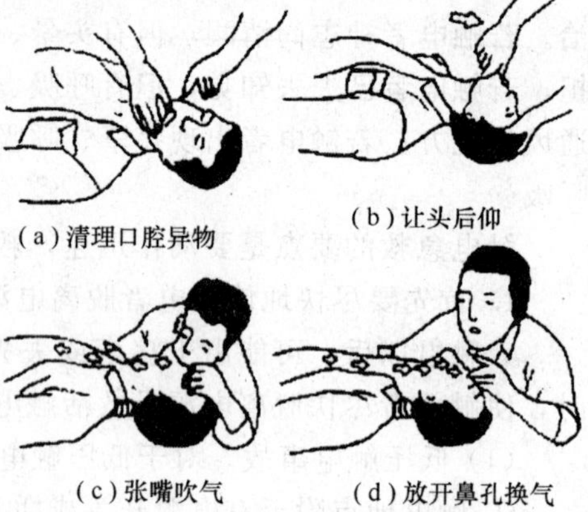

(a) 清理口腔异物　(b) 让头后仰　(c) 张嘴吹气　(d) 放开鼻孔换气

图 3-29　口对口人工呼吸法

3.5 拓展实训

3.5.1 *RLC* 串联谐振电路实训

1. 实训目的

（1）了解 *RLC* 串联电路的谐振特点。

（2）加深对 *RLC* 串联电路谐振特点的理解。

（3）学习测定 *RLC* 串联电路电流谐振曲线的方法。

（4）学会相关实训设备的使用方法。

2. 实训设备与器材

实训设备与器材，见表 3-1。

表 3-1　实训设备与器材

序号	名　称	型号与规格	数 量	备　注
1	函数信号发生器		1 台	
2	双踪示波器	YB-4320C	1 台	
3	万用表			自备
4	交流毫伏表	0～600 V	1 只	
5	电感箱	0.1～100 mH	1 只	
6	电容箱	0.0001 μF～100 μF	1 只	
7	电阻箱	0～99 999.9 Ω	1 只	

3. 实训原理

1）*RLC* 串联谐振

在图 3-30 所示的 *RLC* 串联交流电路中，调节电源频率或电路参数，使 $X_L=X_C$，电流和电压同相位，电路的这种状态称为谐振。因为是 *RLC* 串联电路发生的谐振，所以又称为串联谐振。

串联谐振频率为 $f_0=\dfrac{1}{2\pi\sqrt{LC}}$，谐振频率只与电路参数 L 和 C 有关，而与电阻 R 无关。调整 L、C、f 中的任何一个量，都能产生谐振。本实验是采用改变频率 f 的方法来实现谐振的。

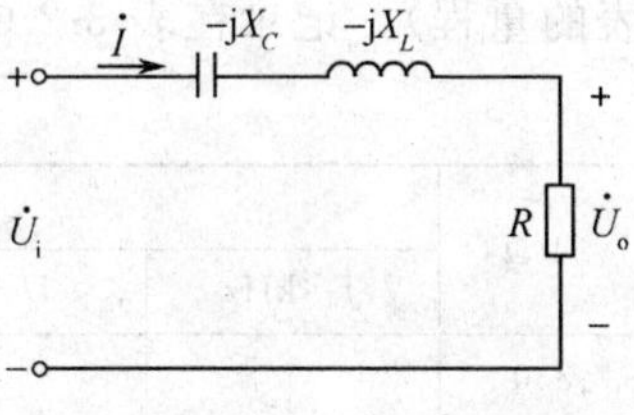

图 3-30　*RLC* 串联交流电路

2）*RLC* 串联谐振电路的主要特点

(1) 阻抗最小 $Z=R$，电路呈现电阻性。当电源电压 U_i 一定时，电流最大 $I=I_0=\dfrac{U_i}{R}$，I_0 为串联谐振电流。

(2) 当 $X_L=X_C$ 时，电路中 $U_L=U_C$，而 $\dot{U}_L$ 与 $\dot{U}_C$ 相位相反，相互抵消，电源电压 $\dot{U}_i=\dot{U}_R$。

(3) 若 $X_L=X_C>R$，则 $U_L=U_C>U_i$。通常把串联谐振时 U_L 或 U_C 与 U_i 之比称为串联谐振电路的品质因数，也称为 Q 值。

$$Q=\frac{U_L}{U_i}=\frac{U_C}{U_i}=\frac{2\pi f_0 L}{R}=\frac{1}{2\pi f_0 CR}=\frac{1}{R}\sqrt{\frac{L}{C}}$$

当 L、C 一定时，Q 值由电路中的总电阻决定，电阻 R 越小，品质因数 Q 越大。

3）电流谐振曲线

电源电压有效值不变而频率 f 改变时，电路中感抗、容抗随之变化，电路中的电流也随频率 f 变化而变化。电流随频率变化的曲线称为电流谐振曲线，如图 3-31 所示。

当 $f=f_0$，电流最大 $I=I_0$。当 $f>f_0$ 或 $f<f_0$ 电流 $I<I_0$。当电路的电流为谐振电流的 $\dfrac{1}{\sqrt{2}}$ 时，即 $I=\dfrac{1}{\sqrt{2}}I_0$ 时，在谐振曲线上对应的两个频率 f_H 和 f_L，称为上半功率频率和下半功率频率。f_H 和 f_L 之间的范围称为电路的通频带 f_{BW}。

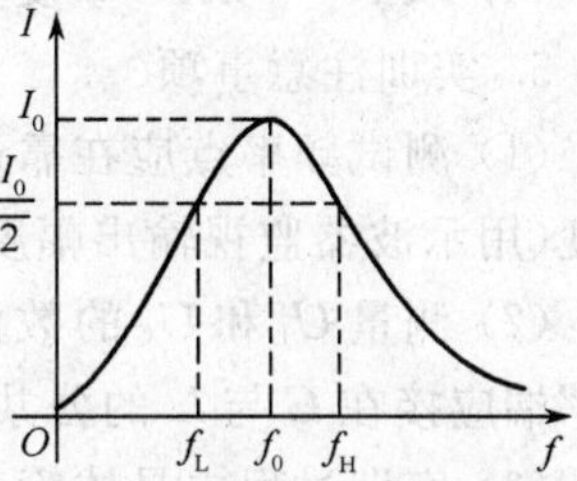

图 3-31　电流谐振曲线

$$f_{BW}=f_H-f_L=\frac{f_0}{Q}$$

说明通频带的大小与品质因数 Q 有关。Q 值越大，通频带越窄，谐振曲线越尖锐，电路的选择性越好。

4. 实训内容

用变频方法实现谐振

(1) 按测量电路图图 3-32 接好电路，取 $R=330\ \Omega$、调节信号源输出电压为 1 V 正弦信号，并在整个实验过程中保持不变。

(2) 确定电路的谐振频率 f_0。将交流毫伏表接在电阻 R 两端，令信号源的频率由小逐渐变大(注意要维持信号源的输出幅度不变)，当 U_O 的读数为最大时，读出频率计上的频率值，即为谐振频率 f_0，然后测量出 U_O、U_{CO}、U_{LO} 之值(注意及时更换毫伏表的量程)，记录在表 3-2 中。

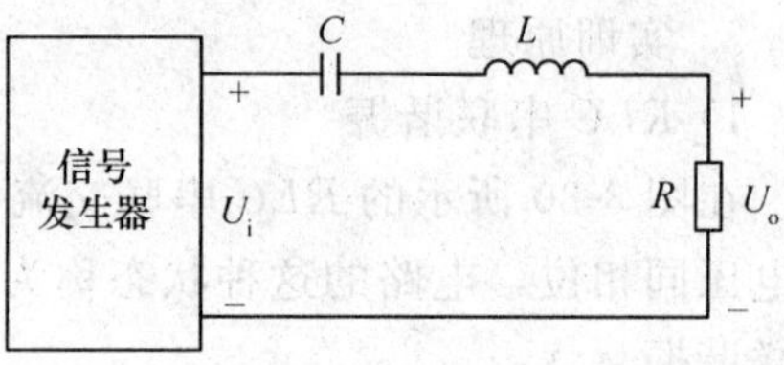

图 3-32　测量电路

表 3-2　***RLC*** 串联电路谐振点状态测试记录

R/Ω	测量数据					计算值
	f_0/kHz	U_o/V	U_{Lo}/V	U_{Co}/V	I_0/mA	Q
330						
1000						

(3) 测定电流谐振曲线。在谐振点两侧，应先测出下半功率频率 f_L 和上半功率频率 f_H 相应的 U_O 值，然后逐点测出不同频率下 U_O 值，记录在表 3-3 中。

表 3-3　***RLC*** 串联电路电流谐振曲线测试记录

$R=330\ \Omega$	测量数据	f/kHz	
		U_o/V	
	计算值	I/mA	
$R=1\ 000\ \Omega$	测量数据	f/kHz	
		U_o/V	
	计算值	I/mA	

(4) 取 $R=1\ \text{k}\Omega$，重复步骤(2)、(3)的操作。

5. 实训注意事项

(1) 测试频率点应在靠近谐振频率附近多取几点。在变换频率测试前，应调整信号输出幅度(用示波器监视输出幅度)，使其维持在 1 V。

(2) 测量 U_L 和 U_C 的数值前，应将毫伏表量程改大，而且在测量 U_L 和 U_C 时毫伏表的"+"端应接在 C 与 L 的公共点，其接地端应分别触及 L 和 C 的近地端。

(3) 实训过程中晶体管毫伏表电源线采用两线插头。

6. 实训总结

(1) 根据测量数据，在同一坐标系中绘出频率特性曲线。

(2) 计算出通频带与 Q 值，说明不同 R 值对电路通频带与品质因数的影响。

(3) 对测量数据进行误差分析，并找出误差存在的原因。

(4) 通过本次实训，总结、归纳串联谐振电路的特性。

3.5.2　三相交流电路电压、电流的测量

1. 实训目的

(1) 学习三相电路中负载的星形联结和三角形联结方法。

(2) 通过实验验证负载做星形联结和三角形联结时，负载的线电压 U_l 和相电压 U_p、负载的线电流 I_l 和相电流 I_p 间的关系。

(3) 了解不对称负载做星形联结时中线的作用。

2. 实训设备与器材

实训设备与器材，见表 3-4。

表 3-4　实训设备与器材

序号	名　称	型号与规格	数量	备　注
1	三相调压器		1 台	
2	三相空气开关		1 只	
3	电流测量插孔		4 套	
4	数字交流电流表	0～3 A	1 只	
5	数字交流电压表	0～500 V	1 只	
6	强电导线		若干	
7	三相白炽灯负载单元板		3 块	

3. 实训原理

(1) 三相负载可接成星形(又称“Y”形接法)或三角形(又称“△”形接法)。当三相对称负载作Y形联结时，线电压 U_l 是相电压 U_p 的 $\sqrt{3}$ 倍。线电流 I_l 等于相电流 I_p，即 $U_l=\sqrt{3}U_p$，$I_l=I_p$。

在这种情况下：流过中性线的电流 $I_0=0$，所以可以省去中性线。

当对称三相负载作△形联结时，有 $I_l=\sqrt{3}I_p$，$U_l=U_p$。

(2) 不对称三相负载作Y形联结时，必须采用三相四线制接法，即Y形接法。而且中线必须牢固联结，以保证三相不对称负载的每相电压保持对称不变。

倘若中线断开，会导致三相负载电压的不对称，致使负载小的那一相的相电压过高，使负载遭受损坏；负载大的一相的相电压又过低，使负载不能正常工作。尤其是对于三相照明负载，一律采用Y形接法。

(3) 当不对称负载作△形联结时，$I_l \neq I_p$，但只要电源的线电压 U_l 对称，加在三相负载上的电压仍是对称的，对各相负载正常工作没有影响。

4. 实训内容

(1) 三相负载星形联结(三相四线制供电)。

按图 3-33 电路组接实训电路。即三相灯组负载经三相自耦调压器接通三相对称电源。将三相调压器的旋柄置于输出为 0 V 的位置(即逆时针旋到底)。经指导教师检查合格后，方可开启实验台电源，然后调节调压器的输出，使输出的三相线电压为 220 V，并按下述内容

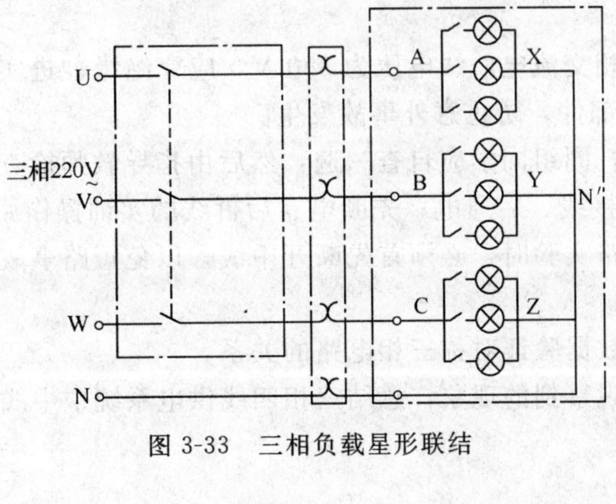

图 3-33　三相负载星形联结

完成各项实验，分别测量三相负载的线电压、相电压、线电流、相电流、中线电流、电源与负载中点间的电压。将所测得的数据记入表 3-5 中，并观察各相灯组亮暗的变化程度，特别要注意观察中线的作用。

表 3-5　星形负载实验数据

<table>
<tr><td colspan="2" rowspan="4">测量项目</td><td colspan="6">对称负载</td><td colspan="6">不对称负载</td></tr>
<tr><td colspan="6">每相灯泡数/盏</td><td colspan="6">每相灯泡数/盏</td></tr>
<tr><td colspan="2">A</td><td colspan="2">B</td><td colspan="2">C</td><td colspan="2">A</td><td colspan="2">B</td><td colspan="2">C</td></tr>
<tr><td colspan="2">3</td><td colspan="2">3</td><td colspan="2">3</td><td colspan="2">1</td><td colspan="2">2</td><td colspan="2">3</td></tr>
<tr><td colspan="2"></td><td colspan="3">有中性线</td><td colspan="3">无中性线</td><td colspan="3">有中性线</td><td colspan="3">无中性线</td></tr>
<tr><td rowspan="3">线电压/V</td><td>U_{AB}</td><td colspan="3"></td><td colspan="3"></td><td colspan="3"></td><td colspan="3"></td></tr>
<tr><td>U_{BC}</td><td colspan="3"></td><td colspan="3"></td><td colspan="3"></td><td colspan="3"></td></tr>
<tr><td>U_{CA}</td><td colspan="3"></td><td colspan="3"></td><td colspan="3"></td><td colspan="3"></td></tr>
<tr><td rowspan="3">相电压/V</td><td>$U_{AN'}$</td><td colspan="3"></td><td colspan="3"></td><td colspan="3"></td><td colspan="3"></td></tr>
<tr><td>$U_{BN'}$</td><td colspan="3"></td><td colspan="3"></td><td colspan="3"></td><td colspan="3"></td></tr>
<tr><td>$U_{CN'}$</td><td colspan="3"></td><td colspan="3"></td><td colspan="3"></td><td colspan="3"></td></tr>
<tr><td rowspan="3">线电流/A</td><td>I_A</td><td colspan="3"></td><td colspan="3"></td><td colspan="3"></td><td colspan="3"></td></tr>
<tr><td>I_B</td><td colspan="3"></td><td colspan="3"></td><td colspan="3"></td><td colspan="3"></td></tr>
<tr><td>I_C</td><td colspan="3"></td><td colspan="3"></td><td colspan="3"></td><td colspan="3"></td></tr>
<tr><td>中性线电流/A</td><td>I_O</td><td colspan="3"></td><td colspan="3"></td><td colspan="3"></td><td colspan="3"></td></tr>
</table>

(2) 负载三角形联结(三相三线制供电)。

按照图 3-34 联结三角形负载的实训电路。每相开 3 盏灯(对称负载)，测量各相电压、线电流、相电流，将测量数据填入表 3-6 中。关闭部分灯泡，使每相负载分别为 1、2、3 盏(非对称负载)重复步骤(2)的测量内容，并将测量数据填入表 3-4 中。

表 3-6　三角形负载实验数据

条　件	相电压				线电流	相电流	每相灯泡数		
	U_{UV}/V	U_{VW}/V	U_{WU}/V	平均值/V	I_U/A	I_{UV}/A	U/盏	V/盏	W/盏
对称负载							3	3	3
不对称负载							1	2	3

5. 实训注意事项

(1) 本实训采用三相交流电，线电压为 380 V，应穿绝缘鞋进实训室。实训时要注意人身安全，不可触及导电部件，防止意外事故发生。

(2) 每次接线完毕，同组同学应自查一遍，然后由指导教师检查后，方可接通电源，必须严格遵守先断电、再接线、后通电；先断电、后拆线的实训操作原则。

(3) 星形负载做短路实验时，必须首先断开中线，以免短路事故发生。

6. 实训总结

(1) 用实训测得的数据验证对称三相电路的关系。

(2) 用实训数据和观察到的现象，总结三相四线供电系统中中线的作用。

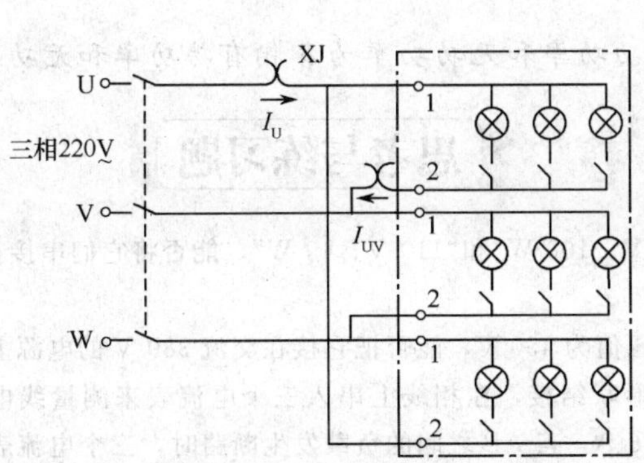

图 3-34　三相负载三角形星形联结

小　结

1. 三相对称电动势的特点是：三相电动势频率相同、幅值相等、相位互差 120°。由于三相电动势的对称性，它们的瞬时值之和与矢量和都等于零。交流电路正弦量的三要素为最大值、频率和初相位。在电力系统中所指的电压、电流，交流电压表、电流表所指示的数值以及电气设备的额定值等均指有效值。

2. 交流电路正弦量可用三角函数式、波形图及相量等来表达和计算。

3. 单一参数电路元件的电路是理想化的电路。R 是耗能元件，L、C 是储能元件，实际电路可由这些元件和电源的不同组合构成。具有代表性的是 RLC 串联电路。

4. 谐振是交流电路中的特殊现象，其实质是电路中 L 和 C 的无功功率实现完全的相互补偿，使电路呈现电阻的性质。RLC 串联电路中发生的谐振主要特点是：电路阻抗最小，电流最大。RLC 并联电路中发生的谐振称主要特点是：电路阻抗最大，总电流最小，可能出现支路电流大于总电流的情况。

5. 电力系统中绝大多数负载是电感性的，因此常采用并联电容元件的方法来提高电路的功率因数，其基本原理是用电容元件的无功功率对电感的无功功率进行补偿。

6. 三相电源有两种接法：星形联结和三角形联结。将三相电源的三相绕组的末端接在一点的联结方法称为星形联结，末端的联节点称为中点；从中点引出的线称为中性线；从绕组的首端引出的线称为相线；相线与中性线之间的电压称为相电压；相线与相线之间的电压称为线电压。三相电源的三相绕组首端和末端依次相连的方式称为三角形联结。

7. 三相对称电源的三相绕组星形联结时，线电压有效值为相电压有效值的$\sqrt{3}$倍，相位较相应的相电压超前 30°。

8. 三相电源星形联结时，若从中点引出一根导线，则为三相四线制，若中点不引出导线，则为三相三线制。三相四线制联结可以为负载提供两种电压，且中线不能断开。

9. 三相负载的阻抗相等、阻抗角相等且性质相同时称为三相对称负载，否则为不对称负载。

10. 对称负载三角形联结时，线电流和相电流之间的关系是：线电流有效值为相电流有效值的$\sqrt{3}$倍，相位滞后相应的相电流 30°。在我国低压供电系统中，通常相电压为 220 V，线电压为 380 V。

11. 三相电路的总有功功率和无功功率为各相有功功率和无功功率之和。

思考与练习题

3-1 有两个白炽灯“110 V、100 W”和“110 V、40 W”。能否将它们串接在 220 V 的工频交流电源上使用？试分析说明。

3-2 某电容器的额定耐压值为 450 V，能否把它接在交流 380 V 的电源上使用？为什么？

3-3 对称三相负载作△形联结接，在相线上串入三个电流表来测量线电流的数值，在线电压 380 V 下，测得各电流表读数均为 26 A，若 AB 之间的负载发生断路时，三个电流表的读数各变为多少？当发生 A 相线断开故障时，各电流表的读数又是多少？

3-4 图 3-35 所示电路中，已知 $R_1=10\ \Omega$，$R_2=20\ \Omega$，$L_1=181$ mH，$L_2=200$ mH，$C=40\ \mu$F，电源电压 $U=250$ V，频率 $f=50$ Hz，求：(1)电路中的电流 $\dot{I}$ 和电压 $\dot{U}_{ab}$；(2)电路的有功功率、无功功率和视在功率。

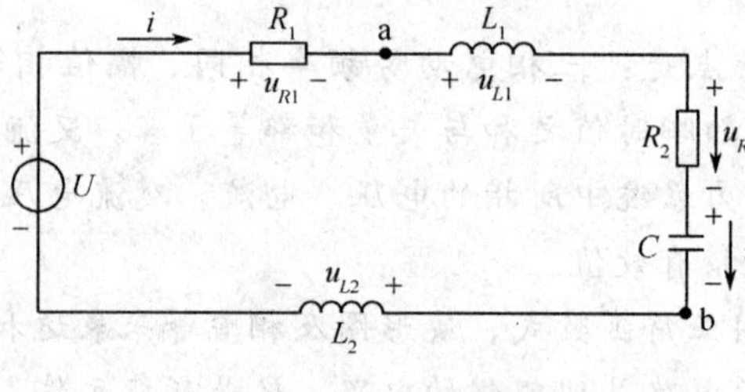

图 3-35 3-4 题图

3-5 某水电站以 22 万伏的高压向功率因数 $\lambda=0.6$ 的工厂输送 24 万 kW 的电力，若输电线路的总电阻为 10 Ω，试计算当功率因数提高到 0.9 时，输电线上一年可以节省多少电能。

3-6 如图 3-36 所示对称三相电路中，$R_{AB}=R_{BC}=R_{CA}=100\ \Omega$，电源线电压为 380 V，求：

(1) 电压表Ⓥ和电流表Ⓐ的读数是多少？

(2) 三相负载消耗的功率 P 是多少？

3-7 有一电感线圈，当接于电压为 32 V 的直流电源时，测得线圈电流为 4 A，将其改接到 50 Hz，60 V的交流电源上，电流为 6 A，求线圈的电阻和电感。

3-8 电路如图 3-37 所示，已知 $R=6\ \Omega$，当电压 $u=12\sqrt{2}\sin(200t+30°)$ V 时，测得电感 L 端电压的有效值 $U_L=6\sqrt{2}$ V，求电感 L。

3-9 如图 3-38 所示电路中，三角形联结的对称负载，电源线电压 $U_l=220$ V，每相负载的电阻为 30 Ω，感抗为 40 Ω，试求相电流与线电流。

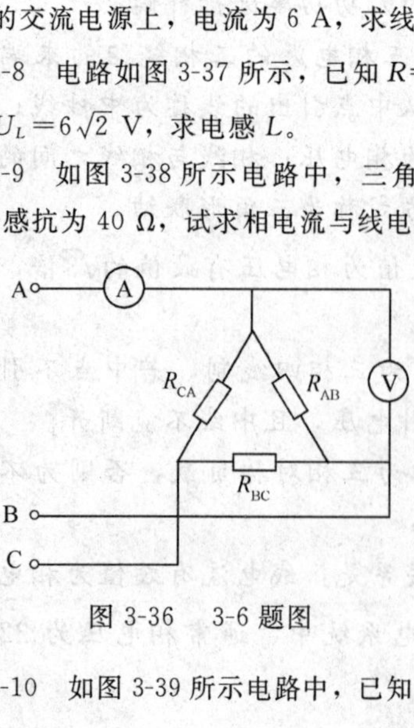

图 3-36 3-6 题图

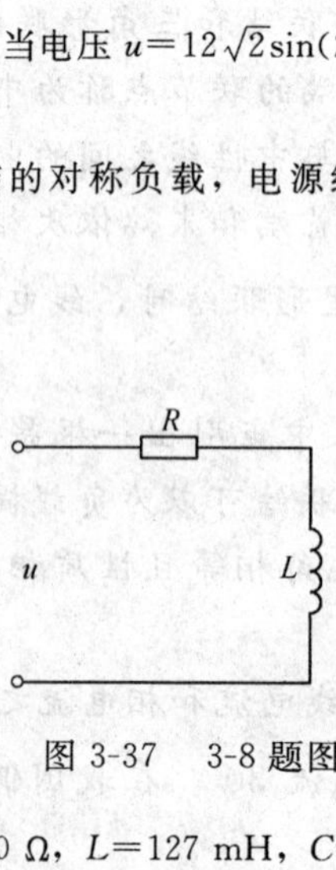

图 3-37 3-8 题图

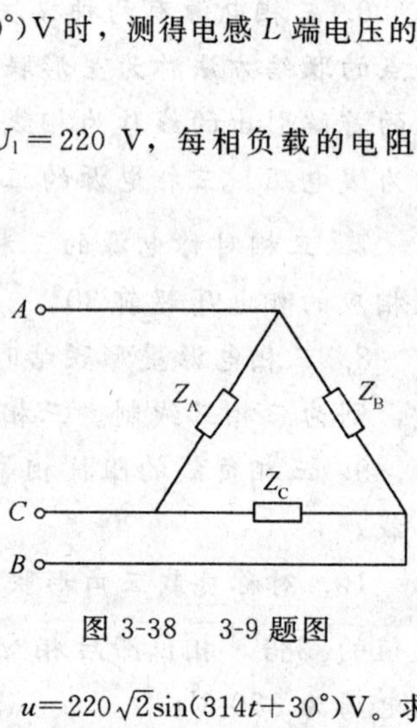

图 3-38 3-9 题图

3-10 如图 3-39 所示电路中，已知：$R=30\ \Omega$，$L=127$ mH，$C=40\ \mu$F，$u=220\sqrt{2}\sin(314t+30°)$ V。求：

(1) 电流 i；

(2) 有功功率 P。

3-11　某日光灯管与镇流器串联后接到交流电压上，可等效为 R、L 串联的电路。已知灯管的等效电阻 $R_1=200\ \Omega$，镇流器的电阻和电感分别为 $R_2=15\ \Omega$ 和 $L=2$ H，电源电压为 $U=220$ V，频率 $f=50$ Hz，试求电路中的电流 I_0、灯管电压以及镇流器两端电压的有效值。

3-12　电路如图 3-40 所示，已知电路有功功率 $P=60$ W，电源电压 $\dot{U}=220\angle 0°$ V，功率因素 $\cos\varphi=0.8$，$X_C=50\ \Omega$，试求电流 I，电阻 R 及 X_L。

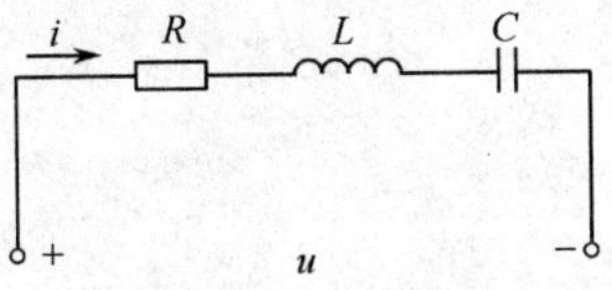

图 3-39　3-10 题图

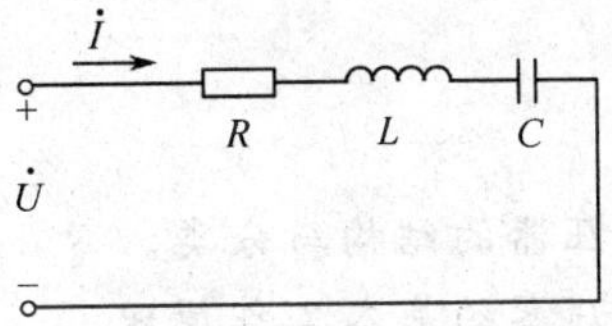

图 3-40　3-12 题图

3-13　有一组三相对称负载，每相电阻 $R=3\ \Omega$，感抗 $X_L=4\ \Omega$，联结成星形，接到线电压为 380 V 的电源上。试求相电流、线电流及有功功率。

3-14　在三相四线制线路上接入三相照明负载，如题图 3-41 所示。已知 $R_A=5\ \Omega$，$R_B=10\ \Omega$，$R_C=10\ \Omega$，电源电压 $U_1=380$ V，电灯负载的额定电压为 220 V。

(1) 求各相电流；

(2) 若 C 线发生断线故障，计算各相负载的相电压、相电流以及中线电流。A 相和 B 相负载能否正常工作？

3-15　在上题中，若无中性线，C 线断开后，各负载的相电压和相电流是多少？A 相和 B 相负载能否正常工作？会有什么结果？

3-16　在题图 3-42 所示电路中，开关 S 闭合时，各安培表读数均为 10 A，若打开，求各安培表的读数为多少？

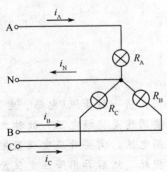

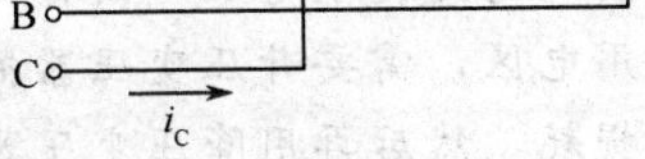

图 3-41　3-14 题图

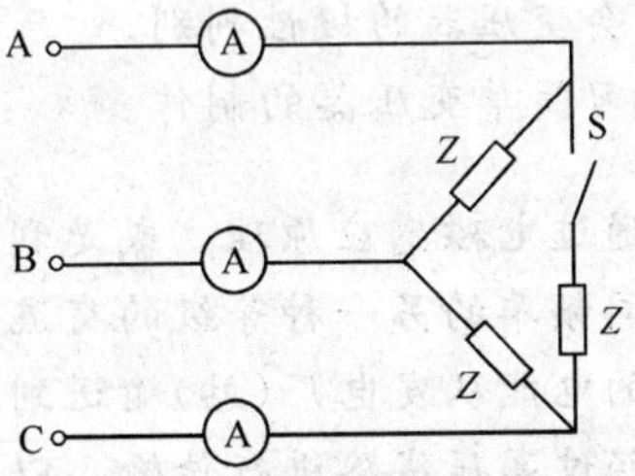

图 3-42　3-16 题图

第4章 变压器

知识点

- 变压器的结构与分类。
- 变压器的基本工作原理。
- 变压器的运行。
- 变压器的选择和使用。
- 特殊变压器。

学习要求

1. 了解
   - 了解变压器的运行。
   - 了解特殊变压器的使用。
2. 掌握
   - 掌握变压器的基本工作原理和结构。
   - 掌握变压器的选择和使用。
3. 能力
   - 学会变压器的选用。
   - 学会变压器的极性判别。
   - 学习简单变压器的制作。

变压器是通过电磁感应原理，或是利用互感作用，将一种等级(电压、电流、相数)的交流电，变换为同频率的另一种等级的交流电，其主要用途是变换电压，故称之为变压器。

将大功率的电能从发电厂(站)输送到远距离的用电区，需要升压变压器把发电机发出的电压升高，再经过高压线路进行传输，以降低线路损耗，然后再用降压变压器逐步将输电电压降到配电电压，供用户使用。

本章主要介绍电力变压器的基本结构、工作原理及工作特性，并简要介绍几种常用的变压器。

4.1 变压器的结构、原理、运行

4.1.1 变压器的结构和分类

1. 变压器的基本结构

变压器的主要组成部分是铁心和一次、二次绕组。而大、中容量的电力变压器为了散热的需要，将变压器的铁心和绕组浸入封闭的油箱中，对外线路的连接由绝缘套管引出。因此电力变压器还有绝缘套管、油箱及其他附件，如图 4-1 所示是一台油浸式电力变压器的外形图。

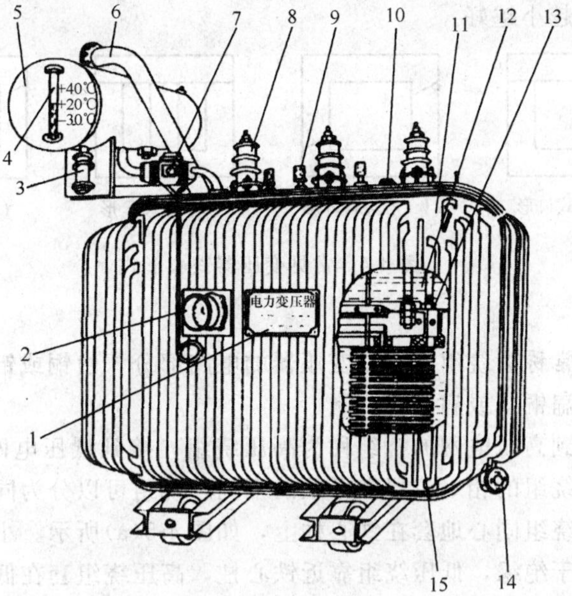

图 4-1　油浸式电力变压器的外形结构图

1—铭牌；2—信号式温度计；3—吸湿器；4—油表；5—储油柜；6—安全气道；7—气体继电器；8—高压储油柜；9—低压套管；10—分接开关；11—油箱；12—变压器油；13—铁心；14—放油阀门；15—绕组

1）铁心

铁心是变压器的磁路系统，同时又是绕组的支撑骨架。铁心由铁心柱和铁轭两部分组成，如图 4-2 所示，铁心柱上套绕组，铁轭将铁心柱连接起来形成闭合磁路，对铁心的要求是导磁性能好，磁滞损耗和涡流损耗要尽量小，因此均采用硅钢片制成。目前国产低损耗节能变压器均用有取向的冷轧硅钢片，其铁损耗低，且铁心叠装系数高。随着科学技术的进步，已经采用铁基、铁镍基等非晶体材料来制作变压器的铁心。它具有体积小、效率高、节能等优点，极有发展前途。

变压器的铁心结构有心式和壳式两类。心式结构变压器的特点是铁心柱被绕组包围，如图 4-3(a)图所示，壳式结构变压器的特点是铁心包围绕组的顶面、底面和侧面，如图 4-3(b)所示，心式的结构简单，绕组装配和绝缘比较容易，壳式结构的机械强度好，但制造复杂，铁心用材料较多。因此电力变压器中的铁心主要采用心式结构。

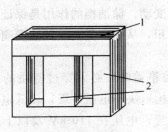

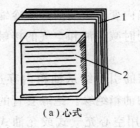

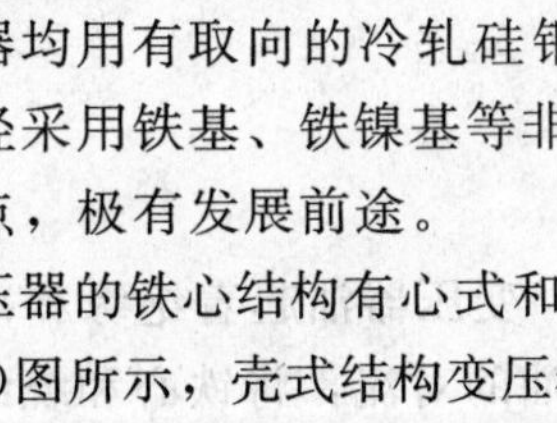

图 4-2　变压器铁心

1—铁轭；2—铁心柱

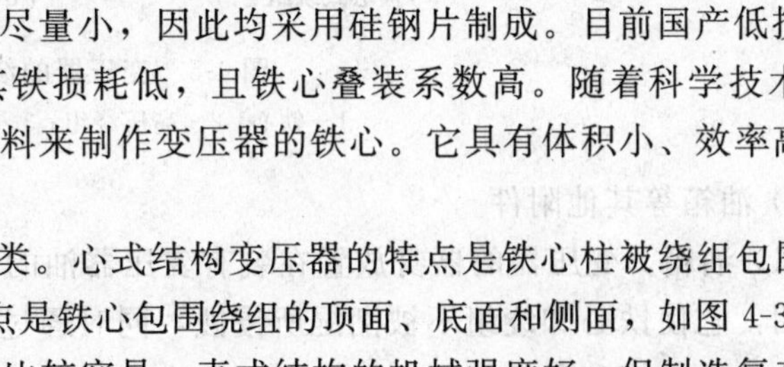

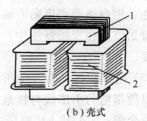

图 4-3　单相变压器结构

1—铁心；2—绕组

心式变压器的叠片一般用“口”字形或斜“口”字形硅钢片交叉叠成；壳式变压器的叠片一般用E形或F形硅钢片交叉叠成，如图4-4所示。为了减小铁心磁路的磁阻，要求铁心在装配时，接缝处的气隙越小越好。

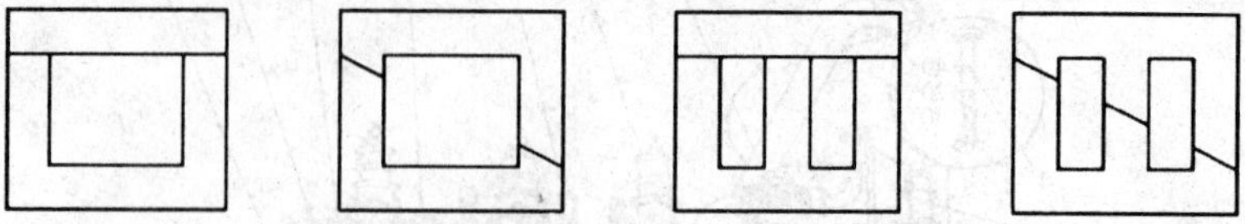

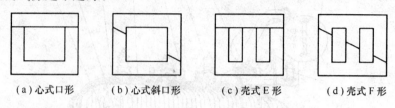

(a) 心式口形　(b) 心式斜口形　(c) 壳式E形　(d) 壳式F形

图4-4　常见变压器铁心形式

2）绕组

变压器的绕圈通常称为绕组，它是变压器的电路部分，由铜或铝绝缘导线绕制而成，容量稍大的变压器则用扁铜线或扁铝线绕制。

在变压器中，接到高压电网的绕组称为高压绕组，接到低压电网的绕组称为低压绕组。按照高压绕组和低压绕组的相对位置和形状的不同，绕组可以分为同心式和交叠式两种。同心式绕组的高、低压绕组同心地套在铁心柱上，如图4-5(a)所示。小容量单相变压器一般采用此种结构，为了便于绝缘，低压绕组靠近铁心柱，高压绕组套在低压绕组的外面，两个绕组之间留有油道。交叠式绕组的高、低压绕组交叠放置在铁心上，如图4-5(b)所示。

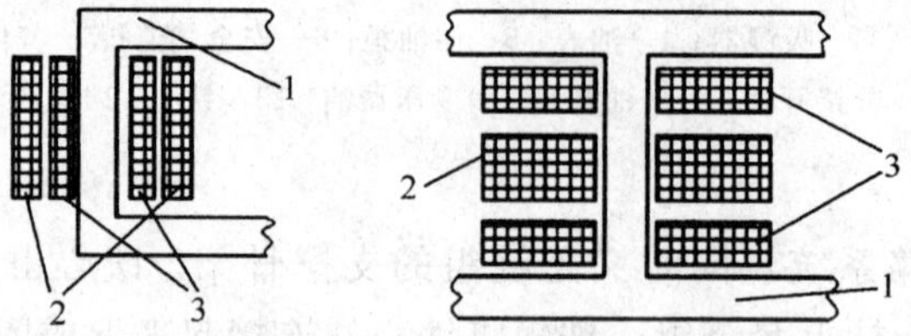

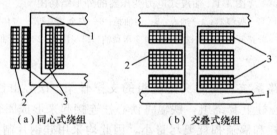

(a) 同心式绕组　(b) 交叠式绕组

图4-5　变压器的绕组

1—铁心；2—高压绕组；3—低压绕组

3）油箱等其他附件

(1) 油箱。变压器的器身放置在装有变压器油的油箱内，变压器油起着绝缘和冷却散热的作用，它使铁心和绕组不被潮湿所侵蚀，同时通过变压器油的对流，将铁心和绕组产生的热量传递给油箱和散热管，再散发到空气中。

(2) 储油柜。储油柜亦称油枕，它是安装在油箱上面的圆筒形容器，它通过连通管与油箱相连，柜内油面高度随着油箱内变压器油的热胀冷缩而变动。储油柜的作用是保证变压器的器身始终浸在变压器油中，同时减少油和空气的接触面积，从而降低变压器油受潮和老化的速度。

(3) 绝缘套管。电力变压器的引出线从油箱内穿过油箱盖时，必须穿过瓷质的绝缘套管，以使带电的引出线与接地的油箱绝缘。绝缘套管的结构取决于电压等级，较低电压采用实心瓷套管；10～35 kV电压采用空心充气式或充油式套管；电压在110 kV及以上时采用电容式套管。为了增加表面爬电距离，绝缘套管的外形做成多级伞形，电压越高，级数越多。

(4) 分接开关。油箱盖上面还装有分接开关，通过分接开关可改变变压器高压绕组的匝数，从而调节输出电压的大小。通常输出电压的调节范围是额定电压的±5%。

4）变压器的铭牌与主要系列

每台变压器上都有一个铭牌，在铭牌上标明了变压器的型号、额定值及其他有关数据。如图 4-6 所示为三相电力变压器的铭牌。

铝线电力变压器

<table>
<tr><td colspan="5">产品标准</td><td colspan="2">型号</td><td>SJL－560/10</td></tr>
<tr><td>额定容量</td><td colspan="2">560 kV·A</td><td>相数</td><td>3</td><td colspan="2">额定频率</td><td>50 Hz</td></tr>
<tr><td rowspan="2">额定电压</td><td colspan="2">高压</td><td>10 kV</td><td rowspan="2">额定电流</td><td colspan="2">高压</td><td>32.3 A</td></tr>
<tr><td colspan="2">低压</td><td>400～230 V</td><td colspan="2">低压</td><td>808 A</td></tr>
<tr><td colspan="2">使用条件</td><td colspan="2">户外式</td><td colspan="2">绕组温升 65 ℃</td><td colspan="2">油面温升 55 ℃</td></tr>
<tr><td colspan="2">短路电压</td><td colspan="2">4.94%</td><td colspan="2">冷却方式</td><td colspan="2">油浸自冷式</td></tr>
<tr><td colspan="2">油重 370 kg</td><td colspan="2">器身重 1 040 kg</td><td colspan="2">总重 1 900 kg</td><td colspan="2">连接组 Y，yn0</td></tr>
<tr><td colspan="8">出厂序号　　　　×××厂　　　　年　月　出品</td></tr>
</table>

图 4-6　变压器的铭牌

(1) 变压器的型号。变压器的型号表示了一台变压器的结构特点、额定容量、电压等级和冷却方式等内容。国家标准 GB 1094.11－2007 规定电力变压器产品型号代表符号的含义：

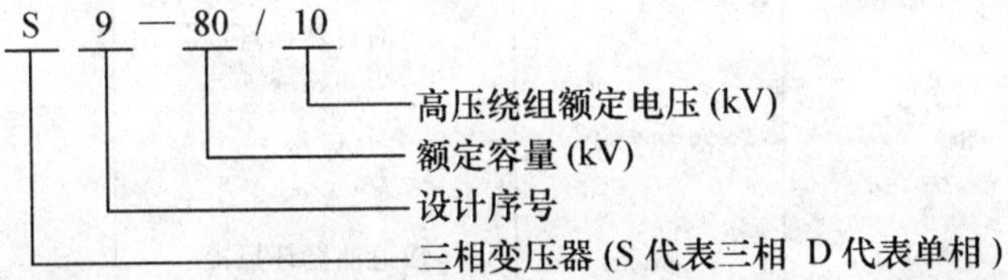

(2) 变压器的主要系列。目前我国生产的各种系列变压器产品有 SJL1(三相油浸铝线电力变压器)、SL7(三相铝线低损耗电力变压器)、S7 和 S9(三相铜线低损耗电力变压器)、SFL1(三相油浸风冷铝线电力变压器)、SFPSL1(三相强油风冷三线圈铝线电力变压器)、SWPO(三相强油水冷自耦电力变压器)等，基本上满足了国民经济发展的要求。

5）变压器的额定值

额定值是对变压器正常工作状态所作的使用规定，它是正确使用变压器的依据。

(1) 额定容量 S_N。

额定容量 S_N 指变压器在额定工作条件下输出能力的保证值，即视在功率，单位为 V·A 或 kV·A。对三相变压器，额定容量指三相容量之和。

(2) 额定电压 U_{1N} 和 U_{2N}。

额定电压 U_{1N} 和 U_{2N} 表示变压器空载运行时，在额定分接下各绕组端电压的保证值，单位为 V 或 kV。U_{1N} 是指一次绕组的额定电压；U_{2N} 是指变压器一次绕组加额定电压，二次绕组开路时的端电压。对三相变压器而言，额定电压是指线电压。

(3) 额定电流 I_{1N} 和 I_{2N}。

额定电流 I_{1N} 和 I_{2N} 指变压器在额定负载情况下，各绕组长期允许通过的电流，单位为 A。

I_{1N}是指一次绕组的额定电流；I_{2N}是指二次绕组的额定电流。对三相变压器而言，额定电流是指线电流。

对单相变压器

$$I_{1N}=\frac{S_N}{U_{1N}},\ I_{2N}=\frac{S_N}{U_{2N}} \tag{4-1}$$

对三相变压器

$$I_{1N}=\frac{S_N}{\sqrt{3}U_{1N}},\ I_{2N}=\frac{S_N}{\sqrt{3}U_{2N}} \tag{4-2}$$

(4) 额定频率 f_N。

我国规定标准工业用电的频率即工频为 50 Hz。

此外，额定运行时变压器的效率、温升等数据均属于额定值。除额定值外，铭牌上还标有变压器的相数、连接组和接线图、短路电压(或短路阻抗)的标么值、变压器的运行方式及冷却方式等如图 4-7 所示为电力变压器的分类和型号。为考虑运输，有时铭牌上还标出变压器的总重、油重、器身质量和外形尺寸等附属数据。

代表符号排列顺序	分类	类别	代表符号
1	绕组耦合方式	自耦	O
2	相数	单相 三相	D S
3	冷却方式	空气自冷 油自然循环 油浸式 风冷 水冷 强迫油循环风冷 强迫油循环水冷	— — J F W FP WP
4	绕组数	双绕组 三绕组	— S
5	绕组导线材质	铜 铝	— L
6	调压方式	无励磁调压 有载调压	— Z

图 4-7　电力变压器的分类和型号

2. 变压器的分类

变压器的种类很多，可以按用途、结构、相数、冷却方式等不同来进行分类。

按用途不同，可以分为电力变压器(主要用在输配电系统中，又分为升压变压器、降压变压器和配电变压器)和特种变压器(如仪用变压器、试验变压器、电炉变压器、电焊变压器等)。

按绕组数不同，可分为单绕组(自耦)变压器、双绕组变压器、三绕组变压器和多绕组变压器等。

按相数的不同，可分为单相变压器、三相变压器和多相变压器。

按铁心结构的不同，有心式变压器和壳式变压器。

按冷却介质和冷却方式的不同，可以分为空气自冷式(或称为干式)变压器、油浸式变压器和充气式变压器。

电力变压器按容量大小通常分为小型变压器(容量为 10～630 kV·A)、中型变压器(容量为 800～6 300 kV·A)、大型变压器(容量为 8 000～63 000 kV·A)和特大型变压器(容量在 90 000 kV·A 及以上)。

4.1.2　变压器的基本工作原理

变压器主要由铁心和套在铁心上的两个独立绕组组成，如图 4-8 所示。这两个绕组间只有磁的耦合的联系，而没有电的联系，且具有不同的匝数，其中接入交流电源的绕组称为一次绕组，其匝数为 N_1；与负载相接的绕组称为二次绕组，其匝数为 N_2。

由于变压器是在交流电源下工作，因此通过变压器的电压、电流、磁通及电动势的大小和方向都随时间在不断地变化。为了能正确表达它们之间的相位关系，必须规定它们的参考方向，参考方向原则上可以任意规定，但为了统一起见，习惯上都按照“电工惯例”来规定参考方向：

(1) 同一支路中，电压的参考方向和电流的参考方向一致；

(2) 磁通的参考方向和电流的参考方向之间符合右手螺旋定则；

(3) 由交变磁通 Φ 产生的感应电动势 e，其参考方向与产生该磁通的电流方向一致。

在一般情况下，变压器的损耗和漏磁通都是很小的，因此，在不计变压器一、二次绕组的电阻和漏磁通，不计铁心损耗，即认为是理想变压器。

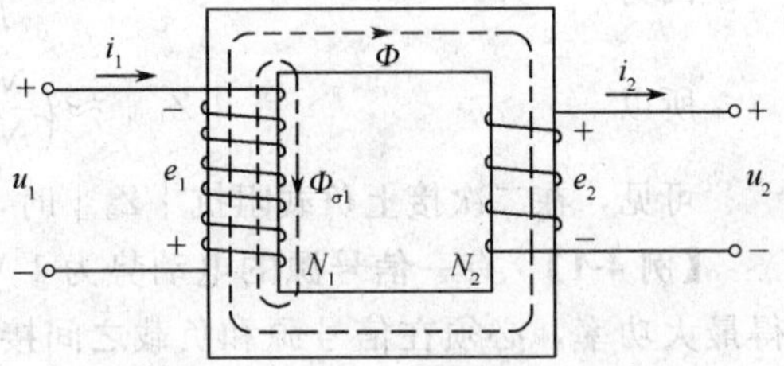

图 4-8　变压器的电路原理示意图

1. 变换交流电压

当一次绕组外加电压为 u_1 的交流电源，二次绕组接负载时，一次绕组将流过交变电流 i_1，并在铁心中产生交变磁通 Φ，该磁通同时铰链一、二次绕组，并在两绕组中分别产生感应电动势 e_1、e_2，从而在二次绕组两端产生电压 u_2 和电流 i_2。各物理量的正方向，如图 4-8 所示。对于理想变压器，根据电磁感应定律可得

$$u_1=-e_1=N_1\frac{\mathrm{d}\Phi}{\mathrm{d}t}$$
$$u_2=-e_2=N_2\frac{\mathrm{d}\Phi}{\mathrm{d}t} \tag{4-3}$$

根据式(4-3)可得一、二次绕组的电压和电动势有效值与匝数的关系为

$$\frac{U_1}{U_2}=\frac{E_1}{E_2}=\frac{N_1}{N_2}=K \tag{4-4}$$

式中：K 为匝数比，亦即电压比，$K=N_1/N_2$。

可见，变压器原、二次绕组的端电压之比等于者两个绕组的匝数比。如果 $N_2>N_1$，则 $U_2>U_1$，变压器使电压升高，称为升压变压器。如果 $N_2<N_1$，则 $U_2<U_1$，变压器使电压降低，称为降压变压器。

2. 变换交流电流

由以上分析，变压器能从电网中获取能量，并通过电磁感应进行能量转换后，再把电能输送给负载。根据能量守恒定律可得 $U_1I_1=U_2I_2$，即

$$\frac{I_1}{I_2}=\frac{U_2}{U_1}=\frac{N_2}{N_1}=\frac{1}{K} \tag{4-5}$$

由式(4-5)可知，变压器一、二次绕组的电流与绕组的匝数成反比。变压器高压线圈的匝数多而通过的电流小，可用较细的导线绕制；低压线圈的匝数少而通过的电流大，可用较粗的导线绕制。

3. 变换交流阻抗

在电子电路中，常用变压器来变换交流阻抗。对于收音机和其他的电子装置，总是希望获得最大功率，而要想获得最大的功率，其条件是负载电阻等于信号源的内阻，称为阻抗匹配。但在实际中，由于负载电阻与信号源的内阻往往不相等，因此，常用变压器来进行阻抗匹配，使负载获得最大的功率。

设变压器一次输入阻抗为 $|Z_1|$，二次负载阻抗为 $|Z_2|$，则

$$|Z_1|=\frac{U_1}{I_1} \tag{4-6}$$

将 $U_1\approx\frac{N_1}{N_2}U_2$，$I_1\approx\frac{N_2}{N_1}I_2$ 代入上式，整理后得 $|Z_1|\approx\left(\frac{N_1}{N_2}\right)^2\frac{U_2}{I_2}$

因为

$$\frac{U_2}{I_2}=|Z_2|$$

所以

$$|Z_1|\approx\left(\frac{N_1}{N_2}\right)^2|Z_2|=K^2|Z_2| \tag{4-7}$$

可见，在二次接上负载阻抗 $|Z_2|$ 时，就相当于使电源接上一个阻抗 $|Z_1|\approx K^2|Z_2|$。

【例 4-1】 有一信号源的电动势为 1 V，内阻为 600 Ω，负载电阻为 150 Ω。欲使负载获得最大功率，必须在信号源和负载之间接一匹配变压器，使变压器的输入电阻等于信号源的内阻，如图 4-9 所示。问变压器的电压比，一、二次电流各为多大？

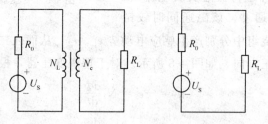

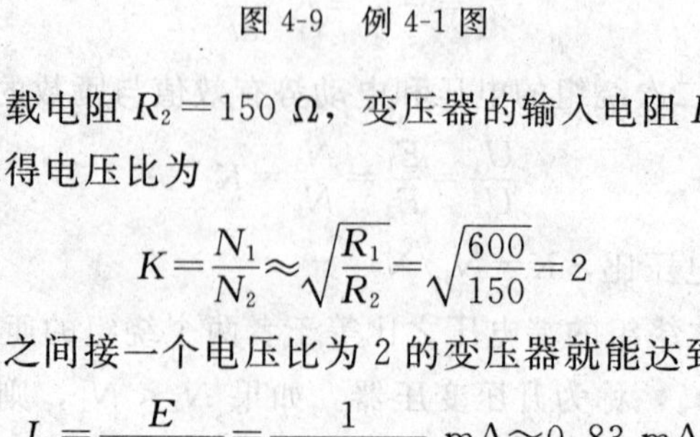

图 4-9 例 4-1 图

解：由题意可知，负载电阻 $R_2=150\ \Omega$，变压器的输入电阻 $R_1=R_0=600\ \Omega$。应用变压器的阻抗变换公式，可求得电压比为

$$K=\frac{N_1}{N_2}\approx\sqrt{\frac{R_1}{R_2}}=\sqrt{\frac{600}{150}}=2$$

因此，信号源和负载之间接一个电压比为 2 的变压器就能达到阻抗匹配的目的。这时变压器的一次电流

$$I_1=\frac{E}{R_0+R_1}=\frac{1}{600+600}\ \text{mA}\approx0.83\ \text{mA}$$

二次电流 $I_2 \approx \frac{N_1}{N_2} I_1 = 2 \times 0.83\ \text{mA} = 1.66\ \text{mA}$

4.1.3 变压器的运行

1. 变压器的外特性

当一次电压 U_1 和负载功率因数 $\cos\varphi_2$ 保持不变时，二次输出电压 U_2 和输出电流 I_2 的关系，$U_2 = f(I_2)$，称为变压器的外特性。外特性曲线如图 4-10 所示。对电阻性和电感性负载而言，电压 U_2 随电流 I_2 的增加而下降。

电压的变化率反应电压 U_2 的变化程度，通常希望电压 U_2 的变动越小越好，一般变压器的电压变化率在 5%。从空载到额定负载，二次绕组电压的变化程度用电压的变化率 ΔU 表示，即

$$\Delta U = \frac{U_{20} - U_2}{U_{20}} \times 100\% \tag{4-8}$$

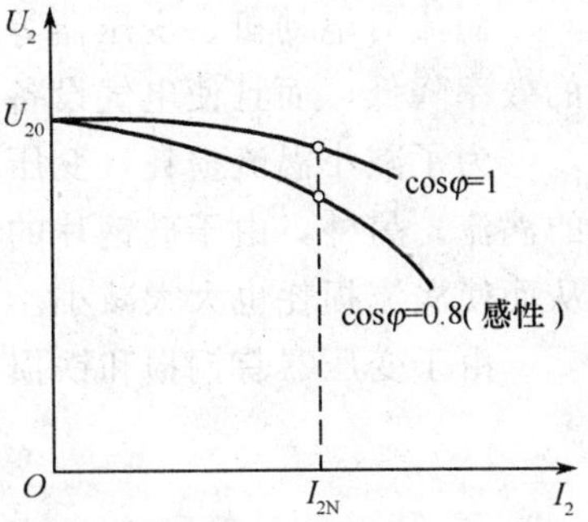

图 4-10 变压器的外特性曲线

2. 变压器的损耗与效率

变压器的输入有功功率 P_1 与输出有功功率 P_2 之差即变压器的损耗主要包括两部分，一部分是变压器线圈电阻消耗的电能所产生的损耗 ΔP_{Cu}；另一部分是变压器铁心的磁滞损耗和涡流损耗所造成的铁损 ΔP_{Fe}。铁损的大小与铁心内磁感应强度的最大值有关，与负载大小无关，而铜损则与负载大小有关。

$$\Delta P = P_1 - P_2 = \Delta P_{Fe} + \Delta P_{Cu} \tag{4-9}$$

式中：$\Delta P_{Cu} = I_1^2 R_1 + I_2^2 R_2$ 是指铜损；ΔP_{Fe} 是指铁损，包括磁滞损耗和涡流损耗，其值可以通过实验获得。

1）磁滞损耗

磁导率 μ 是表征物质导磁性能的物理量。不同的物质其磁导率不同，真空中的磁导率 $\mu_0 = 4\pi \times 10^{-7}\ \text{H/m}$ 是一个常数。铁磁材料的磁导率 μ 远大于 μ_0，且随磁场强度的变化而变化。工程上除了铁磁材料外，其余物质的磁导率都认为是 μ_0（非铁磁材料的 μ 接近 μ_0）。由于铁磁材料具有高导磁性，且磁阻小，易使磁通通过，所以往往利用它来做磁路，以提高效率，减小电磁设备的体积和质量。

磁滞回线如图 4-11 所示，铁磁材料在磁化过程中，其磁感应强度 B 的变化总是滞后外磁场强度 H 的变化，这一现象称为磁滞现象。

当铁心线圈加上交流电时，铁磁材料沿磁滞曲线交变磁化，且磁化时磁场吸收的能量大于去磁时返回电源的能量，其差值就是磁滞现象引起的能量损耗，称为磁滞损耗。磁滞损耗的功率与铁磁材料的磁滞回线所包围的面积成正比，磁滞损耗的主要现象表现为铁心发热。为了减小磁滞损耗，交流铁心应选用磁滞损耗较小的软磁材料制成。

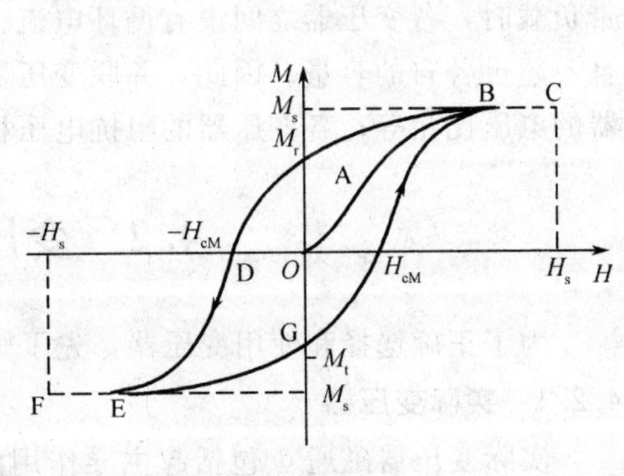

图 4-11 磁滞回线

磁性材料一般分为三类：软磁材料如铸铁、

硅钢、铁氧体等，一般用于电动机、变压器的铁心；永磁材料如碳钢、铁镍铝钴合金等，一般用来制造永久磁铁；矩磁材料如镁锰铁氧体，1J51 铁镍合金等，一般用于计算机和控制系统中的记忆元件。

2）涡流损耗

交变的电流通过铁心线圈时，产生交变的磁场，而交变的磁场在铁心中产生闭合的旋涡状感应电流，称为涡流。它在垂直于磁通方向的平面内环流，由涡流引起的损耗称为涡流损耗。

涡流对电动机、变压器等设备的工作会产生不良影响，它不仅消耗了电能，使电气设备的效率降低，而且使电气设备中的铁心发热、温度升高，影响电气设备的正常运行。

为了减小涡流损耗，变压器的铁心常选用表面绝缘的硅钢片组成，这样就减小了截面内的涡流。另外，由于硅钢片的电阻率较大，磁导率较高，可以使铁心电阻增大，涡流减小，从而使涡流损耗也大大减小。

由于变压器有铜损和铁损，变压器的效率可以表示为

$$\eta=\frac{P_2}{P_1}=\frac{P_2}{P_2+\Delta P_{\mathrm{Fe}}+\Delta P_{\mathrm{Cu}}} \tag{4-10}$$

式中：P_2为变压器输出功率；P_1为输入功率。

变压器的功率损耗很小，效率很高，一般在 95％以上。在电力变压器中，当负载为额定负载的 50％～75％时，效率达到最大值。

3）变压器的并联运行

变压器的并联运行是指将两台或两台以上的变压器的一、二次绕组分别接在一、二次侧的公共母线上，共同向负载供电的运行方式，如图 4-12 所示，变压器的并联运行可以提高供电的可靠性、经济性。其意义在于，当一台变压器发生故障时，并联的其他变压器可以继续供电，保证重要用户的用电；当变压器检修时，又能保证不间断供电，提高变压器的可靠性；由于用电负荷季节性很强，在负荷较轻的季节将部分变压器退出运行，这样，既可以减少变压器的空载损耗，提高效率，又可以减少无功励磁电流，改善电网的功率因数，提高系统的经济性。

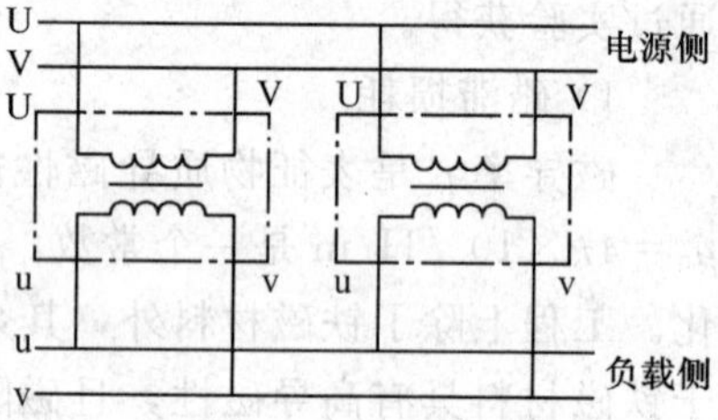

图 4-12 变压器的并联运行

变压器并联运行的理想情况是，当变压器并联还没带负载时，各变压器之间没有循环电流；带负载后，能按照各变压器的容量比例分担负荷，且不超过各自的容量。因此，并联变压器必须满足以下条件：各变压器的极性相同；各变压器的电压比相等；各变压器的阻抗电压相等；各变压器的漏电抗与电阻之比相等。

4.2 变压器的选择和使用

为了正确选择和使用变压器，先了解实际变压器的特点及其额定值。

4.2.1 实际变压器

实际变压器磁通 Φ 包括起主导作用的主磁通 Φ（等效为激励电感 L_{m}），漏磁通 Φ_σ（等效为漏电感 L_{s1}、L_{s2}），绕制线圈的导线损耗电阻（称线圈内阻）r_1、r_2，一、二次线圈匝间分布

电容 C_1、C_2 等，实际变压器等效电路如图 4-13 所示。

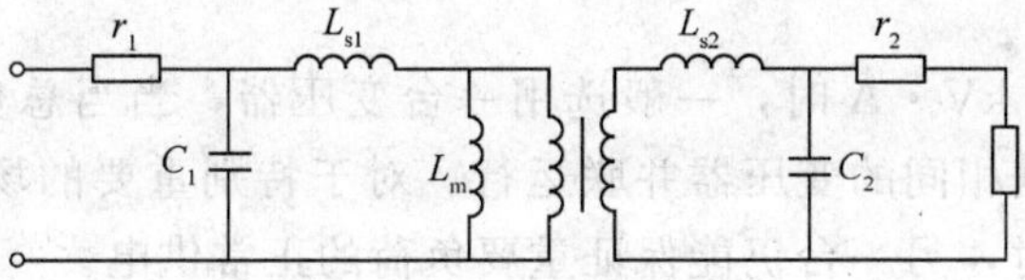

图 4-13 实际变压器等效电路

低频时，漏电感 L_{s1}、L_{s2} 的感抗很小，分布电容 C_1、C_2 的容抗很大，他们对变压器的影响非常小，因而可以忽略。高频时，他们的影响就不可以忽略了。

4.2.2 变压器的额定值

1. 额定电压 U_{1N}、U_{2N}

额定电压 U_{1N} 是指根据变压器的绝缘强度和允许温升而规定在一次绕组上所加电压的有效值。额定电压 U_{2N} 是指一次绕组加上额定电压 U_{1N} 时，二次绕组两端的电压有效值。

2. 额定电流 I_{1N}、I_{2N}

根据变压器的允许温升而规定的变压器连续工作的一、二次绕组的最大允许工作电流。

3. 额定容量 S_N

二次绕组的额定电压与额定电流的乘积称为变压器的额定容量 S_N，也就是变压器的视在功率，单位千伏·安(kV·A)。

$$S_N = U_{2N} \cdot I_{2N} \tag{4-11}$$

4. 额定频率 f_N

变压器一次允许接入的电源频率。我国规定的额定频率为 50 Hz。

4.2.3 变压器的选用

中小型工厂通常是电网的三相电源供电，进线大多是 10 kV，而设备的电压大多数是 380 V/220 V，因此，需要将电压降为设备所需的额定电压。

1. 额定电压的选择

变压器额定电压主要根据输电线路的电压等级和用电设备的额定电压。一般情况下变压器的一次绕组的额定电压与线路的额定电压相等。实际中，要考虑低压配电线路的电压损失，变压器副边绕组的额定电压通常应超过用电设备额定电压的 5%。一般中小型工厂的变压器的额定电压通常选为 10 kV/400 V。

2. 额定容量的选择

变压器的容量如何选择是非常重要的。容量过小，会使变压器过载运行，缩短变压器的使用寿命，甚至会影响工厂正常供电；容量过大，变压器不能得到充分利用，效率和功率因数也会降低，也会增加设备投资。

变压器容量的选择，主要在于工厂总电力负荷和用电量的正确计算。因为工厂设备不会同时工作，也不会同时满负荷工作，所以计算工厂总负荷时要乘以一个系数，一般为 0.2～0.7。然后再计算视在功率，选择变压器的额定容量。

例如，已知某工厂有功负荷 $P_Y = 885.6$ kW，无功负荷 $Q_W = 777.5$ var，则视在功率为

$$S = \sqrt{P_Y^2 + Q_W^2} = 1\ 178 \text{ kV} \cdot \text{A}$$

根据变压器的等级可选用两台 750 kV·A 的三相变压器，考虑负荷增长的需要，也可

以选用两台 1 000 kV·A 的三相变压器。

3. 数量选择

当总负荷小于 1 000 kV·A 时，一般选用一台变压器，当当总负荷大于 1 000 kV·A 时，可选用两台技术数据相同的变压器并联运行。对于特别重要的场合，一般也选用两台，当一台出现故障或检修时，另一台仍能保证重要负荷的正常供电。

4.3 特殊变压器

在实际工业生产中，除双绕组电力变压器外，还有各种用途的特殊变压器。本节介绍常用的自耦变压器、仪用互感器、小功率电源变压器和三相电力变压器的工作原理及特点。

4.3.1 自耦变压器

1. 自耦变压器的工作原理

普通变压器的一、二次线圈是相互绝缘的，只有磁的耦合而没有电的直接联系。自耦变压器的结构特点是一、二次绕组共用一个绕组。如果将双绕组变压器的一、二次绕组串联起来作为新的一次侧，而二次绕组仍作二次侧与负载阻抗相连接，便得到一台降压自耦变压器，如图 4-14 所示。

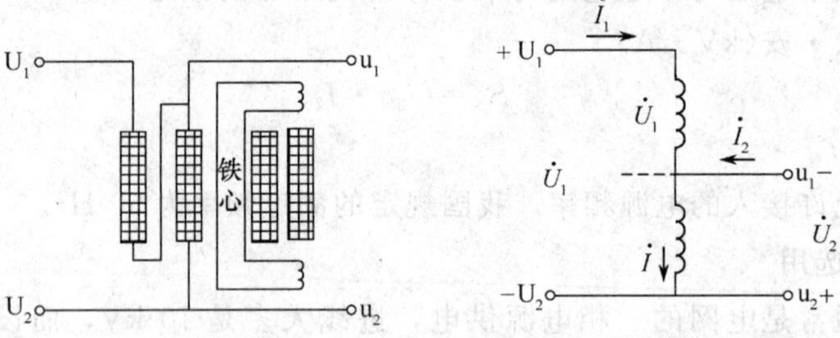

(a) 结构示意图　　(b) 绕组接线原理图

图 4-14　自耦变压器的结构与接线原理图

对于普通双绕组变压器，通过电磁感应，将电能从一次侧传递到二次侧，而对于自耦变压器，除通过电磁感应传递能量外，还由于一次侧和二次侧之间电路相通，也会传递一部分能量。

当在一次绕组上加电源电压 U_1 时，由于主磁通 Φ_m 的作用，在一、二次绕组中产生感应电动势 E_1、E_2，其有效值为

$$\begin{aligned} E_1 &= 4.44 f N_1 \Phi_m \\ E_2 &= 4.44 f N_2 \Phi_m \end{aligned} \tag{4-12}$$

如不计绕组的漏阻抗，则自耦变压器的电压比

$$K = \frac{U_1}{U_2} \approx \frac{E_1}{E_2} = \frac{N_1}{N_2} \tag{4-13}$$

由上式可知，改变自耦变压器二次绕组的匝数 N_2，便可调节其输出电压的大小。

2. 自耦变压器的特点

自耦变压器的主要优点有：

(1) 由于自耦变压器的绕组容量小于额定容量，故在同样的额定容量下，自耦变压器的

主要优点是：尺寸小，有效材料（硅钢片和铜线）和结构材料（钢材）都较节省，从而降低了成本。

(2) 因为材料消耗少，使得铜损耗和铁损耗也相应减少，故自耦变压器的效率较高。

(3) 减小了变压器的体积、质量，有利于大型变压器的运输和安装，且占地面积也小。

自耦变压器的主要缺点有：

(1) 和相应的普通双绕组变压器相比较，自耦变压器的短路阻抗标么值较小，因此短路电流较大；

(2) 一、二次绕组之间有电的直接联系，当一次侧过电压时，必然导致二次侧严重过电压，存在高低压窜边的潜在危险，因此运行时一、二次侧都需装设避雷设备，以防高压侧产生过电压时引起低压绕组绝缘的损坏；

(3) 为防止高压侧发生单相接地时引起低压侧非接地相对地电压升得较高，造成对地绝缘击穿，自耦变压器中性点必须可靠接地。

自耦变压器有单相也有三相，一般三相自耦变压器采用星形接法，较大容量的三相异步电动机减压启动时，可用三相自耦变压器来实现减压启动，以减小启动电流。

4.3.2　仪用互感器

仪用互感器是一种用于测量的专用设备，在许多自动控制系统中用来检测信号。仪用互感器分为电流互感器和电压互感器两种，它们的作用原理与变压器相同。

使用互感器测量的目的一是为了工作人员和仪表的安全，将测量回路与高压电网隔离；二是可以使用小量程的电流表、电压表分别测量大电流和高电压。互感器的规格多种多样，我国规定电流互感器副边额定电流都是 5 A 或 1 A，电压互感器副边额定电压都是 100 V。

1. 电压互感器

图 4-15 所示为电压互感器的原理图。电压互感器的一次侧直接并联在被测的高压电路上，二次侧接电压表或功率表的电压线圈。其结构特点是一次绕组匝数很多，二次绕组匝数很少。由于电压表或功率表的电压线圈内阻抗很大，因而电压互感器实际上相当于一台二次侧处于空载状态的特殊降压变压器。

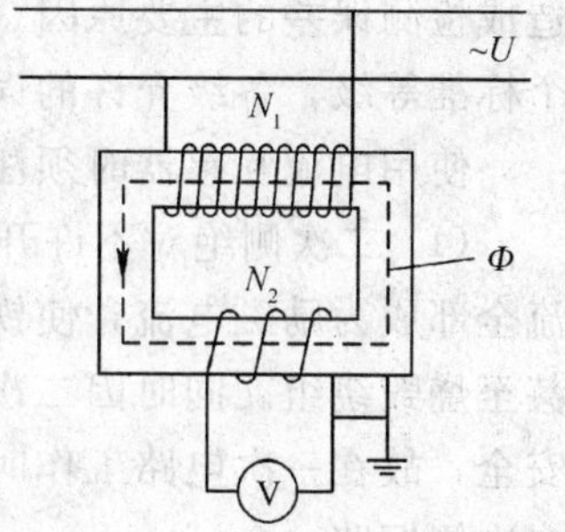

图 4-15　电压互感器的原理图

如果忽略漏阻抗压降，则有

$$U_1=\frac{N_1}{N_2}U_2=K_uU_2$$

式中：K_u称为电压互感器的电压比，为常数。这就是说，把电压互感器的二次电压数值乘上常数 K_u，即可作为一次侧被测电压的数值。测量 U_2的电压表可按 K_uU_2来刻度，从表上直接读出被测电压。

实际的电压互感器有变比误差和相位误差两类误差，误差大小与励磁电流和一、二次侧漏阻抗的大小有关。为减少误差，铁心可采用高度硅钢片且使铁心工作在不饱和状态。根据实际误差的大小，电压互感器的精度分 0.2、0.5、1.0 和 3.0 几个等级。每个等级的允许误差可参考相关技术标准。

电压互感器在使用中应注意的事项主要有：

(1) 二次侧不允许短路。由于电压互感器正常运行时接近空载，因而若二次侧短路，则会产生很大的短路电流，烧毁绕组。

(2) 为安全起见，电压互感器二次绕组连同铁心一起必须可靠接地。

(3) 电压互感器的二次侧不宜接过多的仪表，以免电流过大引起较大的漏阻抗压降，影响互感器的测量精度。

2. 电流互感器

图 4-16 所示为电流互感器的原理图。电流互感器的一次绕组匝数少，由一匝或几匝截面较大的导线构成，串联接在需要测量电流值的电路中。二次绕组匝数较多，线径较细，与负载(内阻抗极小的电流表或功率表的电流线圈)接成闭合回路。由于二次侧负载阻抗很小，因而可认为电流互感器是一台处于短路运行状态的单相变压器。

如果忽略励磁电流，可以将励磁支路开路，由变压器原理得

$$\frac{I_1}{I_2}=\frac{N_2}{N_1}=K_i \text{或} I=K_i I_2$$

式中，K_i称为电流比。也就是说，把电流互感器的副边电流大小乘一个电流比即可得到一次被测电流的大小。测量 I_2的电流表可按 $K_i I_2$来刻度，从表上直接读出被测电流。

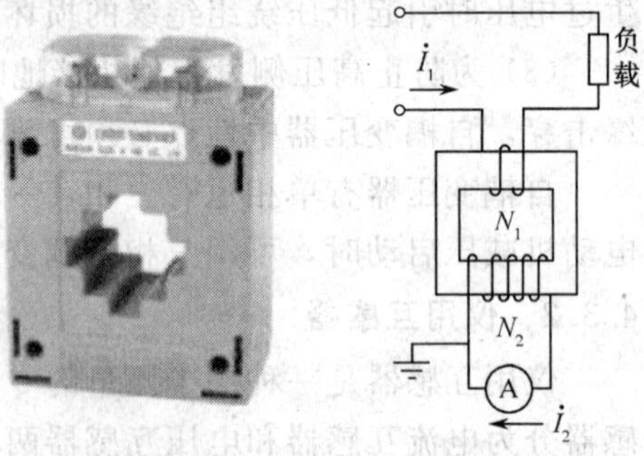

(a) 外形　(b) 原理图

图 4-16　电流互感器

由于互感器总有一定的励磁电流，故一、二次电流比只近似为一个常数，测量的电流总有一定的数值误差和相位误差，而电流互感器的励磁电流是造成检测误差的主要原因。根据误差的大小，电流互感器分为 0.2、0.5、1.0、3.0、10.0 五个标准等级，各级允许的误差请参考国家有关技术标准。

使用电流互感器时须注意以下事项：

(1) 二次侧绝对不许开路。若二次侧开路，电流互感器处于空载运行状态，则一次侧电流全部成为励磁电流，使铁心的磁通增大，铁心过分饱和，铁耗急剧增大，引起互感器发热甚至烧毁绕组。同时因二次绕组匝数很多，将感应出很高的电压，危及操作人员和测量设备安全，故在一次电路工作时如需检修和拆换电流表或功率表的电流线圈，则必须先将互感器二次侧短路。

(2) 二次绕组必须可靠接地。这是为了防止绝缘击穿后电力系统的高电压危及二次测量回路中的设备及人员的安全。

(3) 二次回路阻抗不应超过规定值，以免增大误差。

4.3.3　小功率电源变压器

在各种仪器设备中提供所需电源电压的变压器，一般容量和体积都较小，称为小功率电源变压器，为了满足各部分需要，这种变压器带有多个二次绕组，以获得不同等级的输出电压，如图 4-17 所示。由于这种变压器各绕组的主磁通相同，因此其电压电流的计算与普通变压器相同。

使用小功率电源变压器时，有时需要把二次绕组串联起来以提高电压，有时需要把绕组并联起来以增大电流，但连接时必须认清绕组的同极性端，否则不仅达不到预期目的，反而可能会烧坏变压器。

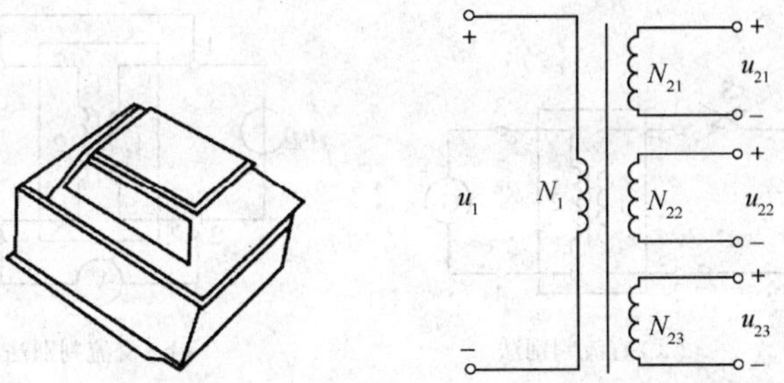

(a)外形　　　　(b)图形符号

图 4-17　小功率电源变压器

同极性端又称为同名端，是指变压器各绕组电位瞬时极性相同的端点。例如，图 4-18(a)所示的变压器有两个二次绕组，由主磁通把它们联系在一起，当主磁通交变时，每个绕组中都要产生感应电动势。根据右手螺旋法则，假设主磁通正在增强，可判断第一个绕组中端点 1 的感应电动势电位高于端点 2，第二个绕组中端点 3 的电位高于端点 4，故称端点 1 和端点 3 是同名端，端点 2 和端点 4 也是同名端，用符号“ * ”或“ • ”表示。端点 1 和端点 4 是异名端，端点 2 和 3 也是异名端。

同名端与绕组的绕向有关，图 4-18(b)与图 4-18(a)相比，改变了一个绕组的绕向，假设主磁通正在增强，根据右手螺旋法则可知，第一个绕组中端点 1 的电位高于 2 的电位，第二个绕组中端点 4 的电位高于 3 的电位，故端点 1 和 4 是同名端，2 和 3 也是同名端，而 1 和 3 是异名端。

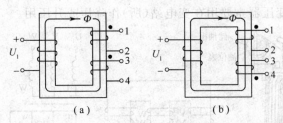

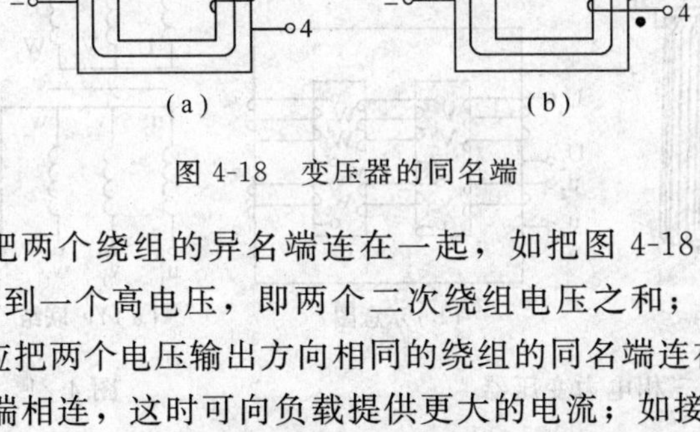

(a)　　　　(b)

图 4-18　变压器的同名端

正确的串联方法应把两个绕组的异名端连在一起，如把图 4-18(a)中的 2、3 端连在一起，在 1、4 端就可以得到一个高电压，即两个二次绕组电压之和；若接错，则输出电压会抵消。正确的并联方法应把两个电压输出方向相同的绕组的同名端连在一起，如把图 4-18(b)中的 1、4 端以及 2、3 端相连，这时可向负载提供更大的电流；如接错，则会造成线圈短路从而烧坏变压器。在实际中，往往无法辨别绕组的绕向，可根据如下实验方法判断同名端：

(1) 直流法。如图 4-19(a)所示，当开关 S 迅速闭合时，若电压表指针正向偏转，则 1、3(或 2、4)端子为同名端，否则 1、3(或 2、4)端子为异名端。

(2) 交流法。如图 4-19(b)所示，在 1、2 两端加一交流电压，用电压表分别测量 2、4 端电压和 3、4 端电压，根据电压关系，若 $U_{24}=U_{12}-U_{34}$，则说明两绕组是反向串联，2、4(或 1、3)端为同名端；若 $U_{24}=U_{12}+U_{34}$，则说明两绕组是顺向串联，1、4(或 2、3)为同名端。

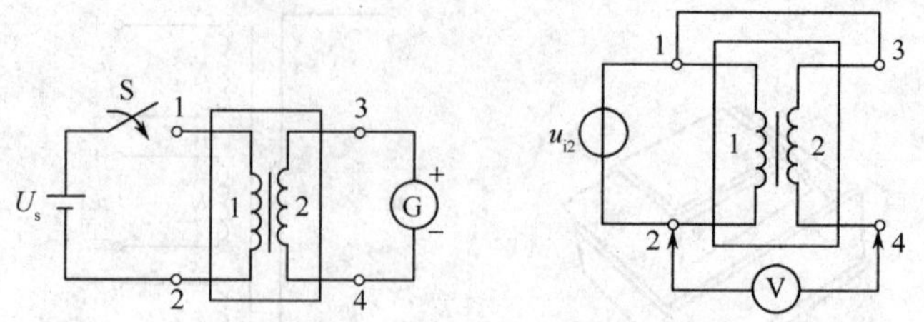

(a) 直流判别法　　(b) 交流判别法

图 4-19　同名端的判别

4.3.4　三相电力变压器

在电力系统中，用来变换三相交流电压、输送电能的变压器称为三相电力变压器，如图 4-20所示，它有三个铁心柱，各套一相一、二次绕组。由于三相一次绕组所加的电压是对称的，因此，副边绕组电压也是对称的，为了散去工作时产生的热量，通常铁心和绕组都浸在装有绝缘油的油箱中，通过油管将热量散发出去，考虑到油的热胀冷缩，故在变压器油箱上安置一个储油柜和油位表，此外还装有一根防爆管，一旦发生故障，产生大量气体时，高压气体将冲破防爆管前端的薄片而释放出来，从而避免发生爆炸。

三相变压器的一、二次绕组可以根据需要分别接成星形或三角形，三相电力变压器的常见联结方式有 Yy_n（Y/Y_0 星形联结有中线）和 Yd（Y/△，星形-三角形联结），如图 4-21 所示，其中 Yy_n 连接常用于车间配电变压器，这种接法不仅给用户提供了三相电源，同时还提供了单相电源，通常在动力和照明混合供电的三相四线制系统中，就是采用这种连接方式的变压器供电的。Yd 连接的变压器主要用在变电站(所)作降压或升压用。

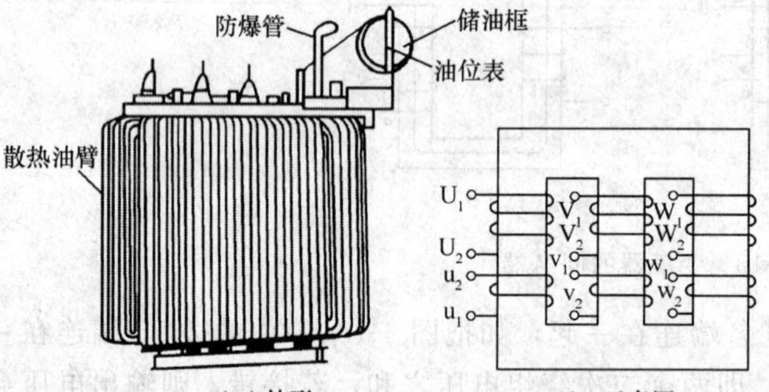

(a) 外形　　(b) 示意图

图 4-20　三相电力变压器

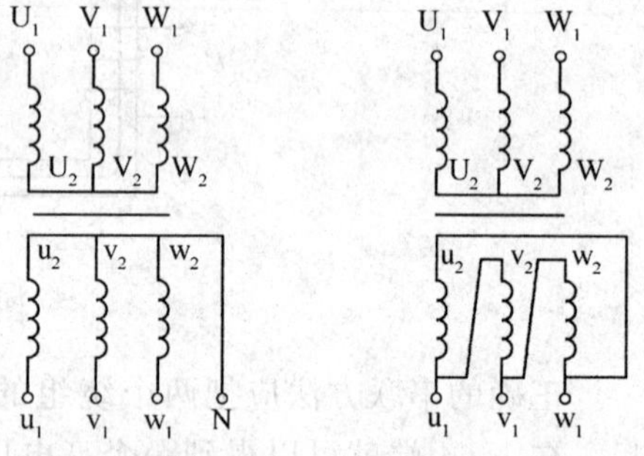

(a) Yy_n 联结　　(b) Yd 联结

图 4-21　三相变压器的连接法

三相电力变压器的额定容量为

$$S_N = 3U_{2N} I_{2N}$$

【例 4-2】 有一带有负载的三相电力变压器，其额定数据如下：$S_N = 100\ \text{kV}\cdot\text{A}$，$U_{1N} = 6\ 000\ \text{V}$，$U_{2N} = U_{20} = 400\ \text{V}$，$f = 50\ \text{Hz}$，绕组接成 Yy_n，由试验测得，$\Delta p_{Fe} = 600\ \text{W}$，额定负载时的 $\Delta p_{Cu} = 2\ 400\ \text{W}$。试求：(1)变压器的额定电流；(2)满载和半载时的效率。

解：(1)由 $S_N = \sqrt{3} U_{2N} I_{2N}$ 得

$$I_{2N} = \frac{S_N}{\sqrt{3} U_{2N}} = \frac{100 \times 10^3}{\sqrt{3} \times 400}\ \text{A} = 144.3\ \text{A}$$

$$I_{1N}=\frac{S_N}{\sqrt{3}U_{1N}}=\frac{100\times10^3}{\sqrt{3}\times600}\ \text{A}=96.2\ \text{A}$$

（2）满载时和半载时的效率分别为

$$\eta_1=\frac{P_2}{P_2+\Delta P_{Fe}+\Delta P_{Cu}}=\frac{100\times10^3}{100\times10^3+600+2\,400}=97.1\%$$

$$\eta_{\frac{1}{2}}=\frac{\frac{1}{2}\times100\times10^3}{\frac{1}{2}\times100\times10^3+600+\left(\frac{1}{2}\right)^2\times2\,400}=97.7\%$$

4.4　拓展实训

单相变压器的测试

1. 实训目的

（1）学习变压器的空载特性和负载特性的测量方法。

（2）学习变压器的变比和电压调整率 ΔU 的测量方法。

（3）学习变压器短路电压、损耗与效率的测量方法。

（4）学习变压器直流电阻和绝缘电阻的测量方法。

2. 实训设备与器材

实训设备与器材，见表 4-1。

表 4-1　实训设备与器材

序号	名　称	型号与规格	数量	备　注
1	小型变压器	220 V/36 V　50 A	1 台	
2	自耦变压器		1 台	
3	万用表		1 只	自备
4	交流电压表	0～450 V	1 只	
5	交流电流表	0～5 A	1 只	
6	兆欧表		1 只	
7	功率表		2 只	
8	可调电阻器	75 Ω/10 A		
9	开关		2 个	

3. 实训内容

1）变压器的空载特性

测试电路如图 4-22 所示，T_1 为自耦变压器，T_2 为待测小型变压器。

闭合开关 S_1，断开 S_2，调节自耦变压器，使电压表读数从 0 逐渐增加到 240 V，记录 U_1 与 I_0 的值，填入表 4-2 中再以 U_1 为纵坐标、I_0 为横坐标逐点作图。

表 4-2　变压器空载特性

U_1/V	0	10	30	60	120	160	220	240
I_0/A								

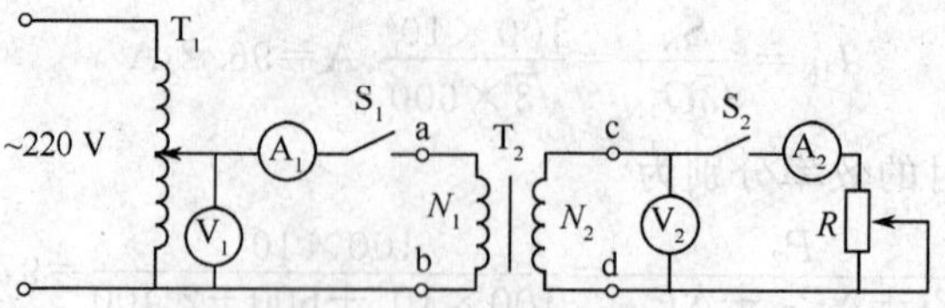

图 4-22　变压器特性测试电路

2）变压器的负载特性(外特性)

测试电路如图 4-22 所示，闭合 S_1、S_2 开关，测量数据填入表 4-3 中，计算变压器的变比，计算变压器的电压调整率 $\Delta U=\frac{U_{20}-U_2}{U_{20}}\times 100\%$。

表 4-3　变压器的负载特性

I_2/A	0	0.1	0.2	0.3	0.4	0.5	0.6	0.7	0.8
U_2/V									
I_1/A									

3）变压器的短路电压

如图 4-23 所示测量电路，测量变压器的短路电压。

4）变压器的损耗与效率

如图 4-24 所示，测量变压器的损耗与效率。

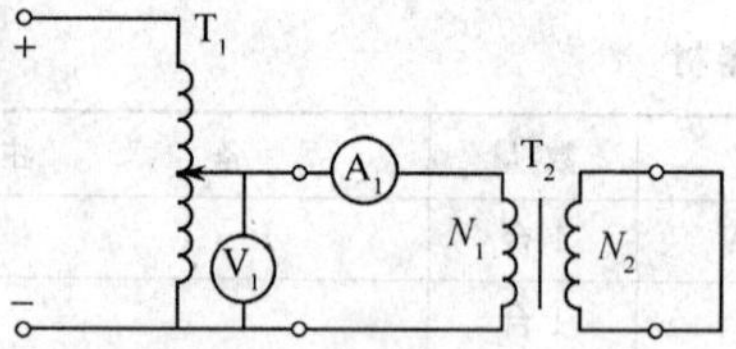

图 4-23　变压器的短路电压的测量电路

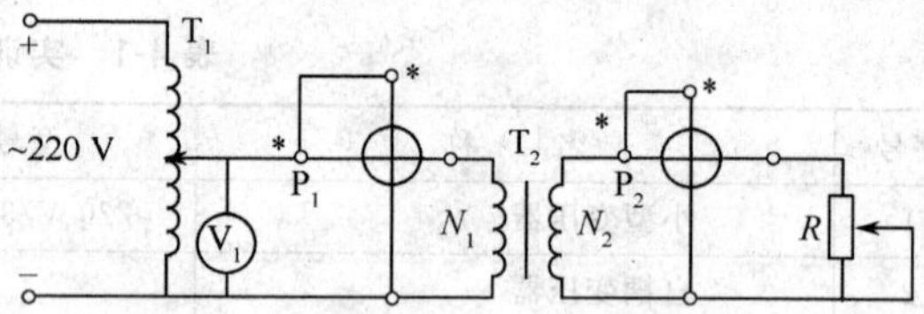

图 4-24　变压器损耗与效率的测量电路

5）变压器的直流电阻和绝缘电阻

用万用表欧姆挡分别测量变压器一次绕组和二次绕组的直流电阻 R_1、R_2，用兆欧表测量各绕组间和它们对铁心(地)的绝缘电阻。

4. 实训总结

(1) 根据实验内容，整理测量结果，绘出变压器的外特性和空载特性曲线。

(2) 根据额定负载时测得的数据，计算变压器的各项参数。

(3) 计算变压器的电压调整率 $\Delta U\%=[(U_{20}-U_{2N})/U_{20}]\times 100\%$。

小　结

1. 变压器是利用电磁感应原理传输电能或信号的，它由闭合铁心和绕在其上的一、二次绕组组成，变压器按一、二次绕组的匝数比可以实现变压、变流和变换阻抗，即

$$\frac{U_1}{U_2}\approx\frac{N_1}{N_2}=K；\frac{I_1}{I_2}\approx\frac{N_2}{N_1}=\frac{1}{K}，\ |Z_L|=\left(\frac{N_1}{N_2}\right)^2|Z_L|=K^2|Z_L|$$

2. 变压器的额定值主要有额定电压、额定电流、额定容量和额定频率。使用变压器时必须使一次侧额定电压符合电源电压，二次侧电压满足负载要求，额定容量等于或略大于负载所需的视在功率，额定频率符合电源的频率和负载的要求。

变压器的外特性和电压变化率是评价供电质量的重要指标，变压器的外特性是指在一次侧电压不变的情况下，二次侧电压随二次侧电流变化的曲线，对电阻性和电感性负载而言，它是一条稍微向下倾斜的曲线，电压变化率为

$$\Delta U\%=\frac{U_{20}-U_2}{U_{20}}\times 100\%$$

变压器的损耗包括铜损和铁损，其效率为

$$\eta=\frac{P_2}{P_1}\times 100\%=\frac{P_2}{P_2+\Delta P_{Cu}+\Delta P_{Fe}}\times 100\%$$

变压器在接近满载时的效率很高，轻载时效率很低。因此，应合理选用变压器的容量。

3. 变压器的种类很多，包括自耦变压器、小功率变压器和三相电力变压器等。自耦变压器的特点是一次侧与二次侧共用一个绕组，一、二次侧既有磁的联系又有电的联系，由自耦变压器构成的调压器，其二次绕组匝数可以通过滑动触头任意改变，因此，二次侧电压可以平滑调节。

小功率变压器常有多个二次绕组，一个一次绕组，一、二次绕组之间的电压比仍为匝数比，一次绕组的电流和输入功率由各绕组的电流和功率决定，可以通过二次绕组的串联或并联可以得到不同的输出电压和输出功率。

三相电力变压器有三个一次绕组和三个二次绕组，可以分别连接成星形或三角形。常见的三相绕组接法有 Yy_n 和 Yd 两种，其一、二次绕组线电压的比值与绕组连接方式有关，作 Yy_n 连接时，$\frac{U_{l1}}{U_{l2}}=K$；作 Yd 连接时，$\frac{U_{l1}}{U_{l2}}=3K$，三相电力变压器的额定电压和额定电流是指线电压和线电流。额定容量为

$$S_N=\sqrt{3}U_{2N}I_{2N}$$

思考与练习题

4-1 变压器的铁心是起什么作用的？不用铁心可以吗？

4-2 为什么变压器的铁心要用硅钢片叠成？能用整块的铁心吗？

4-3 铁心线圈中的损耗有哪些？各是什么原因造成的？

4-4 变压器能否用来变换直流电压？如果将变压器接到与额定电压相同的直流电源上，会有输出吗？会产生什么后果？

4-5 有一变压器，一次线圈加额定电压 2 200 V，二次电压 220 V，接上一纯电阻负载后，测得二次电流为 15 A，变压器的效率为 90%，试求：

(1) 一次电流；

(2) 变压器一次从电源吸收的功率；

(3) 变压器的损耗功率。

4-6 已知某单相变压器的一次电压为 3 300 V，副边电压为 220 V，若一次绕组的额定电流为 10 A，则二次绕组可接多少盏 220 V，40 W 的日光灯？

4-7 如图 4-25 所示是一电源变压器，一次侧有 550 匝，接 220 V 电压，二次侧有两个绕组，一个电压

36 V，负载 36 W；另一个电压 12 V，负载 24 W。不计空载电流，两个都是纯电阻负载。试求：(1) 二次侧两个绕组的匝数；(2) 一次侧绕组的电流；(3) 变压器的容量至少为多少？

4-8　如图 4-26 所示，输出变压器的二次侧绕组有中心抽头，以便接 8 Ω 或 3.5 Ω 的扬声器，两者都能达到阻抗匹配。试求：二次侧绕组两部分匝数之比。

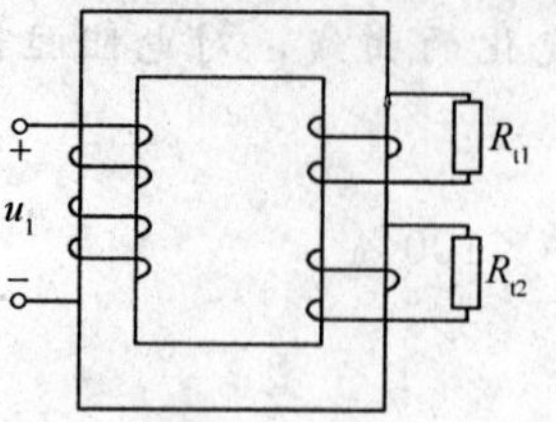

图 4-25　题 4-7 图

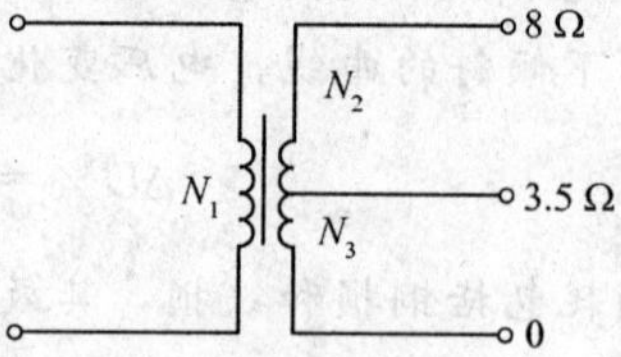

图 4-26　题 4-8 图

第5章 电动机

知识点

- 电动机的分类。
- 三相异步电动机。
- 直流电动机。
- 控制电动机。

学习要求

1. 了解
   - 了解直流电动机的结构。
   - 了解直流电动机的电磁转矩和电枢电动势。
   - 了解直流电动机的机械特性。
   - 了解直流电动机的运行。
   - 了解伺服电动机。
   - 了解步进电动机。
2. 掌握
   - 掌握三相异步电动机的基本工作原理和结构。
   - 掌握三相异步电动机的特性。
   - 掌握三相异步电动机的运行。
   - 掌握直流电动机的励磁方式。
3. 能力
   - 学会三相异步电动机绕组的判别及联结。
   - 学会三相异步电动机的基本检测。
   - 学会三相异步电动机的启动、正反转。

电机是根据电磁感应原理进行机械能和电能相互转换的设备，包括发电机和电动机。从能量转换的角度来说它们是可逆的，发电机把机械能转换为电能，电动机把电能转换为机械能。

电动机在生产和生活中的应用十分广泛。在工农业生产中，很多生产设备的动力是由电动机提供的，如机床、水泵、鼓风机、起重机、搅拌机、破碎机、皮带运输机、卷扬机、电锯等；家用电器中的电扇、洗衣机、电冰箱、吸尘器等也是电动机带动的；另外电动机还广泛应用于飞机、船舶、汽车以及电力机车、电车等机械设备中。

5.1　电动机的分类

电动机是将电能转换为机械能地一种能量转换设备。生产机械大都采用电动机拖动。电动机拖动可以简化生产机械的结构，提高生产率和产品质量，能够实现自动控制和远距离操作，减轻繁重的体力劳动等。

电动机种类繁多，分类方法也有很多种。按电流种类的不同，电动机可分为交流电动机和直流电动机两大类。直流电动机将直流电能转换为机械能，它具有调速性能好、启动转矩大、过载能力大等优点，但其构造复杂、成本高、运行维护困难，所以在应用中受到限制。

交流电动机又分为异步电动机和同步电动机。同步电动机成本高、构造复杂、使用和维护困难，一般在需要功率较大、调速稳定的场合才使用。异步电动机构造简单、价格便宜、工作可靠、维护方便，是所有电动机中应用最广的一种。

异步电动机按相数分为单相电动机和三相电动机；三相电动机根据转子结构的不同又分为鼠笼式和绕线式。按防护形式可分为开启式、防护式、封闭式、隔爆式、防水式、潜水式电动机。

生产上，主要应用的是交流电动机，特别是三相异步电动机，广泛应用于各种切削机床，起重机、锻压机，传送带、铸造机械等。而直流电机常用在需要均匀调速的生产机械上，如龙门刨床、轧钢机，某些重型机床的主传动机构，以及在某些电力牵引和起重设备等。

5.2　三相异步电动机

交流电机可分为同步的电动机和异步电动机两大类，同步电动机主要用做发电机，异步电动机主要用做电动机，来拖动各种生产机械。由于异步电动机具有结构简单、使用方便、效率高等优点，在工业生产，农业机械化，民用电器等方面广泛应用。

5.2.1　三相异步电动机的结构

三相异步电动机按转子结构形式不同可分为鼠笼式和绕线式两种。异步电动机主要由两个基本部分组成：定子(固定部分)和转子(转动部分)，在定子和转子之间有一定的空隙，一般为 0.2～1.5 mm，气隙的大小对电动机性能影响很大。电动机的结构如图 5-1 所示。

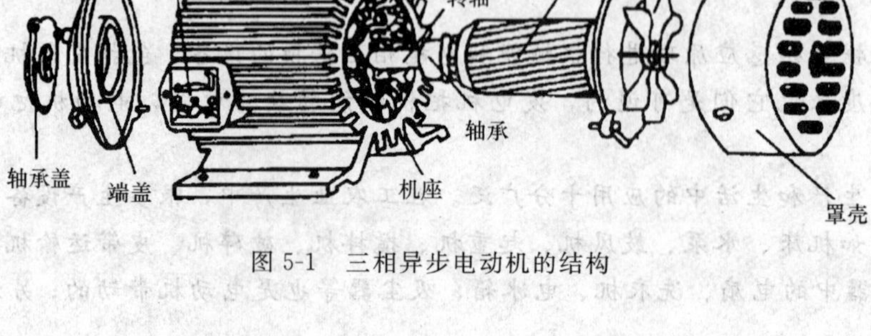

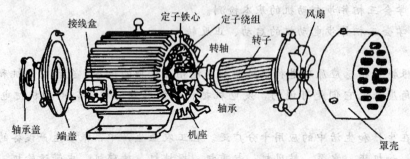

图 5-1　三相异步电动机的结构

1. 定子部分

三相异步电动机的定子主要由定子铁心、定子绕组和机座等组成。

定子铁心是电动机的磁路部分，它由 0.5 mm 厚、两面涂有绝缘漆的硅钢片叠成，在其内圆周表面冲有均匀分布的槽，如图 5-2 所示。槽内嵌放三相对称的绕组。定子绕组是电动机的电路部分，它用铜线缠绕而成。三相对称绕组 AX、BY、CZ 三相绕组可接成星形或三角形，如图 5-3 所示。机座是电动机的支架，用铸铁或铸钢制成。

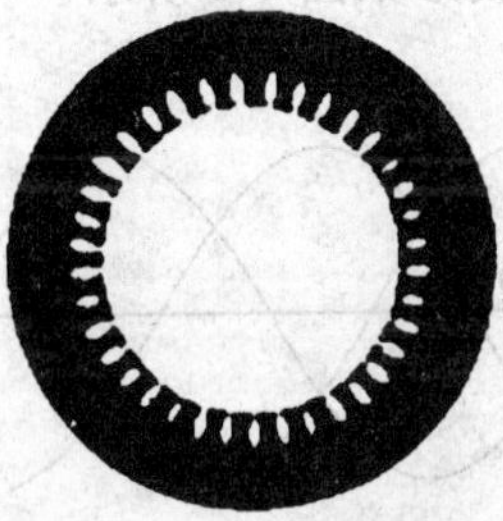

图 5-2　定子铁心冲片

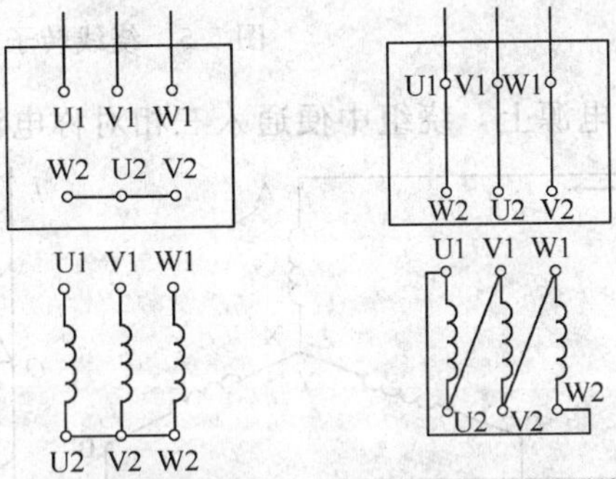

(a) 星形联结　(b) 三角形联结

图 5-3　三线绕组的联结形式

2. 转子部分

三相异步电动机的转子有两种形式，笼形异步电动机和绕线转子异步电动机，转子铁心是圆柱状，也由 0.5 mm 厚、两面涂有绝缘漆的硅钢片叠成，在外圆周表面冲有均匀分布的槽，以放置导条或绕组。轴上加机械负载。笼形转子做成鼠笼状，就是在转子铁心的槽中置入铜条或铝条(导条)。其两端用端环连接，称为短路环，如图 5-4 所示。在中小型鼠形电动机中，转子的导条多用铸铝制成。

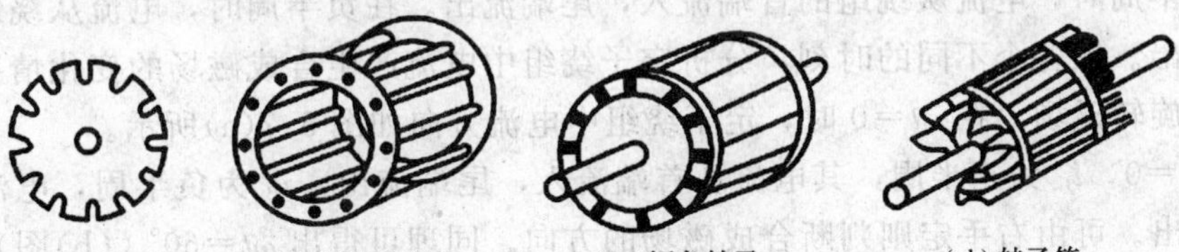

(a) 硅钢片　(b) 笼形绕组　(c) 钢条转子　(d) 转子笼

图 5-4　笼形转子

绕线转子异步电动机的结构，如图 5-5 所示，它的转子绕组同定子绕组一样，也是三相，通常接成星形。每相的始端接在三相滑环上，尾端接在一起，滑环固定在转轴上，同轴一起旋转，环与环，环与轴，都相互绝缘，在环上用弹簧压着碳质电刷，借助于电刷可以改变转子电阻以改变它的启动和调速性能。

3. 其他部分

电动机的其他部分包括端盖、风扇、轴承等。端盖除起保护作用外，在端盖上还装有轴承，用来支撑转子轴。风扇用于通风散热。

5.2.2　三相异步电动机的工作原理

1. 旋转磁场的产生

在三相异步电动机定子铁心中放有三相对称绕组：AX，BY，CZ。设将三相绕组接成星

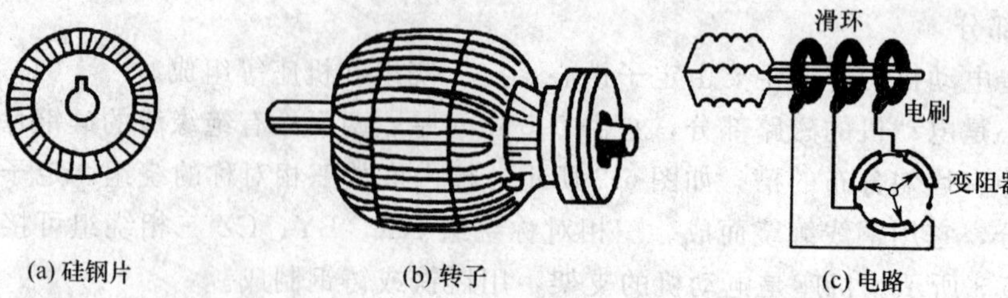

图 5-5　绕线转子异步电动机

形，接在三相电源上，绕组中便通入三相对称电流。其波形如图 5-6 所示。

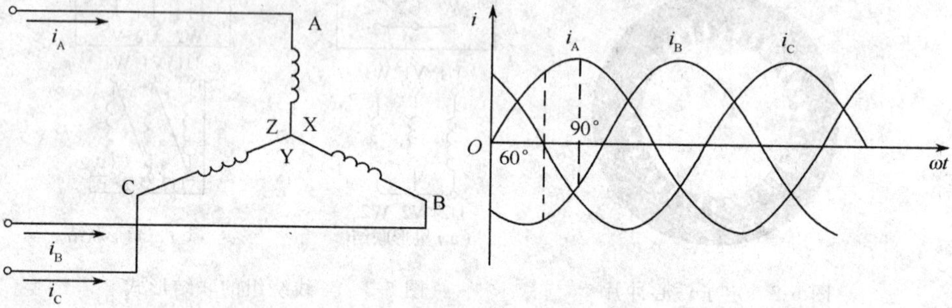

图 5-6　三相对称电流

三相电流分别为

$$
\begin{aligned}
i_A &= I_m \sin\omega t \\
i_B &= I_m \sin(\omega t - 120°) \\
i_C &= I_m \sin(\omega t + 120°)
\end{aligned}
\tag{5-1}
$$

设在正半周时，电流从绕组的首端流入，尾端流出。在负半周时，电流从绕组的尾端流入，首端流出。取各个不同的时刻，分析定子绕组中电流产生合成磁场的变化情况，用以判断它是否为旋转磁场。在 $\omega t=0$ 时，定子绕组中电流方向如图 5-7(a)所示。

此时 $i_A=0$，i_C 为正半周，其电流从首端流入，尾端流出，i_B 为负半周，电流从尾端流入，首端流出。可由右手定则判断合成磁场的方向。同理可得出 $\omega t=60°$（(b)图）和 $\omega t=90°$（(c)图）时的合成磁场方向，由图可知，当定子绕组中通入三相电流后，它们产生的合成磁场是随电流的变化在空间不断的旋转。

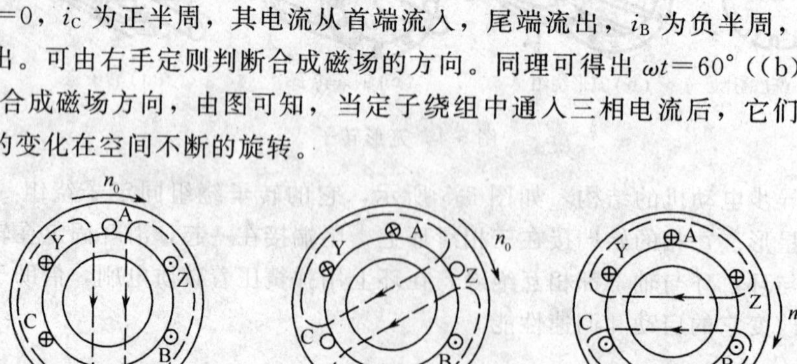

图 5-7　旋转磁场的产生

三相定子绕组在空间相差 120°时产生的磁场是两极的，磁极对数 $p=1$。旋转磁场的磁极对数与定子绕组的设置有关。

2. 旋转磁场的方向

旋转磁场的转向和三相电流 i_A，i_B，i_C 的顺序有关，也称相序。以上是按 A→B→C 的相序，旋转磁场就按顺时针方向旋转。如将三相电源任意对调两相位置，按 A→B→C 的相序。可发现此时旋转磁场也反转。因此改变相序可以改变三相异步电动机的转向，如图 5-8 所示。

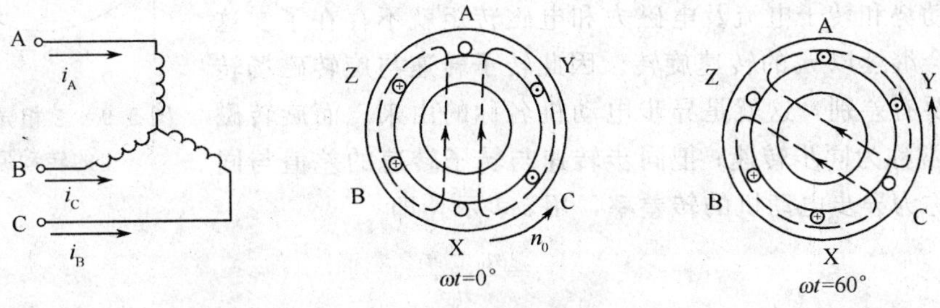

图 5-8　旋转磁场的反转

3. 旋转磁场的转速

由上述分析可知，定子绕组通以三相交流电后，将产生磁极对数 $p=1$ 的旋转磁场，电流交变一周后，合成磁场亦旋转一周。

旋转磁场的磁极对数 p 与定子绕组的空间排列有关，通过适当的排列，可以制成两对、三对或更多对磁极的旋转磁场。

根据以上分析可知，电流变化一周期，两极旋转磁场($p=1$)在空间旋转一周。若电流频率为 f，则旋转磁场每分钟的转速 $n_0=60f$。若使定子旋转磁场为四极($p=2$)，可以证明电流变化一周期，旋转磁场旋转半周(180°)，则按类似方法，可推出具有 p 对磁极旋转磁场的转速为

$$n_0=\frac{60f_1}{p}\ \text{r/min} \tag{5-2}$$

式中，n_0为旋转磁场的转速，又称同步转速，一对磁极的电动机同步转速为 3 000 r/min。由式(5-2)可知，旋转磁场的转速 n_0取决于电源频率 f 和电动机的磁极对数 p。我国电源频率为 50 Hz，不同磁极对数旋转磁场的转速如表 5-1 所示。

表 5-1　不同磁极对数旋转磁场的转速

磁极对数 p	1	2	3	4	5
旋转磁场的转速 n_0/(r/min)	3 000	1 500	1 000	750	600

4. 三相异步电动机的转动原理

三相异步电动机的转动原理如图 5-9 所示。定子绕组通以三相对称交流电流后，在空间产生转速 n_0旋转，则静止的转子与旋转磁场间就有了相对运动。假设旋转磁场沿顺时针方向以同步转速旋转，即相当于转子绕组沿逆时针方向切割磁感线，转子绕组中产生感应电动势，其方向可用右手定则来判定。由于转子绕组自成回路，所以在此感应电动势的作用下，转子绕组中产生感应电流，感应电流又与旋转磁场相互作用而产生电磁力，其方向用左手定则判定，与旋转磁场的旋转方向是一致的。各转子绕组受到的电磁力对转轴形成电磁转矩，

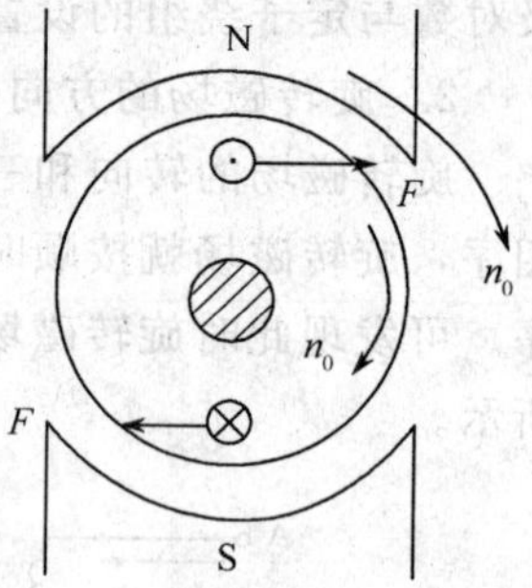

图 5-9　三相异步电动机的转动原理

在电磁转矩的作用下，转子便顺着旋转磁场的方向转动起来。改变旋转磁场的方向，即可改变转子的转向。当旋转磁场反转时，电动机也反转。

电动机转子的转向与旋转磁场相同。但转子的转速 n 不能与旋转磁场的转速相同，即 $n<n_0$。因为，如果两者相等，则转子与旋转磁场之间就没有相对运动，因而转子导条就不切割磁感线，转子电动势和转子电流及电磁力和电磁转矩就不存在了。这样转子就不会继续以 n_0 的转速旋转。因此转子转速与旋转磁场转速之间必须要有差别，这就是异步电动机名称的由来。而旋转磁场的转速 n_0 常称为同步转速；把同步转速与转子转速的差值与同步转速之比称为异步电动机的转差率，用 s 表示，即

$$s=\frac{n_0-n_1}{n_0} \tag{5-3}$$

转差率 s 是描绘异步电动机运行情况的重要参数。转子转速 n_1 越接近同步转速 n_0，转数差越小，跟随性越好，一般异步电动机的转速差很小，通常用百分数表示，一般为1%～9%。电动机在启动瞬间，$n_1=0$，$s=1$，转差率最大；空载运行时，n_1 接近于同步转速，转差率 s 最小。可见转差率 s 是描述转子转速与旋转磁场转速差异程度的，即电动机异步程度。

根据转差率的大小和正负，异步电机有三种运行状态。

(1) 电动机运行状态。当定子绕组接至电源，转子就会在电磁转矩的驱动下旋转，电磁转矩即为驱动转矩，其转向与旋转磁场方向相同，如图 5-10(a)所示。此时电动机从电网获得的电功率转变成机械功率，由转轴传输给负载。电动机的转速范围为 $n_1>n>0$，其转差率范围为 $0<s\leqslant 1$。

(2) 发电机运行状态。异步电机定子绕组仍接至电源，该电动机的转轴不再接机械负载，而用一台原动机拖动异步电动机的转子以大于同步转速($n>n_1$)并顺旋转磁场方向旋转，如图 5-9(b)所示。显然，此时电磁转矩方向与转子转向相反，起着制动作用，为制动转矩。为克服电磁转矩的制动作用而使转子继续旋转，并保持 $n>n_1$，电动机必须不断从原动机吸收机械功率，把机械功率转变为输出的电功率，因此称为发电机运行状态。此时，$n>n_1$，则转差率 $s<0$。

(3) 电磁制动状态。异步电动机定子绕组仍接至电源，如果用外力拖着电动机逆着旋转磁场的旋转方向转动，如图 5-9(c)所示，则此时电磁转矩与电动机旋转方向相反，起制动作用。电动机定子仍从电网吸收电功率，同时转子从外力吸收机械功率，这两部分功率都在电动机内部以损耗的方式转化成热能消耗掉。这种运行状态称为电磁制动运行状态。此种情况下，n 为负值，即 $n<0$，则转差率 $s>1$。

由此可知，区分这三种运行状态的依据是转差率 s 的大小：当 $0<s\leqslant 1$ 时为电动机运行状态；当 $-\infty<s<0$ 时为发电机运行状态；当 $1<s<+\infty$ 时为电磁制动运行状态。

综上所述，异步电动机可以作电动机运行，也可以作发电机运行，还可以作电磁制动运行，但一般作电动机运行，异步发电机很少使用，电磁制动是异步电动机在完成某一生产过程中出现的短时运行状态。

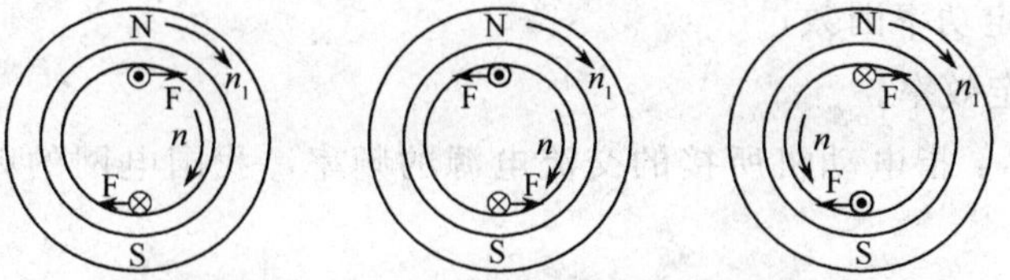

(a) 电动机 ($0<s\leqslant 1$)　(b) 发电机 ($-\infty<s<0$)　(c) 电磁制动 ($1<s<+\infty$)

图 5-10　异步电动机的三种运行状态

【例 5-1】 某三相异步电动机额定转速(即转子转速)$n=950$ r/min,试求工频情况下电动机的额定转差率及电动机的磁极对数。

解：由于电动机的额定转速接近于同步转速，所以可得电动机的同步转速 $n_0=1\ 000$ r/min，磁极对数 $p=2$，额定转差率为

$$s=\frac{n_0-n_1}{n_0}\times 100\%=\frac{1\ 000-950}{1\ 000}\times 100\%=5\%$$

5.2.3　三相异步电动机的铭牌数据

电动机的外壳上都有一块铭牌，标出了电动机的型号以及主要技术数据，以便能正确使用电动机。图 5-11 为某三相异步电动机的铭牌。

型号 Y-112M-4		编号	
4.0 kW		8.8 A	
380 V	1 440 r/min	LW	82 dB
接法：△	防护等级 IP44	50 Hz	45 kg
标准编号	工作制 S_1	B 级绝缘	年　月
×××电机厂			

图 5-11　三相异步电动机的铭牌数据

1. 型号

异步电动机型号的表示方法与其他电动机一样，一般由大写字母和数字组成，可以表示电动机的种类、规格和用途等。

例如，Y112M-4 的“Y”为产品代号，代表 Y 系列异步电动机；“112”代表机座中心高为 112 mm；“M”为机座长度代号(S、M、L 分别表示短、中、长机座)；“4”代表磁极数为 4,即两个磁极。

2. 额定值

额定值规定了电动机正常运行的状态和条件，它是选用、安装和维修电动机的依据。异步电动机铭牌上标注的额定值主要有：

(1) 额定功率 P_N：指电动机额定运行时轴上输出的机械功率，单位为 kW。

(2) 额定电压 U_N：指电动机额定运行时加在定子绕组出线端的线电压，单位为 V。

(3) 额定电流 I_N：指电动机在额定电压下使用，轴上输出额定功率时，定子绕组中的线电流，单位为 A。

对三相异步电动机，额定功率与其他额定数据之间有如下关系：

$$P_N=\sqrt{3}U_N I_N\cos\varphi_N\eta_N \tag{5-4}$$

式中 $\cos\varphi_N$——额定功率因数；

η_N——额定效率。

(4) 额定频率 f_1：指电动机所接的交流电源的频率，我国电网的频率(即工频)规定为 50 Hz。

(5) 额定转速 n_N：指电动机在额定电压、额定频率及额定功率下转子的转速，单位为 r/min。

此外，铭牌上还标明绕组的连接法、绝缘等级及工作方式等。对于绕线转子异步电动机，还标明转子绕组的额定电压(指定子绕组加额定频率的额定电压而转子绕组开路时集电环间的电压)和额定电流，以作为配用启动变阻器的依据。

接法(△)：表示在额定电压下，定子绕组应采取的联结方式，Y 系列 4 kW 以上电动机均采用三角形接法。

防护等级(IP44)：表示电动机外壳防护的方式为封闭式电动机。

工作制(工作制 S_1)：表示电动机可以在铭牌标出的额定状态下连续运行。S_2 为短时运行，S_3 为短时重复运行。

绝缘等级(B 级绝缘)：表示电动机各绕组及其他绝缘部件所用绝缘材料的等级。绝缘材料按耐热性能可分为 Y，A，E，B，F，H，C 七个等级。目前，国产 Y 系列电动机一般采用 B 级绝缘。

铭牌上标注"LW 82 dB"是电动机的噪声等级。

5.2.4 三相异步电动机的特性

1. 转矩特性

转矩特性是描述电磁转矩与转差率的关系。异步电动机的电磁转矩是由定子绕组产生的旋转磁场与转子绕组的电流相互作用产生的，磁场越强转子电流越大，电磁转矩也越大。

$$T=K_T I_2 \Phi \cos\varphi_2 \tag{5-5}$$

式中 K_T——与电动机结构有关的常数；

Φ——每极磁通。

经数学分析可推导出，三相异步电动机的电磁转矩 T 可用式(5-6)表示。

$$T=CU_1^2 \frac{sR_2}{R_2^2+(sX_{20})^2} \tag{5-6}$$

式中 C——与电动机结构有关的常数；

R_2、X_{20}——转子每相绕组的电阻和电抗。通常也是常数。

(1) 电磁转矩与电源电压 U_1 的平方成正比，所以电源电压的波动对电磁转矩的影响很大。

(2) 当外加电源电压 U_1 及其频率一定，转子电阻 R_2 和漏抗 X_{20} 都是常数时，T 只随转差率 s 而变化。电磁转矩 T 是转差率 s 的函数，即 $T=f(s)$，就是电动机的转矩特性，如图 5-12所示。

2. 机械特性

异步电动机的机械特性是指转速与电磁转矩的关系。即 $n=f(T)$，根据电动机的转速与转差率 s 的关系，可将 $T=f(s)$ 曲线中的 s 轴变换为 n 轴，把 T 轴平移到 $s=1$，即 $n=0$ 处，再按顺时针方向旋转 90°，便得到 $n=f(T)$ 曲线，如图 5-13 所示。

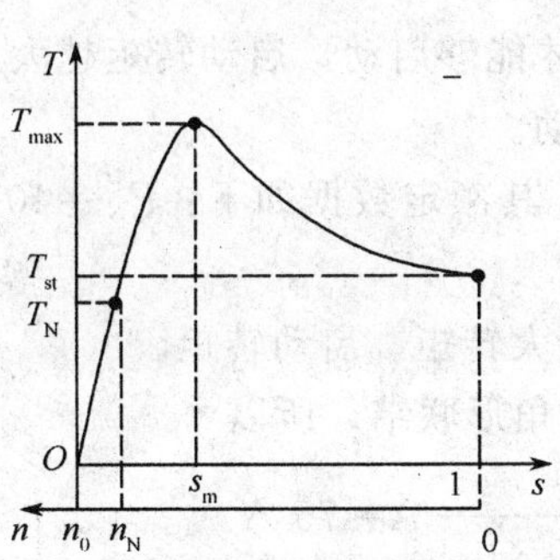

图5-12　三相异步电动机的转矩特性曲线

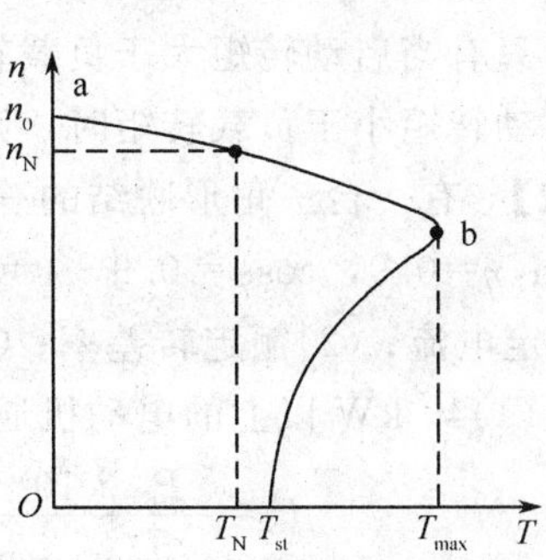

图5-13　三相异步电动机的机械特性曲线

3. 三个重要转矩

(1) 额定转矩 T_N。额定转矩是电动机在等速运行时，电动机的电磁转矩 T 必须与负载转矩 T_Z 及空载转矩 T_0 近似相等，即 $T \approx T_Z \approx T_0$。由于空载转矩 T_0 很小，可忽略不计，因此 $T = T_Z + T_0 \approx T_Z$。

由此可得

$$T_N = T_Z = \frac{P_N}{2\pi n_N/60} = 9\,550\,\frac{P_N}{n_N} \tag{5-7}$$

式中　P_N——电动机轴上输出的机械功率，kW；

n_N——电动机的额定转速，r/min；

T_N——额定转矩，N·m。

当电动机的负载转矩增加时，在最初的瞬间电动机的电磁转矩 $T < T_Z$，所以它的转速开始下降，随着转速的下降，电磁转矩增加，电动机在新的稳定状态下运行，这时的转速较前者小。但是，如图5-13所示，a、b比较平坦，当负载在空载与额定负载之间变化时，电动机的转速变化不大，这种特性称为硬的机械特性，在应用中非常适用于金属的切削加工。

(2) 最大转矩 T_{max}。从机械特性曲线上看，转矩有一个最大值，称为最大转矩或临界转矩，对应于图5-14中b点。最大转矩对应的转差率 s_m 称为临界转差率，由数学的知识分析可得

$$s_m = \frac{R_2}{X_{20}} \tag{5-8}$$

由式(5-8)可知，改变转子电路的电阻 R_2，就可以改变 s_m。

当负载转矩超过最大转矩时，电动机就带不动负载了，发生了堵转(闷车)现象。闷车后电动机的电流迅速升高到额定电流的6～7倍，电动机会严重过热以至烧坏。因此，电动机在运行中一旦出现堵转电流时应立即切断电源，在减轻负载排除故障以后再重新启动。如果过载时间较短，电动机不至于马上过热，是允许的。

最大转矩也表示电动机短时允许过载能力。用 λ 表示为

$$\lambda = \frac{T_{max}}{T_N} \tag{5-9}$$

一般 λ 取1.8～2.5。在选用电动机时，必须考虑可能出现的最大负载转矩，而后根据所选电动机的过载系数算出最大转矩。

(3) 启动转矩 T_{st}。当电动机启动时($n=0$，$s=1$)的转矩称为启动转矩 T_{st}，如图5-13所示。启动转矩与额定转矩的比值 $\lambda_{st} = T_{st}/T_N$ 称为异步电动机的启动能力。一般 λ_{st} 取

0.9～1.8。只有当启动转矩大于负载转矩时，电动机才能够启动，启动转矩越大，启动越迅速。如果启动转矩小于负载转矩时，则电动机不能启动。

【例 5-2】 有一台三角形联结的三相异步电动机，其额定数据如下：$P_N=40$ kW，$n_N=1\,470$ r/min，$\eta=0.9$，$\cos\varphi=0.9$，$\lambda=2$，$\lambda_{st}=1.2$。试求：

(1) 额定电流；(2)额定转差率；(3)额定转矩、最大转矩、启动转矩。

解： (1)40 kW 以上的电动机通常是 380 V，三角形联结，所以

$$I_N=\frac{P_N\times10^3}{\sqrt{3}U_N\cos\varphi\eta}=\frac{40\times10^3}{\sqrt{3}\times380\times0.9\times0.9}\text{A}=75\text{ A}$$

(2) 根据式(5-3)，由 $n_N=1470$ r/min 可知，电动机是四极，$p=2$，$n_1=1\,500$ r/min，所以

$$s_N=\frac{n_1-n_N}{n_1}=\frac{1\,500-1\,470}{1\,500}=0.02$$

(3) $T_N=9\,550\times\dfrac{40}{1\,470}$ N·m$=259.9$ N·m

4. 影响机械特性的两个重要因素

由式 5-6 可知，可以人为改变参数的是外加电压 U_1 和转子电路的电阻 R_2，它们是影响电动机机械特性的两个重要因素。

(1) 在保持转子电路电阻 R_2 不变的条件下，在同一转速(即相同转差率)时，电动机的电磁转矩 T 与定子绕组外加电压 U_1 的平方成正比。图 5-14 中画出了几条不同电压时的机械特性曲线。由图 5-14 可见，当电动机负载力矩一定时，由于电压降低，电磁转矩迅速下降，将使电动机有可能带不动原有的负载，于是转速下降，电流增大。如果电压下降过多，以致最大转矩也低于负载转矩时，则电动机会被迫停转，时间稍长，电动机会因过热而损坏。

(2) 在保持外加电压 U_1 不变的条件下，增大转子电路电阻 R_2 时，电动机机械特性的稳定区保持同步转速 n_1 不变，而斜率增大，即机械特性变软，如图 5-15 所示。由图可见，电动机的最大转矩不随 R_m、T_2 而变，而启动转矩则随 R_{st}、T_2 的增大而增大，启动转矩最大时可与最大转矩相等。由此可见，绕线型异步电动机可以采用加大转子电阻的办法来增大启动转矩。

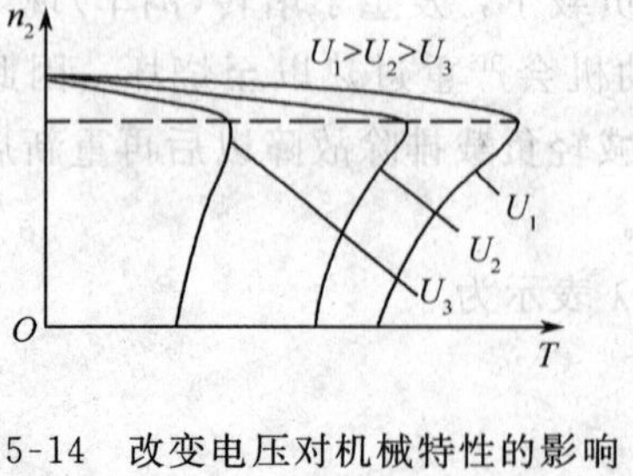

图 5-14 改变电压对机械特性的影响

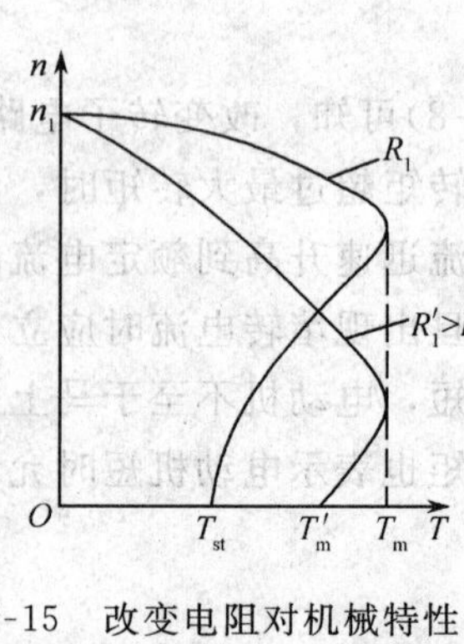

图 5-15 改变电阻对机械特性的影响

5.2.5 三相异步电动机的运行

三相异步电动机的控制包括启动、制动、反转和调速四个控制过程，下面分别介绍这几个过程。

1. 三相笼形异步电动机的启动

三相异步电动机启动时，应尽量满足以下的要求：

(1) 启动转矩要大，以便加快启动过程，保证其能在一定负载下启动。

(2) 启动电流要小，以避免启动电流在电网上引起较大的电压降，影响到接在同一电网上其他电气设备的正常工作。

(3) 启动时所需的控制设备应尽量简单，力求操作和维护方便。

(4) 启动过程中的能量损耗尽量小。

三相笼形异步电动机的启动方法有直接启动和降压启动两种。

1) 直接启动

直接启动就是利用闸刀开关或接触器将电动机定子绕组直接接到电源上，这种方法称为直接启动或称全压启动，如图 5-16 所示。

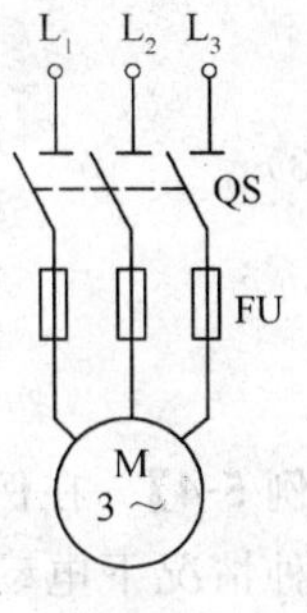

图 5-16　三相异步电动机直接启动

直接启动的优点是设备简单，操作方便，启动过程短。只要电网的容量允许，尽量采用直接启动。在电动机频繁启动时，电动机的容量小于为其提供电源的变压器容量的 20％时，允许直接启动；如果电动机不频繁启动，其容量小于为其提供电源的变压器容量的 30％时，允许直接启动。

通常 10 kW 以下的异步电动机一般采用直接启动。

2) 降压启动

如果电动机的容量较大，不满足直接启动条件，则必须采用降压启动，降压启动就是利用启动设备降低电源电压后，加在电动机定子绕组上以减小启动电流。鼠笼式感应电动机降压启动常用以下几种方法。

(1) 星形-三角形(Y-△)换接启动。如果电动机在运行时其定子绕组接成三角形，那么在启动时可把它接成星形，等到转速接近额定转速时再换接成三角形，如图 5-17 所示，这样，在启动时就把定子每相绕组上的电压降低到正常运行时的 1/3。三角形联结时的线电流为 $I_{st\triangle}$，星形联结时的电流为 I_{stY}，则有 $I_{stY}/I_{st\triangle}=1/3$，可见，限制了启动电流。当然，由于电磁转矩与定子绕组电压的平方成正比，所以用Y-△换接启动时的启动转矩也减小为直接启动时的 1/3。

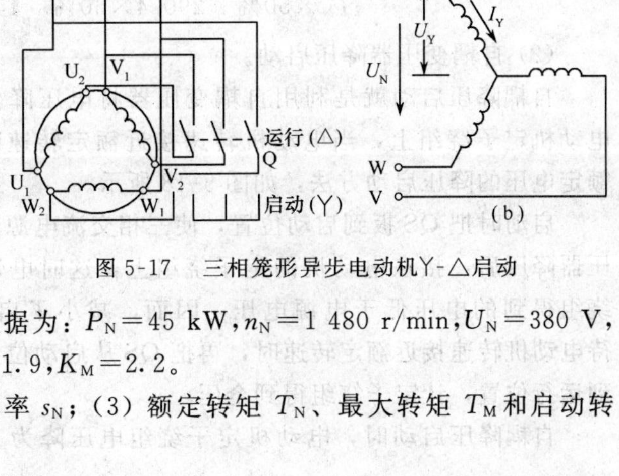

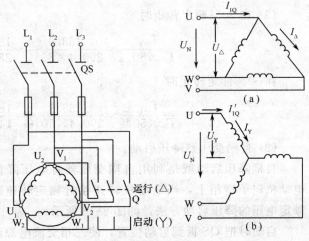

图 5-17　三相笼形异步电动机Y-△启动

【例 5-3】　一台 Y225M-4 型的三相异步电动机，定子绕组△联结，其额定数据为：$P_N=45$ kW，$n_N=1\,480$ r/min，$U_N=380$ V，$\eta_N=92.3\%$，$\cos\varphi_N=0.88$，$K_C=7.0$，$K_S=1.9$，$K_M=2.2$。

求：(1) 额定电流 I_N；(2) 额定转差率 s_N；(3) 额定转矩 T_N、最大转矩 T_M 和启动转矩 T_{st}。

解：(1) $$I_N=\frac{P_N\times10^3}{\sqrt{3}U_N\cos\varphi_N\eta_N}=\frac{45\times10^3}{\sqrt{3}\times380\times0.88\times0.923}\text{ A}=84.2\text{ A}$$

(2)由 $n_N=1\,480$ r/min，可知 $p=2$(四极电动机)

$$n_0=1\,500\text{ r/min}$$

$$s_N=\frac{n_0-n_N}{n_0}=\frac{1\,500-1\,480}{1\,500}=0.013$$

(3) $$T_N=9\,550\frac{P_N}{n_N}=9\,550\times\frac{45}{1\,480}\text{ N·m}=290.4\text{ N·m}$$

$$T_M=K_MT_N=2.2\times290.4\text{ N·m}=638.9\text{ N·m}$$

$$T_S=K_ST_N=1.9\times290.4\text{ N·m}=551.8\text{ N·m}$$

【例 5-4】 在例 5-3 中：(1) 如果负载转矩为 510.2 N·m，试问在 $U=U_N$ 和 $U'=0.9U_N$ 两种情况下电动机能否启动？(2) 采用Y-△换接启动时，求启动电流和启动转矩。(3) 当负载转矩为额定转矩的 80%和 50%时，电动机能否Y-△换接启动？

解：(1) 在 $U=U_N$ 时，

$T_{st}=551.8$ N·m>510.2 N·m，所以能启动。

在 $U'=0.9U_N$ 时，

$T_{st}'=0.9^2\times551.8$ N·m$=447$ N·m<510.2 N·m，不能启动。

(2) $$I_{st\triangle}=K_CI_N=7\times84.2\text{ A}=589.2\text{ A}$$

$$I_{stY}=\frac{1}{3}I_{st\triangle}=\frac{1}{3}\times598.4\text{ A}=196.5\text{ A}$$

$$T_{stY}=\frac{1}{3}T_{st\triangle}=\frac{1}{3}\times551.8\text{ N·m}=183.9\text{ N·m}$$

(3) 在 80%额定转矩时

$$\frac{T_{stY}}{T_N\times80\%}=\frac{183.9}{290.4\times80\%}=\frac{183.9}{232.3}<1\text{，不能启动；}$$

在 50%额定转矩时

$$\frac{T_{stY}}{T_N\times50\%}=\frac{183.9}{290.4\times50\%}=\frac{183.9}{145.2}>1\text{，可以启动。}$$

(2) 自耦变压器降压启动。

自耦降压启动就是利用自耦变压器将电压降低后加到电动机定子绕组上，当电动机转速接近额定转速时，再加额定电压的降压启动方法，如图 5-18 所示。

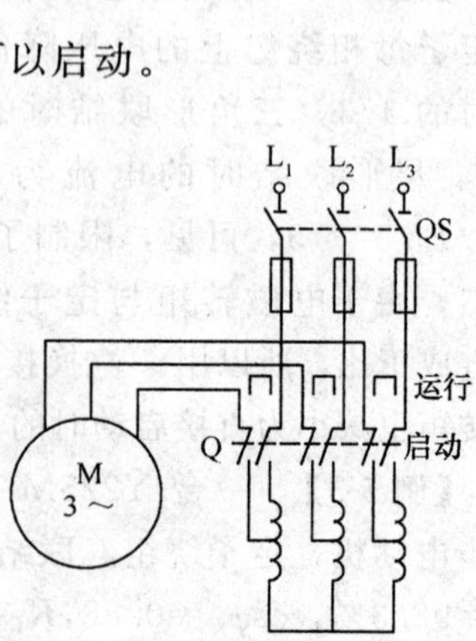

图 5-18　自耦变压器降压启动

启动时把 QS 扳到启动位置，使三相交流电源经自耦变压器降压后，接在电动机的定子绕组上，这时电动机定子绕组得到的电压低于电源电压，因而，减小了启动电流，待电动机转速接近额定转速时，再把 QS 从启动位置迅速扳到运行位置，让定子绕组得到全压。

自耦降压启动时，电动机定子绕组电压降为直接启动时的$1/K$（K为电压比），定子电流也降为直接启动时的$1/K$，而电磁转矩与外加电压的平方成正比，故启动转矩为直接启动时的$1/K^2$。启动用的自耦变压器专用设备称为补偿器，它通常有几个抽头，可输出不同的电压，如电源电压的80%、60%、40%等，可供用户选用。一般补偿器只用于大功率的电动机启动，且运行时采用星形联结的鼠笼式感应电动机。

(3) 转子串电阻的降压启动。对于绕线式电动机而言，只要在转子电路串入适当的启动电阻R_{st}，就可以限制启动电流；如图5-19所示。随着转速的上升可将启动电阻逐段切除。卷扬机、锻压机、起重机及转炉等设备中的电动机启动常用串电阻降压启动。

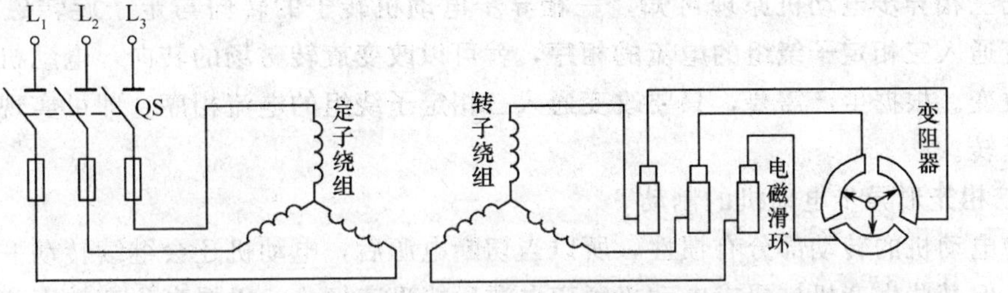

图5-19　绕线转子异步电动机的串电阻降压启动

【例5-5】 现有一台异步电动机铭牌数据如下：$P_N=10$ kW，$n_N=1\ 460$ r/min，$U_N=380$ V/220 V，Y-△联结，$\eta_N=0.868$，$\cos\varphi_N=0.88$，$I_{st}/I_N=6.5$，$T_{st}=T_N=1.5$，试求：(1)额定电流和额定转矩；(2)电源电压为380 V时，电动机的接法及直接启动的启动电流和启动转矩；(3)电源电压为220 V时，电动机的接法及直接启动的启动电流和启动转矩；(4)要求采用Y-△启动，其启动电流和启动转矩。此时能否带60%和25%P_N负载转矩。

解：(1)

$$I_N=\frac{P_N\times10^3}{\sqrt{3}U_N\cos\varphi_N\eta_N}=\frac{10\times10^3}{\sqrt{3}\times380\times0.88\times0.868}\text{ A}=19.9\text{ A}$$

$$I_{N\triangle}=\frac{P_N\times10^3}{\sqrt{3}U_N\cos\varphi_N\eta_N}=\frac{10\times10^3}{\sqrt{3}\times220\times0.88\times0.868}\text{ A}=34.4\text{ A}$$

$$T_N=9\ 550\frac{P_N}{\eta_N}=9\ 550\times\frac{10}{1\ 460}\text{ N}\cdot\text{m}=65.4\text{ N}\cdot\text{m}$$

(2) 电源电压为380 V时，电动机正常运行应为星形联结。

$$I_{st}=6.5I_N=6.5\times19.9\text{ A}=129.35\text{ A}$$

$$T_{st}=1.5T_N=1.5\times65.4\text{ N}\cdot\text{m}=98.1\text{ N}\cdot\text{m}$$

(3) 电源电压为220 V时，电动机正常运行应为三角形联结。

$$I_{st\triangle}=6.5I_{N\triangle}=6.5\times34.4\text{ A}=224\text{ A}$$

$$T_{st\triangle}=1.5T_{N\triangle}=1.5\times65.4\text{ N}\cdot\text{m}=98.1\text{ N}\cdot\text{m}$$

(4) Y-△启动只适用于正常运行为三角形联结的电动机，故正常运行应在三角形联结，相应电源电压为220 V。

$$I_{st}=\frac{1}{3}I_{st\triangle}=\frac{1}{3}\times 224\ \mathrm{A}=74.6\ \mathrm{A}$$

$$T_{st}=\frac{1}{3}T_{st\triangle}=\frac{1}{3}\times 98.1\ \mathrm{N\cdot m}=32.7\ \mathrm{N\cdot m}$$

$$M_{2st}=0.6T_N=0.6\times 65.4\ \mathrm{N\cdot m}=39.2\ \mathrm{N\cdot m}$$

$$M_{2st}=0.25T_N=0.25\times 65.4\ \mathrm{N\cdot m}=16.4\ \mathrm{N\cdot m}$$

2. 三相笼形异步电动机的正反转

根据三相异步电动机原理可知，三相异步电动机转子的转向与定子旋转磁场的转向相同，改变通入三相定子绕组的电流的相序，就可以改变旋转磁场的转向，电动机的转子转向也随之改变。根据生产需要，只要改变通入三相定子绕组的电流相序，即可实现三相异步电动机的反转。

3. 三相笼形异步电动机的制动

因为电动机的转动部分有惯性，所以当切断电源后，电动机还会继续转动一段时间后才能停止。但某些生产机械要求电动机脱离电源后能迅速停止，以提高生产效率和安全度，为此，需要对电动机进行制动，对电动机的制动也就是在电动机停电后施加与其旋转方向相反的制动转矩。

制动方法有机械制动和电气制动两类。机械制动通常用电磁铁制成的电磁抱闸来实现，当电动机启动时电磁抱闸的线圈同时通电，电磁铁吸合，闸瓦离开电动机的制动轮(制动轮与电动机同轴连接)，电动机运行；当电动机停电时，电磁抱闸线圈时失电，电磁铁释放，在弹簧作用下，闸瓦把电动机的制动轮紧紧抱住，以实现制动。起重设备常采用这种制动方法。不但提高了生产效率，还可以防止在工作中因突然停电使重物下滑而造成的事故。电气制动是利用在电动机转子导体内产生的反向电磁转矩来制动，常用的电气制动方法有以下两种。

1）能耗制动

这种制动方法是在切断三相电源的同时，在电动机三相定子绕组的任意两相中通以一定电压的直流电，直流电流将产生固定磁场，而转子由于惯性继续按原方向转动。根据右手定则和左手定则不难确定这时转子电流与固定磁场相互作用产生的电磁转矩与电动机转动方向相反，因而起到制动的作用。制动转矩的大小与通入定子绕组直流电流的大小有关。直流电流的大小一般为电动机额定电流的50%，可通过调节电位器 R_p 来控制。因为这种制动方法是消耗转子的动能(转换为电能)来进行制动的，所以称为能耗制动，如图 5-20 所示。

能耗制动的优点是制动平稳，消耗电能少，但需要直流电源。目前一些金属切削机床中常采用这种制动方法。在一些重型机床中还将能耗制动与电磁抱闸配合使用，先进行能耗制动，待转速降至某一值时，令电磁抱闸动作，可以有效地实现准确快速停车。

2）反接制动

改变电动机三相电源的相序。使电动机的旋转磁场反转的制动方法称为反接制动。在电动机需要停车时，可将接在电动机上的三相电源中的任意两相对调位置，使旋转磁场反转，而转子由于惯性仍按原方向转动，这时的转矩方向与电动机的转动方向相反，因而起到制动作用。当转速接近零时，利用控制电器迅速切断电源，否则电动机将反转，如图 5-21 所示。

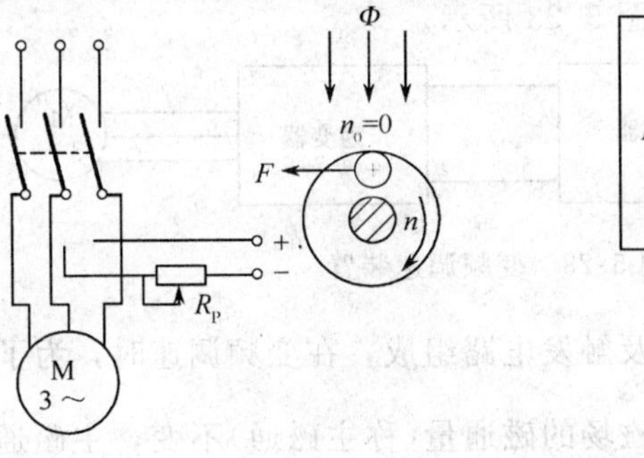

图 5-20　能耗制动

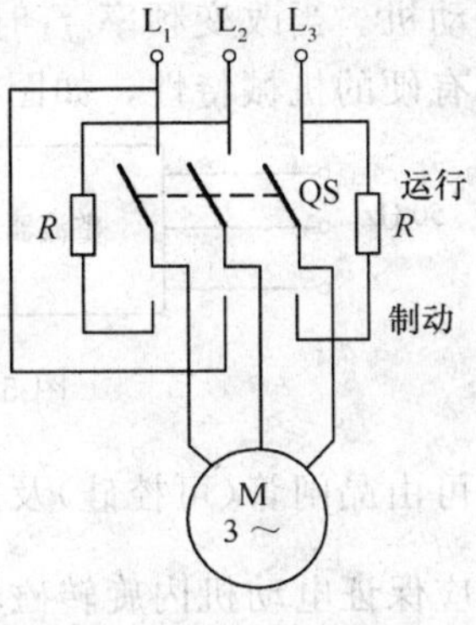

图 5-21　反接制动

在反接制动时，由于旋转磁场转速 n_0 与转子转速 n 之间的转速差(n_0-n)很大，转差率 $s>1$，因此电流很大，为了限制电流及调整制动转矩的大小，常在定子电路(鼠笼式)或转子电路(绕线式)中串入适当电阻。

反接制动不需要另备直流电源，结构简单，且制动力矩较大，停车迅速，但机械冲击和能耗较大，一般在中小型车床和铣床等机床中使用这种制动方法。

4. 三相笼形异步电动机的调速

电动机的调速是在同一负载下得到不同的转速，以满足生产过程的要求，如各种切削机床的主轴运动随着工件与刀具的材料、工件直径、加工工艺的要求及吃刀量的大小不同，要求电动机有不同的转速，以获得最高的生产效率和保证加工质量。若采用电气调速，则可以大大简化机械变速机构。由电动机的转速公式

$$n=(1-s)n_0=\frac{60f_1}{p}(1-s) \tag{5-10}$$

可知，改变电动机转速的方法有三种：(1) 改变定子绕组的极对数 p，即变极调速；(2)改变电源的频率 f_1，即变频调速；(3) 改变电动机的转差率 s。

1) 变极调速

改变电动机的极对数 p，即改变电动机定子绕组的接线，从而得到不同的转速，由于极对数 p 只能成倍改变，因此这种调速方法是有级调速，如图 5-22所示。

在图 5-22(a)中两个线圈串联，得出 $p=2$，在图 5-22(b)中两个线圈并联，得出 $p=1$，从而得到两种极对数(双极电动机)的转速，实现了变极调速，这种方法不能实现无级调速。双速电动机在机床上应用较多，如镗床、磨床、铣床等。

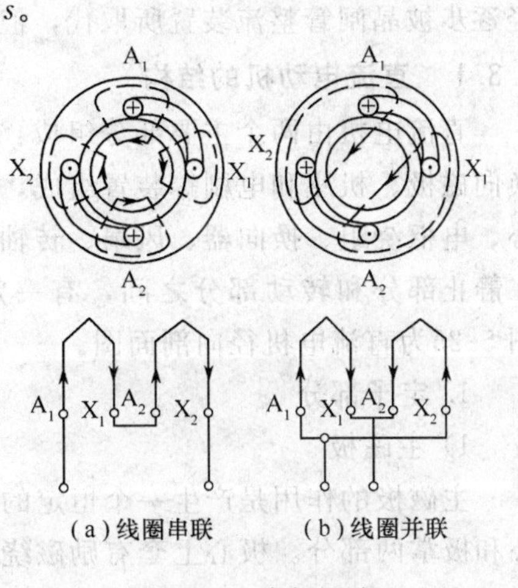

(a) 线圈串联　(b) 线圈并联

图 5-22　变极调速

2) 变频调速

变频调速就是利用变频装置改变交流电源的频率来实现调速，变频装置主要由整流器和逆变器两大部分组成。整流器先将频率 $f=50$ Hz

的三相交流电变为直流电，再由逆变器将直流电变为频率 f_1，且频率、电压都可调的三相交流电，供给电动机。当改变频率 f_1 时，即可改变电动机的转速。由此可以使电动机实现无级变速，并具有硬的机械特性，如图 5-23 所示。

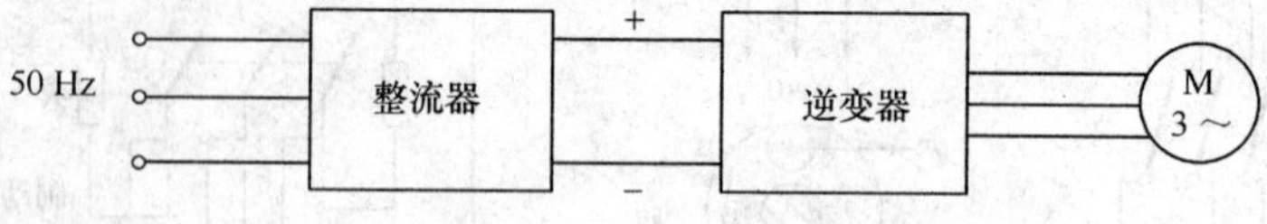

图 5-23　变频调速装置

变频装置都可由晶闸管(可控硅)及触发电路组成，在变频调速时，为了保证电动机的电磁转矩不变，就应保证电动机内旋转磁场的磁通量(称主磁通)不变，主磁通 $\Phi_m \approx \frac{U_1}{4.44 f_1 N}$，可见，为了改变频率 f_1 而保证主磁通 Φ_m 不变，必须同时改变电源电压 U_1，使其比值 $\frac{U_1}{f_1}$ 保持不变。

3）变转差率调速

改变转差率调速是在不改变同步转速 n_0 条件下的调速，这种调速只适用于绕线式异步电动机，是通过在转子电路中串入调速电阻(和启动电阻一样接入)来实现调速的。这种调速方法的优点是设备简单、投资少，但能量损耗较大。

5.3 直流电动机

直流电动机是通入直流电的旋转电机，是电能和机械能相互转换的设备。将机械能转换成电能的是直流发电机；将电能转换为机械能的是直流电动机。与交流电动机相比，直流电动机结构复杂，成本高，运行维护困难。但直流电动机调速性能好，启动转矩大，过载能力强，在启动和调速要求较高的场合，仍获得了广泛应用。作为直流电源的直流发电机虽然已经逐步被晶闸管整流装置所取代，但在电镀、电解行业中仍继续使用。

5.3.1 直流电动机的结构

直流电机由两个主要部分组成：静止部分和转动部分。静止部分称为定子，由主磁极、换向磁极、机座和电刷等装置组成，主要用来建立磁场。转动部分为转子或电枢，由电枢铁心、电枢绕组、换向器、风扇、转轴等组成，是机械能变为电能或电能变为机械能的枢纽。在静止部分和转动部分之间，有一定的间隙，称为气隙。图 5-24 为直流电动机结构图，图 5-25为直流电机径向剖面图。

1. 定子部分

1）主磁极

主磁极的作用是产生一个恒定的主磁场，它由铁心和励磁绕组组成。主磁极铁心包括极心和极掌两部分。极心上套有励磁绕组，各主磁极上的绕组一般都是串联的。当励磁绕组中通入直流电流后，铁心中即产生励磁磁通，并在气隙中建立磁场。励磁绕组是用绝缘铜线绕制的线圈，套在铁心外面。铁心一般用 1～1.5 mm 的低碳硅钢片叠压而成。主磁极可以有一对、两对或更多对，它用螺栓固定在机座上。

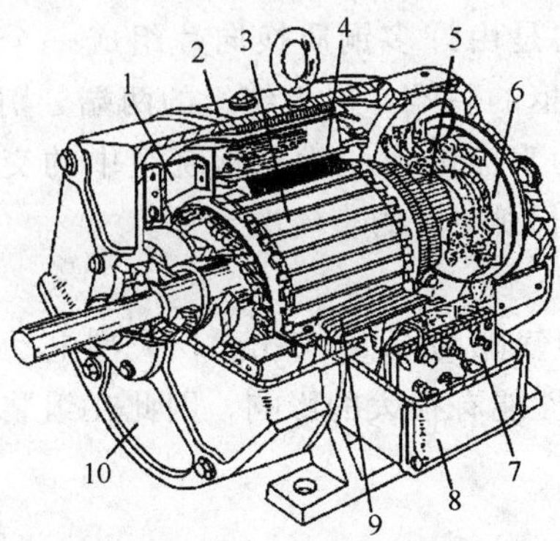

图 5-24 直流电动机结构图

1—风扇；2—机座；3—电枢；4—主磁极；5—刷架；6—换向器；7—接线板；8—出线盒；9—换向磁极；10—端盖图

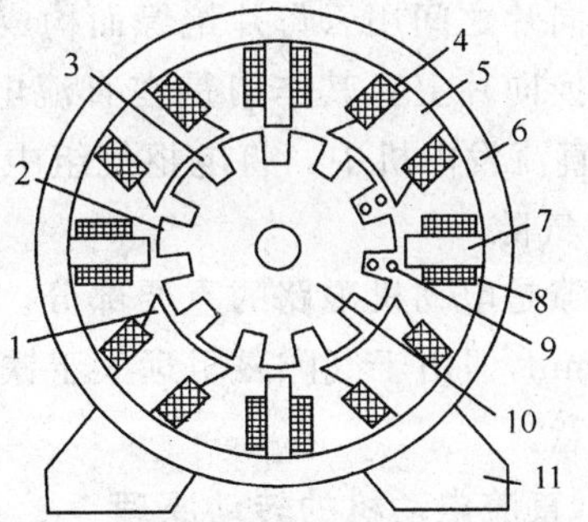

图 5-25 直流电动机径向剖面图

1—极靴；2—电枢齿；3—电枢槽；4—励磁绕组；5—主磁极；6—磁轭；7—换向极；8—换向极绕组；9—电枢绕组；10—电枢铁心；11—底座

2）换向磁极

换向磁极也是由铁心和换向磁极绕组构成的，位于两主磁极之间，是较小的磁极。其作用是产生附加磁场，以改善电动机的换向条件，减小电刷与换向片之间的火花。换向磁极绕组总是与电枢绕组串联的，其匝数少，导线粗。换向磁极铁心通常都用厚钢板叠制而成，在小功率的直流电动机中也有不装换向磁极的。

3）机座

机座由铸钢或厚钢板制成，它是电动机的支架，用来安装主磁极和换向磁极等部件，它既是电动机的固定部分，又是电动机磁路的一部分，如图 5-26 所示。

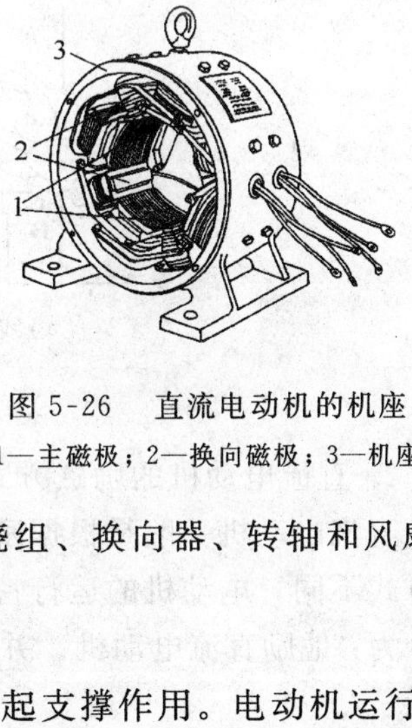

图 5-26 直流电动机的机座

1—主磁极；2—换向磁极；3—机座

4）端盖与电刷

机座的两边各有一个端盖，端盖的中心处装有轴承，用以支撑转子的转轴。端盖上还固定有电刷架，利用弹簧把电刷压在转子的换向器上。

2. 转子部分

直流电动机的转子又称为电枢，主要有电枢铁心、电枢绕组、换向器、转轴和风扇等组成。

1）电枢铁心

电枢铁心是磁路的一部分，同时对放置在其上的电枢绕组起支撑作用。电动机运行时，交变的磁通会在铁心中产生涡流和磁滞损耗。为了减少涡流损耗，电枢铁心通常采用0.5 mm厚且表面涂绝缘漆的硅钢片叠压而成。每片周围均匀分布许多齿和槽，槽内可安放电枢绕组。

2）电枢绕组

电枢绕组是直流电动机电路的主要组成部分，它是产生感应电动势和电磁转矩，从而实现机、电能量转换的重要部件。由许多相同的线圈组成，按一定的规律放置在电枢铁心槽中，并与换向器连接。

3）换向器

换向器又称整流子，是直流电动机特有的装置。它是由许多铜质换向片组成一个圆柱体，换向片之间用云母片绝缘而构成的。换向器装在电枢的一端，电枢绕组的两端分别焊接到两片换向片上。其作用是在直流电动机中，将外加的直流电流变为电枢绕组中的交流电流；在直流发电机中，将电枢绕组中的交变电动势变为电刷端点的直流电动势。

3. 气隙

气隙是电动机磁路的重要部分。一般小型电动机的气隙为 0.5～5 mm，大型电动机为 5～10 mm,但由于气隙磁阻远大于铁心磁阻，对电动机性能有很大的影响，因此在组装时应特别注意。

5.3.2 直流电动机的转动原理

1. 直流电动机的转动原理

图 5-27 所示为直流电动机的模型，可用它模拟直流电动机的工作原理。

当直流电压加在电刷两侧时，直流电流经过电刷 A 换向片 1，线圈 abcd 换向片 2 和电刷 B 形成回路，线圈 ab 边和 cd 边在磁场中受到电磁力的作用，受力方向可由左手定则确定。电磁力将使线圈电枢按逆时针方向旋转。随着电枢的旋转，线圈的 ab 边从 N 极处转到 S 极处，换向片 2 脱离电刷 B 而与电刷接触，这时流经线圈的电流方向相反，但 N 极下导体中电流方向始终不变，因此电磁转矩 A 的大小和方向保持不变，所以，直流电动机通电后能按一定方向连续旋转。

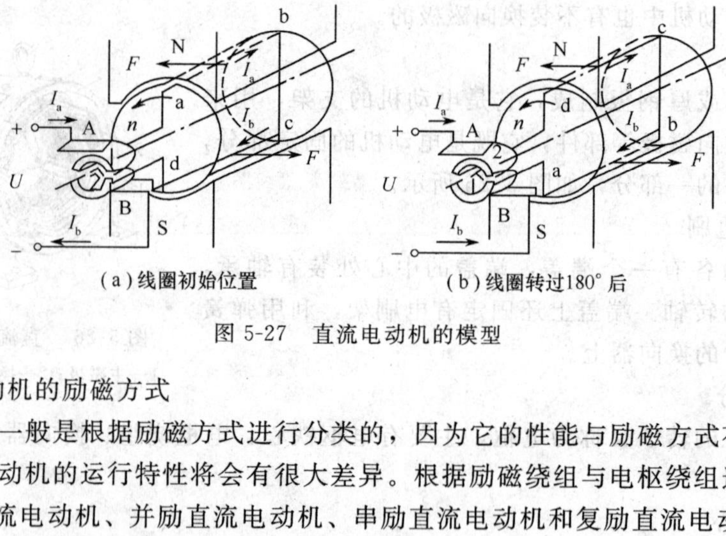

(a) 线圈初始位置　　(b) 线圈转过180° 后

图 5-27　直流电动机的模型

2. 直流电动机的励磁方式

直流电动机一般是根据励磁方式进行分类的，因为它的性能与励磁方式有密切关系，励磁方式不同，电动机的运行特性将会有很大差异。根据励磁绕组与电枢绕组连接的不同，可以分为：他励直流电动机、并励直流电动机、串励直流电动机和复励直流电动机，如图 5-28 所示。

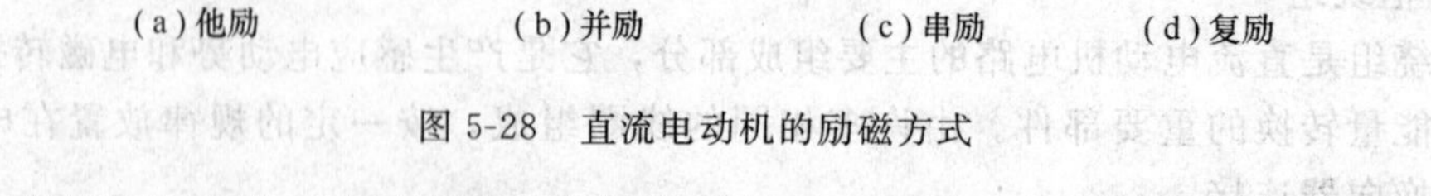

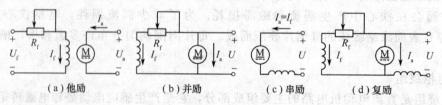

(a) 他励　(b) 并励　(c) 串励　(d) 复励

图 5-28　直流电动机的励磁方式

(1) 他励直流电动机。励磁绕组和电枢绕组分别由不同的直流电源供电，即励磁电路与电枢电路没有电的连接。

(2) 并励直流电动机。励磁绕组和电枢绕组并联，由同一直流电源供电 励磁电压等于电枢电压，励磁绕组匝数多，电阻较大。总电流等于电枢电流和励磁绕组电流之和，即 $I=I_a+I_f$。

(3) 串励直流电动机。励磁绕组和电枢绕组串联后接于直流电源，励磁电流和电枢电流相等，即 $I=I_a+I_f$。

(4) 复励直流电动机。有两个励磁绕组，一个与电枢并联，一个与电枢串联。并励绕组匝数多而线径细，串励绕组匝数少而线径粗。在一些小型直流电动机中，也有用永久磁铁产生磁场的电动机，这种电动机称为永磁式电动机。由于其体积小、结构简单、效率高、损耗低、可靠性高等特点，因而应用越来越广泛。例如，兆欧表中的手摇发电机和测速发电机、汽车用永磁电动机等等。

5.3.3　直流电机的铭牌数据

每一台电动机的机座上都有一块铭牌，标明这台电动机额定运行情况的各种数据。这些数据是正确、合理使用电动机的依据，所以也称为铭牌数据。图 5-29 所示是一台直流电动机的铭牌，其额定值的意义介绍如下所示。

型号	Z_3-95	产品编号	7001
功率	30 kW	励磁方式	他励
电压	220 V	励磁电压	220 V
电流	160.5 A	工作方式	连续
转速	750 r/min	绝缘等级	定子 B 转子 B
标准编号	JB1104-68	质量	685 kg
	×××电机厂	出厂日期	××××年××月

图 5-29　直流电动机的铭牌举例

1. 型号

型号表明该电动机所属的系列及主要特点。我国直流电动机的型号采用大写汉语拼音字母和阿拉伯数字表示，例如型号 Z3-95 中的“Z”表示普通用途直流电动机；脚注“3”表示第三次改型设计；第一个数字“9”是机座直径尺寸序号；第二个数字“5”是铁心长度序号。

2. 额定值

1) 额定功率 P_N

额定功率指电机在额定运行时的输出功率。对发电机是指输出电功率；对电动机是指输出机械功率，单位为 W 或 kW。

2) 额定电压 U_N

额定电压指在额定运行状况下，直流发电机的输出电压或直流电动机的输入电压，单位为 V 或 kV。

3) 额定电流 I_N

额定电流指额定电压和额定负载时，允许电机长期输出(发电机)或输入(电动机)的电流，单位为 A。对发电机，有

$$P_N=U_NI_N \tag{5-11}$$

对电动机，有

$$P_N = U_N I_N \eta_N \tag{5-12}$$

式中 η_N——额定效率。

4）额定转速 n_N

额定转速指电动机在额定电压和额定负载时的旋转速度，单位为 r/min。

此外，铭牌上还标有励磁方式、工作方式、绝缘等级、质量等参数。还有一些额定值，如额定效率 η_N、额定转矩 T_N、额定温升 t_N，一般不标注在铭牌上。

【例 5-6】 一台直流发电机，$P_N = 10$ kW，$U_N = 230$ V，$n_N = 2\ 850$ r/min，$\eta_N = 85\%$。求其额定电流和额定负载时的输入功率。

解：

$$I_N = \frac{P_N}{U_N} = \frac{10 \times 10^3}{230}\ \text{A} = 43.48\ \text{A}$$

$$P_1 = \frac{P_N}{\eta_N} = \frac{10 \times 10^3}{0.85}\ \text{W} = 11\ 764.71\ \text{W} = 11.76\ \text{kW}$$

【例 5-7】 一台直流电动机，$P_N = 17$ kW，$U_N = 220$ V，$n_N = 1\ 500$ r/min，$\eta_N = 83\%$。求其额定电流和额定负载时的输入功率。

解：

$$I_N = \frac{P_N}{U_N \eta_N} = \frac{17 \times 10^3}{220 \times 0.83}\ \text{A} = 93.1\ \text{A}$$

$$P_1 = U_N I_N = 220 \times 93.1\ \text{W} = 20\ 482\ \text{W} = 20.48\ \text{kW}$$

3. 直流电动机的主要系列

我国常用直流电动机的系列简介如下。

1）Z、ZF、ZD 系列

Z、ZF、ZD 系列是一般用途的中、小型直流电动机，其额定功率范围为 25～400 kW，额定转速范围为 1 500～4 000 r/min。

2）Z4、ZO2 系列

Z4、ZO2 系列是一般用途的中型直流电动机，适用于机床、造纸、水泥、冶金等行业。其额定转速范围为 3 200～1 500 r/min。

3）ZJF、ZJD 系列

ZJF、ZJD 系列为大型直流发电机和直流电动机，适用于大型轧钢机、卷扬机和其他一些重型机械设备。其额定功率范围为 1 000～5 350 kW。

4）S、SY 系列

S、SY 系列是直流伺服电动机，S 系列为老产品，SY 系列为永磁式直流伺服电动机，其功率很小，多用于仪表伺服系统。

5）ZCF、ZYS、CYD 和 CY 系列

ZCF、ZYS、CYD 和 CY 系列为直流测速发电机。其中 ZCF 系列为他励式直流测速发电机；ZYS 系列为普通永磁式直流测速发电机，其额定输出电压较高，为 550 V 或 110 V；CYD 系列为永磁式低速直流测速发电机；CY 系列也为永磁式直流测速发电机，它的输出电压较低，其电动势为 5 V(1 000 r/min)，可供小功率系统作测速反馈元件。

5.3.4 直流电动机的电磁转矩和电枢电动势

直流电动机在电枢绕组通入直流电，与电动机定子磁场相互作用产生电磁吸力，形成电磁转矩使其转子转动。当电枢转动时，电枢绕组导体不断切割磁力线，在电枢绕组中又产生感应电动势，称为反电动势。

1. 电磁转矩

在直流电动机中，电磁转矩是由电枢电流与气隙磁场相互作用而产生的电磁力所形成的。根据安培力定律，作用在电枢绕组每一根导体上的电磁力为 $F=BLI$，对于给定的电动机，磁通密度 B 与每极磁通 Φ 成正比；每根导体中的电流 i 与从电刷流入的电枢电流 I_a 成正比，即电磁转矩与每极的磁通 Φ 和电枢电流 I_a 的乘积成正比。因此，电磁转矩 T 的大小可由下式来表示：

由电磁力公式可知，

$$T=C_T\Phi I_a \tag{5-13}$$

式中 C_T——转矩常数，取决于电动机的结构；

I_a——电枢电流，A；

T——电磁转矩，N·m。

式(5-13)表明，直流电动机的电磁转矩与每极磁通成正比，与电枢电流成正比。电磁转矩的方向由左手定则判定。

直流电动机的转矩 T 与转速 n 及轴上输出功率 P 的关系为

$$T=9\ 550\frac{P}{n} \tag{5-14}$$

式中 P——电动机轴上的输出功率，kW；

N——电动机转速，r/min；

T——电动机电磁转矩，N·m。

2. 电动势平衡方程式

当直流电动机稳定运行时，电枢绕组切割气隙磁场产生感应电动势为 E_a，由前面的分析可知电动势 E_a 为反电动势，E_a 的方向与电枢电流 I_a 的方向相反，如图 5-27 所示。根据 KVL 可写出他励直流电动机的电动势平衡方程式为

$$U=E_a+I_aR_a \tag{5-15}$$

式中 R_a——电枢回路总电阻，包括电枢绕组的电阻和一对电刷的接触电阻。

式(5-15)表明：直流电机在电动运行状态下，电压 U 必须大于电枢电动势 E_a，才能使电枢电流流入电动机。反之电机将处于发电机运行状态。

3. 转矩平衡方程式

直流电动机稳定运行时，转速恒定，其轴上的拖动转矩必须与轴上的阻转矩(制动转矩)保持平衡，否则电动机就不能保持匀速转动。而拖动转矩就是电磁转矩 T，阻转矩包括电动机轴上的负载转矩 T_L 和电动机本身的空载阻转矩 T_0，因此直流电动机稳定运行时必然有以下平衡关系：

$$T=T_L+T_0 \tag{5-16}$$

稳定运行时，电动机轴上的输出转矩 T_2 与负载转矩 T_L 相平衡，即 $T_L=T_2$，因此上式也可写成

$$T=T_2+T_0 \tag{5-17}$$

这就是直流电动机稳定运行时的转矩平衡方程式。

4. 功率平衡方程式

电动机将电能转变成机械能输出，不能将输入的电功率全部转换成机械功率，在转换过程中总有一部分能量消耗在电动机内部，称为电机损耗。它包括机械损耗、铁心损耗、铜损耗和附加损耗。

根据电压平衡方程(5-15)，两边同乘 I_a，即得

$$UI_a=EI_a+RI_a^2 \tag{5-18}$$

式中 UI_a——电源输入功率；

EI_a——电动机电磁功率；

RI_a^2——电枢绕组上的铜损。可以写成下式：

$$P_1=P_M+P_{Cu} \tag{5-19}$$

式中 P_1——电源输入功率；

P_M——电动机电磁功率；

P_{Cu}——电枢绕组上的铜损。

对于并励电动机来讲，励磁回路消耗的功率也来自电源，因此，根据式(5-19)，其功率关系为

$$P_1=P_M+P_{Cu}+P'_{Cu} \tag{5-20}$$

式中 P_{Cu}——励磁回路消耗的功率。

电磁功率并不能全部用来输出，它必须克服机械损耗(即摩擦损耗)、铁损耗(即磁滞和涡流损耗)和附加损耗(产生的原因复杂，难以准确计算，一般取额定功率的0.5%～1%)。这部分损耗不论电动机是否有负载，始终存在，合称为空载损耗，以 P_0 表示。

$$P_M=P_2+P_0 \tag{5-21}$$

式中 P_2——电动机轴上的输出功率。

根据式(5-20)，可得

$$P_1=P_2+P_0+P_{Cu}+P'_{Cu} \tag{5-22}$$

即

$$P_1=P_2+\sum P \tag{5-23}$$

式中 ΣP——电动机的总损耗功率。

这就是电动机的功率方程，由式(5-22)绘出的电动机功率流程图如图5-30所示，该图可以形象地说明各功率之间的关系。

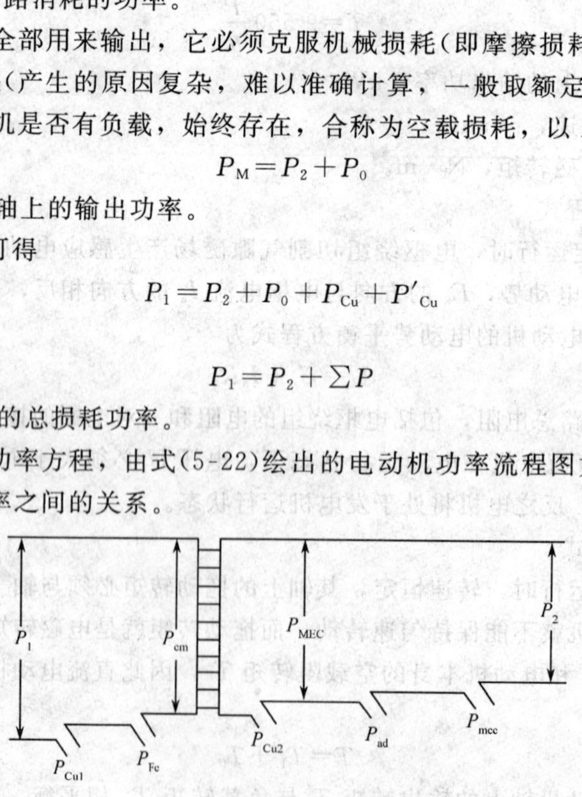

图 5-30 电动机功率流程图

【例 5-8】 一台他励直流电动机接在 220 V 的电网上运行，已知 $a=1$，$p=2$，$N=372$，$n=1500\ \mathrm{r/min}$，$\Phi=1.1\times10^{-2}\ \mathrm{Wb}$，$R_a=0.208\ \Omega$，$P_{Fe}=362\ \mathrm{W}$，$P_m=204\ \mathrm{W}$，忽略附加损耗，求：

(1) 此电机是发电机运行还是电动机运行；

(2) 输入功率、电磁功率和效率；

(3) 电磁转矩、输出转矩和空载阻转矩。

解：(1) 判断一台电机是何种运行状态，可比较电枢电动势和端电压的大小。

$$E_a=\frac{pN}{60a}\Phi n=\left(\frac{2\times372}{60\times1}\times1.1\times10^{-2}\times1\,500\right)\ \mathrm{V}=204.6\ \mathrm{V}$$

因为 $U>E_a$，所以此电机是电动机运行状态。

(2) 求输入功率 P、电磁功率 P_{em} 和效率 η：

根据 $U=E_a+I_aR_a$，得电枢电流为

$$I_a=\frac{U-E}{R_a}=\frac{220-204.6}{0.208}\ \mathrm{A}\approx74\ \mathrm{A}$$

输入功率为

$$P_1=UI_a=220\times74\ \mathrm{W}=16\,280\ \mathrm{W}$$

电磁功率为

$$P_{em}=E_aI_a=204.6\times74\ \mathrm{W}=15\,140.4\ \mathrm{W}\approx15.14\ \mathrm{kW}$$

输出功率为

$$P_2=P_{em}-P_{Fe}-P_m=(15\,140.4-362-204)\ \mathrm{W}=14\,574.4\ \mathrm{W}\approx14.57\ \mathrm{kW}$$

效率为

$$\eta=\frac{P_2}{P_1}\times100\%=\frac{14.57}{16.28}\times100\%\approx89.5\%$$

(3) 求电磁转矩 T、输出转矩 T_2 和空载阻转矩 T_0

电磁转矩为

$$\eta=\frac{P_2}{P_1}\times100\%=\frac{14.57}{16.28}\times100\%\approx89.5\%$$

输出转矩为

$$T=9.55\,\frac{P_{em}}{n}=9.55\times\frac{15\,140.4}{1\,500}\ \mathrm{N\cdot m}\approx96.39\ \mathrm{N\cdot m}$$

空载阻转矩为

$$T_0=T-T_2=(96.39-92.79)\ \mathrm{N\cdot m}=3.6\ \mathrm{N\cdot m}$$

5.3.5　直流电机的机械特性

电动机的机械特性是指电动机稳定运行时，电动机转速 n 与转矩 T 的关系，$n=f(T)$。

机械特性可分为固有(自然)机械特性和人为机械特性。当电动机的外加电压和励磁电流为额定值时，电枢回路没有串联附加电阻的机械特性为固有机械特性；人为机械特性是指改变电动机一种或几种参数，使之不等于其额定值时的机械特性。从空载到额定负载，转速下降不多，称为硬机械特性。负载增大时，转速下降较快，这时的机械特性为软机械特性。

1. 并励电动机的机械特性

并励电动机的接线示意图和原理图如图 5-31 所示，根据公式 $U=E+RI_a$，$E=C_en\Phi$ 可以得出

$$U=C_en\Phi+R_aI_a \tag{5-24}$$

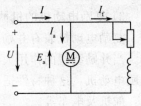

图 5-31　原理线路图

则

$$n=\frac{U}{C_e\Phi}-\frac{R_a}{C_e\Phi}I_a \tag{5-25}$$

式(5-25)表明，直流电动机的转速 n 与电枢电压 U_a、每极磁通 Φ 及电枢回路电阻 R_a 都有关。

又因为转矩 $T=C_T\Phi I_a$ 则

$$n=\frac{U}{C_e\Phi}-\frac{R_a}{C_e\Phi^2C_T}T=n_0-\beta T=n_0-\Delta n \tag{5-26}$$

此即是直流电动机的机械特性的一般关系，记作：$n=f(T)$。

Δn 又称为转速降，它表示当负载增加时，电动机的转速会下降，这是由 R_a 引起的。

由公式 $n=\frac{U}{C_e\Phi}-\frac{R_a}{C_e\Phi}I_a$ 可知，当负载增加时，I_a 随着增加，于是，R_aI_a 增加。由于电源 U_a 是一定的，使反电动势减小，故转速 n 降低了。

1）他励和并励电动机的机械特性

他励和并励电动机的励磁电流不受负载变化的影响，即当励磁电压一定时，Φ 为常数。

这时式(5-26)可写成

$$n=n_0-CT \tag{5-27}$$

式中：$n_0=\frac{U}{C_e\Phi}$表示电动机的理想空载转速，即 $T=0$ 时的转速；$C=\frac{R_a}{C_e\Phi^2C_T}T$，是一个很小的常数，它代表电动机随着负载加大而转速下降的快慢。故他励和并励电动机的机械特性是一条稍微下倾的直线，如图 5-32 所示。

并励和他励电动机的机械特性比较硬，适用于恒转速类机械。

2）串励电动机的机械特性

串励电动机的转速随着负载的增加而显著下降，这种特性称为软特性，如图 5-33 所示。

这种特性适用于起重设备。但要注意不允许串励电动机在空载或轻载的情况下运行，避免造成飞车的现象发生，所以串励电动机与机械负载之间必须可靠连接。

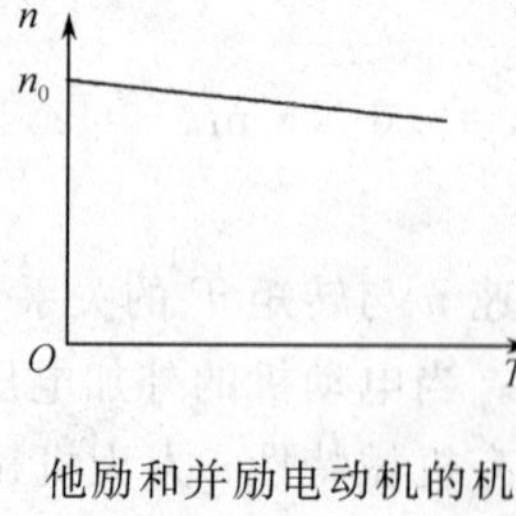

图 5-32　他励和并励电动机的机械特性图

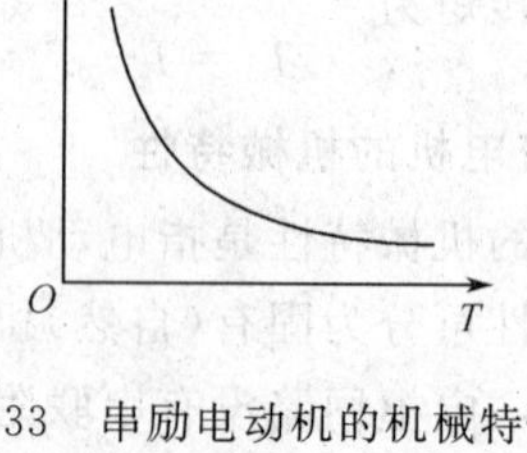

图 5-33　串励电动机的机械特性图

3）复励电动机的机械特性

复励电动机兼有并励和串励两方面的特性，机械特性介于两者之间，如图 5-34 所示。

当并励绕组的作用大于串励绕组的作用时，机械特性接近于并励电动机，反之，接近于串励电动机，这种特性适用于负载变化大，需要启动转矩大的设备中，如轮船，舰艇中的锚机，舵机及电车等。

2. 他励直流电动机的固有机械特性

当他励直流电动机的电源电压、磁通为额定值，且电枢回路未接附加电阻时的机械特性称为固有机械特性，其特性方程为

$$n=\frac{U}{C_e\Phi}-\frac{R_a}{C_e\Phi^2 C_T}T \tag{5-28}$$

由于电枢绕组的电阻 R_a 阻值很小，因此 Δn 很小，固有特性为硬特性。

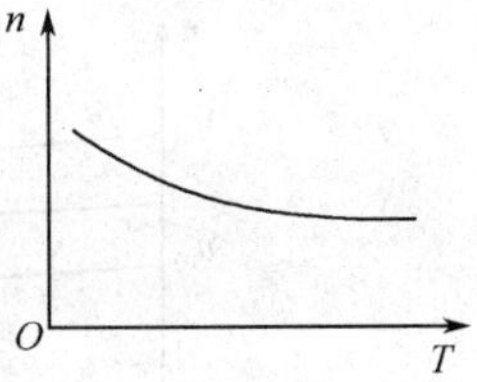

图 5-34 复励电动机的机械特性

3. 他励直流电动机的人为机械特性

人为地改变电动机气隙磁通 Φ、电源电压 U 和电枢回路串联电阻 R_j 等参数，获得的机械特性为人为机械特性。

1）电枢回路串联电阻时的人为特性

当电动机电源 U 和磁通 Φ 值不变时，电枢回路串联电阻时的人为特性为

$$n=\frac{U_N}{C_e\Phi_N}-\frac{R_a+R_j}{C_e C_T\Phi_N^2}T \tag{5-29}$$

与固有机械特性相比，电枢回路串联电阻时的人为机械特性的特点为：

改变电阻 R_j 时，理想空载转速 $n_0=\frac{U_N}{C_e\Phi}$ 不变；机械特性曲线的斜率 β 会随着电枢回路串联电阻的增大而增大，机械特性随之变软，特性曲线如图 5-35 所示。

2）改变电源电压的人为机械特性

当电枢回路不串联电阻，磁通为额定值时，改变电源电压的人为机械特性为

$$n=\frac{U_N}{C_e\Phi_N}-\frac{R_a}{C_e C_T\Phi_N^2}T \tag{5-30}$$

由于电动机工作时的电压不能超过额定电压，因此电压只能从额定值向下调节。

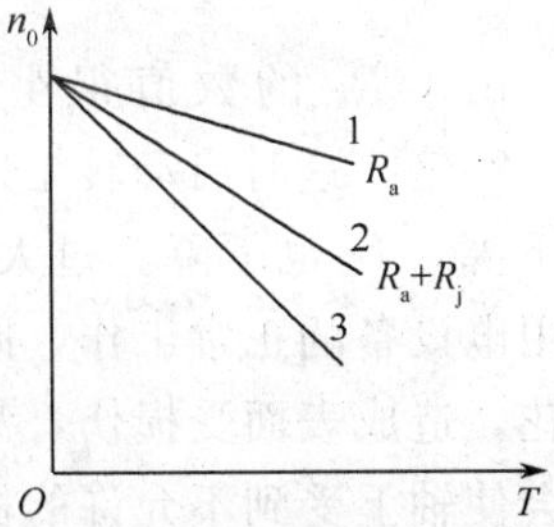

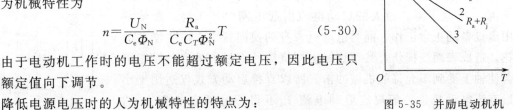

图 5-35 并励电动机机械特性曲线

降低电源电压时的人为机械特性的特点为：

理想空载转速 n_0 与电源电压成正比，且电源电压下降时，n_0 成正比例减小；其特性曲线如图 5-36 所示。

3）改变励磁磁通的人为机械特性

当电枢回路不串联电阻时，且电源电压值不变时，减弱磁通时的人为机械特性为

$$n=\frac{U_N}{C_e\Phi}-\frac{R_a}{C_e C_T\Phi_N^2}T \tag{5-31}$$

一般情况下，电动机的 Φ 接近额定值时，磁路已接近饱和，因此磁通一般只能从额定值向下调节，具体方法为增大励磁回路的可变电阻。

减弱磁通的人为机械特性的特点：理想空载转速与磁通成反比，减弱磁通 Φ，n_0 升高；斜率 β 与磁通的二次方成反比，减弱磁通 Φ，使斜率增大，特性曲线如图 5-37 所示。

5.3.6 直流电动机的运行

生产机械对直流电动机的启动要求，启动转矩 T_{st} 足够大，因为只有启动转矩 T_{st} 大于负载转矩 T_L 时，电动机才能顺利启动；启动电流 I_{st} 不能太大；启动设备操作方便，启动时间短，运行可靠，成本降低。

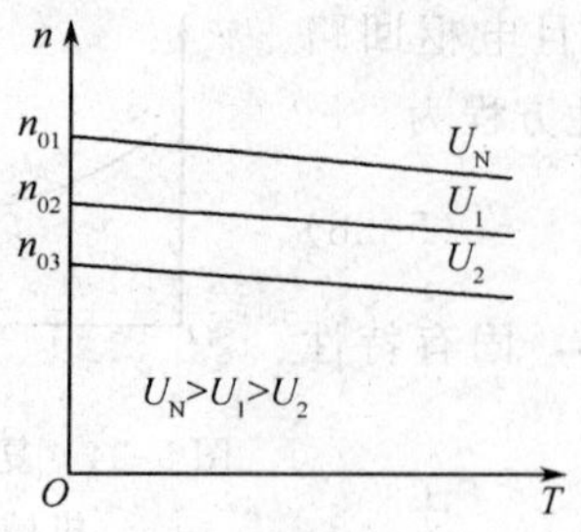

图 5-36　改变电源电压时的人为机械特性

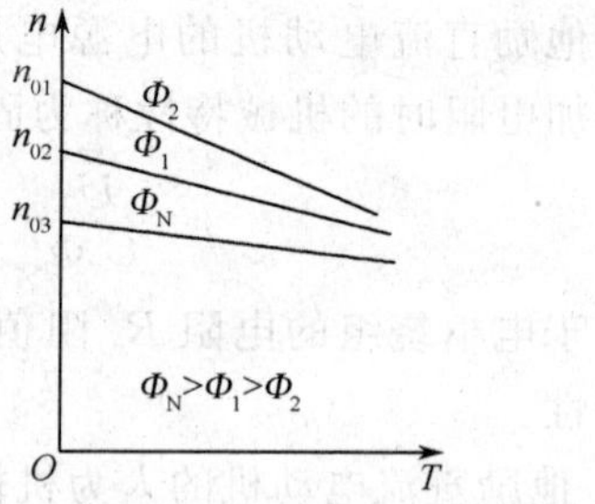

图 5-37　改变磁通时的人为机械特性

1. 他励直流电动机的启动

1）全压启动

直接启动就是在电动机磁场磁通 Φ_N 为情况下，把直流电动机直接接到额定电压的电源上启动，如图 5-38 所示。启动瞬间，电动机转速 $n=0$，电枢绕组感应电动势 $E_a=0$，这时的启动电流 I_{st} 为

$$I_{st}=\frac{U-E_a}{R_a}=\frac{U}{R_a} \tag{5-32}$$

此时的启动转矩为

$$T_{st}=CT\Phi I_{st} \tag{5-33}$$

由于 R_a 的数值很小，因此 I_{st} 很大，通常可达额定电流的 10～20倍。这时启动转矩也很大，转速迅速上升，随着 E_a 的增加，I_a 下降，T_{st}也下降。过大的启动电流引起电网电压下降，影响其他用电设备的正常工作，同时电动机自身的换向器也会产生剧烈的火花，造成表面受损伤，甚至烧毁电枢绕组。而过大的启动转矩可能会使轴上受到不允许的机械冲击。所以直接启动方式仅适用于小容量直流电动机。一般规定启动电流 I_{st}不得超过额定电流 I_N 的 1.5～2.5倍。

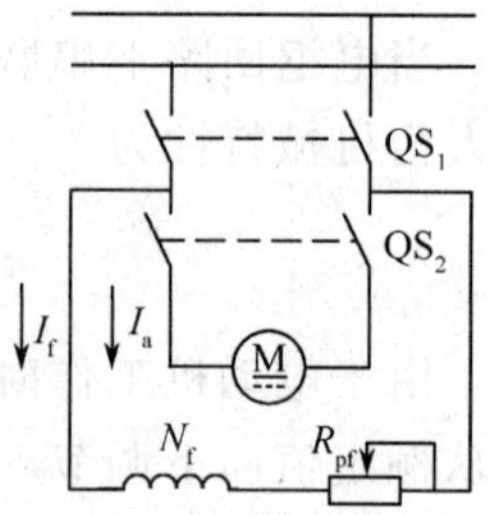

图 5-38　他励直流电动机的全压启动

2）降压启动

降压启动是指通过暂时降低供电电压的方式启动，启动电流会随着启动电压的降低而降低。启动后再逐渐升高供电电压到额定值，保证一定的电磁转矩和升速。启动时，励磁电压保持额定值，电枢电压从零逐渐升高到额定值。降压启动只能在电动机有专用电源时才采用，目前多采用晶闸管可控直流电源作为降压启动的供电电源。

降压启动时启动电流小，启动过程中能耗小，缺点是需要有专用电源，设备投资大。

3）电枢回路串电阻启动

电动机启动时，在他励电动机的电枢电路串接可调电阻 R_{st}，称为启动电阻，将启动电流 I_{st}限制在允许值范围 $I_{st}=(1.5\sim2)I_N$。启动电流为 $I_{st}=\dfrac{U_N}{R_a+R_{st}}$，则启动电阻为

$$R_{st}=\frac{U_N}{I_{st}}-R_a \tag{5-34}$$

随着转速的上升，再将启动电阻逐步拆除。图 5-39(a)所示为他励电动机的启动接线图，图中 KM1、KM2，KM3 分别为短接启动电阻 R_{st1}、R_{st2}、R_{st3} 的接触器。启动时，先接通励

磁电源，KM 合上，KM1、KM2、KM3 全部分断，启动电阻全部接入。此时的人为机械特性如图 5-39(b)所示，当启动转矩大于负载转矩时，电动机开始启动。

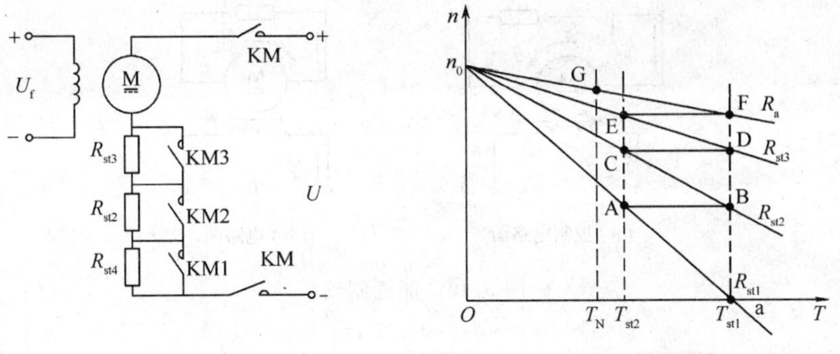

(a) 电路图　　　　(b) 机械特性

图 5-39　他励直流电动机电枢回路串电阻启动

随着电动机不断加速，电枢电动势随之增大，电枢电流和电磁转矩则随之减小，当转速上升至 n_1，即图中的 A 点时，接触器 KM1 闭合，R_{st1} 被短接。电枢回路中的电阻减少，对应的人为机械特性由 A 点转向 B 点。由于惯性作用，转速仍为 n_1，电枢电阻减小又将使电枢电流和电磁转矩增大，选择适当的 R_{st1}，可以使 B 点的电流值仍为 I_{st1}，转速沿直线 BC 上升到 C 点，电流又降至 I_{st2} 时，接触器 KM2 闭合，R_{st2} 短接，人为机械特性工作点由 C 点移动到 D。然后依次拆除启动电阻，电动机的工作点就会沿着图中箭头所指方向上升，最后稳定运行在自然机械特性的 G 点。此时电磁转矩与负载转矩相等，电动机的启动过程结束。

2. 直流电动机的正反转

1）改变励磁电流方向

保持电枢两端电压极性不变，把励磁绕组反接，励磁电流方向改变，电动机反转。

2）改变电枢电流方向

保持励磁绕组电流方向不变，将电枢绕组反接，使电枢电流改变方向，电动机反转。若两电流方向同时改变，则电动机旋转方向不变。

在实际应用中大多采用改变电枢电流的方向来实现电动机反转。因为励磁绕组匝数较多，电感较大，在电枢电流反向时将产生很大的感应电动势，可能造成励磁绕组的绝缘击穿。

3. 直流电动机的制动

他励直流电动机的电气制动是使电动机产生一个反方向的电磁转矩，使电动机制动。在制动过程中，要求单独制动迅速、平滑、可靠、能量损耗少。

1）能耗制动

能耗制动是把正处于电动运行状态的电动机电枢绕组从电网上断开，并立即与一个附加制动电阻 R_{bk} 串联构成闭合电路，如图 5-40(a)所示。制动时，保持磁通大小、方向均不变，接触器 KM 断电释放，其动合触点断开，切断电枢电源；当动断触点复位，电枢接入制动电阻 R_{bk} 时，电动机进入制动状态。如图 5-40(b)所示。

电动机制动开始瞬间，由于惯性作用，转速仍保持与远点电动机状态的方向和大小不变，电枢电动势亦保持电动状态时的大小和方向，但是，由于此时电枢电压 $U=0$，因此电

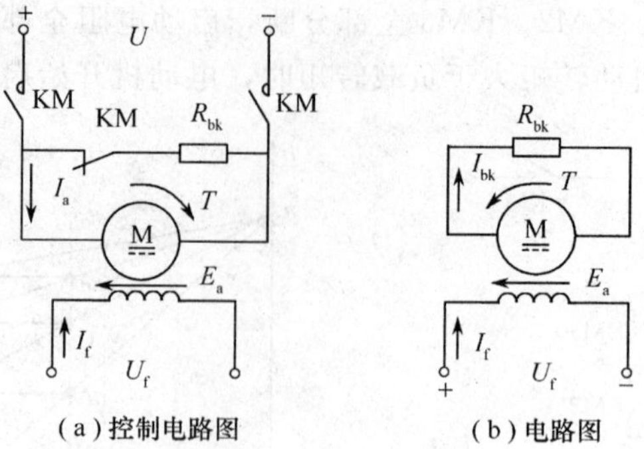

图 5-40　能耗制动

枢电流

$$I_a=\frac{U-E_a}{R_a+R_{bk}}=-\frac{E_a}{R_a+R_{bk}}=-\frac{C_e n\Phi}{R_a+R_{bk}} \tag{5-35}$$

电枢电流为负值，其方向与电动状态时的电枢电流方向相同，称为制动电流，由此产生的电磁转矩 T 也与转速 n 方向相反，成为制动转矩。在制动转矩的作用下，转速迅速下降，当 $n=0$ 时，$E_a=0$，$I_a=0$，$T=0$，制动过程结束。

在制动过程中，电动机把拖动系统的动能转变为电能并消耗在电枢回路的电阻 (R_a+R_{bk})上，故称为能耗制动。

2）反接制动

反接制动有电源反接制动和倒拉反接制动两种方式。

(1) 电源反接制动。电源反接制动是在制动时将电源极性对调，反接在电枢两端，同时还要在电枢电路中串一制动电阻 R_{bk}，如图 5-41(a)所示为电路原理接线图。当接触器的触头 KM1 闭合，KM2 断开时，电动机拖动负载在 A 点稳定运行，如图 5-41(b)所示。

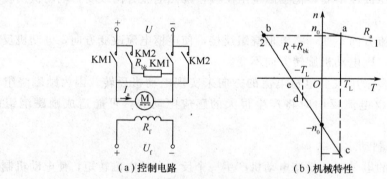

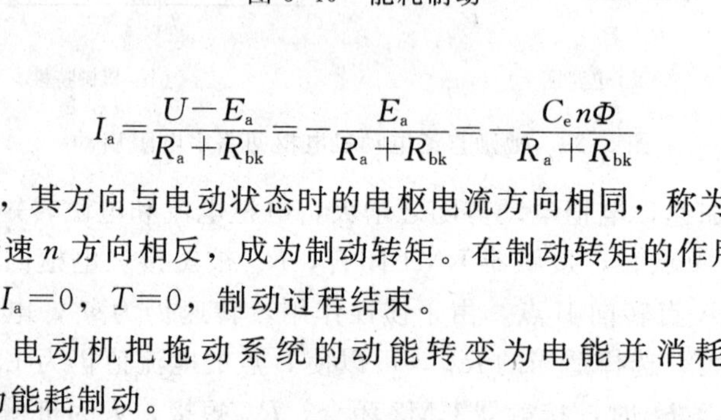

图 5-41　电枢反接制动

电动机制动时，KM1 断开，KM2 闭合，电枢所加电压反向，同时在电枢电路中串入了电阻 R_{bk}，这时电枢电压变为负值，电枢电流为

$$I_a=\frac{-U-E_a}{R_a+R_{bk}}=-\frac{U+E_a}{R_a+R_{bk}}<0 \tag{5-36}$$

由上式可知电枢电流 I_a 变为负值而改变方向，电磁转矩 $T=CT\Phi I_a$ 也随之变为负值而改变方向，与原转速方向相反，成为制动转矩，使电动机处于制动状态。

（2）倒拉反接制动。倒拉反接制动的方法使用在电动机拖动位能性负载，由提升重物转为下放重物的系统中，将重物低速匀速下放，制动控制电路接线图如图5-42(a)所示。

电动机提升重物时，接触器KM线圈吸合，其动合触点闭合，将电阻短接，电动机稳定工作在正转提升的电动状态，以转速 n_a 提升。下放重物时，KM线圈断电，其动合触点复位，电枢回路串入电阻，这时电动机转速不能突变，工作点由a点跳至人为机械特性的b点，由于电枢串入了较大电阻，这时电枢电流变小，电磁转矩 T 变小，即 $T<T_L$，因此系统不能将重物提升。在负载重力的作用下，转速迅速沿特性下降到 $n=0$，如图5-40(b)所示的c点，在该点电磁转矩还是小于负载转矩，即 $T<T_L$，电动机开始反转，也称为倒拉反转，使转速反向，$n<0$，$E_a=C_e\Phi n<0$，电枢电流为

$$I_a=\frac{U_N-E_a}{R_a+R_{bk}}=\frac{U_N+E_a}{R_a+R_{bk}}>0 \tag{5-37}$$

由上式可知，电枢电流仍是正值，未改变方向，以致电磁转矩 T 也是正值，未改变方向，但转速已改变方向，因此电磁转矩 T 与转速 n 方向相反，为制动转矩，电动机处于制动状态。由上式可知，随着转速的升高，电枢电流增大，电磁转矩也增大，直到 $T=T_L$ 时，如图5-42(b)所示的d点，电动机将在d点稳定运行，开始匀速下放重物。

此运行状态是由位能负载转矩拖动电动机反转而产生的，故称为倒拉反接制动。倒拉反接制动下放重物的速度随制动时电枢电路串入电阻大小而异，R_{bk}越大，下放稳定速度越高。

由此可知，电动机进入倒拉反接制动状态，必须由位能性负载反拖电动机，同时在电枢回路串联较大电阻。此时位能负载转矩成为拖动转矩，电动机电磁转矩成为制动转矩，抑制了重物下放的速度。

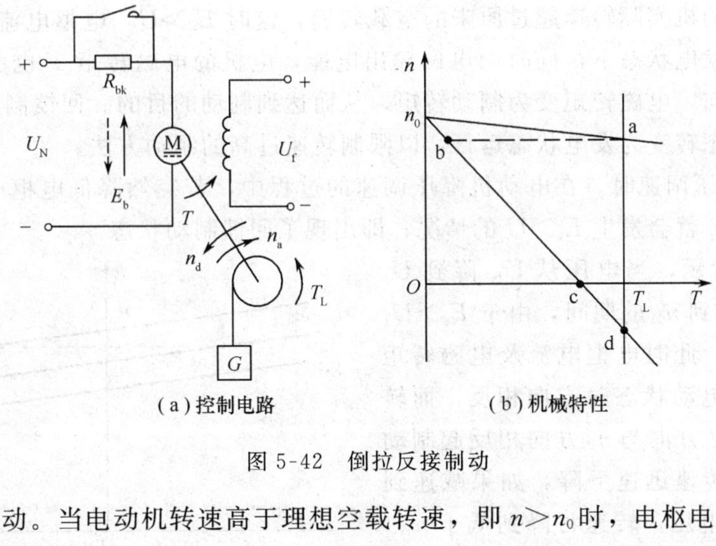

图5-42　倒拉反接制动

（3）回馈制动。当电动机转速高于理想空载转速，即 $n>n_0$ 时，电枢电动势 E_a 大于电压 U，电枢电流 $I_a=\dfrac{U-E_a}{R}<0$，其方向与电动状态时方向相反，电动机向电源回馈电能，电磁转矩的方向与电动状态时方向相反，而转速方向未变，为制动性质。此时电动机的运行状态称为发电回馈制动状态。回馈制动常用在位能负载高速拖动电动机和电动机降低电枢电压调速的场合。

① 位能性负载拖动电动机时。电车由直流电动机拖动，行驶在平路上，电磁转矩与负

载转矩 T_L(包括摩擦转矩 T_f)相平衡，电动机稳定运行在正向电动状态，以 n_a 转速旋转，如图 5-43 所示。

当电车下坡时，电车产生的转矩与运动同方向，摩擦转矩仍在，此时

$$T_L = T_f - T_W \tag{5-38}$$

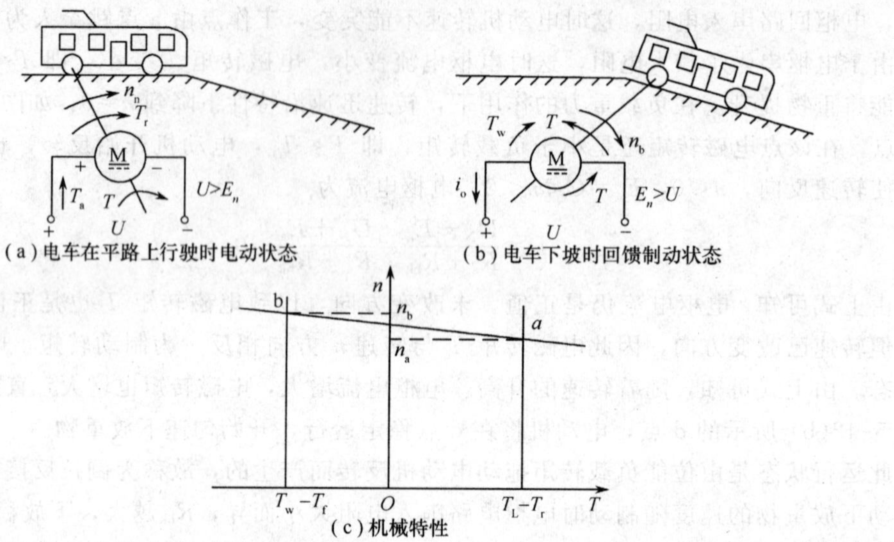

(a)电车在平路上行驶时电动状态
(b)电车下坡时回馈制动状态
(c)机械特性

图 5-43　位能负载高速拖动电机时的发电回馈制动

当 $T_W > T_f$ 时，T_L 与电车方向相同，此时，T_L 在与电磁转矩 T 的共同作用下，电动机转速上升。当电动机实际转速超过原来的空载转速，这时 $E_a > U$，电枢电流 I_a 与 U 方向相反，电机运行在发电状态下，同时向电网输出电能，电机的电磁转矩 T 也由于电枢电流 I_a 的变化而改变方向，电磁转矩变为制动转矩，从而达到制动的目的。回馈制动的实质是将直流电机从电动状态转变为发电状态运行，以限制转速过高的制动方法。

② 电动机降压调速时。在电动机降压调速的过程中，若突然降低电枢电压，感应电动势还来不及变化，就会发生 $E_a > U$ 的情况，即出现了回馈制动状态。

如图 5-44 所示，当电压从 U_N 降到 U_1 时，转速从 n_N 降到 n_{01} 的期间，由于 $E_a > U_1$ 将产生回馈制动，此时电枢电流及电磁转矩 T 方向将与正向电动状态时方向相反，而转速方向未改变。T 方向与 n_0 方向相反起制动作用，使电动机转速迅速下降，如果减速到 n_{01}，则不再降低电压，转速将降到低于 n_{01}，使 $E_a > U_1$，此时电枢电流及电磁转矩方向将与正向电动状态时的方向相同，电动机恢复到电动状态下工作。

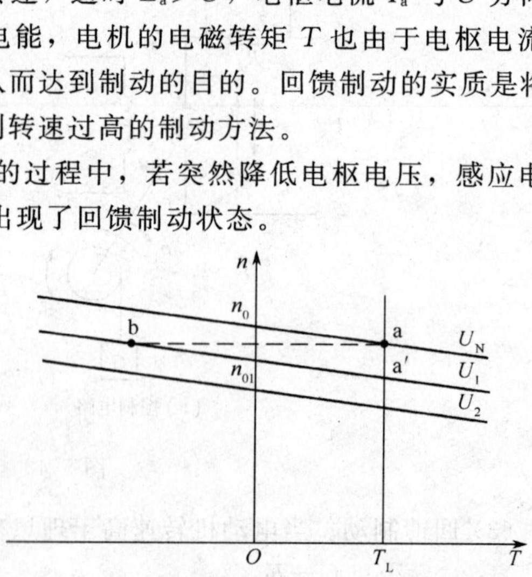

图 5-44　降低电枢电压调速时的发电回馈制动

4. 直流电动机的调速

并励(他励)电动机与异步电动机相比，虽然结构复杂，价格高，维护也不方便，但在调速性能上有其独特的优点。

调速就是在一定的负载下，根据生产工艺的要求，人为地改变电动机的转速。

根据直流电动机的转速公式

$$n=\frac{U-(R_a+R)I_a}{C_e\Phi} \tag{5-39}$$

可知，当电枢电流 I_a 不变时，只要改变电枢电压 U、电枢回路的附加电阻 R、励磁磁通 Φ 中的任一项，都会引起转速变化。因此，他励直流电动机有三种调速方法，分别是电枢回路串电阻调速、降低电源电压调速和改变励磁磁通调速。

电动机调速性能的好坏，常用下列指标来衡量：

(1) 调速范围：是指电动机拖动额定负载时，可能运行的最大转速 n_{max} 与最小转速 n_{min} 之比，通常用 D 表示，即

$$D=\frac{n_{max}}{n_{min}} \tag{5-40}$$

不同的生产机械要求的调速范围是不同的，如车床要求 20～100，龙门刨床要求 10～40，轧钢机要求 3～120。

(2) 相对稳定性(静差率)：是指负载变化时，转速变化的程度。若转速变化小，则相对稳定性好。相对稳定性用 δ 表示，$n=0$ 为理想空载转速，n_N 为额定负载转速，即

$$\delta=\frac{n_0-n_N}{n_0}\times100\%=\frac{\Delta n_N}{n_0}\times100\% \tag{5-41}$$

(3) 调速的平滑性：是指在一定的调速范围内，调速的级数越多，调速就越平滑。相邻两级转速之比称为平滑性系数，用 φ 表示，即

$$\varphi=\frac{n_i}{n_{i-1}} \tag{5-42}$$

φ 值越接近 1，则平滑性越好，$\varphi=1$ 时，称为无级调速。

(4) 调速的经济性：是指调速所需的设备和调速过程中的能量损耗，以及电动机在调速时能否得到充分利用。

1) 改变电枢电路串联电阻的调速

对于他励电动机，可在电源电压和励磁磁通不变的情况下，改变电枢回路中的电阻，达到调速的目的。其原理接线图如图 5-45(a)所示，调速机械特性如图 5-45(b)所示。假设电动机拖动恒转矩负载 T_N 在固有特性曲线 1 上的 a 点运行，其转速为 n_a。电枢中串入电阻 R_T 后，电动机的机械特性变为曲线 2，由于电阻串入瞬间转速不可能突变，因此工作点从 a 点沿箭头方向过渡到人为特性曲线 2 上的 b 点。此时，b 点对应的电流 I_a 和转矩 T_b 减小了，由于 $T_b<T_N$，因此电动机开始沿人为特性曲线 2 箭头方向减速，随着转速的下降，E_a 下降，而电枢电流 I_a 和电磁转矩 T_b 却不断增大，直至 c 点后达到新的平衡，电动机以较低转速稳定运行。在负载不变的情况下，调速前、后(稳定时)电动机的电磁转矩不变，电枢电流也保持不变。

电枢回路串联电阻调速的优点是设备简单，操作方便。缺点是：

(1) 由于电阻只能分段调节，因此调速的平滑性差。

(2) 低速时，调速电阻上有较大电流，损耗大，电动机效率低。

(3) 轻载时调速范围小，且只能从额定转速向下调，调速范围一般小于或等于 2。

(4) 串入电阻值越大，机械特性越软，稳定性越差。

因此，电枢串联电阻调速多用于对调速性能要求不高的生产机械上，如起重机、电车等。

2) 降低电枢电压调速

根据直流电动机机械特性方程可以知道，改变电枢的端电压，也可以实现调节直流电动机转速的目的。由于电动机的工作电压不允许超过额定电压，因此电枢电压只能在额定电压以下进行调节。降低电源电压调速的电路图如图 5-46(a)所示，机械特性曲线如图 5-45(b)所示。

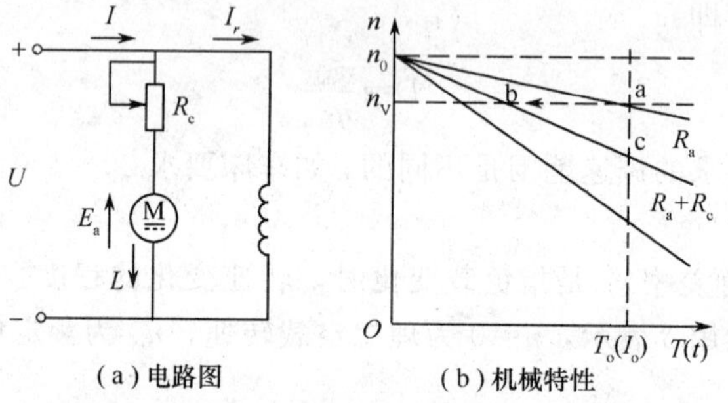

图 5-45 改变电枢电路串联电阻的调速

当电动机在额定电压下稳定运行于固有机械特性的 a 点时，转速为 n_a，电磁转矩 $T_a = T_N$。将电枢电压降至 U_1，因机械惯性，转速 n_a 不能突变，则 E_a 不能突变，电动机运行状态由 a 点移动到人为机械特性的 b 点。此时 $T_b < T_N$，电动机开始减速，随着转速的减小，E_a 减小，I_a 和 T_b 增大，工作点沿曲线由 b 点移动到 c 点，达到新的平衡，电动机以较低的转速稳定运行。

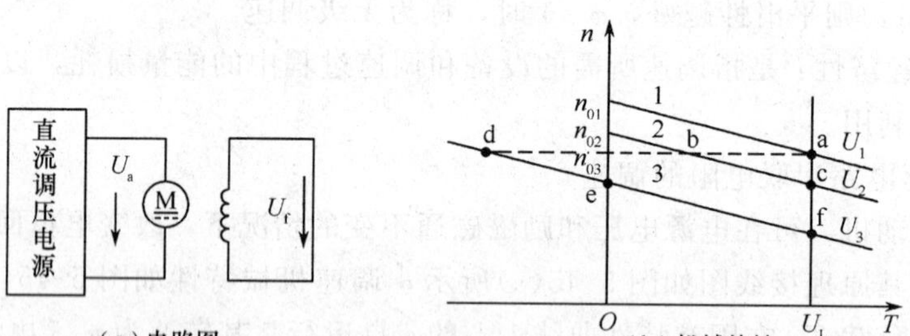

图 5-46 降低电枢电压调速

降低电枢电压调速的优点是：

(1) 电源电压便于平滑调节，调速平滑性好，可实现无级调速。

(2) 调速前、后机械特性斜率不变，机械特性硬度高，速度稳定性好，调速范围大。

(3) 降压调速是通过减小输入功率来降低转速的，故调速时损耗减小，调速经济性好。

降低电源电压调速的缺点是：要有电压可调的直流电源，设备多，较复杂。现在一般采用晶闸管整流装置。降低电源电压调速多用在对调速要求较高的生产机械上，如机床、造纸机等。

3）减弱磁通调速

根据机械特性方程可以知道，当 U 为恒定值时，调节励磁磁通 Φ，也可以实现调节电动机转速的目的。额定运行的电动机，其磁路已基本饱和，因此改变磁通只能从额定值往下调，在励磁电路中接入调速变阻器 R_c，通过改变励磁电流 I_f 来改变磁通 Φ 进行调速。其电路图如图 5-47(a)所示，机械特性曲线如图 5-47(b)所示。

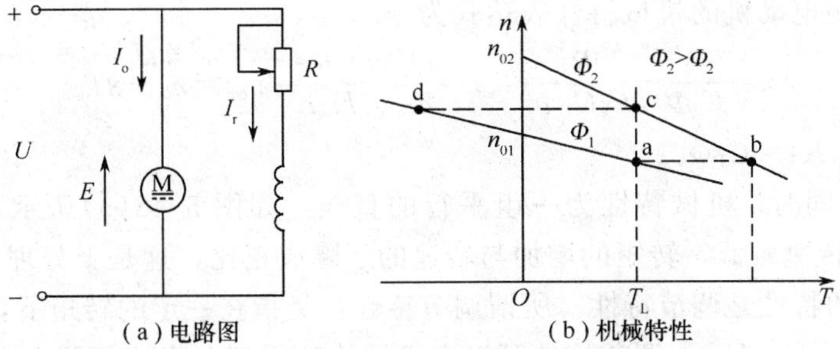

图 5-47　减弱磁通调速

改变励磁磁通调速的优点是：

(1) 调速平滑，可实现无级调速。

(2) 励磁电流小，能量损耗少，调速前后电动机的效率基本不变，经济性比较好。

(3) 机械特性较硬，转速稳定。

改变励磁磁通调速的缺点是：转速只能调高，但同时又受到换向能力和机械强度的限制，因此调速范围不大，一般 $D\leqslant 2$。

为了得到较大的调速范围，常常把降低电源电压调速和改变励磁磁通调速两种方法结合起来，在额定转速以下采用降低电源电压调速，在额定转速以上采用改变励磁磁通调速。

5.4　常用控制电动机

随着社会经济的发展和科技的进步，先进的控制技术得到了广泛的应用，控制电机已经成为现代工业自动化系统、现代科学技术和现代军事装备中必不可少的重要元件。例如，能实现自动操纵、自动驾驶、自动加工、自动调节、自动记录、自动检测等功能。

控制电动机的类型很多，下面主要介绍伺服电动机、步进电动机等。

5.4.1　伺服电动机

1. 直流伺服电动机结构

直流伺服电动机就是微型的他励直流电动机，其结构与原理都与他励直流电动机相同。直流伺服电动机按磁极的种类划分为两种：一种是永磁式直流伺服电动机，它的磁极是永久磁铁；另一种是电磁式直流伺服电动机，它的磁极是电磁铁，磁极外面套着励磁绕组。

直流伺服电动机就其用途来讲，既可作为驱动电动机(例如，一些便携式电子设备中使用的永磁式直流电动机)，也可作为伺服电动机(例如，录像机、精密机床中的电动机)。

1）控制方式

一般用电压信号控制直流伺服电动机的转向与转速大小。改变电枢绕组电压 U_a 的大小与方向的控制方式叫做电枢控制；改变直流伺服电动机励磁绕组电压 U_f 的大小与方向的控制方式叫做磁场控制。后者性能不如前者，很少采用。下面只介绍电枢控制时的特性。

2）运行特性

采用电枢控制时，电枢绕组也就是控制绕组，控制电压为 $U_k=U_a$。对于电磁式直流伺服电动机，励磁电压 U_f 为常数；另外，不考虑电枢反应的影响，$\Phi=C$。在这些前提下，电枢控制的直流伺服电动机的机械特性表达式为

$$n=\frac{U_a}{C_e\Phi}-\frac{R_a}{C_eC_T\Phi^2}T_{em}=\frac{U_k}{K_e}-\frac{R_a}{K_eK_T}T_{em}=n_0-\beta T_{em} \tag{5-43}$$

式中：$K_e=C_e\Phi$；$K_T=C_T\Phi$。

当 U_a 大小不同时，机械特性为一组平行的直线，如图 5-48(a)所示。当 U_a 大小一定时，转矩 T 大时转速 n 低，转矩的增加与转速的下降成正比，这是十分理想的特性。

另一个重要的特性是调节特性。所谓调节特性，是指在一定的转矩下，转速 n 与控制电压 U_k 的关系，即 $n=f(U_k)$。调节特性可以由机械特性得到。直流伺服电动机的调节特性是一组平行直线，如图 5-48(b)所示。

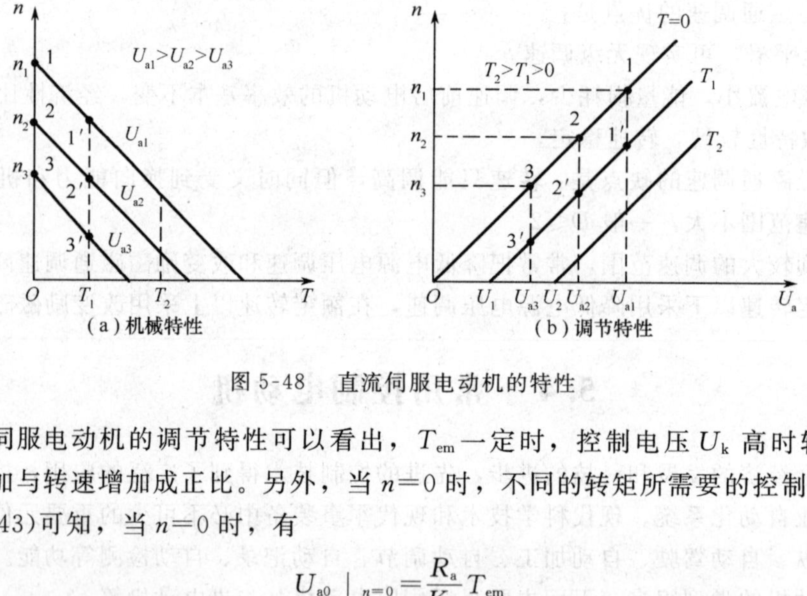

图 5-48　直流伺服电动机的特性

从直流伺服电动机的调节特性可以看出，T_{em} 一定时，控制电压 U_k 高时转速 n 也快，控制电压增加与转速增加成正比。另外，当 $n=0$ 时，不同的转矩所需要的控制电压 U_a 也不同。由式(5-43)可知，当 $n=0$ 时，有

$$U_{a0}\mid_{n=0}=\frac{R_a}{K_T}T_{em} \tag{5-44}$$

如图 5-46(b)，$T=T_1$，$U_{a0}=U_1$，表示只有当控制电压 $U_a\sim U_1$ 的条件下，电动机才能转起来，而当 $U_k=U_a=0\sim U_1$ 区间，电动机不转，我们称 $0\sim U_1$ 区间为死区或失灵区，称 U_{a0} 为始动电压，T 不同，始动电压也不同。T 大的始动电压也大；$T=0$，即电动机理想空载时，$U_{a0}=0$ 只要有信号电压 U_a 电动机就转动。直流伺服电动机的调节特性也是很理想的。为了提高直流伺服电动机控制的灵敏性，应尽力减小失灵区。减小失灵区的办法是：

(1) 减小直流伺服电动机电枢回路的电阻 R；

(2) 减小直流伺服电动机的空载转矩。

2. 交流伺服电动机结构

交流伺服电动机实质上就是一个两相异步电动机，它的定子上有空间上互差 90°的两相

分布绕组，一相为励磁绕组 N_f，一相为控制绕组 N_k，如图 5-49 所示。电动机工作时，励磁绕组 N_f 接单相交流电压 U_f，控制绕组接控制信号电压 U_k。U_f 与 U_k 同频率，一般采用 50 Hz或 400 Hz 的电源供电。

绕组 f 接恒压交流电源，称为励磁绕组；绕组 k 接控制电压信号，用以控制电动机转速，称为控制绕组，控制信号通常由放大器放大后输出给控制绕组。转子的类型有两种，一种是笼形，与普通笼形转子相似；另一种是空心杯形转子。

图 5-49 中的励磁绕组 f 与电容 C 串联，与单相异步电动机相似，电容 C 起分相作用。适当选择电容值，可使励磁电压 U_f 相位超前电源电压 U，而控制电压 U_k 与电源电压 U 的频率和相位相同。这样，控制电压与励磁电压之间存在相位差；控制电流与励磁电流之间也存在相位差。于是，在时间上有相位差的控制电流和励磁电流，分别流经在空间上有相位差的控制绕组和励磁绕组，便会建立一个旋转磁场，使转子产生电磁转矩并旋转。

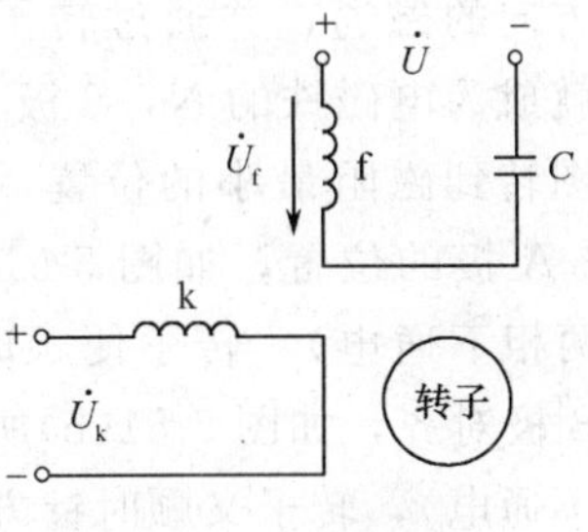

图 5-49　交流伺服电动机原理图

如果控制电流与励磁电流大小相等，相位差 90°，成为两相对称电流，流经空间相位差 90°的两相对称绕组，就会建立圆形旋转磁场；否则，将建立椭圆形旋转磁场。

实际运行中，控制电压的大小是变化的，由于转子绕组的耦合作用，控制电压变化时，励磁电流也发生变化，使励磁电压和电容电压都随之变化。也就是说，控制电压和励磁电压的大小及其之间的相位差都是在变化的，控制电流和励磁电流的大小及其之间的相位差也相应地发生变化。这就使旋转磁场的椭圆度发生变化，并影响到电磁转矩，从而决定了转子转速的高低。若是两相对称绕组，只有 $U_k=U_f$，且相位差 90°时，两相电流完全对称，才会产生圆形旋转磁场，此时的转子转速最高。

如果控制电压的相位改变 180°，则控制电流与励磁电流在相位上的超前滞后关系将发生颠倒，导致旋转磁场反向旋转，转子也相应地反转。

从伺服的角度讲，控制电压为零时，转子应该停转，但若不采取措施，此时的伺服电动机同单相异步电动机一样，会在单相励磁电流产生的脉振磁场作用下继续旋转。为避免这种自转现象，通常要增大转子回路的电阻，使控制电压消失后的电磁转矩变成制动转矩，以致转子停转，故交流伺服电动机都具有很大的转子电阻，具体分析可参阅相关控制电动机的资料。

5.4.2　步进电动机

步进电动机是一种利用电磁铁的作用原理将电脉冲信号转换为线位移或角位移的电动机。近年来步进电动机在数字控制装置中的应用日益广泛。例如在数控机床中，将加工零件的图形、尺寸及工艺要求编制成一定符号的加工指令，打在穿孔纸带上，输入数字计算机。计算机根据给定的数据和要求进行运算，而后发出电脉冲信号。计算机每发一个脉冲，步进电动机便转过一定角度或前进一步，由步进电动机通过传动装置所带动的工作台或刀架就移动一个很小距离(或转动一个很小的角度)。脉冲一个接一个发来，步进电动机便一步一步地转动，达到自动加工零件的目的。

在非超载的情况下，电动机的转速、停止的位置取决于脉冲信号的频率和脉冲数。

图 5-50 是反应式步进电动机的结构示意图。它的定子具有均匀分布的六个磁极，磁极上绕有绕组。两个相对的磁极组成一相，绕组的接法如图 5-50 所示。假定转子具有均匀分布的四个齿。

下面介绍单三拍、六拍及双三拍三种工作方式的基本原理。

1. 单三拍

设 A 相首先通电（B，C 两相不通电），产生 A-A′轴线方向的磁通，并通过转子形成闭合回路。这时 A，A′极就成为电磁铁的 N，S 极。在磁场的作用下，转子总是力图转到磁阻最小的位置，也就是要转到转子的齿对齐 A，A′极的位置，如图 5-51(a)所示；接着 B 相通电（A，C 两相不通电），转子便顺时针方向转过 30°，它的齿和 B-B′极对齐，如图 5-51(b)所示，随后 C 相通电（A，B 两相不通电），转子又顺时针方向转过 30°，它的齿和 C，C′极对齐，如图 5-51(c)所示。不难理解，当脉冲信号一个一个发来，如果按 A→B→C→A→…的顺序轮流通电，则电动机转子便顺时针方向一步一步地转动。每一步的转角为 30°（称为步距角）。电流换接三次，磁场旋转一周，转子前进了一个齿距角（转子四个齿时为 90°）。若按 A→C→B→A→…的顺序通电，则电动机转子便逆时针方向转动。这种通电方式称为单三拍方式。

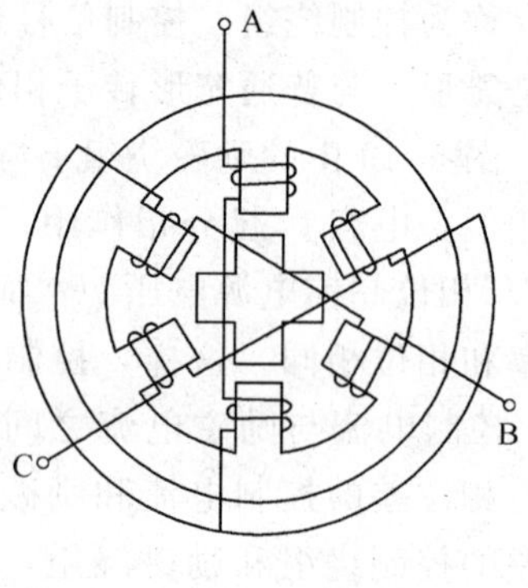

图 5-50　反应式步进电机结构示意图

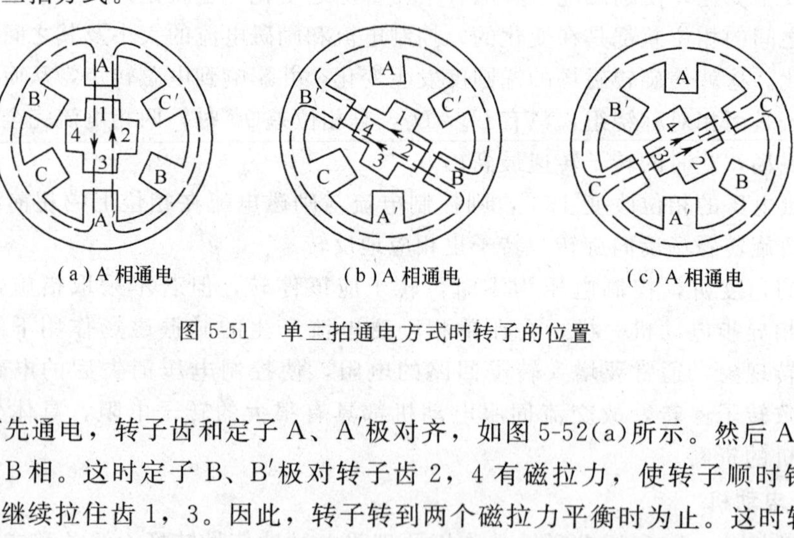

图 5-51　单三拍通电方式时转子的位置

2. 六拍

设 A 相首先通电，转子齿和定子 A、A′极对齐，如图 5-52(a)所示。然后 A 相继续通电的情况下接通 B 相。这时定子 B、B′极对转子齿 2，4 有磁拉力，使转子顺时针方向转动，但是 A、A′极继续拉住齿 1，3。因此，转子转到两个磁拉力平衡时为止。这时转子的位置，如图 5-52(b)所示，即转子从图(a)的位置顺时针方向转过了 15°。接着 A 相断电，B 相继续通电。这时转子齿 2，4 和定子 B，B′极对齐，如图 5-52(c)所示，转子从图(b)的位置又转过了 15°。而后接通 C 相，B 相仍然继续通电，这时转子又转过了 15°，其位置如图 5-52(d)所示。这样，若按 A→A，B→B→B，C→C→C，A→A→…的顺序轮流通电，则转子便顺时针方向一步一步地转动，步距角为 15°。电流换接六次，磁场旋转一周，转子前进了一个齿距角。若按 A→A，C→C→C，B→B→B，A→A→…的顺序通电，则电动机转子逆时针方向转动。这种通电方式称为六拍方式。

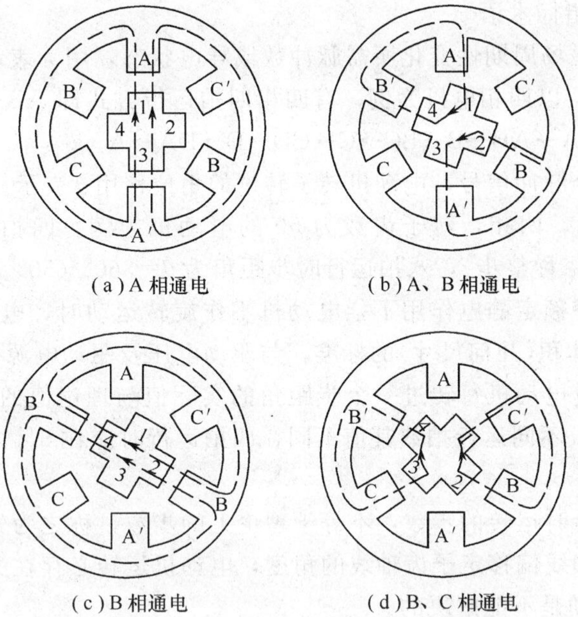

(a) A 相通电　　(b) A、B 相通电

(c) B 相通电　　(d) B、C 相通电

图 5-52　六拍通电方式时转子的位置

3. 双三拍

若每次都是两相通电，即按 A，B→B，C→C，A→A，B→…的顺序通电，则称为双三拍方式。从图 5-52(b)、图 5-52(d)可见，步距角也是 30°。

由上述可知，采用单三拍方式和双三拍方式时，转子走三步前进了一个齿距角，每走一步前进了 1/3 齿距角；采用六拍方式时，转子走六步前进了一个齿距角，每走一步前进了 1/6齿距角，因此步距角 θ 可用下式计算：

$$\theta=\frac{360^\circ}{Z_r m} \tag{5-45}$$

式中　Z_r——转子齿数；

m——运行拍数。

实际上，一般步进电动机的步距角不是 30°或 15°，而最常见的是 3°或 1.5°。由式(5-45)可知，转子上不只四个齿(齿距角360°/ 4=90°)，而有 40 个齿(齿距角为 9°)。为了转子齿要和定子齿对齐，两者的齿宽和齿距必须相等。因此，定子上除了六个极以外，在每个极面上还有五个和转子齿一样的小齿。步进电动机的结构如图 5-53 所示。

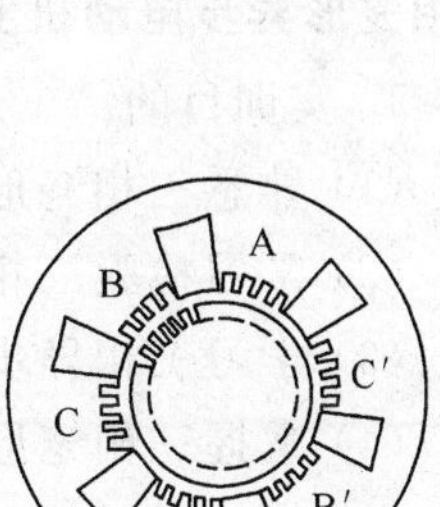

图 5-53　三相反应式步进电动机的结构

由上面介绍可以看出，步进电动机具有结构简单、维护方便、精确度高、启动灵敏、停车准确等性能。此外，步进电动机的转速决定于脉冲频率，并与频率同步。

根据指令输入的电脉冲不能直接用来控制步进电动机，必须采用环行分配器先将电脉冲按通电工作方式进行分配，而后经功率放大器放大到具有足够的功率，才能驱动电动机工作，即电脉冲输入→环行分配器→功率放大器→步进电动机→负载。其中环行分配器和功率放大器称为步进电动机的驱动电源；电动机带动的负载，例如机床工作台(由丝杆传动)。

步进电机的静态指标术语

拍数：完成一个磁场周期性变化所需脉冲数或导电状态，用 n 表示，或指电动机转过一个齿距角所需脉冲数，以四相电机为例，有四相四拍运行方式即 AB→BC→CD→DA→AB，四相八拍运行方式即 A→AB→B→BC→C→CD→D→DA→A。

步距角：对应一个脉冲信号，电动机转子转过的角位移用 θ 表示。$\theta=360°$(转子齿数 $J\times$ 运行拍数)，以常规二、四相，转子齿数为 50 的电动机为例。四拍运行时步距角为：$\theta=360°/(50\times4)=1.8°$(俗称整步)，八拍运行时步距角为 $\theta=360°/(50\times8)=0.9°$(俗称半步)。

静转矩：电动机在额定静电作用下，电动机不作旋转运动时，电动机转轴的锁定力矩。此力矩是衡量电动机体积(几何尺寸)的标准，与驱动电压及驱动电源等无关。

步距角精度：步进电动机每转过一个步距角的实际值与理论值的误差。用百分比表示：误差/步距角×100%。不同运行拍数其值不同，四拍运行时应在 5%之内，八拍运行时应在 15%以内。

失步：电动机运转时运转的步数，不等于理论上的步数，称之为失步。

失调角：转子齿轴线偏移定子齿轴线的角度，电动机运转必存在失调角，由失调角产生的误差，采用细分驱动是不能解决的。

最大空载启动频率：电动机在某种驱动形式、电压及额定电流下，在不加负载的情况下，能够直接启动的最大频率。

最大空载的运行频率：电动机在某种驱动形式，电压及额定电流下，电动机不带负载的最高转速频率。

运行矩频特性：电动机在某种测试条件下测得运行中输出力矩与频率关系的曲线称为运行矩频特性，这是电动机诸多动态曲线中最重要的，也是电动机选型的根本依据。

5.5 拓展实训

三相笼形异步电动机实训

1. 实训目的

(1) 熟悉三相笼形异步电动机的结构和额定值。

(2) 学习检验三相异步电动机绝缘情况的测试方法。

(3) 学习三相异步电动机定子绕组首、末端的判别方法。

(4) 掌握三相笼形异步电动机的启动和反转方法 。

2. 实训设备与器材

实训设备与器材，见表 5-2。

表 5-2 实训设备与器材

序号	名称	型号与规格	数量	备注
1	三相交流电源	380 V/220 V		
2	小型三相笼形异步电动机		1 台	
3	兆欧表	500 V	1 台	
4	交流电压表	0～500 V	1 台	
5	交流电流表	0～5 A	1 台	
6	万用表		1 台	

3. 实训原理

(1) 三相笼形异步电动机的结构。异步电动机是基于电磁感应原理把交流电能转换为机械能的一种旋转电动机。三相笼形是异步电动机的基本结构，有定子和转子两大部分。

定子主要由定子铁心、三相对称定子绕组和机座等组成，是电动机的静止部分。三相定子绕组一般有六根引出线，出线端装在机座外面的接线盒内，如图5-54所示，根据三相电源电压的不同，三相定子绕组可以接成星形(Y)或三角形(△)，然后与三相交流电源相连。

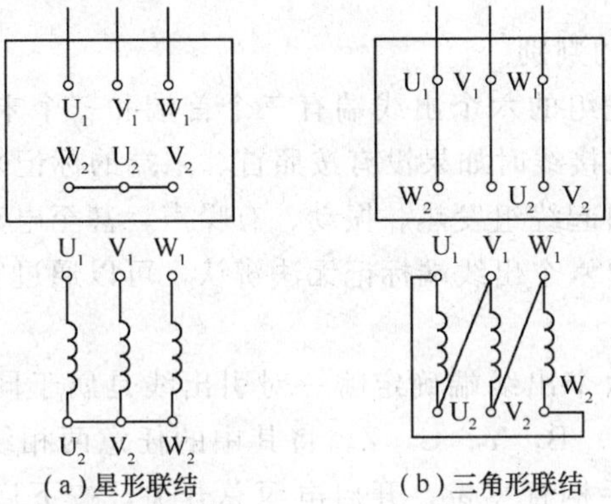

图5-54　三相定子绕组的联结

转子主要由转子铁心、转轴、笼形转子绕组、风扇等组成，是电动机的旋转部分。小容量笼形异步电动机的转子绕组大都采用铝浇铸而成，冷却方式一般都采用扇冷式。

(2) 三相笼形异步电动机的铭牌。三相笼形异步电动机的额定值标记在电动机的铭牌上，如图5-55所示为本实验装置三相笼形异步电动机铭牌。

型号	功率	电压	电流	接法	转速
DJ24	180 W	380 V/220 V	1.13 A/0.65 A	Y/△	1 400 r/min

图5-55　三相笼形异步电动机铭牌

其中：

① 功率。额定运行情况下，电动机轴上输出的机械功率。

② 电压。额定运行情况下，定子三相绕相应加的电源线电压值。

③ 接法。定子三相绕组接法，当额定电压为380 V/220 V时，应为Y/△接法。

④ 电流。额定运行情况下，当电动机输出额定功率时，定子电路的线电流值。

(3) 三相笼形异步电动机的检查。

电动机使用前应作必要的检查：

① 机械检查。检查引出线是否齐全、牢靠，转子转动是否灵活、匀称，有否异常声响等。

② 电气检查。

a. 用兆欧表检查电动机绕组间及绕组与机壳之间的绝缘性能。

电动机的绝缘电阻可以用兆欧表进行测量。对额定电压1 kV以下的电动机，其绝缘电阻值最低不得小于1 000 Ω/V，测量方法如图5-56所示。一般500 V以下的中小型电动机最低应具有 2 MΩ 的绝缘电阻。

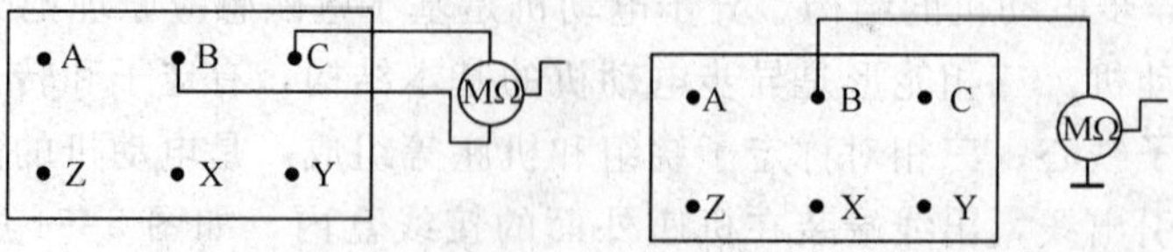

图 5-56　测量方法

b. 定子绕组首、末端的判别。

异步电动机三相定子绕组的六个出线端有三个首端和三个末端。一般首端标以 A、B、C，末端标以 X，Y，Z，在接线时如果没有按照首、末端的标记来接，则当电动机启动时磁热和电流不平衡时，就会引起绕组发热、振动、有噪声，甚至电动机不能启动或因过热而烧毁。由于某种原因定子绕组六个出线端标记无法辨认，可以通过实验方法来判别其首、末端（即同名端）。方法如下：

用万用电表欧姆挡从六个出线端确定哪一对引出线是属于同一相的，分别找出三相绕组，并标以符号，如 A，X；B，Y；C，Z。将其中的任意两相绕组串联，如图 5-57 所示。将控制屏三相自耦调压器手柄置零位，开启电源总开关，按下启动按钮，接通三相交流电源。调节调压器输出，在使串联两相绕组出线端施以单相低电压 80～100 V，测出第三相绕组的电压，如电压表有一定读数，表示两相绕组的末端与首端相连。如图 5-57(a)所示。反之，如测得的电压值近似为零，则两相绕组的末端与末端（或首端与首端）相连，如图 5-57(b)所示。用同样方法可测出第三相绕组的首末端。

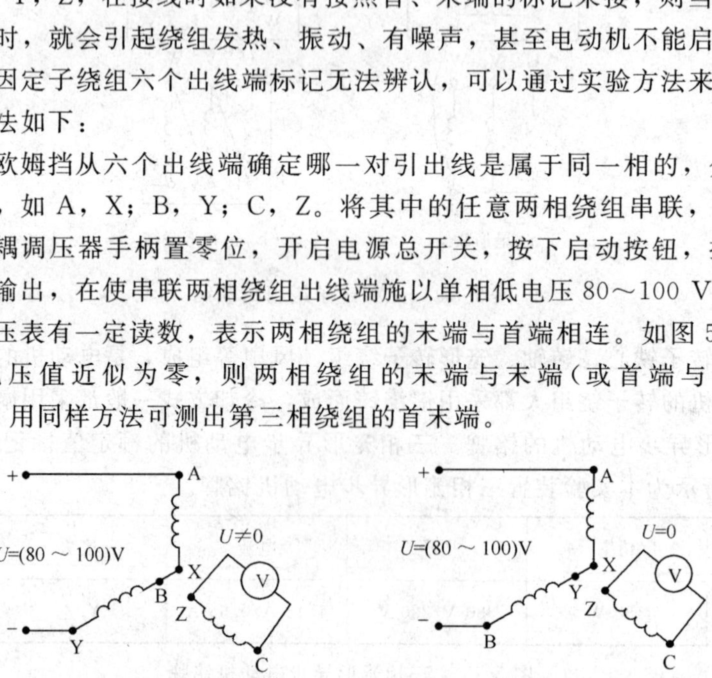

(a) 两相绕组末端与首端相连　　(b) 两相绕组末端与末端相连

图 5-57　定子绕阻首、末端的判别

(4) 三相笼形异步电动机的启动。笼形异步电动机的直接启动电流可达额定电流的 4～7 倍，但持续时间很短，不致引起电动机过热而烧坏。但对容量较大的电动机，过大的启动电流会导致电网电压的下降而影响其他负载的正常运行，通常采用降压启动，最常用的是Y-△换接启动，它可使启动电流减小到直接启动时电流的 1/3。其使用的条件是正常运行必须为△接法。

(5) 三相笼形异步电动机的反转。异步电动机的旋转方向取决于三相电源接入定子绕组时的相序，故只要改变三相电源与定子绕组连接的相序即可使电动机改变旋转方向。

4. 实训内容

(1) 抄录三相笼形异步电动机的铭牌数据，并观察其结构。

(2) 用万用电表判别定子绕组的首、末端。

(3) 用兆欧表测量电动机的绝缘电阻，需要测量的项目如表 5-3 所示。

表 5-3 用兆欧表测量电动机绝缘电阻

各相绕组之间的绝缘电阻	绕组对地（机座）之间的绝缘电阻
A 相与 B 相（MΩ）	A 相与地（机座）（MΩ）
A 相与 C 相（MΩ）	A 相与地（机座）（MΩ）
B 相与 C 相（MΩ）	C 相与地（机座）（MΩ）

（4）笼形异步电动机的直接启动。

① 采用 380 V 三相交流电源。将三相自耦调压器手柄置于输出电压为零位置；控制屏上三相电压表切换开关置“调压输出”侧；根据电动机的容量选择交流电流表合适的量程。开启控制屏上三相电源总开关，按启动按钮，此时自耦调压器原绕组端 U1，V1、W1 得电，调节调压器输出使 U、V、W 端输出线电压为 380 V，三只电压表指示应基本平衡。保持自耦调压器手柄位置不变，按停止按钮，自耦调压器断电。

a. 按图 5-58(a)接线，电动机三相定子绕组接成Y接法；供电线电压为 380 V；实验线路中 Q1 及 FU 由控制屏上的接触器 KM 和熔断器 FU 代替，学生可由 U，V，W 端子开始接线，以后各控制实验均如此。

b. 按控制屏上启动按钮，电动机直接启动，观察启动瞬间电流冲击情况及电动机旋转方向，记录启动电流。当启动运行稳定后，将电流表量程切换至较小量程挡位上，记录空载电流。

c. 电动机稳定运行后，突然拆除 U、V、W 中的任一相电流（注意：小心操作，以免触电），观察电动机作单相运行时电流表的读数并记录之。再仔细倾听电动机的运行声音有何变化（可由指导教师作示范操作）。

d. 电动机启动之前先断开 U、V、W 中的任一组，作缺相启动，观察电流表读数并记录，观察电动机是否启动，再仔细倾听电动机是否发出异常的声响。

e. 实验完毕，按控制屏停止按钮，切断实验线路三相电源。

② 采用 220 V 三相交流电流。调节调压器输出使输出线电压为 220 V，电动机定子绕组接成△接法。

按图 5-58 (b)接线。重复①中各项内容，并记录。

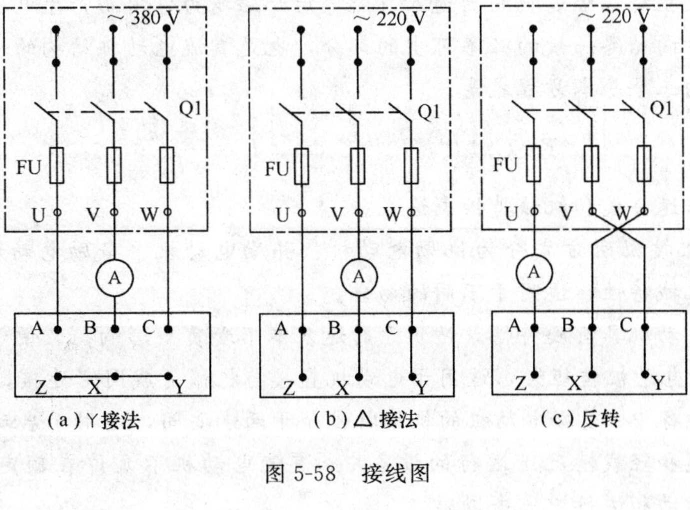

(a) Y接法　(b) △ 接法　(c) 反转

图 5-58 接线图

(5) 异步电动机的反转。电路如图 5-58(c)所示，按控制屏启动按钮，启动电动机，观察启动电流及电动机旋转方向是否反转？

实验完毕，将自耦调压器调回零位，按控制屏停止按钮，切断实验线路三相电源。

5. 实训注意事项

(1) 本实训是强电实训，接线前(包括改接线路)、实训后都必须断开实训线路的电源，特别改接线路和拆线时必须遵守“先断电，后拆线”的原则。电动机在运转时，电压和转速均很高，切勿触碰导电和转动部分，以免发生人身和设备事故。为了确保安全，学生应穿绝缘鞋进入实验室。接线或改接线路必须经指导教师检查后方可进行实训。

(2) 启动电流持续时间很短，且只能在接通电源的瞬间读取电流表指针偏转的最大读数(因指针偏转的惯性，此读数与实际的启动电流数据略有误差)，如错过这一瞬间，须将电动机停车，待停稳后，重新启动读取数据。

(3) 单相(即缺相)运行时间不能太长，以免过大的电流导致电动机的损坏。

(4) 电动机转子被卡住不能转动，如果定子绕组接通三相电源将会发生什么后果？

6. 实训总结

(1) 总结对三相笼形异步电动机绝缘性能检查的结果，判断该电动机是否完好可用？

(2) 对三相笼形异步电动机的启动、反转及各种故障情况进行分析。

小　结

1. 三相异步电动机定子绕组通上三相交流电后产生旋转磁场，转子产生感应电流并在旋转磁场作用下与磁场同方向转动。由于转子始终与旋转磁场同向旋转，又总是小于磁场转速，故称为“异步”电动机。改变电源相序可以改变电动机转向，转子转向与旋转磁场转向一致，但存在转速差，称为转差率，用 s 表示。

异步电动机启动时，旋转磁场与转子之间相对转速很大，导致转子和定子电流比正常运行时增加很多。为了限制启动电流，常采用星-三角降压启动或自耦变压器降压启动。

2. 直流电动机由定子和转子两个基本部分组成，定子主磁极的励磁绕组通入直流电产生主磁场，转子电枢绕组经过换向器通入直流电后受磁场力作用而产生电磁转矩。换向器是保证电磁转矩的方向始终一致的必不可少的部分，也是直流电动机结构的一个特点。

直流电动机的三个基本方程式是：

$$T=C_T\Phi I_a,\ E_a=C_T\Phi n,\ I_a=\frac{U-E_a}{R_a}$$

由此可推出转速公式和机械特性表达式。

3. 直流电动机按励磁方式分为他励电动机、并励电动机、串励电动机和复励电动机，它们具有不同的机械特性，适用于不同的场合。

他励和并励电动机具有硬特性，适用于转速基本不受负载影响，又便于在一定范围内调速的设备中；串励电动机转矩大，适用于电动机直接与机械负载固定连接，转速随负载的减轻会明显上升的设备中；复励电动机的机械特性介于两者之间，适用于启动转矩大，特性比较软，又需在空载和轻载情况下运行的设备中；直流电动机不允许在额定电压以下直接启动，也不允许在启动和运行中失去励磁。

思考与练习题

5-1　三相异步电动机的旋转磁场是怎样产生的？旋转磁场的转向和转速各由什么因素决定？

5-2　额定功率相等的两台三相异步电动机，是否额定转速低者额定转矩一定大，额定转速高者转矩一定小？

5-3　一台三相异步电动机额定电压为 380 V，定子绕组为星形接法，现改为三角形接法，仍接在 380 V电源上，会出现什么情况？

5-4　三相异步电动机在满载和空载启动时，启动电流和启动转矩是否相同？

5-5　电源电压低于额定电压或超过额定电压时，对异步电动机的运行会产生什么不良影响？

5-6　额定功率相等的两台三相异步电动机，是否额定转速低者额定转矩一定大，额定转速高者转矩一定小？

5-7　现有一台异步电动机铭牌数据如下：$P_N=10$ kW，$n_N=1\,460$ r/min，$U_N=380$ V/220 V，星/三角联结，$\eta_N=0.868$，$\cos\varphi_N=0.88$，$I_{st}/I_N=6.5$，$T_{st}=T_N=1.5$，试求：(1)额定电流和额定转矩；(2)电源电压为 380 V 时，电动机的接法及直接启动的启动电流和启动转矩；(3)电源电压为 220 V 时，电动机的接法及直接启动的启动电流和启动转矩。

5-8　在电源电压不变的情况下，如果将电动机的△形接法误接成Y形接法，或将Y形接法误接成△形接法，其后果如何？某异步电动机的额定电压为 380 V/220 V，接法Y/△，当电源电压为 380 V 时，能否采用Y-△换接启动方法？为什么？

5-9　直流电动机的电磁转矩是怎样产生的？它的大小与哪些因素有关？

5-10　采用降低电源电压的方法来降低并励电动机的启动电流，是否也可以？

5-11　电动机的电磁转矩是驱动转矩，但从机械特性来看，电磁转矩增加时，转速反而下降，这是什么原因？

5-12　有一台三相异步电动机，其输出功率 $P_2=30$ kW，$I_{st}/I_N=7$。如果供电变压器的容量为 500 kV·A,问是否可以直接启动？

5-13　有一台 Y225M-4 型三相异步电动机，其额定数据：$P_N=46$ kW，$U_N=380$ V，$I_N=84.2$A，$n_N=1\,480$ r/min，$I_{st}=7.0I_N$，$T_{st}=1.9T_N$。今采用自耦变压器降压启动，设启动时电动机的端电压降到电源电压的 60%，试求：

(1) 电动机的启动电流和线路上的启动电流；

(2) 电动机的启动转矩；

(3) 若负载转矩 T_L 为 250 N·m，电动机能否启动？

5-14　已知一台三相异步电动机在额定状态下运行，转速为 1 430 r/min，电源频率为 50 Hz，求：

(1) 极对数；

(2) 额定转差率 s_N；

(3) 额定运行时转子电势的频率 f_2；

(4) 额定运行时旋转磁场对转子的转差率。

第6章 常用电子器件及其应用

知识点

- PN结的形成及其单向导电性。
- 二极管结构，二极管伏安特性及主要参数。
- 硅稳压二极管的工作特点，稳压管工作原理及主要参数。
- 单相整流、滤波及线性直流稳压电路的组成及工作原理。
- 集成三端稳压器的使用及开关型稳压电源的基本结构与原理。
- 三极管的基本结构和类型。
- 三极管的电流放大作用及实现电流放大作用的外部工作条件，三极管的输入和输出特性及主要参数。
- 单管共射放大电路的组成、元件作用及工作原理，分压式偏置放大电路稳定工作点的原理。
- 放大电路(基本和分压偏置)的静态工作点计算和分析方法，微变等效电路法，计算单管放大电路的电压放大倍数，输入电阻和输出电阻。
- 其他常用晶体管。

学习要求

1. 了解
   - 了解半导体基本知识，了解PN结的形成及其单向导电性。
   - 了解三极管的基本结构和类型。
   - 了解其他常用晶体管(包括单结晶体管和场效应管)。
2. 掌握
   - 掌握二极管结构、伏安特性及主要参数。
   - 掌握硅稳压二极管的工作特点和稳压管工作原理及主要参数。
   - 掌握三极管的电流放大作用及实现电流放大作用的外部工作条件。
   - 掌握集成三端稳压器的使用方法。
   - 掌握单管共射放大电路的组成、元件作用及工作原理。
   - 掌握分压式偏置放大电路稳定工作点的原理。
3. 能力
   - 学会常用电子元件识别与简单测试。
   - 会分析和排除直流稳压电源故障。
   - 学会组装和分析基本放大电路。

自 1948 年第一个晶体管问世以来，半导体技术有了飞跃的发展。由于其体积小、质量小、功耗小、寿命长、可靠性高等优点，很快在电子技术领域占据了主导地位，在工业自动测检、计算机、通信、航天等方面获得了广泛的应用。

6.1　半导体二极管

自然界的各种物质就其导电性能来说，可以分为导体、绝缘体和半导体三大类。半导体的导电能力介于导体和绝缘体之间，如硅、锗等，它们的电阻率通常在 $10^{-2} \sim 10^{9}\ \Omega \cdot cm$ 之间。半导体之所以得到广泛应用，是因为它的导电能力受掺杂、温度和光照的影响十分显著。如纯净的半导体单晶硅在室温下电阻率约为 $2.14 \times 10^{3}\ \Omega \cdot cm$，若按百万分之一的比例掺入少量杂质(如磷)后，其电阻率急剧下降为 $2 \times 10^{-3}\ \Omega \cdot cm$，几乎降低了一百万倍。半导体具有这种性能的根本原因在于半导体原子结构的特殊性。

6.1.1　本征半导体

纯净的半导体称为本征半导体。最常用的半导体材料是单晶硅(Si)和单晶锗(Ge)。所谓单晶，是指整块晶体中的原子按一定规则整齐地排列着的晶体。

1. 本征半导体的原子结构

半导体锗和硅都是 4 价元素，其原子结构示意图，如图 6-1 所示。它们的最外层都有 4 个电子，带 4 个单位负电荷。通常把原子核和内层电子看作一个整体，称为惯性核。惯性核带有 4 个单位正电荷，最外层有 4 个价电子带有 4 个单位负电荷，因此，整个原子为电中性。

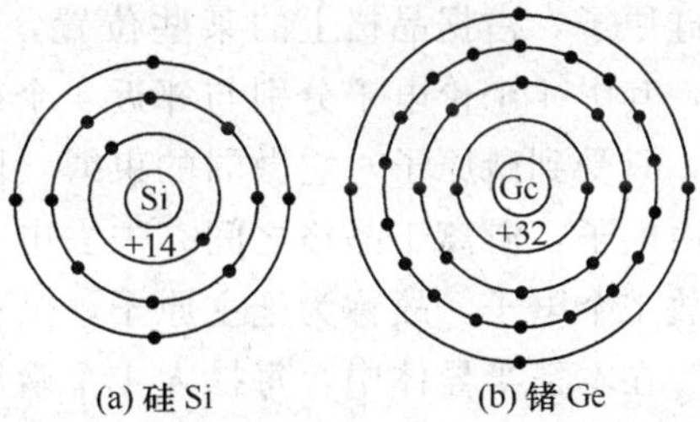

图 6-1　锗和硅原子结构

2. 本征激发

在本征半导体的晶体结构中，每一个原子与相邻的 4 个原子结合。每一个原子的一个价电子与另一个原子的一个价电子组成一个电子对。这对价电子是每两个相邻原子共有的，它们把相邻原子结合在一起，构成所谓共价键的结构，如图 6-2 所示。

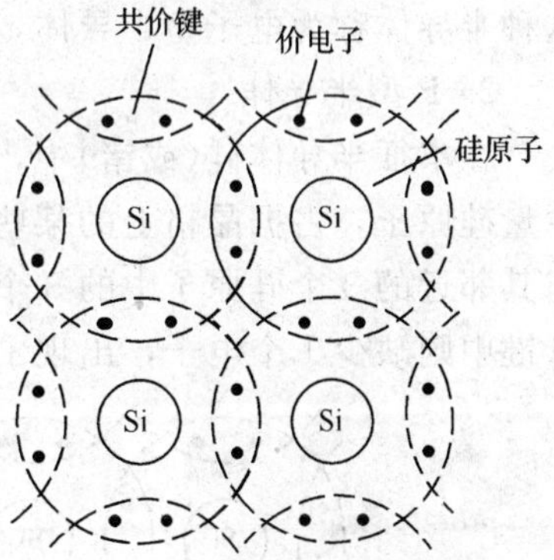

图 6-2　本征硅共价键结构

一般来说，共价键中的价电子不完全像绝缘体中价电子所受束缚那样强，如果能从外界获得一定的能量(如光照、升温、电磁场激发等)，一些价电子就可能挣脱共价键的束缚而成为自由电子，这种物理现象称为本征激发。

当共价键中的一个价电子受激发挣脱原子核的束缚成为自由电子时，在原来的共价键中留下了一个空位，这种空位称为“空穴”。当空穴出现时，相邻原子的价电子比较容易离开它所在的共价键而填补到这个空穴中来使该价电子原来所在共价键中出现一个新的空穴，这个空穴又可能被相邻原子的价电子填补，再出现新的空穴。价电子填补空穴的这种运动无论在形式上还是效果上都相当于带正电荷的空穴在运动，且运动方向与价电子运动方向相反。为了区别于自由电子的运动，把这种运动称为空穴运动，并把空穴看成是一种带正电的载流子。

在本征半导体内部自由电子与空穴总是成对出现的，因此将它们称作为电子一空穴对。当自由电子在运动过程中遇到空穴时可能会填充进去从而恢复一个共价键，与此同时消失一个“电子一空穴对”，这一相反过程称为复合。

在一定温度条件下，产生的“电子一空穴对”和复合的“电子一空穴对”数量相等时，形成相对平衡，这种相对平衡属于动态平衡，达到动态平衡时，“电子一空穴对”维持一定的数目。

可见，在半导体中存在着自由电子和空穴两种载流子，而金属导体中只有自由电子一种载流子，这也是半导体与导体导电方式的不同之处。

6.1.2 N型半导体和P型半导体

本征半导体虽然有自由电子和空穴两种载流子，但由于数量极少，导电能力很弱，热稳定性也很差。因此，不宜直接用它制造半导体器件。半导体器件多数是用含有一定数量的某种杂质的本征半导体制成。根据掺入杂质性质的不同，杂质半导体分为N型半导体和P型半导体两种。

1. N型半导体

在本征半导体硅(或锗)中掺入微量的5价元素，如磷，则磷原子就取代了硅晶体中少量的硅原子，占据晶格上的某些位置，如图6-3所示。由图可见，磷原子最外层有5个价电子，其中4个价电子分别与邻近4个硅原子形成共价键结构，多余的1个价电子在共价键之外，只受到磷原子对它微弱的束缚，因此在室温下，即可获得挣脱束缚所需要的能量而成为自由电子，游离于晶格之间。失去电子的磷原子则成为不能移动的正离子。由于磷原子可以释放1个电子，故称为施主原子，又称施主杂质。

在本征半导体中，每掺入1个磷原子就可产生1个自由电子，而本征激发产生空穴的数目不变。这样，在掺入磷的本征半导体中，自由电子的数目就远远超过了空穴数目，成为多数载流子(简称多子)，空穴则为少数载流子(简称少子)。显然，参与导电的主要是电子，故这种半导体称为电子型半导体，简称N型半导体。

2. P型半导体

在本征半导体硅(或锗)中，若掺入微量的3价元素，如硼，则硼原子就取代了晶体中的少量硅原子，占据晶格上的某些位置，如图6-4所示。由图可知，硼原子的3个价电子分别与其邻近的3个硅原子中的3个价电子组成完整的共价键，而与其相邻的另1个硅原子的共价键中则缺少1个电子，出现了1个空穴，这个空穴被附近硅原子中的价电子填充后，使3

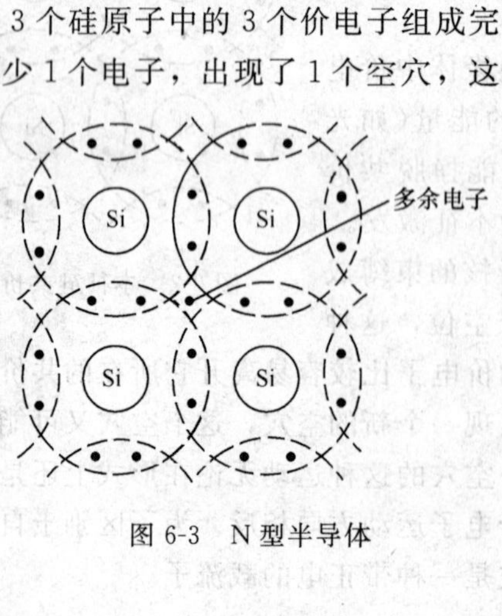

图6-3 N型半导体

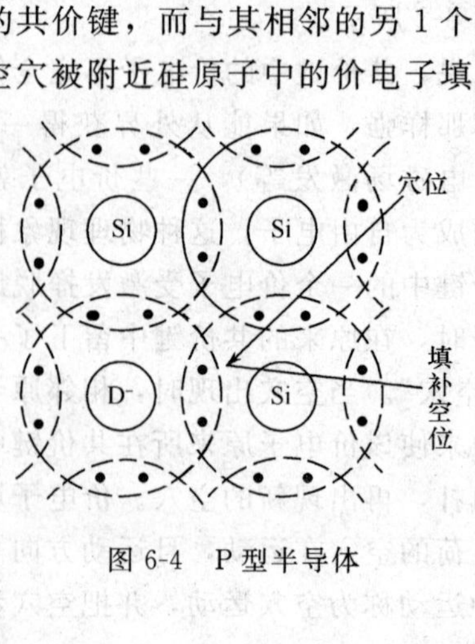

图6-4 P型半导体

价的硼原子获得了 1 个电子而变成负离子。同时，邻近共价键上出现 1 个空穴。由于硼原子可以接受 1 个电子，故称为受主原子，又称受主杂质。

在本征半导体中每掺入 1 个硼原子就可以提供 1 个空穴，当掺入一定数量的硼原子后，就可以使半导体中空穴的数目远大于本征激发电子的数目，成为多数载流子，而电子则成为少数载流子。显然，参与导电的主要是空穴，故这种半导体称为空穴型半导体，简称 P 型半导体。

6.1.3　PN 结

PN 结是构成各种半导体器件的核心。许多半导体器件都是用不同数量的 PN 结构成的，所以 PN 结的理论是学习半导体器件的基础。

1. PN 结的形成

在一块完整的硅片上，用不同的掺杂工艺使其一边形成 N 型半导体，另一边形成 P 型半导体，那么在两种半导体交界面附近就形成了 PN 结，如图 6-5 所示。由于 P 区的多数载流子是空穴，少数载流子是电子；N 区多数载流子是电子，少数载流子是空穴，这就使交界面两侧明显地存在着两种载流子的浓度差。因此，N 区的电子必然越过界面向 P 区扩散，并与 P 区界面附近的空穴复合而消失，在 N 区的一侧留下了一层不能移动的施主正离子；同样，P 区的空穴也越过界面向 N 区扩散，与 N 区界面附近的电子复合而消失，在 P 区的一侧，留下一层不能移动的受主负离子。扩散的结果，使交界面两侧出现了由不能移动的带电离子组成的空间电荷区，因而形成了一个由 N 区指向 P 区的电场，称为内电场。随着扩散的进行，空间电荷区加宽，内电场增强，由于内电场的作用是阻碍多子扩散，促使少子漂移，所以，当扩散运动与漂移运动达到动态平衡时，将形成稳定的空间电荷区，称为 PN 结。由于空间电荷区内缺少载流子，所以又称 PN 结为耗尽层或高阻区。

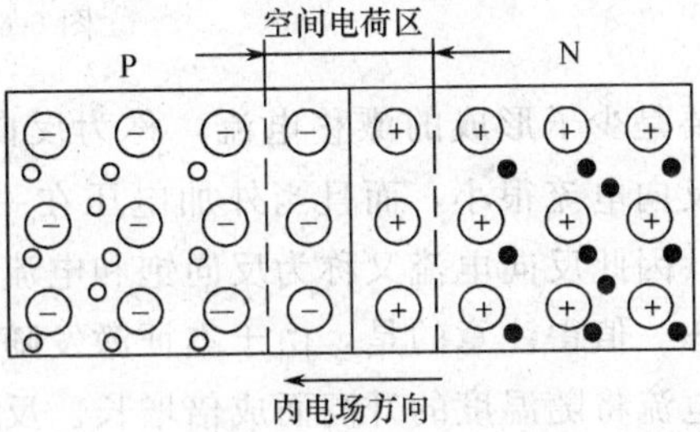

图 6-5　PN 结的形成

2. PN 结的单向导电性

PN 结在未加外加电压时，扩散运动与漂移运动处于动态平衡，通过 PN 结的电流为零。当电源正极接 P 区，负极接 N 区时，称为给 PN 结加正向电压或正向偏置，如图 6-6 所示。由于 PN 结是高阻区，而 P 区和 N 区的电阻很小，所以正向电压几乎全部加在 PN 结两端。在 PN 结上产生一个外电场，其方向与内电场相反，在它的推动下，N 区的电子要向左边扩散，并与原来空间电荷区的正离子中和，使空间电荷区变窄。同样，P 区的空穴也要向右边扩散，并与原来空间电荷区的负离子中和，使空间电荷区变窄。结果使内电场减弱，破坏了 PN 结原有的动态平衡。于是扩散运动超过了漂移运动，扩散又继续进行。与此同时，电源不断向 P 区补充正电荷，向 N 区补充负电荷，结果在电路中形成了较大的正向电流 I。而且 I 随着正向电压的增大而增大。

当电源正极接 N 区、负极接 P 区时，称为给 PN 结加反向电压或反向偏置。反向电压产生的外加电场的方向与内电场的方向相同，使 PN 结内电场加强，它把 P 区的多子(空穴)和 N 区的多子(自由电子)从 PN 结附近拉走，使 PN 结进一步加宽，PN 结的电阻增大，打破了 PN 结原来的平衡，在电场作用下的漂移运动大于扩散运动。这时通过 PN 结的电流，

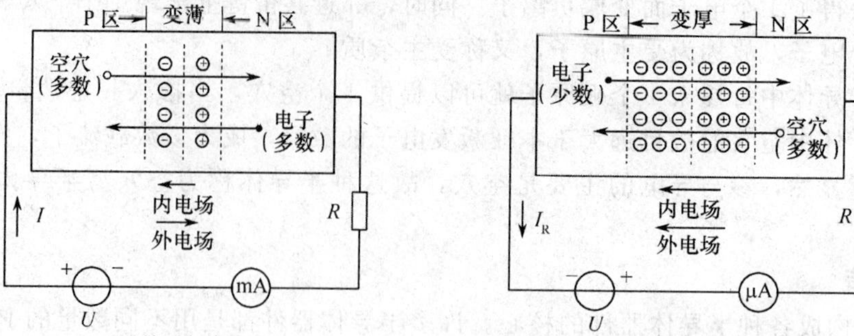

PN 结正向偏置　　PN 结反向偏置

图 6-6　PN 结的单向导电性

主要是少子形成的漂移电流，称为反向电流 I_R。由于在常温下，少数载流子的数量不多，故反向电流很小，而且当外加电压在一定范围内变化时，它几乎不随外加电压的变化而变化，因此反向电流又称为反向饱和电流。当反向电流可以忽略时，就可认为 PN 结处于截止状态。值得注意的是，由于本征激发随温度的升高而加剧，导致电子一空穴对增多，因而反向电流将随温度的升高而成倍增长。反向电流是造成电路噪声的主要原因之一，因此，在设计电路时，必须考虑温度补偿问题。

综上所述，PN 结正偏时，正向电流较大，相当于 PN 结导通；PN 结反偏时，反向电流很小，相当于 PN 结截止。这就是 PN 结的单向导电性。

6.1.4　二极管基本特性

1. 基本结构

晶体二极管也称半导体二极管，它是在 PN 结两侧接上电极引线，再用管壳封装而成的。常用符号如图 6-7 所示。

1）类型

（1）按材料分：有硅二极管、锗二极管和砷化镓二极管等。

（2）按结构分：根据 PN 结面积大小，有点接触型、面结型和平面型二极管。点接触型(如图 6-8)适用于工作电流小、工作频率高的场合；面结型(如图 6-9)适用于工作电流较大、工作频率较低的场合；平面型(如图 6-10)适用于工作电流大、功率大、工作频率低的场合。

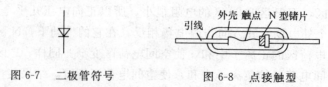

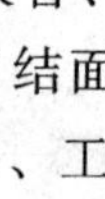

图 6-7　二极管符号

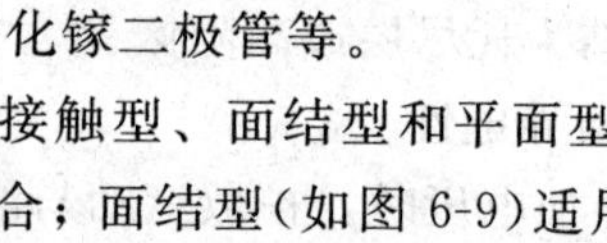

图 6-8　点接触型

（3）按用途分：有整流、稳压、开关、发光、光电、变容、阻尼等二极管。

（4）按封装形式分：有塑封及金属封等二极管。

（5）按功率分：有大功率、中功率及小功率等二极管。

2)半导体二极管的命名方法

半导体器件的型号由四个部分组成，如图 6-11 所示。如 2AP9，“2”表示电极数为 2，“A”表示 N 型锗材料，“P”表示普通管，“9”表示序号。

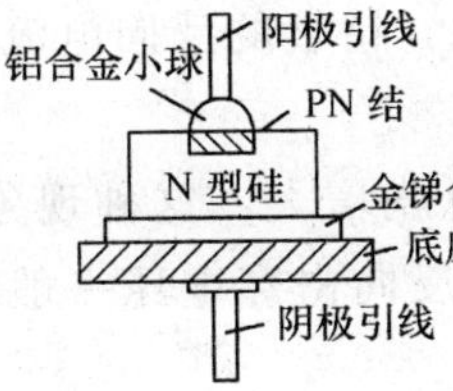

图 6-9 面结型

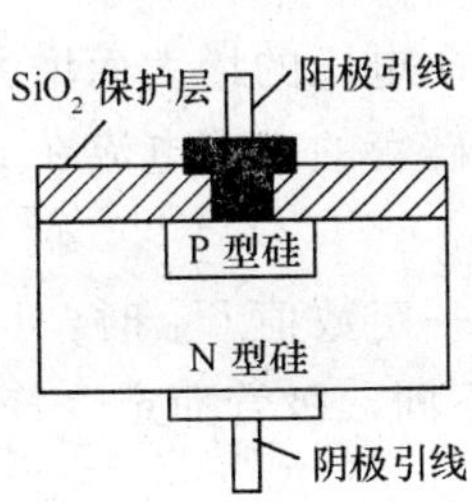

图 6-10 平面型

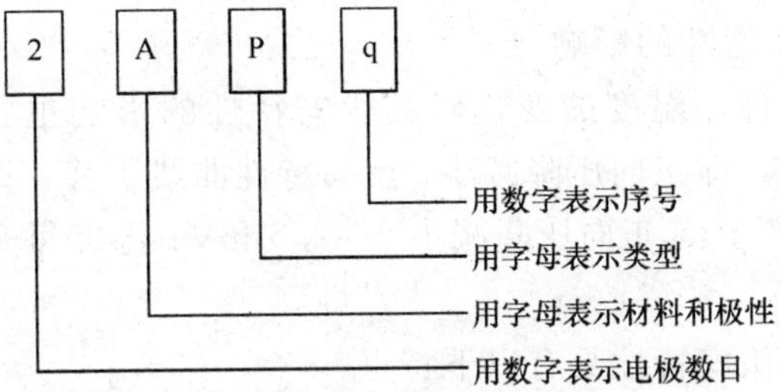

图 6-11 半导体器件的型号组成

2. 伏安特性

二极管是由一个 PN 结构成的，它的主要特性就是单向导电性，通常用它的伏安特性来表示。

二极管的伏安特性是指流过二极管的电流 i_D 与加于二极管两端的电压 U_D 之间的关系或曲线。用逐点测量的方法测绘出来或用晶体管图示仪显示出来的 U-I 曲线，称二极管的伏安特性曲线。图 6-12 是二极管的伏安特性曲线示意图，以此为例说明其特性。

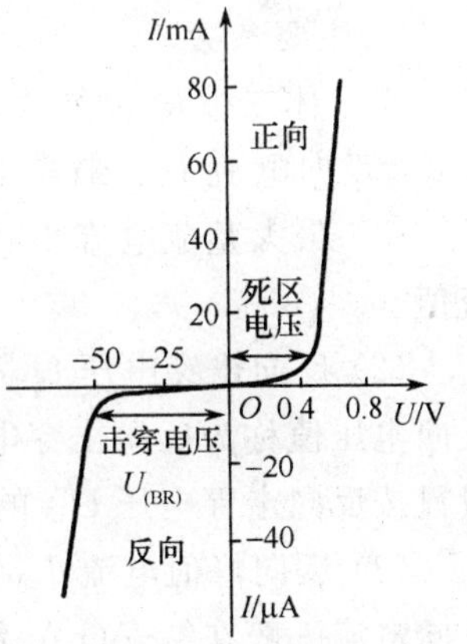

图 6-12 二极管的伏安特性

1）正向特性

由图 6-12 可以看出，当所加的正向电压为零时，电流为零；当正向电压较小时，由于外电场远不足以克服 PN 结内电场对多数载流子扩散运动所造成的阻力，故正向电流很小（几乎为零），二极管呈现出较大的电阻。这段曲线称为死区。

当正向电压升高到一定值 U_{th} 以后内电场被显著减弱，正向电流才有明显增加。U_{th} 被称为门限电压或阀电压。U_{th} 视二极管材料和温度的不同而不同，常温下，一般硅管门限电压为 0.5 V 左右，锗管为 0.1 V 左右。在实际应用中，常把正向特性较直部分延长交于横轴的一点，定为门限电压 U_{th} 的值。

当正向电压大于 U_{th} 以后，正向电流随正向电压几乎线性增长。把正向电流随正向电压线性增长时所对应的正向电压，称为二极管的导通电压，用 U_F 来表示。通常，硅管的导通电压约为 0.6～0.8 V，一般取为 0.7 V；锗管的导通电压约为 0.1～0.3 V 一般取为 0.2 V。

2）反向特性

当二极管两端外加反向电压时，PN 结内电场进一步增强，使扩散更难进行。这时只有少数载流子在反向电压作用下的漂移运动形成微弱的反向电流 I_R。反向电流很小，且在一定的范围内几乎不随反向电压的增大而增大。但反向电流是温度的函数，将随温度的变化而变化。常温下，小功率硅管的反向电流在 nA 数量级，锗管的反向电流在 μA 数量级。

3）反向击穿特性

当反向电压增大到一定数值 U_{BR} 时，反向电流急剧增大，这种现象称为击穿，U_{BR} 称为反向击穿电压，U_{BR} 视不同二极管而定，普通二极管反向击穿电压一般在几十伏以上且硅管较锗管高。

反向击穿特性的特点是：虽然反向电流急剧增大，但二极管的端电压却变化很小，这一特点成为制作稳压二极管的依据。

4）温度对二极管伏安特性的影响

二极管是温度敏感器件，温度的变化对其伏安特性的影响主要表现为：随着温度的升高，其正向特性曲线左移，即正向压降减小；反向特性曲线下移，即反向电流增大。一般在室温附近，温度每升高 1℃，其正向压降减小 2～2.5 mV；温度每升高 10℃，反向电流增大 1 倍左右。

综上所述，二极管的伏安特性具有以下特点：

二极管具有单向导电性；

二极管的伏安特性具有非线性特性；

二极管的伏安特性与温度有关。

3. 主要参数

半导体二极管的参数包括最大整流电流 I_F、反向击穿电压 U_{BR}、最大反向工作电压 U_{RM}、反向电流 I_R、最高工作频率 f_{max} 和结电容 c_j、动态电阻 r_d 等。具体介绍如下：

(1) 最大整流电流 I_F：指二极管长期连续工作时，允许通过二极管的最大正向平均电流值。

(2) 反向击穿电压 U_{BR} 和最大反向工作电压 U_{RM}：指二极管反向电流急剧增大时对应的反向电压值称为反向击穿电压 U_{BR}。从安全考虑，在实际工作时，最大反向工作电压 U_{RM} 一般只按反向击穿电压 U_{BR} 的一半计算。

(3) 反向峰值电流 I_{RM}：指在室温下，最大反向工作电压时的反向电流值。硅二极管的反向电流一般在纳安(nA)级；锗二极管在微安(μA)级。

(4) 正向压降 U_F：指在导通的正向电流下，二极管的正向电压降。二极管导通时的正向压降硅管，约 0.6～0.8 V，锗二极管约 0.1～0.3 V。

(5) 动态电阻 r_d：反映了二极管正向特性曲线斜率的倒数。显然，r_d 与工作电流的大小有关，即

$$r_d = \frac{\Delta U_F}{\Delta I_F}$$

4. 二极管的简易测试

将万用表置于 $R\times100(\Omega)$ 或 $R\times1\text{k}(\Omega)$ 挡 $R\times1(\Omega)$ 挡电流太大，用 $R\times10\text{k}(\Omega)$ 挡电压太高，都易损坏管子，如图 6-13 所示。

晶体二极管内部实质上是一个 PN 结。当外加正向电压，即 P 端电位高于 N 端电位时，二极管导通呈低电阻；当外加反向电压，即 N 端电位高于 P 端电位时，二极管截止呈高电阻。因此可用万用表的电阻挡判别二极管的极性和鉴别其质量的好坏。万用表处于电阻挡

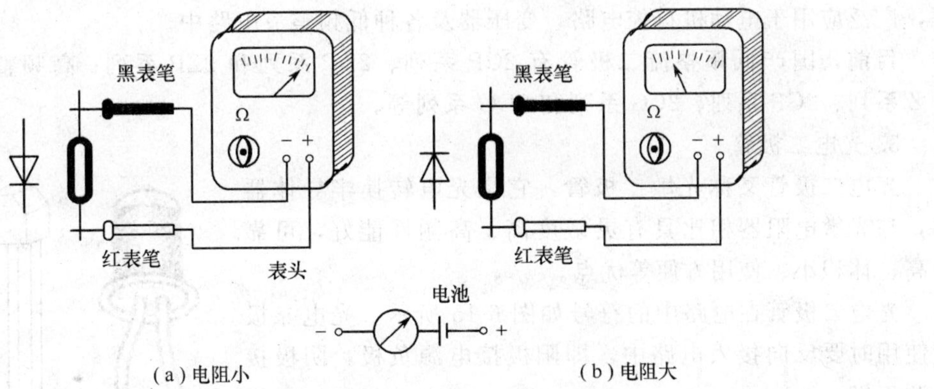

图 6-13　万用表简易测试二极管示意图

时，其(−)端为内电源的正极，(+)端为内电源的负极。由图(a)可知，万用表外电路的电流方向从万用表负端(−)流向正端(+)，即二极管正向导通，电阻值很小，反之如图(b)二极管反向截止，电阻值很大。

5. 二极管应用举例

二极管的应用范围很广，利用二极管的单向导电特性，可组成整流、检波、钳位、限幅、开关等电路。利用二极管的其他特性，可使其应用在稳压、变容、温度补偿等方面。现简单介绍一下限幅电路，限幅器又称削波器，主要是限制输出电压的幅度。为讨论方便起见，假设二极管 VD 为理想二极管，即正偏导通时，忽略 VD 的正向压降，近似认为 VD 短路；反偏截止时，近似认为 VD 开路。

【例 6-1】 电路及输入电压 u_i 的波形如图 6-14(a)所示。画出输出电压 u_o 的波形。

解： 当 $u_i > +5V$ 时，$u_o = +5V$（VD 正偏短路）；当 $u_i \leqslant +5V$ 时，$u_o = u_i$（VD 反偏开路）。故可画出输出 u_o 的波形，如图 6-14(b)所示。

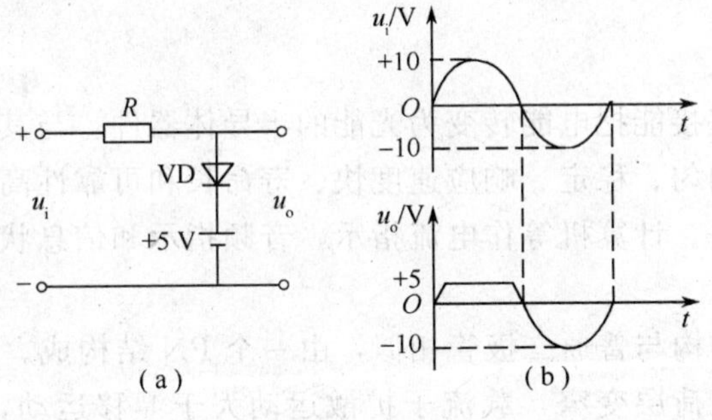

图 6-14　例 6-1

6.1.5　常用二极管及其选型

1. 检波二极管

利用二极管的单向导电性将高频或中频无线电信号中的低频信号或音频信号检测出来。其工作频率较高，处理信号幅度较弱，被广泛应用于半导体收音机、电视机及通信设备等的小信号电路中。

2. 整流二极管

利用二极管的单向导电性将交流电变成直流电。它有金属封装、塑料封装、玻璃封装等，广泛应用于电动机自控电路、变压器及各种低频整流电路中。

目前，国产低频整流二极管有 2CP 系列、2DP 系列和 2ZP 系列；高频整流二极管有 2CZ 系列、2CP 系列、2CG 系列和 2DG 系列等。

3. 光电二极管

光电二极管又称光敏二极管，它是光电转换半导体器件，与光敏电阻器相比具有灵敏度高、高频性能好，可靠性高、体积小、使用方便等优点。

光电二极管在电路中的符号如图 6-15 所示。光电二极管使用时要反向接入电路中，即阳极接电源负极，阴极接电源正极。

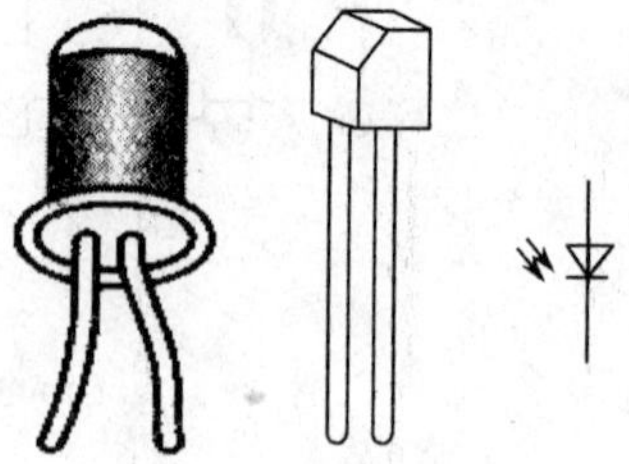

(a) 外形　　(b) 符号

图 6-15　光电二极管

光电转换原理：

根据 PN 结反向特性可知，在一定反向电压范围内，反向电流很小且处于饱和状态。此时，如果无光照射 PN 结，则因本征激发产生的电子-空穴对数量有限，反向饱和电流保持不变，在光敏二极管中称为暗电流。当有光照射 PN 结时，结内将产生附加的大量电子-空穴对(称之为光生载流子)，使流过 PN 结的电流随着光照强度的增加而急剧增加，此时的反向电流称为光电流。不同波长的光(蓝光、红光、红外光)在光敏二极管的不同区域被吸收形成光电流。被表面 P 型扩散层所吸收的主要是波长较短的蓝光，在这一区域，因光照产生的光生载流子(电子)一旦漂移到耗尽层界面，就会在结电场作用下，被拉向 N 区，形成部分光电流；波长较长的红光，将透过 P 型区在耗尽层激发出电子-空穴对，这些新生的电子和空穴载流子也会在结电场作用下，分别到达 N 区和 P 区，形成光电流。波长更长的红外光，将透过 P 区和耗尽层，直接被 N 区吸收。在 N 区内因光照产生的光生载流子(空穴)一旦漂移到耗尽层界面，就会在结电场作用下被拉向 P 区，形成光电流。因此，光照射时，流过 PN 结的光电流应是三部分光电流之和。

4. 发光二极管

发光二极管是一种直接能把电能转变为光能的半导体器件。与其他发光器件相比，具有体积小、功耗低、发光均匀、稳定、响应速度快、寿命长和可靠性高等优点，被广泛应用于各种电子仪器、音响设备、计算机等作电流指示、音频指示和信息状态显示设备等。

1) 发光原理

发光二极管的管芯结构与普通二极管相似，由一个 PN 结构成。当在发光二极管 PN 结上加正向电压时，空间电荷层变窄，载流子扩散运动大于漂移运动，致使 P 区的空穴进入 N 区，N 区的电子进入 P 区。当电子和空穴复合时会释放出能量并以光的形式表现出来。

2) 种类和符号

发光二极管的种类很多，按发光材料来区分有磷化镓(GaP)发光二极管、磷砷化镓(GaAsP)发光二极管、砷铝镓(GaAlAs)发光二极管等；按发光颜色来分有发红光、黄光、绿光以及眼睛看不见的红外光发光二极管等；若按功率来分有小功率(HG400 系列)、中功率(HG50 系列)和大功率(HG52 系列)发光二极管；另外还有多色、变色发光二极管等等。

发光二极管在电路中的符号，如图 6-16 所示。

图 6-16　发光二极管

小功率的发光二极管正常工作电流在 10～30 mA 范围内。通常正向压降值在 1.5～3 V 范围内。发光二极管的反向耐压一般在 6 V 左右。

为了避免由于电源波动引起正向电流值超过最大允许工作电流而导致管子烧坏，通常应串联一个限流电阻来限制流过二极管的电流。由于发光二极管最大允许工作电流随环境温度的升高而降低，因此，发光二极管不宜在高温环境中使用。

6.1.6　二极管应用电路

整流是利用二极管的单向导电特性，将大小和方向都变化的交流电变换成方向不变、大小变化的单向脉动直流电。常用的整流电路有半波整流和桥式整流。

1. 单相半波整流电路

1）单相半波整流电路的组成和工作原理

单相半波整流电路如图 6-17 所示。变压器 T 接在交流电源上，将电网的正弦交流电压 u_1 变换成所需要的交流电压 u_2，设 $u_2=\sqrt{2}U_2\sin\omega t$。

在变压器二次电压 u_2 正半周，电压的实际方向与参考方向相同，即 a 端为正，b 端为负，二极管承受正向电压而导通，电流 i_o 经过整流二极管流向负载，在负载电阻 R_L 上得到极性为上正下负的电压，且此时负载电压 $u_o=u_2$。

在变压器二次电压 u_2 负半周，电压的实际方向与参考方向相反，即 a 端为负，b 端为正，二极管承受反向电压而截止，负载中没有电流流过，此时负载电压 $u_o=0$。

由上面的分析可知，利用二极管的单向导电性，可以把交流电变换成单向脉动的直流电，负载流过单向脉动的直流电流。半波整流电路的波形如图 6-18 所示。

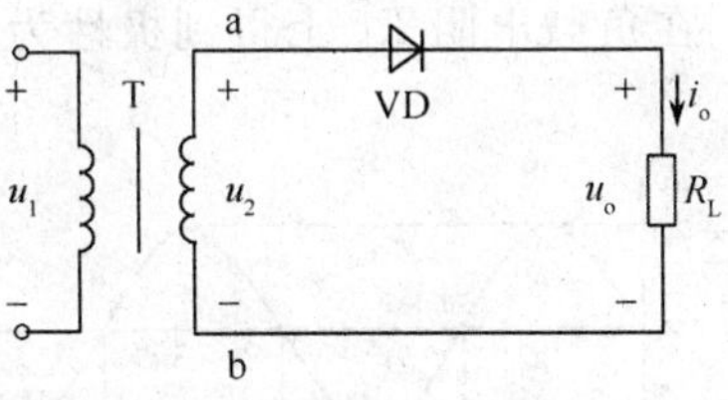

图 6-17　单相半波整流电路

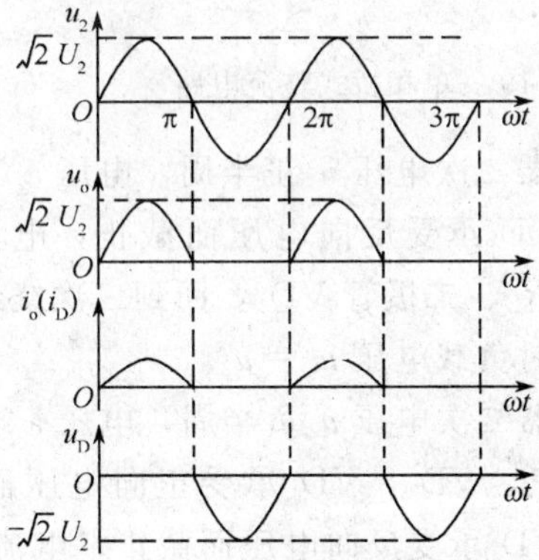

图 6-18　单相半波整流波形图

2）负载上直流电压和电流

在半波整流的情况下，负载两端的直流电压平均值为

$$U_O=0.45U_2 \tag{6-1}$$

流过负载的电流平均值为

$$I_O=\frac{U_O}{R_L}=0.45\frac{U_2}{R_L} \tag{6-2}$$

3）二极管的选用

在半波整流电路中，二极管的电流与负载电流相等，即

$$I_D = I_O \tag{6-3}$$

所以在选用二极管时，二极管的最大整流电流 I_F 应大于负载电流 I_O。

二极管在电路中承受的最高反向电压 U_{Rmax} 为交流电压的最大值，即

$$U_{Rmax} = U_{2m} = \sqrt{2}U_2 \tag{6-4}$$

所以二极管的最高反向工作电压 U_{RM} 应大于 U_{Rmax}。

按照上面的两个原则，查阅半导体手册可以选择到合适的二极管。

半波整流电路的优点是结构简单，使用元件少。但它的缺点同样明显，半波整流电路只利用了交流电的半个周期，输出直流电压波动较大，电源变压器的利用率低。因此，主要用于输出电压较低、输出电流较小且性能要求不高的场合。

2. 单相桥式整流电路

1）单相桥式整流电路的组成和工作原理

桥式整流电路如图 6-19 所示。电路中的 4 个二极管可以是 4 个分立的二极管，也可以是一个内部集成了 4 个二极管的桥式整流器（整流桥）。图 6-20 所示为桥式整流电路的简易画法。

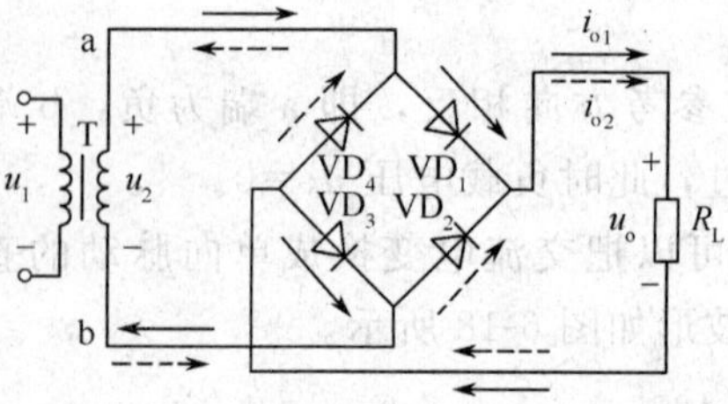

图 6-19　单相桥式整流电路

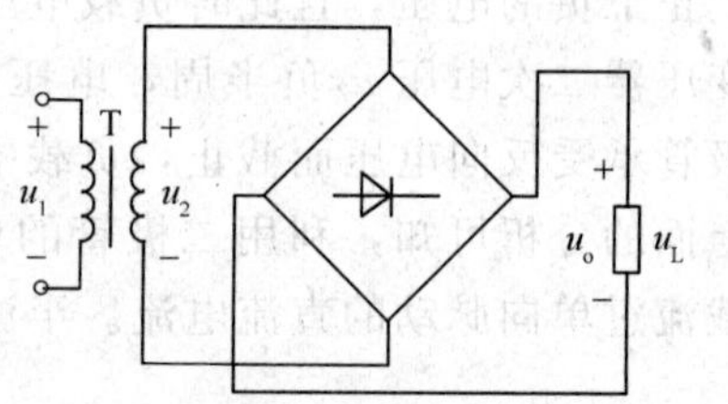

图 6-20　单相桥式整流电路的简易画法

在变压器二次电压 u_2 正半周，电压 a 端为正，b 端为负，VD_1、VD_3 承受正向电压而导通，VD_2、VD_4 承受反向电压而截止，电流 i_{o1} 由变压器二次绕组 a 端，依次经过二极管 VD_1、负载 R_L、二极管 VD_3，回到二次绕组 b 端，在负载电阻 R_L 上得到极性为上正下负的电压，且此时负载电压 $u_O = u_2$。

在变压器二次电压 u_2 负半周，电压 a 端为负，b 端为正，VD_2，VD_4 承受正向电压而导通，VD_1，VD_3 承受反向电压而截止，电流 i_{o2} 由变压器二次绕组 b 端，依次经过二极管 VD_4、负载 R_L、二极管 VD_2，回到二次绕组 a 端，在负载电阻 R_L 上仍然得到极性为上正下负的电压，且此时负载电压 $u_O = -u_2$。桥式整流电路波形图如图 6-21 所示。

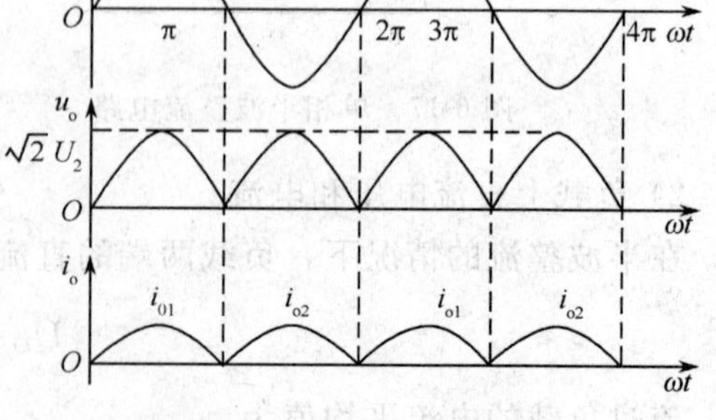

图 6-21　单相桥式整流波形图

2）负载上直流电压和电流

由图 6-21 可知，桥式整流输出电压波形的面积是半波整流时的 2 倍，所以输出电压的平均值 U_O 就等于半波整流时的 2 倍，即

$$U_O = 0.9U_2 \tag{6-5}$$

输出电流平均值为

$$I_O=\frac{U_O}{R_L}=0.9\frac{U_2}{R_L} \tag{6-6}$$

3）二极管的选择

桥式整流电路中，4 个二极管两个一组，轮流导电，每个二极管在一个周期中只导通半个周期，因此，每个二极管中流过的平均电流是负载电流的一半，即

$$I_D=\frac{1}{2}I_O=0.45\frac{U_2}{R_L} \tag{6-7}$$

二极管承受的最高反向电压为

$$U_{Rmax}=U_{2m}=\sqrt{2}U_2 \tag{6-8}$$

按照 $I_F>I_D$，$U_{RM}>U_{Rmax}$ 的原则，查阅半导体手册可以选择到合适的二极管。

桥式整流与半波整流相比，输出电压平均值高，波动小，输出与半波整流电路相同直流电压的情况下，二极管承受的反向电压和通过的电流小，因此得到了广泛的应用。为了使用方便，生产厂家专门生产了集成 4 个二极管的桥式整流器，又叫整流桥，它的外形如图 6-22 所示。4 个引脚中，两个是交流电压输入端，用"～"表示；另外两个是直流电压输出端，分别用"+"和"－"标出正、负极。

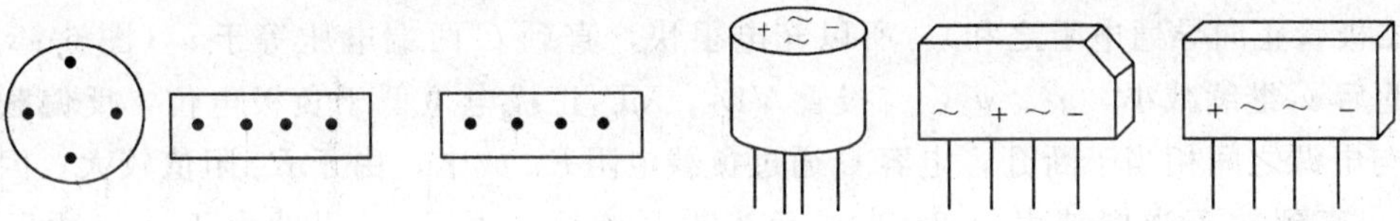

图 6-22　常用整流桥外形

3. 滤波电路

交流电经过整流后变成的脉动直流电，是由直流分量和一些不同频率的正弦交流分量叠加而成的。在某些设备中，这种脉动是允许的，如电解、电镀、充电等电路。但在绝大多数的电子电路中，脉动分量的存在会形成干扰，导致设备无法正常工作，如电视机图像扭曲、声音失真等。因此，必须采取措施减小输出电压中的交流成分，使输出电压波形更加平滑，接近于理想的直流电压，这种措施就是滤波。常用的滤波电路有电容滤波电路、电感滤波电路和复式滤波电路，如图 6-23 所示。

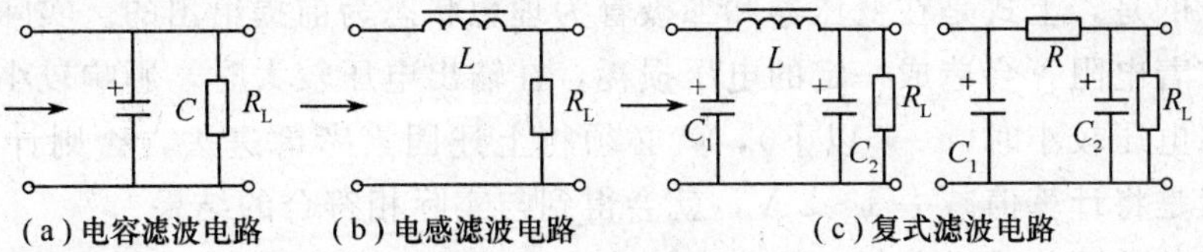

(a) 电容滤波电路　(b) 电感滤波电路　(c) 复式滤波电路

图 6-23　常用滤波电路

1）电容滤波电路

单相桥式整流电容滤波电路如图 6-24 所示，滤波电容直接与负载并联，利用电容的通交隔直作用，使脉动直流电中的交流成分通过电容形成回路，不经过负载；而直流成分不能通过电容，只能通过负载，这样负载两端的电压波形比较平滑，波形如图 6-25 所示。

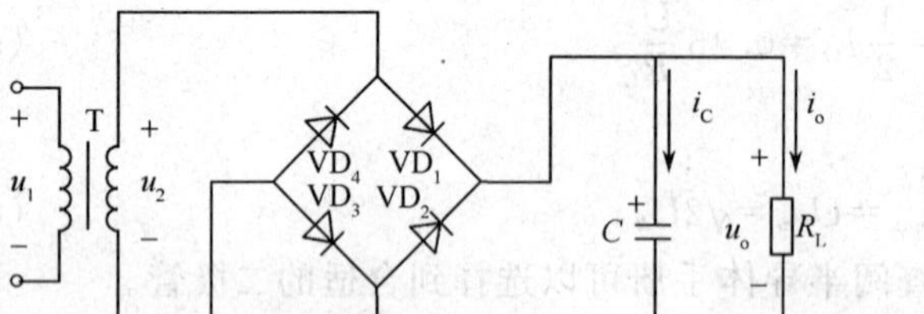

图 6-24　电容滤波电路

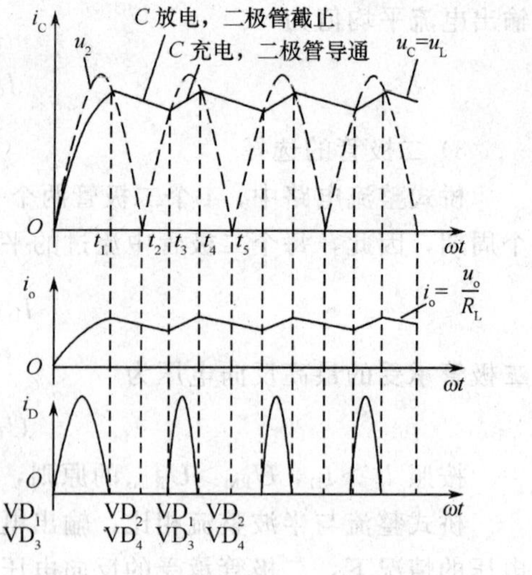

图 6-25　单相桥式整流滤波电路波形

(1) 工作原理。设电容电压初值为 0，接通电源后 u_2 为正半周。此时二极管 VD_1，VD_3 正偏导通，电源经 VD_1，VD_3 向负载供电，同时向电容器 C 充电，由于充电回路电阻较小(两个二极管正向导通电阻之和)，所以充电很快，直到 C 两端电压等于 u_2(图 6-25 中 t_1 时刻)。此后 u_2 继续减小，$u_C>u_2$，二极管 VD_1，VD_3 正极电位低于负极电位，反偏截止，负载 R_L 与电源之间相当于断开，电容 C 通过负载电阻 R_L 放电，由于 R_L 阻值较大，因而，放电较慢，直到 u_2 正半周结束(t_2 时刻)。负半周开始后，由于 u_C 仍然大于 u_2，所以二极管 VD_2，VD_4 反偏，仍保持截止状态，不会导通，所以 C 继续放电，电压值逐渐减小，而 u_2 将按正弦规律变化，直到两个电压相等(t_3 时刻)。之后，由于 $u_2>u_C$，二极管 VD_2，VD_4 正偏导通，电源经 VD_2，VD_4 向负载供电，同时向电容器 C 充电，直到 $u_2=u_C$(t_4 时刻)。随着 u_2 的继续减小，$u_C>u_2$，二极管 VD_2，VD_4 反偏截止，电容 C 通过负载电阻 R_L 放电，直到负半周结束(t_5 时刻)，开始下一个周期的循环。

(2) 输出电压和电流。

输出直流电压的平均值为

$$U_O=1.2U_2 \tag{6-9}$$

必须注意的是，上式是在变压器和二极管为理想状态为前提给出的。实际上，变压器和二极管都存在着电阻，会造成一定的电压损耗，在输出电压较大时，影响较小，可以不予考虑。但当输出电压较小时(l0 V 以下)，就必须将上述因素考虑进去，否则计算会偏离实际值很多，一般是将计算值减去 1～2 V，就会得到与实际相符合的结果。

另外，当负载开路或过载时，输出电压会有所变化。当负载开路时，$U_O=1.4U_2$；当过载时，$U_O=1.0U_2$。

输出电流的平均值为

$$I_O=\frac{U_O}{R_L}=1.2\frac{U_2}{R_L} \tag{6-10}$$

(3) 二极管的选择。二极管在有电容滤波时所承受的最大反向电压 $U_{R\max}=U_{2m}$，所以二极管最高反向工作电压 U_{RM} 的选择与无滤波时相同。由于二极管在半个周期内，只在很短的时间内导通，而且要流过一个很大的冲击电流(主要是电容的充电电流。因为充电回路电阻很小，所以电流很大)。在选用二极管时，最大整流电流 I_F 要远大于二极管的工作电流，这样才能保证电路的安全可靠。一般选

$$I_F \gg I_D \tag{6-11}$$

(4) 滤波电容的选择：

在 R_L 确定的条件下，电容量越大，滤波效果越好，输出波形越趋于平滑。一般选

$$C \geqslant 4\frac{T}{R_L} \quad (\text{T为电网交流电压周期}) \tag{6-12}$$

电容器的耐压值一般取 u_2 有效值的 2 倍，即

$$U_C \geqslant 2U_2 \tag{6-13}$$

电容滤波电路结构简单，使用方便，输出电压较高，但只适用于负载电流较小且变化不大的场合。家用电子产品一般都采用电容滤波。

2) 电感滤波电路

电感滤波电路如图 6-26 所示，滤波电感与负载串联，利用电感对交流电流阻抗大的特性，减小输出电压中的交流成分，使输出电压波形平滑。具体工作原理为：由于电感对直流量阻抗非常小，近似短路，所以直流量在经过电感后，几乎没有损失，基本都提供给负载；而电感对交流量的阻抗为 $X_L=\omega L$，当电感的电感量 L 足够大($X_L \gg R_L$)时，交流成分几乎全部降在电感上，从而使输出电压的交流成分大大减小，负载上获得较平滑的直流电压。滤波电路波形如图 6-27 所示。

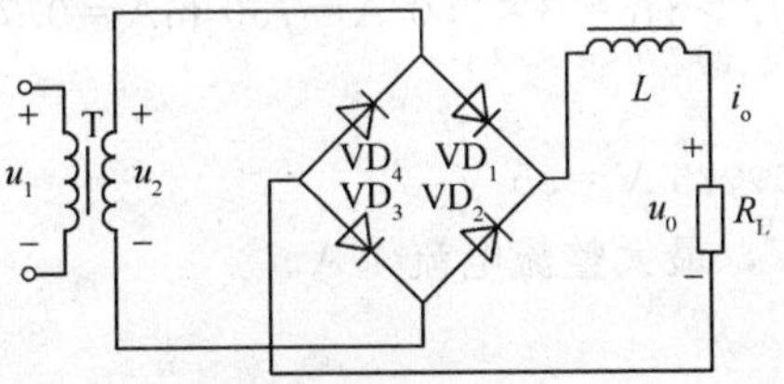

图 6-26　电感滤波电路

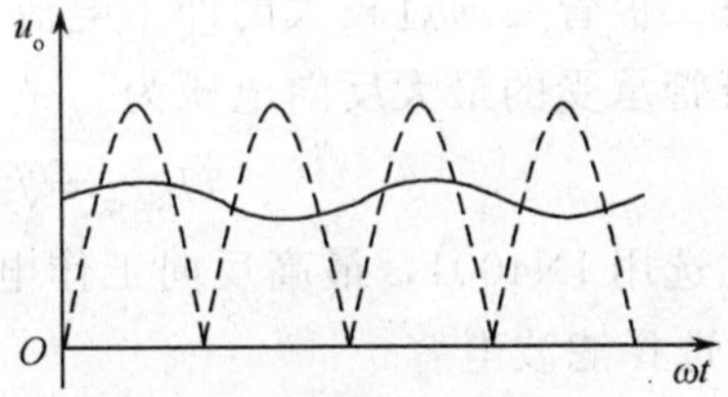

图 6-27　电感滤波电路波形

电感滤波输出电压相对较低，只有 u_2 有效值的 0.9 倍，即

$$U_O=0.9U_2 \tag{6-14}$$

电感滤波电路的优点是输出电压波形平滑，电感量越大，负载阻抗越小，输出电压的脉动就越小。适用于负载电流较大或负载变动较大的场合，在工业生产中应用较多，如电解、电镀电路中。

3) 复式滤波电路

仅使用电容或电感滤波，输出电压中还存在着一定的脉动，在一些要求电压波形非常平滑的场合，还是不能满足负载对电源的要求。为了进一步减小脉动，可采用复式滤波。常用的复式滤波电路有 LC 滤波电路、LC-Π 型滤波、RC-Π 滤波电路、T 型滤波电路等，图 6-24(c)中的两种复式滤波就是 LC-Π 型滤波电路和 RC-Π 型滤波电路。

下面以 LC 滤波电路为例，分析复式滤波的原理。如图 6-28 所示为 LC 滤波电路，整流后得到脉动直流电在经过电感 L 时，交流成分受到较大的衰减，然后再经过电容 C 滤波，进一步消除直流成分，使输出电压波形更加平滑。

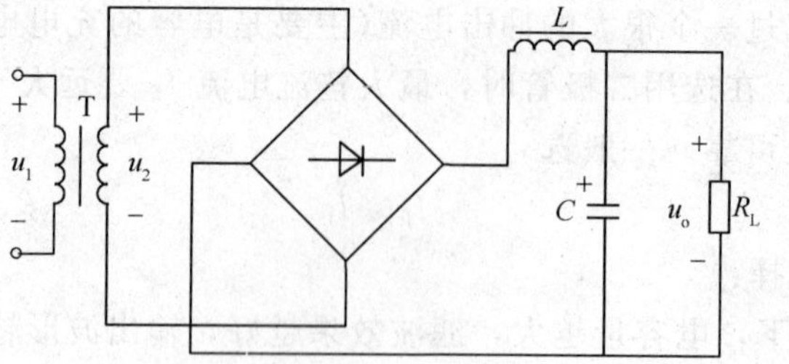

图 6-28　LC 滤波电路

其他复式滤波电路的工作原理，读者可自行分析。

【例 6-2】 桥式整流电容滤波电路中，已知 u_1 为 220 V 交流电源，频率为 50 Hz，要求直流电压 $U_O=30$ V，负载电流 $I_O=500$ mA。试求电源变压器二次电压 u_2 的有效值，并选择整流二极管及滤波电容。

解：(1)变压器二次电压的有效值

由于 $U_O=1.2U_2$，所以

$$U_2=\frac{U_O}{1.2}=\frac{30}{1.2}\text{ V}=25\text{ V}$$

(2) 选择整流二极管

流经整流二极管的平均电流为

$$I_D=\frac{1}{2}I_O=250\text{ mA}$$

考虑二极管要通过较大的冲击电流，所以 $I_F>3I_D=3\times250$ A$=750$ mA$=0.75$ A。

二极管承受的最大反向电压为

$$U_{Rmax}=\sqrt{2}U_2=\sqrt{2}\times25\text{ V}=35\text{ V}$$

因此选用 IN4001，最高反向工作电压 50 V，最大整流电流 1 A。

(3) 选择滤波电容

负载电阻大小为

$$R_L=\frac{U_O}{I_O}=\frac{30}{0.5}\ \Omega=60\ \Omega$$

由此得滤波电容的容量为

$$C\geqslant4\ \frac{T}{R_L}\ =4\times\frac{0.01}{60}\text{ F}=0.0006667\text{ F}=666.7\ \mu\text{F}$$

电容的耐压值为

$$U_C\geqslant2U_2=2\times25\text{ V}=50\text{ V}$$

因此选用标称值为 680 μF/50 V 的电解电容。

6.1.7 二极管稳压电路

1. 稳压二极管

稳压二极管是一种特殊的面结型半导体硅二极管，应用在稳压二极管伏安特性曲线反向击穿区，由于它在电路中与适当的电阻配合后能起到稳定电压的作用，故称为稳压管。

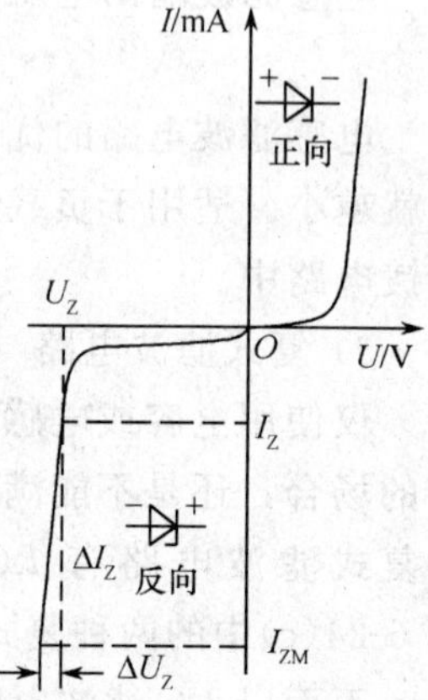

图 6-29　稳压二极管的伏安特性

1) 伏安特性曲线

由图 6-29 可知，其特性和普通二极管类似，但它的反向击穿是可逆的，不会发生“热击穿”，而且其反向击穿后的特性曲线比较陡直，即反向电压基本不随反向电流变化而变化，这就是稳压二极管的稳压特性。

2）稳压二极管的主要参数

（1）稳定电压 U_Z：在规定的稳压管反向工作电流 I_Z 下，所对应的反向工作电压。

（2）动态电阻 r_Z：其概念与一般二极管的动态电阻相同，只不过稳压二极管的动态电阻是从它的反向特性上求得的。r_Z 愈小，反映稳压管的击穿特性曲线愈陡。

$$r_Z=\frac{\Delta U_Z}{\Delta I_Z}$$

（3）最大稳定电流 I_{Zmax}：稳压管正常工作时允许流过的最大电流。

2. 稳压电路

并联型稳压电路，如图 6-30 所示。

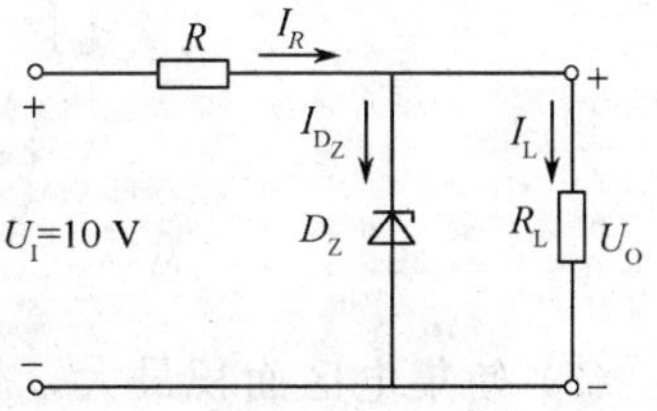

图 6-30　并联型稳压电路

（1）设电源电压波动(负载不变)。

若 U_I 增加，负载电压 U_O、稳压管电压 U_Z 随着增加，U_Z 的增加会引起 I_{DZ} 的显著增加，从而使电流 I_R 增加，电阻 R 上的电压 U_R 随着增加，$U_O=U_I-U_R$，U_1 升高，从而使 U_O 保持基本不变。

$$U_I\rightarrow U_O\uparrow\rightarrow I_{DZ}\uparrow\rightarrow I_R\uparrow$$
$$U_O\downarrow\leftarrow U_R\uparrow$$

（2）设负载变化(电源电压不变)。

若 R_L 减小，I_L 增大，I_R 也增大，电阻 R 上电压 U_R 随着增大，U_O 和 U_Z 则减小。U_Z 的减小会引起 I_{DZ} 的显著减小，从而使 I_R 减小，U_R 也减小，$U_O=U_I-U_R$，U_O 升高，从而使 U_O 保持基本不变。

6.2　半导体三极管

半导体三极管又称晶体三极管，简称晶体管或三极管。在三极管内，有两种载流子：电子与空穴，它们同时参与导电，故晶体管又称为双极型三极管。它的基本功能是具有电流放大作用。

6.2.1　三极管的基本结构

1. 结构和符号

双极型半导体三极管的结构示意图如图 6-31 所示。它有两种类型：NPN 型和 PNP 型。中间部分称为基区，相连电极称为基极，用 b 表示；左侧称为发射区，相连电极称为发射极，用 e 表示；右侧称为集电区，相连电极称为集电极，用 c 表示。

e-b 间的 PN 结称为发射结，c-b 间的 PN 结称为集电结。

双极型三极管的符号如图 6-32 所示。发射极的箭头代表发射极电流的实际方向。

为了保证三极管具有良好的电流放大作用，在制造三极管的工艺过程中，必须做到：

（1）使发射区的掺杂浓度最高，以有效地发射载流子；

（2）使基区掺杂浓度最小，且基区最薄，以有效地传输载流子；

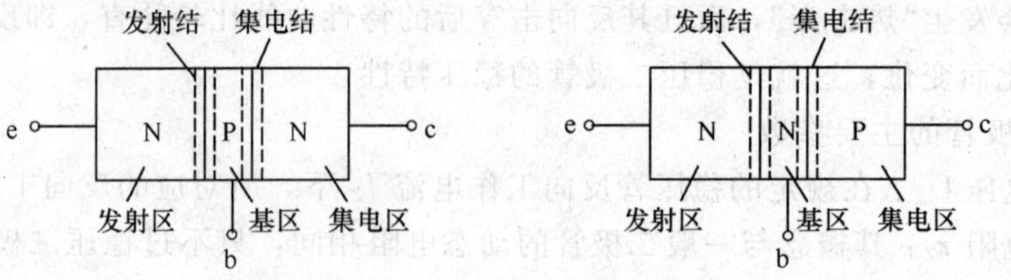

图 6-31　两种极性的双极型三极管

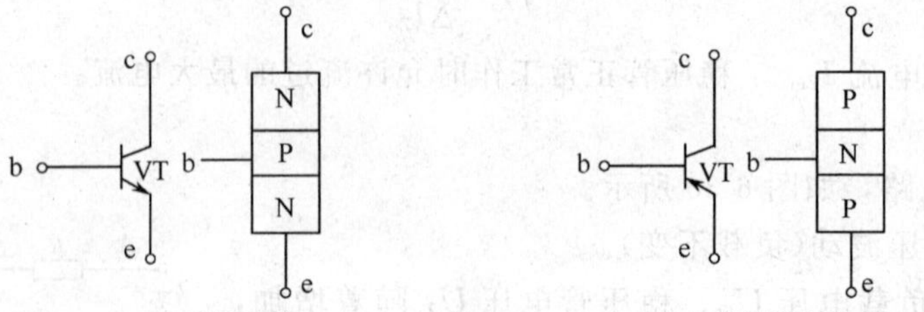

(a) NPN 型　　(b) PNP 型

图 6-32　三极管的符号

(3) 使集电区面积最大，且掺杂浓度小于发射区，以有效地收集载流子。

2. 三极管的分类

三极管的种类很多，有下列 5 种分类形式：

(1) 按其结构类型分为 NPN 型(如 3D 和 3B 系列)和 PNP 型(如 3A 和 3C 系列)；

(2) 按其制作材料分为硅管和锗管；

(3) 按工作频率分为高频管和低频管；

(4) 按功率分为小功率管和大功率管；

(5) 按用途分为普通三极管和开关管。

6.2.2　电流分配和放大原理

1. 双极型半导体三极管内部电流分配关系

双极型半导体三极管在工作时一定要加上适当的直流偏置电压。若工作在放大状态，发射结加正向电压，集电结加反向电压。现以 NPN 型三极管为例，当它导通时三个电极上的电流必然满足节点电流定律，即流入三极管的基极电流 I_B 和集电极电流 I_C 等于流出三极管的发射极电流 I_E，即

$$I_E = I_B + I_C \qquad (6\text{-}15)$$

下面用载流子在三极管内部的运动规律来说明上述电流关系，如图 6-33 所示。

1) 发射极电流 I_E 的形成

发射结加正偏电压时，从发射区将有大量的多数载流子(电子)不断向基区扩散，并不断从电源补充进电子，形成了发射极电流 I_E。与此同时，从基区向发射区也有多数载流子(空穴)的扩散运动，但其数量小，形成的电流可以忽略不计。这是因为发射区的掺杂浓度远大于基区的掺杂浓度。

2) 基极电流 I_B 的形成

进入基区的电子流将有少数的电子不断与基区中的空穴复合。因基区中的空穴浓度低，被复合的空穴自然很少。被复合掉的空穴将由电源不断的予以补充，它基本上等于基极电

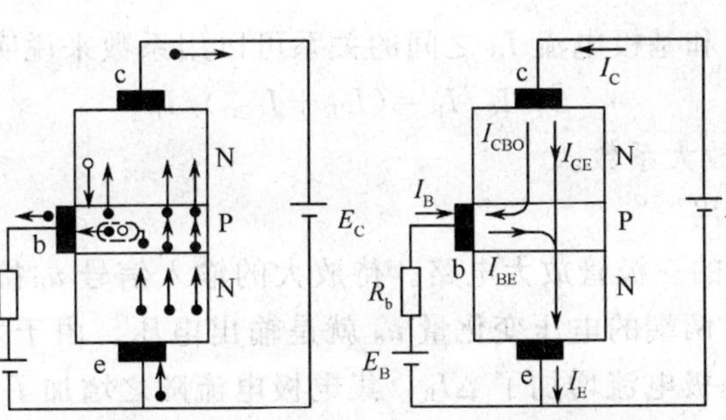

(a)载流子运动　　(b)电流分配

图 6-33　双极型三极管的电流传输关系

流 I_B。

3）集电极电流 I_C 的形成

进入基区的电子流因基区的空穴浓度低，被复合的机会较少。又因基区很薄，在集电结反偏电压的作用下，电子在基区停留的时间很短，很快就运动到集电结的边缘，进入集电结的结电场区域，被集电极所收集，形成电流 I_{CE}，它基本上等于集电极电流 I_C。

另外，因集电结反偏，在内电场的作用下，集电区的少子(空穴)与基区的少子(电子)将发生漂移运动，形成电流 I_{CBO}，并称为集电极－基极反向饱和电流。由此可得

$$I_C = I_{CE} + I_{CBO}$$

I_{CBO}是集电极电流和基极电流的一小部分，它受温度影响较大，而与外加电压的关系不大。

由以上分析可知，发射区掺杂浓度高，基区很薄，是保证三极管能够实现电流放大的关键。

三极管的电流分配关系如图 6-34 所示。

2. 半导体三极管的放大原理

1）三极管的三种连接方式

双极型三极管有三个电极，其中两个可以作为输入，两个可以作为输出，这样必然有一个电极是公共电极。因此，双极型三极管有三种接法也称三种组态，如图 6-35 所示。

共发射极接法，发射极作为公共电极；

共集电极接法，集电极作为公共电极；

共基极接法，基极作为公共电极。

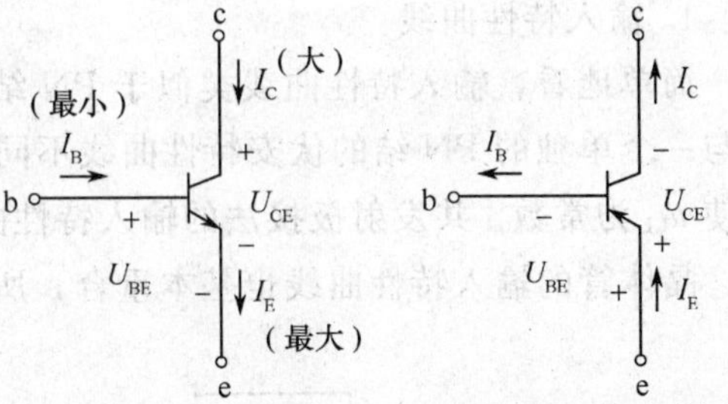

(a) NPN 型三极管　　(b) PNP 型三极管图

图 6-34　三极管的电流分配关系

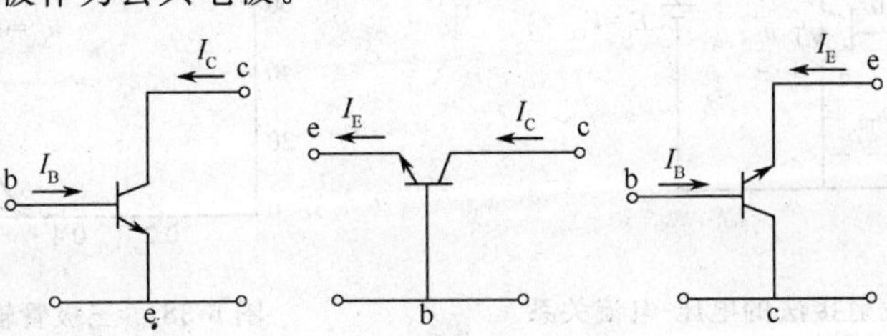

共射极　　共基极　　共集电极

图 6-35　三极管的三种组态

2）三极管的电流放大系数

对于集电极电流 I_C 和基极电流 I_B 之间的关系可以用系数来说明，定义：

$$\bar{\beta}=I_C/I_B=(I_{CE}+I_{CBO})/I_B \tag{6-16}$$

称为共射直流电流放大系数。

3）三极管的放大作用

图 6-36 为共射接法的三极管放大电路。待放大的输入信号 u_i 接在基极回路，负载电阻 R_c 接在集电极回路，R_c 两端的电压变化量 u_o 就是输出电压。由于发射结电压增加了 u_i（由 U_{BE} 变成 $U_{BE}+u_i$）引起基极电流增加了 ΔI_B，集电极电流随之增加了 ΔI_C，$\Delta I_C=\beta\Delta I_B$，它在 R_c 形成输出电压 $u_o=\Delta I_C R_c=\beta\Delta I_B R_c$。只要 R_c 取值较大，便有 $u_o \gg u_i$，从而实现了放大。

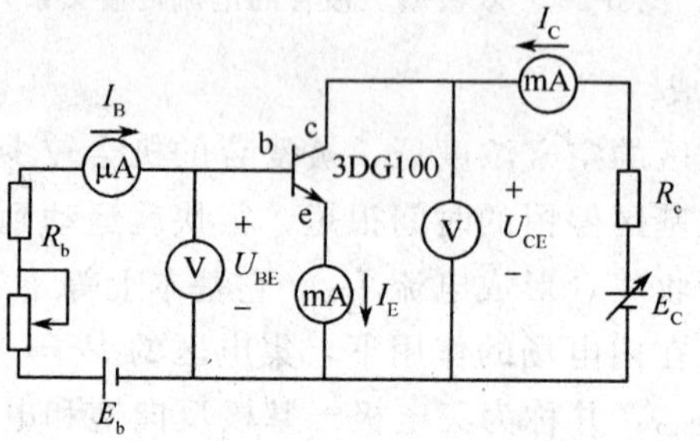

图 6-36　三极管放大原理图

6.2.3　三极管的特性曲线

三极管的特性曲线是用来表示该晶体管各极的电压和电流之间相互关系的。最常用的是共发射极接法的输入特性曲线和输出特性曲线。特性曲线可用实验或查半导体器件手册获得。共发射极接法的供电电路和电压-电流关系如图 6-37 所示。

1. 输入特性曲线

简单地看，输入特性曲线类似于 PN 结的伏安特性曲线，但因为有集电结电压的影响，它与一个单独的 PN 结的伏安特性曲线不同。为了排除 u_{CE} 的影响，在讨论输入特性曲线时，应使 u_{CE} 为常数。共发射极接法的输入特性曲线如图 6-38 所示，当 $u_{CE}\geqslant 1$ V 时，即使 u_{CE} 改变，晶体管的输入特性曲线也基本重合，所以在 $u_{CE}\geqslant 1$ V 时只画一条输入特性曲线。

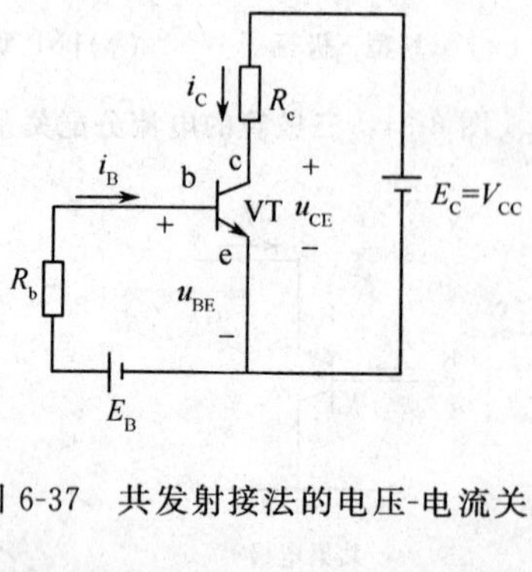

图 6-37　共发射极接法的电压-电流关系

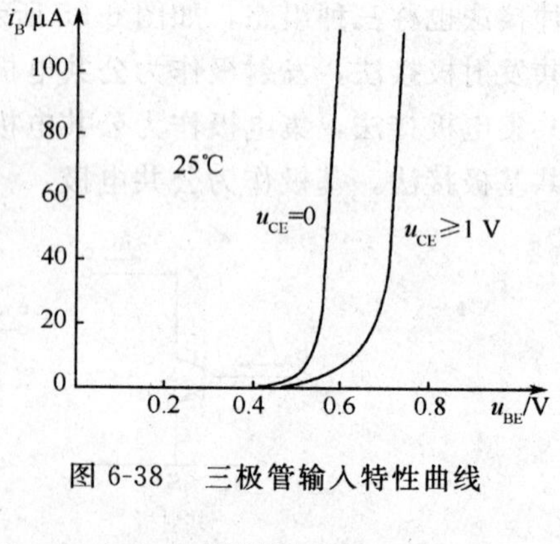

图 6-38　三极管输入特性曲线

由图可见，晶体管的输入特性曲线也有一段死区。只有在发射结外加电压大于死区电压后，晶体管才会产生基极电流 I_B。死区电压和二极管的基本相同，硅管为 0.5 V 左右，锗管为 0.2 V 左右。

2. 输出特性曲线

共发射极接法的输出特性曲线如图 6-39 所示，它是以 i_B 为参变量的一簇特性曲线。现以其中任何一条加以说明。当 $u_{CE}=0$ V 时，因集电极无收集作用，$i_C=0$。当 u_{CE} 微微增大时，发射结虽处于正向电压之下，但集电结反偏电压很小，如 $u_{CE}<1$ V；$u_{BE}=0.7$ V；$u_{CB}=u_{CE}-u_{BE}<0.7$ V。集电区收集电子的能力很弱，I_C 主要由 u_{CE} 决定。当 u_{CE} 增加到使集电结反偏电压较大时，如 $u_{CE}\geqslant 1$ V，$u_{BE}\geqslant 0.7$ V，运动到集电结的电子基本上都可以被集电区收集，此后 u_{CE} 再增加，电流也没有明显的增加，特性曲线进入与 u_{CE} 轴基本平行的区域（这与输入特性曲线随 u_{CE} 增大而右移的原因是一致的）。

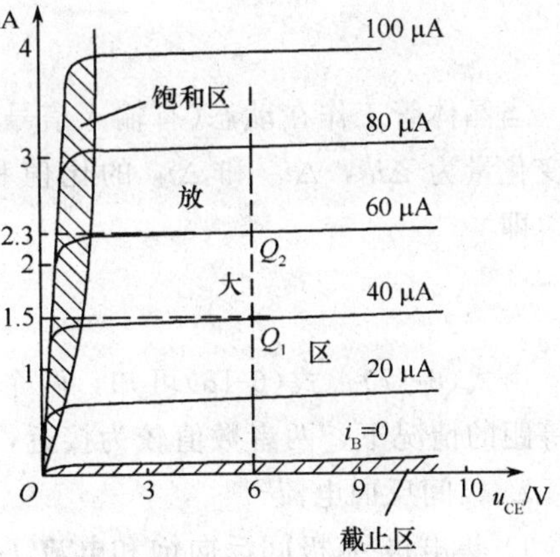

图 6-39　三极管输出特性曲线

输出特性曲线可以分为 3 个区域：

(1) 饱和区：i_C 受 u_{CE} 显著控制的区域，该区域内 u_{CE} 的数值较小，一般 $u_{CE}<0.7$ V(硅管)。此时发射结正偏，集电结正偏。

(2) 截止区：i_C 接近零的区域，相当 $i_B=0$ 的曲线下方。此时，发射结反偏，集电结反偏。

(3) 放大区：i_C 平行于 u_{CE} 轴的区域，曲线基本平行等距。此时，发射结正偏，集电结反偏。

【例 6-3】 在放大电路中，如果测得如图 6-40 中所示各管脚的电压值，问各三极管分别工作在哪个区？

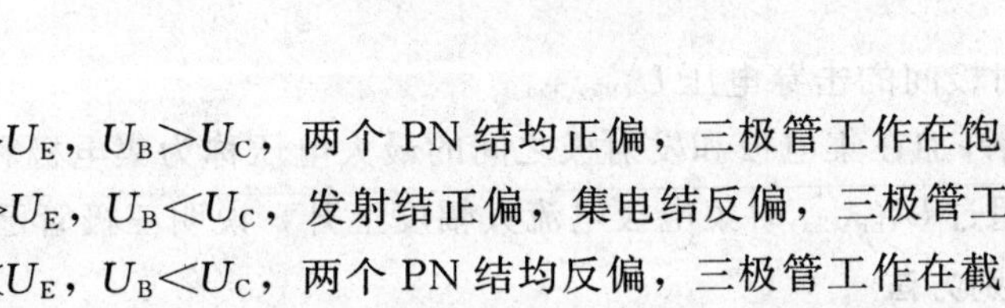

图 6-40　例 6-3 图

解：

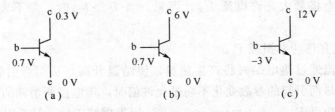

图 6-41(a)$U_B>U_E$，$U_B>U_C$，两个 PN 结均正偏，三极管工作在饱和区。

图 6-41(b)$U_B>U_E$，$U_B<U_C$，发射结正偏，集电结反偏，三极管工作在放大区。

图 6-41(c)$U_B<U_E$，$U_B<U_C$，两个 PN 结均反偏，三极管工作在截止区。

6.2.4　三极管的主要参数

三极管的参数是用来表示其性能和适用范围的，是选择三极管的主要依据。这里只介绍其几个主要参数。

1. 共射极电流放大系数 $\bar{\beta}$、β

当晶体管接成共射极电路时，在静态时集电极电流 I_C 与基极电流 I_B 的比值称为共射极

静态(又称直流)电流放大系数，用$\bar{\beta}$表示。即

$$\bar{\beta}=\frac{I_C}{I_B} \tag{6-17}$$

当晶体管工作在动态(有输入信号)时，基极电流的变化量为Δi_B，由它引起的集电极电流变化量为Δi_C，Δi_C 和 Δi_B 的比值称为若射极动态(又称交流)电流放大系数，用β表示。即

$$\beta=\frac{\Delta i_C}{\Delta i_B} \tag{6-18}$$

由式(6-17)、式(6-18)可知，两个电流放大系数的含义不同，但在输出特性曲线近于平行等距的情况下，两者数值较为接近，因而通常在估算时认为$\bar{\beta}\approx\beta$。

2. 极间反向电流

1）集电极-基极间反向饱和电流 I_{CBO}

I_{CBO}的下标 CB 代表集电极和基极，O 是 Open 的字头，代表第三个电极 E 开路。它相当于集电结的反向饱和电流。

2）集电极-发射极间的反向饱和电流 I_{CEO}

I_{CEO}和 I_{CBO}有如下关系

$$I_{CEO}=(1+\beta)I_{CBO} \tag{6-19}$$

当基极开路时，集电极和发射极间的反向饱和电流，即输出特性曲线 $i_B=0$ 那条曲线所对应的纵坐标的数值，集电极一发射极间的反向饱和电流又称穿透电流。当温度升高时，I_{CBO}增大，I_{CEO}随着增大，集电极电流 I_C 亦增大。所以，选用管子时一般希望 I_{CEO}小一些。

3. 极限参数

1）集电极最大允许电流 I_{CM}

当集电极电流增加时，β就要下降，当β值下降到线性放大区β值的 2/3 时，所对应的集电极电流称为集电极最大允许电流 I_{CM}。可见，当 $I_C>I_{CM}$时，并不表示三极管会损坏，但β值要大大下降。

2）集电极最大允许功率损耗 P_{CM}

由于集电极电流通过集电结时将产生热量，使结温升高，从而会引起晶体管参数的变化。当晶体管因受热而引起的参数变化不超过允许值时，集电极所消耗的最大功率，称为集电极最大允许耗散功率 P_{CM}。$P_{CM}=i_C u_{CB}\approx i_C u_{CE}$，因发射结正偏，呈低阻，所以功耗主要集中在集电结上。

4. 集电极和发射极间的击穿电压 $U_{(BR)CEO}$

基极开路时，允许加在集电极和发射极之间的最大电压称为集电极和发射极间的击穿电压 $U_{(BR)CEO}$。当 U_{CE}超过 $U_{(BR)CEO}$时集电极电流大幅度上升，说明三极管已被击穿。

6.2.5 三极管的判别方法

要准确地了解一只三极管类型、性能与参数，可用专门的测量仪器进行测试，但一般粗略判别三极管的类型和管脚，可直接通过三极管的型号简单判断，也可利用万用表测量方法判断。

1. 基极和管型的判断

三极管内部有两个 PN 结，即集电结和发射结，图 6-41 所示为 NPN 型三极管。与二极管相似，三极管内的 PN 结同样具有单向导电性。因此可用万用表电阻挡判别出基极 b 和管

型。例如，NPN 型三极管，当用黑表笔接基极 b，用红表笔分别搭试集电极 c 和发射极 e，测得阻值均较小；反之，表笔位置交换后，测得阻值均较大。但在测试时未知电极和管型，因此对三个电极脚要调换测试，直到符合上述测量结果为止。然后，再根据在公共端电极上表笔所代表的电源极性，可判别出基极 b 和管型。

2. 集电极和发射极的判别

这可根据三极管的电流放大作用进行判别。如图 6-42 所示的电路，当未接上 R_b 时，无 I_B，则 $I_C=I_{CEO}$ 很小，测得 c、e 间电阻大；当接上 R_b 后，则有 I_B，而 $I_C=\beta I_B+I_{CEO}$，因此，I_C 显然要增大，测得 c、e 间电阻比未接上 R_b 时为小。如果 c、e 调头，三极管成反向运行，则 β 小，无论 R_b 接与不接，c、e 间电阻均较大，因此可判断出 c 极和 e 极。例如，测量的管型是 NPN 型，若符合 β 大的情况，则与黑表笔相接的是集电极 c。

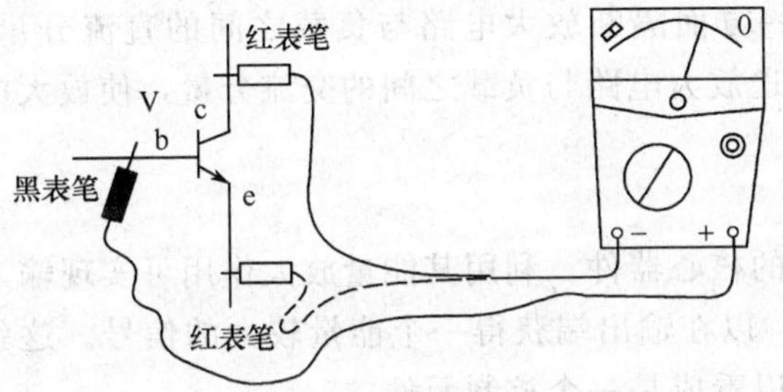

图 6-41　三极管基极的测试

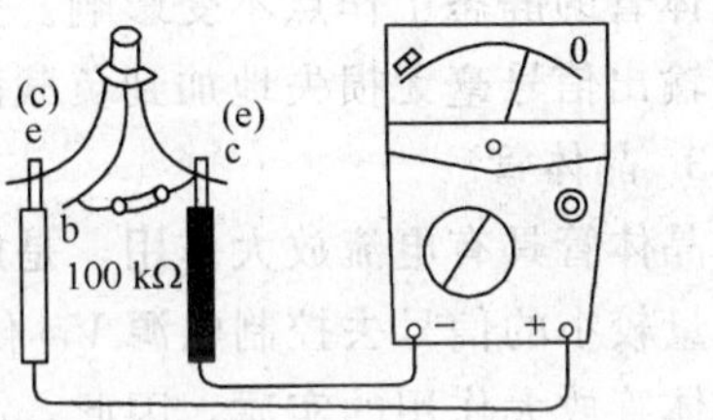

图 6-42　三极管集电极、发射极的判别

3. 共发射极直流电流放大系数 β 的性能测试

测试方法与 2 中判别 c、e 极方法相似。由三极管电流放大倍数原理可知，在接 R_b 时测得阻值比未接 R_b 时小，表明三极管的电流放大系数 β 大。

在掌握上述一些测试方法后，即可判别三极管的 PN 结是否损坏，是开路还是短路。这是在实用上判断管子是否良好所经常采用的简便方法。应该指出，在用万用表测量晶体管时，应该使用 $R\times100(\Omega)$ 或 $R\times1\text{k}(\Omega)$ 的电阻挡。

6.3　共发射极基本放大电路

6.3.1　基本放大电路的组成

晶体管的主要用途之一，是利用其电流放大作用组成放大电路。基本放大电路如图 6-43所示。利用放大器件工作在放大区时所具有的电流控制特性，可以实现放大作用。放大电路由放大器件、直流电源、偏置电路、输入回路和输出回路几部分组成。

1. 输入回路

(1) 信号源 u_S 和信号源内阻 R_s：它们的作用是给放大电路的输入端即晶体管的发射结提供一定频率和幅度的正弦交流信号电压 $u_{BE}=u_i$。

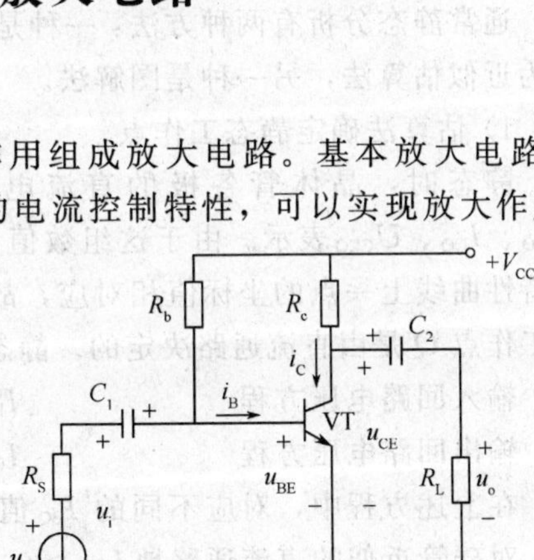

图 6-43　基本放大电路

(2) 耦合电容 C_1：起隔直流、通交流的作用。一方面隔断信号源和放大电路之间的直流分量，另

一方面传送信号源和放大电路之间的交流分类，保证交流分类毫无损失地加到放大电路的输入端。即对交流分量频率呈现的容抗近似为零，电容器可视为短路，因此 C_1 的取值为几微法到几十微法，常采用极性电容器。

（3）基极偏置电阻 R_b；它们的作用是给发射结提供正向偏置电压，并给基极提供合适的偏置电流 i_B，使晶体管有合适的静态工作点。R_b 的取值通常为几十千欧姆到几百千欧姆。

2．输出回路

（1）集电极电源 V_{CC} 和集电极负载电阻 R_c：电源 V_{CC} 除了为输出信号提供能量外，还通过 R_c 给集电结提供反向偏置电压，使晶体管处于放大状态。V_{CC} 一般为几伏到几十伏。集电极电阻 R_c 可将集电极电流的变化转化为电压的变化，以实现放大电路的电压放大。R_C 的阻值一般为几千欧到几十千欧。

（2）耦合电容 C_2：C_2 的作用同 C_1 相似，一方面隔断放大电路与负载之间的直流分量，使晶体管的静态工作点不受影响。另一方面传送放大电路与负载之间的交流分量，使放大电路的输出信号毫无损失地加到负载两端。

3．晶体管

晶体管具有电流放大作用，是放大电路中的核心器件。利用其能量放大作用可实现输入端能量较小的信号去控制电源 V_{CC} 供给的能量，以在输出端获得一个能量较大的信号。这就是晶体管放大作用的实质，因此，晶体管还可以看成是一个控制元件。

6.3.2 共射极交流电压放大电路的分析

放大电路的分析，可分为静态和动态两种情况进行。静态是指放大电路没有输入信号时的工作状态，动态是放大电路有输入信号时的工作状态。

1．共射极放大电路的静态分析

无信号输入时（$u_i=0$），放大电路的工作状态称为静态。静态时，电路中各处的电压、电流均为直流量。对直流而言，放大电路中的电容可视为开路、电感可视为短路。据此所得到的等效电路称为放大电路的直流通路，如图 6-44 所示。对直流通路作电路分析，求解输入、输出电路的伏安关系即放大电路的静态分析，从而确定出静态工作点 Q。

通常静态分析有两种方法：一种是由直流通路确定静态值称为近似估算法，另一种是图解法。

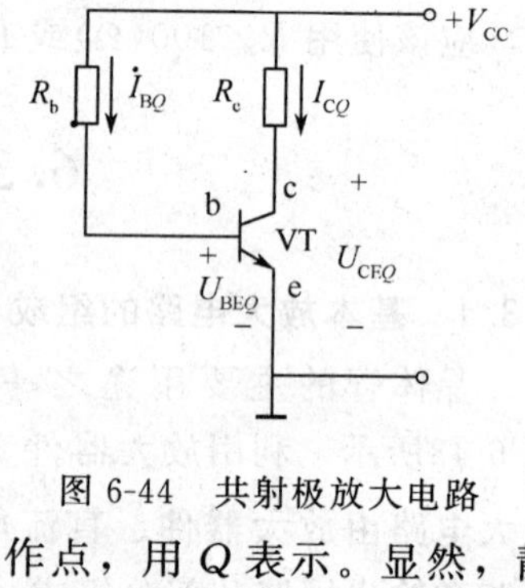

图 6-44 共射极放大电路

1）估算法确定静态工作点

静态时，晶体管各极的直流电流、电压分别用 I_{BQ}、U_{BEQ}、I_{CQ}、U_{CEQ} 表示。由于这组数值分别与晶体管输入、输出特性曲线上一点的坐标值相对应，故常称这组数值为静态工作点，用 Q 表示。显然，静态工作点 Q 是由直流通路决定的。静态工作点 Q 常用如下近似计算法进行估算：

输入回路电压方程 $$I_{BQ}R_b+U_{BEQ}=V_{CC} \tag{6-20}$$

输出回路电压方程 $$I_{CQ}R_c+U_{CEQ}=V_{CC} \tag{6-21}$$

在上述方程中，对应不同的 I_{BQ} 值，U_{BE} 的变化很小，作为近似估算，可以认为 U_{BE} 不变，对硅管近似的直流通路地 $U_{BE}\approx 0.7\ \text{V}$，对锗管近似地取 $U_{BE}\approx 0.2\ \text{V}$。通常 $V_{CC}\gg U_{BE}$，因而由上两式可得：

$$I_{BQ}=\frac{V_{CC}-U_{BEQ}}{R_b} \tag{6-22}$$

$$I_{CQ}\approx\beta I_{BQ} \tag{6-23}$$

$$U_{CEQ}=V_{CC}-I_{CQ}R_c \tag{6-24}$$

由上述公式求得的 I_{BQ}、I_{CQ}和 U_{CEQ}值即是静态工作点 Q。

在测试基本放大电路时，往往测量三个电极对地的电位 V_B、V_E 和 V_C 即可确定三极管的工作状态。

【例 6-4】 在图 6-43 电路中，已知 $V_{cc}=12\ V$，$R_c=4\ k\Omega$，$R_b=300\ k\Omega$，$\beta=37.5$，试求放大电路的静态工作点。

解：由上面公式可知：$I_{BQ}=\frac{V_{CC}-U_{BEQ}}{R_b}=\left(\frac{12-0.7}{300}\right)$ mA$=0.04$ mA$=40\ \mu A$

$$I_{CQ}\approx\beta I_{BQ}=(37.5\times0.04)\ mA=1.5\ mA$$

$$U_{CEQ}=V_{CC}-I_{CQ}R_c=(12-1.5\times4)\ V=6\ V$$

2）图解法确定静态值

利用晶体管的输入、输出特性曲线，通过作图的方法，直观地分析放大电路工作性能的方法，称为图解法。应用图解法可直观地看到交流信号放大传输的过程，正确地选择静态工作点和确定动态工作范围，估算电压放大倍数。

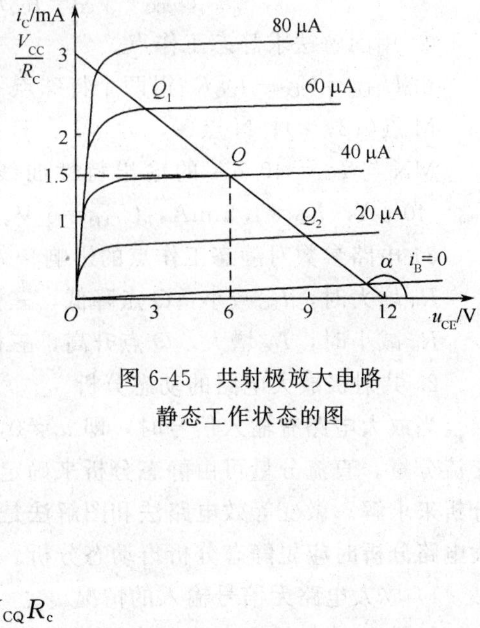

图 6-45　共射极放大电路静态工作状态的图

由例 6-4 可知

$$I_{BQ}=\frac{V_{CC}-U_{BEQ}}{R_B}=\frac{12-0.7}{300}\ mA=0.04\ mA=40\ \mu A$$

因而 I_{CQ}和 U_{CEQ}值即由特性曲线 $I_{BQ}=40\ \mu A$ 那条曲线上的点定。

直流负载线的确定方法：

(1) 由直流负载列出方程式

$$U_{CEQ}=V_{CC}-I_{CQ}R_c$$

(2) 在输出特性曲线 x 轴及 y 轴上确定两个特殊点：V_{CC}和 V_{CC}/R_c，即可画出直流负载线。

(3) 连接以上两点所得的直线与 $I_{BQ}=40\ \mu A$ 曲线相交点即为静态工作点 Q，

(4) 得到 Q 点的参数 I_{BQ}、I_{CQ}和 U_{CEQ}

由图 6-45 可知，I_{BQ}值大小不同时，点 Q 在负载线上的位置也不同，而 I_{BQ}值是通过基极电阻 R_b调节的。R_b增加，I_{BQ}减少，点 Q 沿负载线下移，R_b减少，I_{BQ}增加，点 Q 沿负载线上移。放大电路的静态工作点对放大电路工作性能的影响甚大，一般应设置在特性曲线放大区的中部，因为此处线性好，能获得较大的电压放大倍数，而且失真也小。

【例 6-5】 试用估算法和图解法求图 6-46(a) 所示放大电路的静态工作点，已知该电路中的三极管 $\beta=37.5$，直流通路如图 6-46(b)所示，输出特性曲线如图 6-46(c)所示。

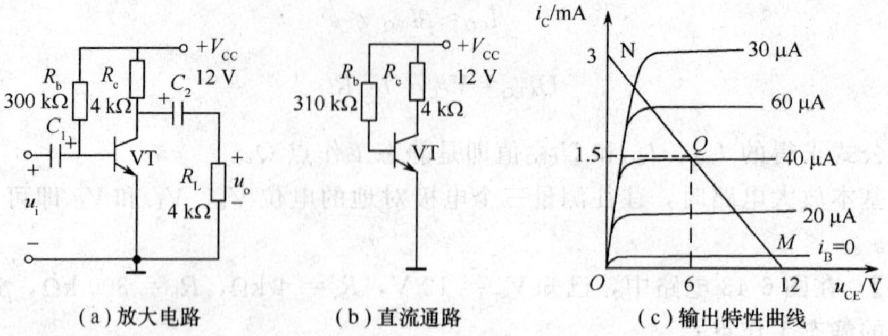

图 6-46　例 6-5 图

解： ① 用估算法求静态工作点。

由上例可知

$$I_{BQ}=0.04\ \text{mA}=40\ \mu\text{A}$$

$$I_{CQ}\approx\beta I_{BQ}=37.5\times0.04\ \text{mA}=1.5\ \text{mA}$$

$$U_{CEQ}=V_{CC}-I_{CQ}R_c=(12-1.5\times4)\ \text{V}=6\ \text{V}$$

② 用图解法求静态工作点。

由 $U_{CEQ}=V_{CC}-I_{CQ}R_c$ 得两个特殊点

M 点(12，0)；N 点(0，3)

MN 与 $I_{BQ}=40\ \mu\text{A}$ 的输出特性曲线相交点，即是静态工作点 Q。从曲线上可看出：$I_{BQ}=40\ \mu\text{A}$，$I_{CQ}=1.5\ \text{mA}$，$U_{CEQ}=6\ \text{V}$。与估算法所得结果一致。

3) 电路参数对静态工作点的影响

R_b 增大时，I_{BQ}减小，Q 点降低，三极管趋向于截止。

R_b 减小时，I_{BQ}增大，Q 点升高，三极管趋向于饱和。此时三极管均会失去放大作用。

2. 共射极放大电路的动态分析

当放大电路有输入信号时，即 $u_i\neq0$，三极管各电极上的电流和电压都含有直流分量和交流分量。直流分量可由静态分析来确定，而交流分量(信号分量)则是通过放大电路的动态分析来求解。微变等效电路法和图解法是动态分析的两种基本方法。值得注意的是，在作放大电路分析时应先静态分析再动态分析。

1) 放大电路无信号输入的情况

如图 6-44 的放大电路，当无信号输入时(相当于输入端短路)，放大电路是直流通路。如图 6-47(a)：以 AB 为分界线，把该放大电路直流通道的输出回路分为两部分，左侧是三极管，电压 u_{CE}与电流 i_C 的关系是三极管的输出特性，如图 6-46(b)所示；右侧是直流电源 V_{CC}与电阻 R_c 组成的支路，电流电压关系是一直线方程：$u'_{CE}=V_{CC}-i'_C R_c$；用两点法可画出该直线 MN，其中 M(0、V_{CC}/R_c)，N(V_{CC}、0)。

因左、右侧两部分共同组成了一个整体电路，流过同一电流，即 $i_C=i'_C$；AB 端又是同一电压 $u_{CE}=u'_{CE}$，将图 6-47(b)和图 6-47(c)合在一起，构成图 6-47(d)。输出特性曲线坐标中的直线 MN 就称为放大器的直流负载线。

直流负载线斜率：

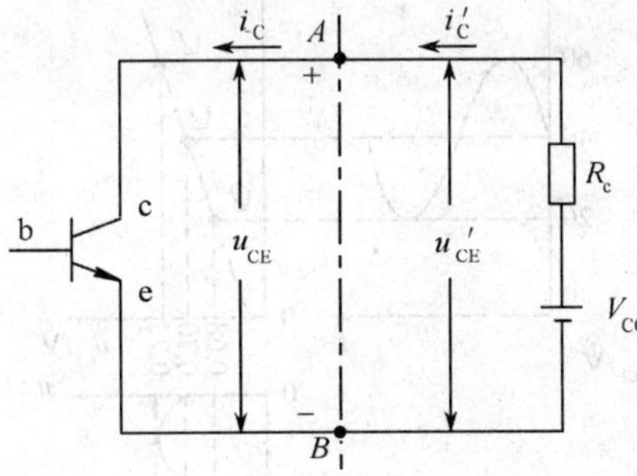

(a)直流通路

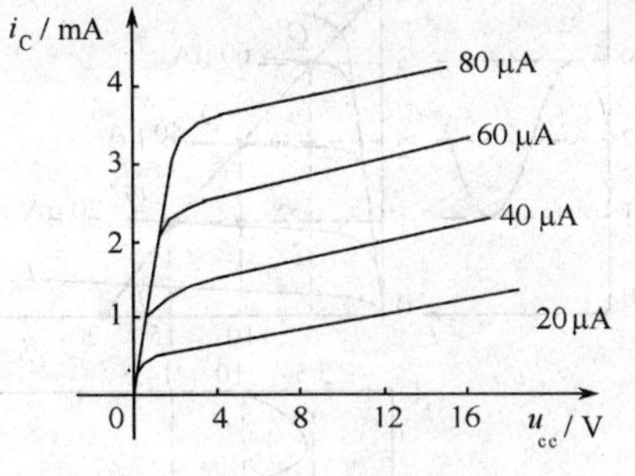

(b)输出特性曲线

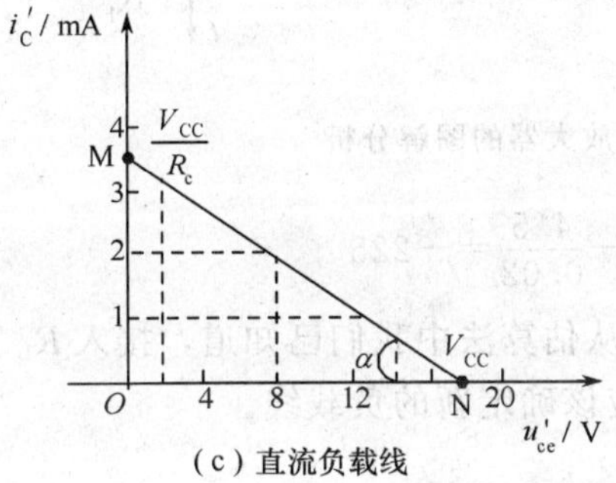

(c) 直流负载线

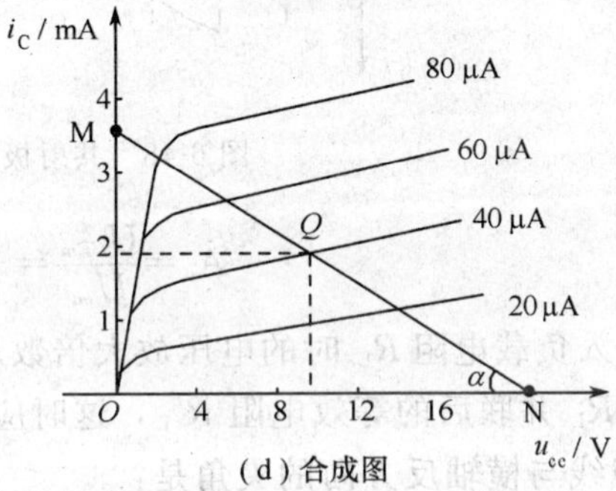

(d)合成图

图 6-47　共射极放大电路输出回路图解

$$|\tan\alpha| = \left|\frac{\mathrm{OM}}{\mathrm{ON}}\right| = \left|\frac{V_{CC}/R_c}{V_{CC}}\right| = \frac{1}{R_c}$$

直流负载线静态工作点的确定：直流负载 MN 和 $I_{BQ}=\dfrac{V_{CC}-U_{BEQ}}{R_b}$的交点 Q 便是静态工作点。

静态工作点 Q 的坐标，即 $Q(u_{CE}，i_C)$，反映了放大电路无信号输入时的直流值。这与前面用估算法求出的结果接近。

2）放大电路有信号输入后的情况

(1) 输入回路。

基极电流 i_B 可根据输入信号电压 u_i，从管子的输入特性上求得。

设输入信号电压 $u_i=20\sin\omega t$(mV)，根据静态时 $I_{BQ}=40\ \mu A$，当送入信号后，加在 e、b 极间的电压是一个在 0.7 V±20 mV 范围内变化的脉动电压。而基极电流 i_B 是一个在 20～60 μA 范围内变化的脉动电流，该脉动电流由两个分量组成，即直流分量 I_B 和交流分量 i_B。交流分量的振幅是 20 mA(见图 6-48)。

(2) 不接负载电阻 R_L 时的电压放大倍数。

由基极电流 i_B 的变化，便可分析放大电路各量的变化规律，如图 6-48 所示。当基极电流在 20～60 μA 范围内变化时，放大器将在直流负载线上的 AB 段工作。这时 i_C 与 u_{CE}的波形如图 6-48 所示，i_C 和 u_{CE} 均包含直流分量 I_C、U_{CE}。u_{CE} 的振幅为 4.5 V，i_C 的振幅为 0.9 mA。故放大器的电压放大倍数为

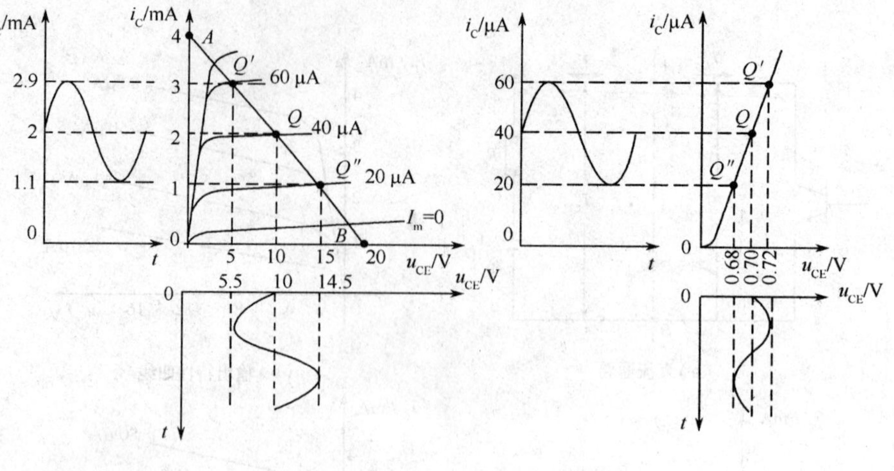

图 6-48　共射极放大器的图解分析

$$\dot{A}_u=\frac{U_{CEm}}{U_{im}}=-\frac{4.5}{0.02}=-225$$

(3) 接入负载电阻 R_L 时的电压放大倍数从估算法中我们已知道，接入 R_L 后，总负载电阻是 R_c 与 R_L 并联后的等效电阻 R'_L，这时应该确定新的负载线。

新负载线与横轴反方向的夹角是：

$$\alpha'=\arctan\frac{OC}{OD}\qquad(R'_L=R_c/\!/R_L)$$

新的负载线称为"交流负载线"。

因为当输入信号为零时，放大电路工作在静态工作点 Q 上，所以交流负载线必定要通过 Q 点。根据交流负载线的斜率和一个已知点 Q 的坐标，我们便可以将交流负载线 CD 画出。如图 6-49 所示。从图中得 u_{CE} 的振幅为 2.8 V，所以带负载后电压放大倍数为

$$\dot{A}'_u=-\frac{2.8}{0.02}=-140$$

比不带负载时的值小，这与估算法中的结果一致。

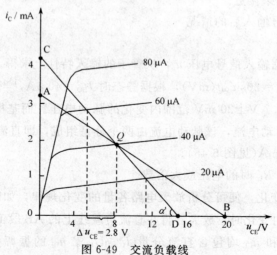

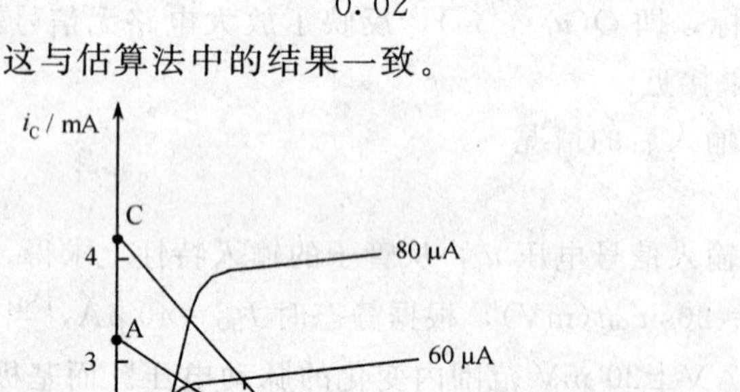

图 6-49　交流负载线

6.4 射极输出器

前面我们已经知道，由于输入和输出回路公共端的选择不同，使放大器存在着三种基本组态。本节着重讨论共集电极电路即射极输出器。

图 6-50 为共集电极电路原理图和交流通路，从交流通路中可以看出，信号从基极输入，从发射极输出，集电极是输入、输出回路的公共端，故称为共集电极电路。由于被放大的信号从发射极输出，故又名“射极输出器”。

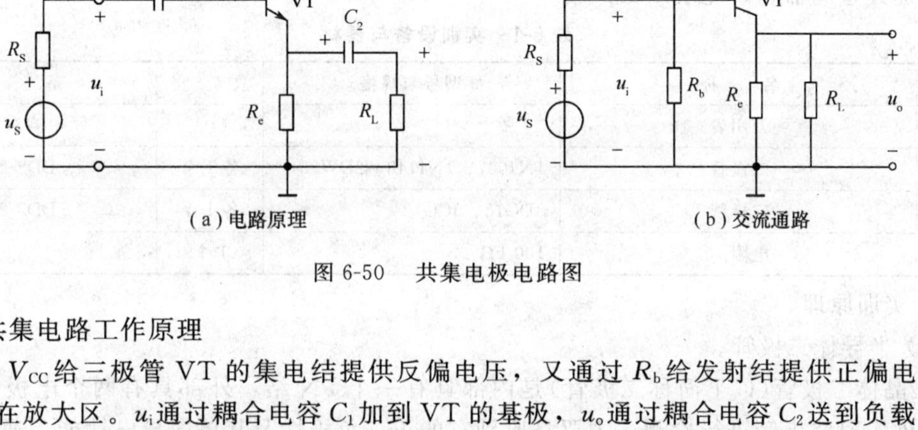

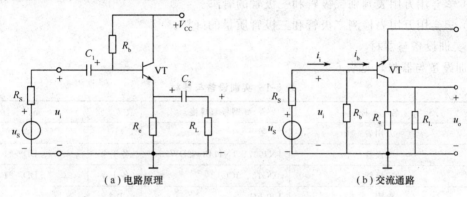

(a) 电路原理　　(b) 交流通路

图 6-50 共集电极电路图

1. 共集电路工作原理

电源 V_{CC} 给三极管 VT 的集电结提供反偏电压，又通过 R_b 给发射结提供正偏电压，使 VT 工作在放大区。u_i 通过耦合电容 C_1 加到 VT 的基极，u_o 通过耦合电容 C_2 送到负载 R_L 上。

由图 6-50 可列出输入回路 KVL 方程

$$V_{CC}=I_{BQ}R_b+U_{BEQ}+I_{EQ}R_e,\ 又\ I_{EQ}=(1+\beta)I_{BQ}$$

则

$$I_{BQ}=\frac{V_{CC}-U_{BEQ}}{R_b+(1+\beta)R_e}\approx\frac{V_{CC}}{R_b+(1+\beta)R_e}$$

$$I_C\approx\beta I_B$$

$$U_{CEQ}=V_{CC}-I_{EQ}R_e\approx V_{CC}-I_{CQ}R_e$$

共集电路求 Q 点思路：$I_{BQ}(I_{EQ})\rightarrow I_{CQ}\rightarrow U_{CEQ}$。

R_e 有稳定静态工作点的作用，当 I_{CQ} 因温度升高而增大时，R_e 上的压降（$I_{EQ}R_e$）上升，导致 U_{BEQ} 下降，牵制了 I_{CQ} 的上升。

2. 共集电路的性能及其应用

共集电路的微变等效电路，如图 6-51 所示。

(1)由于输入电阻高，故用作高输入电阻的输入级。

(2) 由于输出电阻低，可提高带负载能力，稳定输出电压，故用作低输出电阻的输出级。

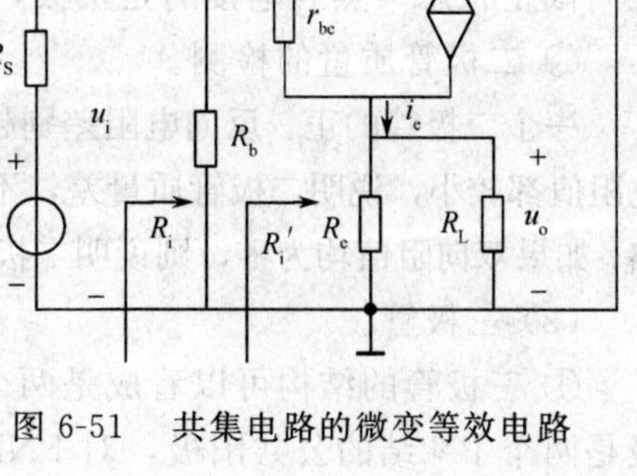

图 6-51 共集电路的微变等效电路

(3) 因 $\dot{A}_u \approx 1$，可以隔离前后级的影响，起阻抗变换和缓冲作用，故用作多级放大电路的中间级。

6.5 拓展实训

6.5.1 二极管、三极管判别与检测

1. 实训目的

(1) 学会用万用表判别二极管和三极管的管脚。

(2) 学会用万用表检测二极管和三极管质量的好坏。

2. 实训设备与器材

实训设备与器材，见表 6-1。

表 6-1 实训设备与器材

序 号	名 称	型号与规格	数 量	备 注
1	万用表		1只	自备
2	二极管	1N4007、1N4148、2DW231	各1个	DDZ-21
3	三极管	3DG12、3CG12	各1个	DDZ-21
4	电阻	100 kΩ	1个	

3. 实训原理

(1) 半导体二极管。

① 晶体二极管(以下简称二极管)是内部具有一个 PN 结，外部具有两个电极的一种半导体器件。对二极管进行检测，主要是鉴别它的正、负极性及其单向导电性能。通常其正向电阻小为几百欧，反向电阻大为几十千欧至几百千欧。

② 二极管极性的判别。

根据二极管正向电阻小，反向电阻大的特点可判别二极管的极性。

指针式万用表：将万用表拨到 $R\times100(\Omega)$或 $R\times1\text{k}(\Omega)$的欧姆挡，表笔分别与二极管的两极相连，测出两个阻值，在测得阻值较小的一次测量中，与黑表笔相接的一端就是二极管的正极。同理在测得阻值较大的一次测量中，与黑表笔相接的一端就是二极管的负极。

数字式万用表：红表笔插在“V·Ω”插孔，黑表笔插在“COM”插孔。将万用表拨到二极管挡进行测量，用两支表笔分别接触二极管两个电极，若显示值为几百欧，说明管子处于正向导通状态，红表笔接的是正极，黑表笔接的是负极；若显示溢出符号“1”，表明管子处于反向截止状态，黑表笔接的是正极，红表笔接的是负极。

③ 二极管质量的检测。

一个二极管的正、反向电阻差别越大，其性能就越好。用上述方法测量二极管时，如果双向电阻值都较小，说明二极管质量差，不能使用；如果双向阻值都为无穷大，说明该二极管已经断路；如果双向阻值均为零，则说明二极管已被击穿。在这三种情况下二极管就不能使用了。

(2) 三极管。

① 三极管的结构可以看成是两个背靠背的PN结，如图 6-52 所示。对 NPN 管来说，基极是两个 PN 结的公共阳极，对 PNP 管来说，基极是两个 PN 结的公共阴极。

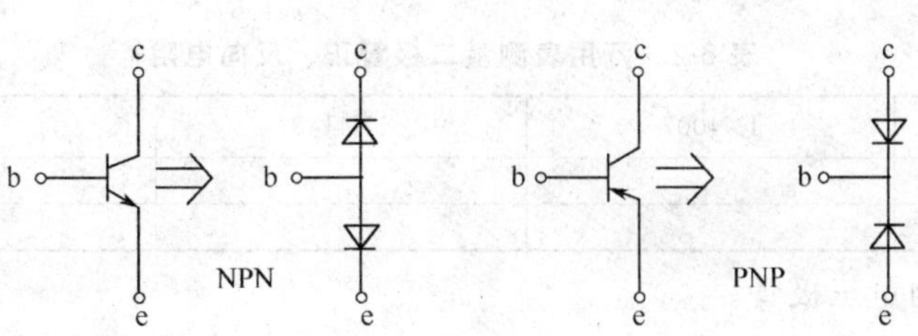

图 6-52　晶体管结构示意图

② 三极管基极与管型的判别。

将指针式万用表拨到 $R\times100(\Omega)$或 $R\times1\text{k}(\Omega)$欧姆挡，用黑表笔接触某一管脚，用红表笔分别接触另两个管脚，如表头读数都很小，则与黑表笔接触的那一管脚是基极，同时可知此三极管为 NPN 型；若用红表笔接触某一管脚，而用黑表笔分别接触另两个管脚，表头读数同样都很小时，则与红表笔接触的那一管脚是基极，同时可知此三极管为 PNP 型。用上述方法既判定了三极管的基极，又判别了三极管的类型。用数字万用表判别时，极性刚好相反。

③三极管发射极和集电极的判别。

方法一：以 NPN 型三极管为例，确定基极后，假定其余的两管脚中的一只是集电极，将黑表笔接到此脚上，红表笔则接到假定的发射极上。用手指把假设的集电极和已测出的基极捏起来(但不要相碰)，看表针指示，并记下此阻值的读数。然后再作相反假设，即把原来假设为集电极的脚假设为发射极。作同样的测试并记下此阻值的读数。比较两次读数的大小，若前者阻值较小，说明前者的假设是对的，那么黑表笔接的一只脚是集电极，剩下的一只脚就是发射极了。

若需判别是 PNP 型三极管，仍用上述方法，但必须把表笔极性对调一下。

方法二：如图 6-53 所示，在判别出三极管的基极后，再将三极管基极与 100 kΩ 电阻串接，电阻另一端与三极管的一极相接，将万用表的黑表笔接三极管与电阻相连的一极，万用表的红表笔接三极管剩下的一极，读取电阻值，再将三极管的两极(c、e 极)对调，再读取一组电阻值，阻值小的那一次与指针式万用表黑表笔相连的极为集电极(NPN)或发射极(PNP)。

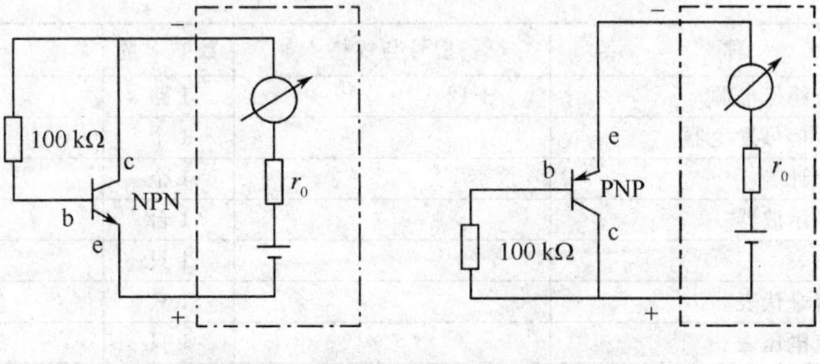

图 6-53　晶体管集电极 c、发射极 e 的判别

4. 实训内容

(1) 用万用表测量二极管。

用万用表分别测量二极管 1N4007、1N4148 和 2DW231 的正、反向电阻，并记录在表 6-2中。

表 6-2 万用表测量二极管正、反向电阻

二极管型号	1N4007	1N4148	2DW231
正向电阻			
反向电阻			

(2) 用万用表测量三极管。

根据判别三极管极性的方法，按表 6-3 的要求测量 3DG12 与 3CG12。

表 6-3 测量 3DG12 与 3CG12

三极管型号	3DG12	3CG12
一脚对另两脚电阻都大时阻值		
一脚对另两脚电阻都小时阻值		
基极连 100 kΩ 电阻时 c-e 间阻值		
基极连 100 kΩ 电阻时 e-c 间阻值		

5. 实训注意事项

(1) 实训前根据实训要求，选择所需实训挂箱。

(2) 放置挂箱时，要按照要求轻拿轻放，以免损坏器件。

(3) 实训结束后，要按照要求整理实训台，实训导线和实训挂箱要放到指定位置。

6. 实训总结

(1) 老师提供给学生 1～2 个未知 e、b、c 极的三极管，由学生来确定它的 e、b、c 极。

(2) 总结晶体二极管和三极管极性的判别方法。

6.5.2 晶体管共射极单管放大器连接与测试

1. 实训目的

(1) 掌握放大器静态工作点的调试方法。

(2) 掌握放大器电压放大倍数的测试方法。

(3) 进一步熟悉常用电子仪器及模拟电路实训设备的使用。

2. 实训设备与器材

实训设备与器材，见表 6-4。

表 6-4 实训设备与器材

序号	名称	型号与规格	数量	备注
1	直流稳压电源	+12 V	1 路	实训台
2	函数信号发生器		1 个	实训台
3	频率计		1 个	实训台
4	双踪示波器		1 台	自备
5	万用表		1 只	自备
6	交流毫伏表		1 只	自备
7	直流电压表		1 只	实训台
8	直流毫安表		1 只	实训台
9	电解电容	10 μF	2 个	DDZ-21
10	电解电容	47 μF	1 个	DDZ-21
11	电位器	470 kΩ	1 个	DDZ-21
12	三极管	3DG6	1 个	DDZ-21
13	电阻	1 kΩ、5.1 kΩ	各 1 个	DDZ-21
14	电阻	2.4 kΩ、20 kΩ	各 2 个	

3. 实训电路

实训电路如图 6-54 所示。

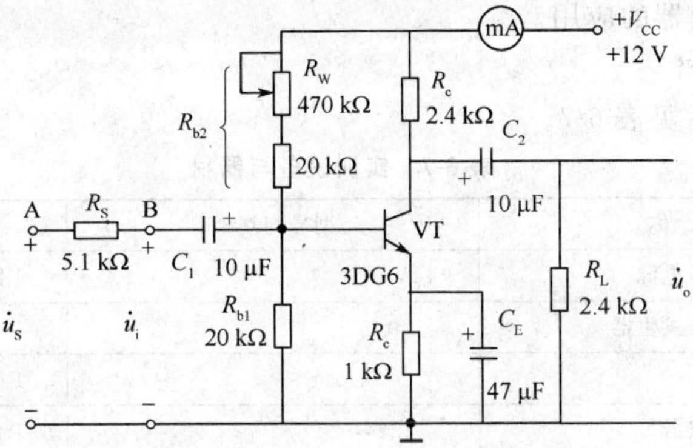

图 6-54　共射极单管放大器实训电路

4. 实训内容

(1) 按图 6-54 利用实训导线连接好共射极单管放大器实训电路。

(2) 调试静态工作点。

先将 R_W 调至最大，函数信号发生器输出旋钮旋至零。将实训台上 +12 V 直流稳压电源和地连接到实训电路中，打开电源开关。调节 R_W，使 $I_C=2.0$ mA(即 $U_E=2.0$ V)，用直流电压表测量 U_B、U_E、U_C 及用万用表测量 R_{BE} 值。记入表 6-5 中。

表 6-5　静态工作点调试

测量值				计算值		
U_B/V	U_E/V	U_C/V	R_{b2}/kΩ	U_{BE}/V	U_{CE}/V	I_C/mA

(3) 测量电压放大倍数。

打开实训台上函数信号发生器的电源开关，在放大器输入端加入频率为 1 kHz 的正弦信号 u_i，调节函数信号发生器的输出幅度旋钮使放大器输入电压 $U_i \approx 10$ mV，同时调整电路上电位器 R_W，使放大器的输出波形达到最大不失真状态。在波形不失真的条件下用交流毫伏表测量放大器的输入、输出电压，计算电压放大倍数 $\dot{A}_u$ 并把测量值、计算值填入表 6-6 中，用双踪示波器观察 u_o 和 u_i 的相位关系，绘出 u_o 和 u_i 的波形。

表 6-6　电压放大倍数的测量

R_c/kΩ	R_L/kΩ	U_o/V	U_i	$\dot{A}_u$ 计算值
2.4	∞			
2.4	2.4			

5. 实训注意事项

(1) 实训前根据实训要求，选择所需实训挂箱。

(2) 放置挂箱时，要按照要求轻拿轻放，以免损坏器件。

(3) 实训结束后，要按照要求整理实训台，实训导线和实训挂箱要放到指定位置。

6.5.3　射极跟随器连接与测试

1. 实训目的

(1) 掌握射极输出器的电路特点。

(2) 进一步学习放大器各项参数的测量方法。

(3) 了解射极输出器的应用。

2. 实训设备与器材

实训设备与器材，见表 6-7。

表 6-7 实训设备与器材

序号	名称	型号与规格	数量	备注
1	直流稳压电源	+12V	1路	实训台
2	函数信号发生器		1个	实训台
3	频率计		1个	实训台
4	双踪示波器		1台	自备
5	万用表		1只	自备
6	交流毫伏表		1只	自备
7	直流电压表		1只	实训台
8	直流毫安表		1只	实训台
9	电解电容	10 μF	2个	DDZ-21
10	电位器	470 kΩ	1个	DDZ-21
11	三极管	3DG6	1个	DDZ-21
12	电阻	1 kΩ、2 kΩ、5.1 kΩ、10 kΩ	各1个	DDZ-21
13	电阻	2.7 kΩ	1个	

3. 实训电路

实训电路如图 6-55 所示。

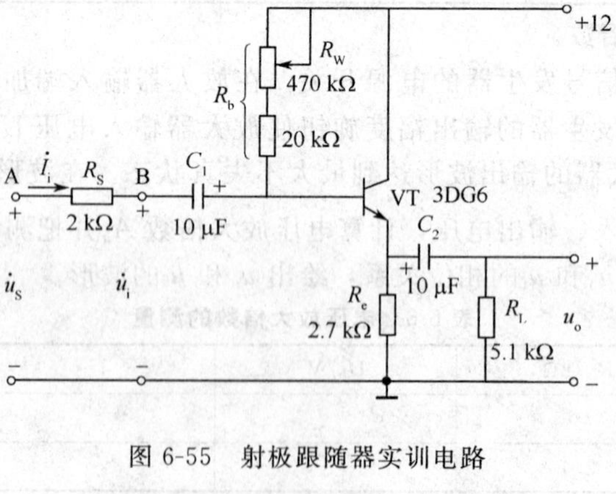

图 6-55 射极跟随器实训电路

4. 实训内容

(1) 按图 6-55 利用实训导线连接好实训电路。

(2) 静态工作点的调整。

将+12 V 直流稳压电源接入电路。在 B 点加入 $f=1$ kHz 正弦信号 u_i，输出端用示波器观察输出波形，反复调整 R_W 及信号源的输出幅度，使在示波器的屏幕上得到一个最大不失真输出波形，然后置 $u_i=0$，用直流电压表测量晶体管各电极对地电位，并记录在表 6-8 中。

表 6-8　静态工作点调整

U_E/V	U_B/V	U_C/V	I_{EQ}/mA

注意：在下面整个测试过程中应保持 R_W 值不变(即保持静态工作点 I_{EQ}不变)。

(3) 测量电压放大倍数 $\dot{A}_u$。

接入负载 $R_L=1\ \text{k}\Omega$，在 B 点加 $f=1\ \text{kHz}$ 正弦信号 u_i，调节输入信号幅度，用示波器观察输出波形 u_o，在输出最大不失真情况下，用交流毫伏表测 U_i、U_L 值。记入表 6-9 中。

表 6-9　电压放大倍数 $\dot{A}_u$ 的测量

U_i/V	U_L/V	$\dot{A}_u$

(4) 测量输出电阻 R_0。

接上负载 $R_L=1\ \text{k}\Omega$，在 B 点加 $f=1\ \text{kHz}$ 正弦信号 u_i，用示波器观察输出波形，测空载输出电压 U_o，有负载时输出电压 U_L，记入表 6-10 中。

表 6-10　输出电阻 R_o 的测量

U_o/V	U_L/V	R_0/kΩ

(5) 测量输入电阻 R_i。

在 A 点加 $f=1\ \text{kHz}$ 的正弦信号 u_S，用示波器观察输出波形，用交流毫伏表分别测出 A、B 点对地的电位 U_S、U_i，记入表 6-11 中。

表 6-11　输入电阻 R_i 的测量

U_S/V	U_i/V	R_i/kΩ

(6) 测试跟随特性。

接入负载 $R_L=1\ \text{k}\Omega$，在 B 点加入 $f=1\ \text{kHz}$ 正弦信号 u_i，逐渐增大信号 u_i 幅度，用示波器观察输出波形直至输出波形达最大不失真，测量对应的 U_L 值，记入表 6-12 中。

表 6-12　跟随特性的测试

U_i/V		
U_L/V		

(7) 测试频率响应特性。

保持输入信号 u_i 幅度不变，改变信号源频率，用示波器监视输出波形，用交流毫伏表测量不同频率下的输出电压 U_L 值，记入表 6-13 中。

表 6-13　频率响应特性的测试

f/kHz		
U_L/V		

5. 实训总结

(1) 整理实训数据，总结射极跟随器的电路特点。

(2) 分析射极跟随器的性能和特点。

6.5.4 整流滤波电路及稳压管稳压电路实训

1. 实训目的

(1) 掌握单相桥式整流电路的应用。

(2) 掌握电容滤波电路的特性。

(3) 掌握稳压管的应用和测试。

2. 实训设备与器材

实训设备与器材，见表 6-14。

表 6-14 实训设备与器材

序号	名称	型号与规格	数量	备注
1	双踪示波器		1台	自备
2	低压交流电源		1路	DDZ-21
3	直流电压表		1只	实训台
4	电解电容	470 μF	1只	DDZ-21
5	稳压二极管	1N4735	1只	DDZ-21
6	二极管	1N4007	4只	DDZ-21
7	电阻	100 Ω、120 Ω、240 Ω	各1只	DDZ-21
8	电位器	1 kΩ	1只	DDZ-12

3. 实训电路

实训电路如图 6-56、图 6-57 所示。

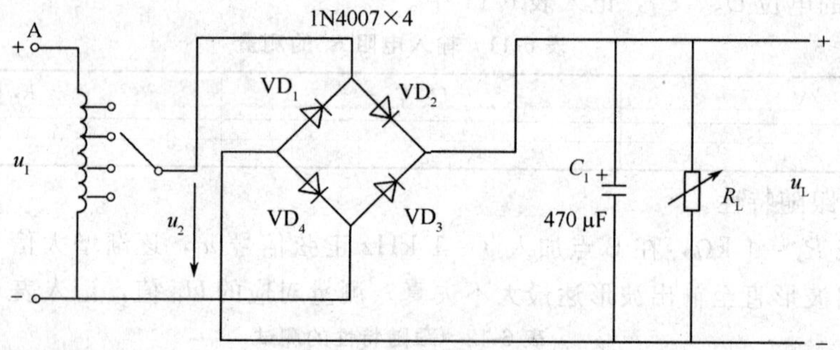

图 6-56 整流滤波电路

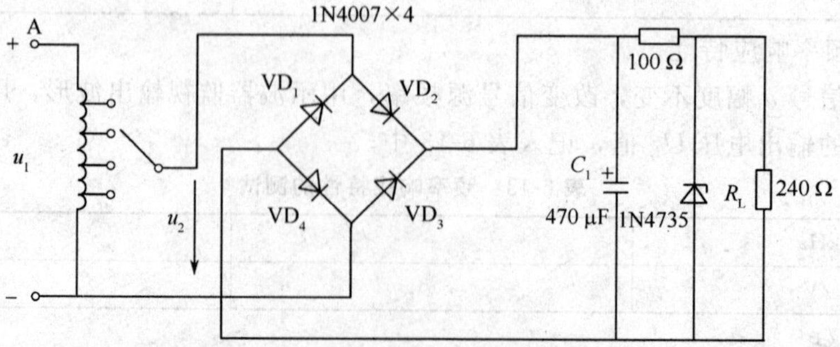

图 6-57 稳压管稳压电路

4. 实训内容

(1) 整流电路。

① 按图 6-56 连接好实训电路，不加滤波电容，取 $R_L=240\ \Omega$，将实训台上 AC 220 V 交流电源用实训连接线和 DDZ-21 上变压器的 220 V 输入端相连接，低压交流电源 14 V 连到实训电路的输入端。

② 打开电源开关，用直流电压表测量 U_L，并与理论计算值相比较。

③ 用示波器分别观察 U_2 和 U_L 的波形。

(2) 整流滤波电路。

① 按图 6-56 连接好实训电路，取 $R_L=240\ \Omega$、$C=470\ \mu F$，将实训台上低压交流电源 14 V连到实训电路的输入端。

② 打开电源开关，用直流电压表测量 U_L，并与理论计算值相比较。

③ 用示波器分别观察 U_2 和 U_L 的波形。

(3) 稳压二极管稳压电路。

① 按图 6-57 连接好实训电路，取 $R_L=240\ \Omega$、$C=470\ \mu F$，整流电路同图 6-56 实训电路，将实训台上低压交流电源 10 V 连到实训电路的输入端。

② 打开电源开关，用直流电压表测量稳压二极管两端的电压。

③ 将 240 Ω 电阻换成 120 Ω 电阻＋1 kΩ 电位器时，改变电位器的阻值，再测量稳压管两端电压，看稳压二极管两端电压变化情况，根据稳压二极管的工作原理说明上述现象。

5. 实训总结

(1) 改接电路时，必须切断交流电源。

(2) 总结整流、滤波电路的特点。

(3) 总结稳压管稳压电路的特性。

小 结

1. 二极管

二极管实质是一个 PN 结。它最重要的特点是单向导电性，在电路中起到整流和检波等作用。

在二极管的应用方面，详细讲述了半波、全波和桥式三种整流电路以及稳压电路。

2. 三极管

分为 NPN 型和 PNP 型两大类，其共同特征是内部有两个 PN 结，外部有三个电极。它是电流控制电流器件，由较小的基极电流产生较大的集电极电流，从而实现放大作用。

实现放大作用的外部条件是发射结正向偏置，集电结反向偏置；

实现放大作用的内部条件是发射区多数载流子的浓度高，基区薄且掺杂浓度低。

描述三极管放大作用的参数是共射电流放大系数 $\beta=\Delta U_C/\Delta U_B$ 和共基电流放大系数 $\alpha=\Delta i_C/\Delta i_E$。

一般用输入特性曲线和输出特性曲线来描述三极管的特性。其输出特性可以分为三个区：截止区、放大区和饱和区。

在三极管的应用方面，本章介绍了三极管的三种基本放大电路、多级放大电路和差动放大电路。

3. 放大电路的分析方法

图解法是指在已知放大管的输入特性、输出特性以及放大电路中其他各元件参数的情况下，利用作图的方法对放大电路进行分析。

所谓微变等效电路法是把三极管在输入信号电压很小、输出信号电压的幅值不进入饱和区和截止区时当成线性器件，并用线性电路来等效。具体方法是：首先画出放大电路的交流通路，然后用晶体管的简化h参数等效电路代替晶体管，并标明电压、电流的参考方向。

应用微变等效电路分析法分析放大电路的基本步骤总结如下。

(1) 确定放大电路的静态工作点。这一步多采用近似估算法或图解法。

(2) 求出静态工作点Q附近的h参数。这一步可通过在输入、输出特性曲线上作图确定。

(3) 画出放大电路的微变等效电路。

(4) 应用线性电路理论进行计算，求得放大电路的主要性能指标。

思考与练习题

6-1 N型半导体中的自由电子多于空穴，P型半导体中的空穴多于自由电子。是否N型半导体带负电，P型半导体带正电？

6-2 什么是二极管的死区电压？为什么会出现死区电压？硅管和锗管的死区电压的典型值约为多少？

6-3 怎样用万用表判断二极管的正、负极以及管子的好坏？

6-4 当二极管正向导通时，硅管和锗管的正向工作电压的典型值是多少？二极管反向截止时，为了使管子不被击穿，最高反向工作电压一般应为多少？

6-5 稳压管和普通二极管在工作性能上有什么不同？稳压管正常工作时应工作在伏安特性曲线上的哪一段？

6-6 如图5-58所示的各电路中，二极管为理想二极管。试分析二极管的工作状态，求出流过二极管的电流。

6-7 图5-59中，D_1、D_2都是理想二极管，求：电阻R中的电流和电压U_i；已知$R=6\ \text{k}\Omega$，$U_1=6\ \text{V}$，$U_2=12\ \text{V}$。

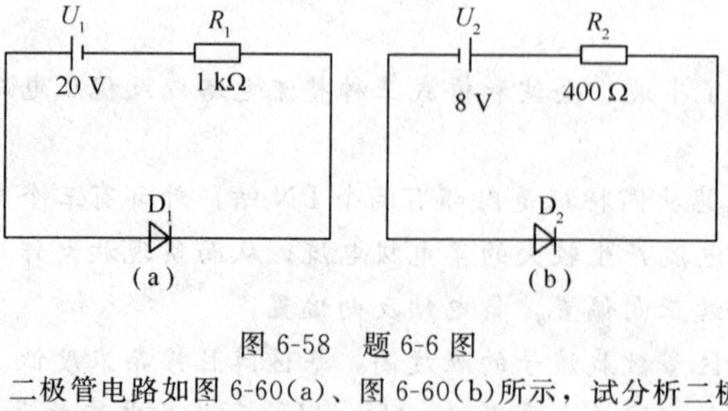

图6-58 题6-6图

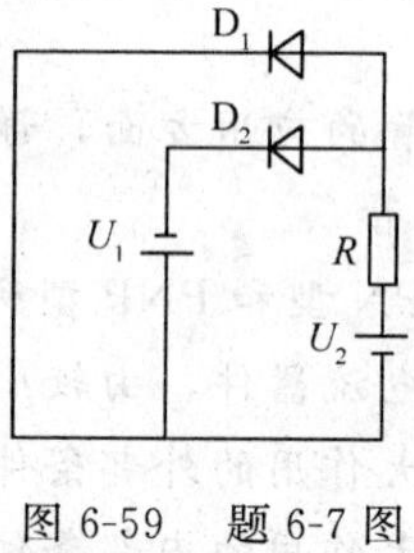

图6-59 题6-7图

6-8 二极管电路如图6-60(a)、图6-60(b)所示，试分析二极管D_1和D_2的工作状态并求U_O。二极管的正向压降忽略不计。

6-9 在图6-61(a)、图6-61(b)电路中，$E=5\ \text{V}$，$u_i=10\sin(\omega t)\text{V}$，试分别画出输出电压$u_o$的波形。二极管的正向压降忽略不计。

6-10 图6-62中，求下列几种情况下输出端F的电位U_F。

(1) $U_A=U_B=0\ \text{V}$；

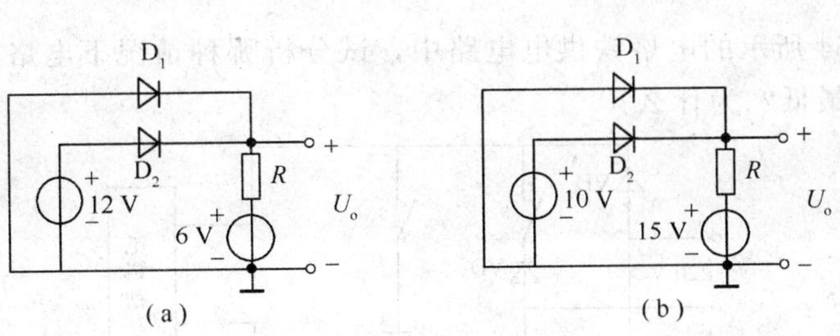

图 6-60　题 6-8 图

(2) $U_A = 3$ V；$U_B = 0$ V；

(3) $U_A = U_B = -3$ V。

6-11　两个稳压管 D_{Z1} 和 D_{Z2} 的稳压值分别为 8.6 V 和 5.4 V，正向压降均为 0.6 V，设输入电压 U_i 和 R 满足稳压要求。

(1) 要得到 6 V 和 14 V 电压，试画出稳压电路；

(2) 若将两个稳压管串联连接，可有几种形式？各自的输出电压是多少？

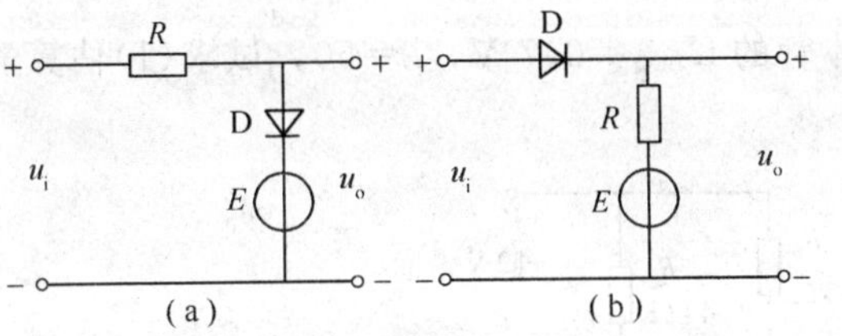

图 6-61　题 6-9 图

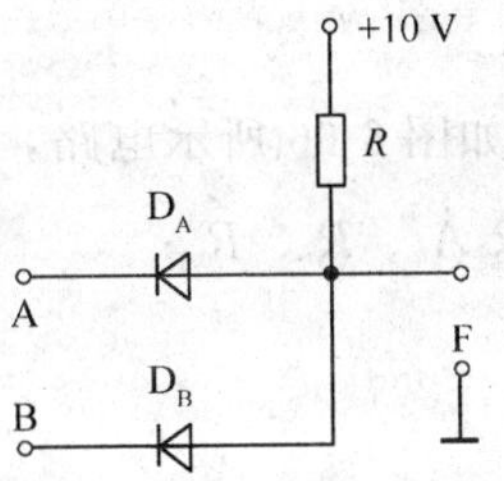

图 6-62　题 6-10 图

6-12　晶体管的电流放大条件是什么？

6-13　晶体管有哪三种工作状态？各有什么特点？

6-14　已知某三极管的 $I_{B1} = 10\ \mu$A 时，$I_{C1} = 0.8$ mA，当 $I_{B2} = 40\ \mu$A 时，$I_{C2} = 2.4$ mA，求该三极管的 β 值为多少？

6-15　图 6-63(a)是家用照明灯节电电路，图 6-63(b)是电烙铁节电保温电路，当烙铁不用时放在烙铁架上，使装在烙铁架上的开关 SB 触点 3、4 压合，即使较长时间通电不用，烙铁头也不致“烧坏”，试说明这两种电路的工作原理。

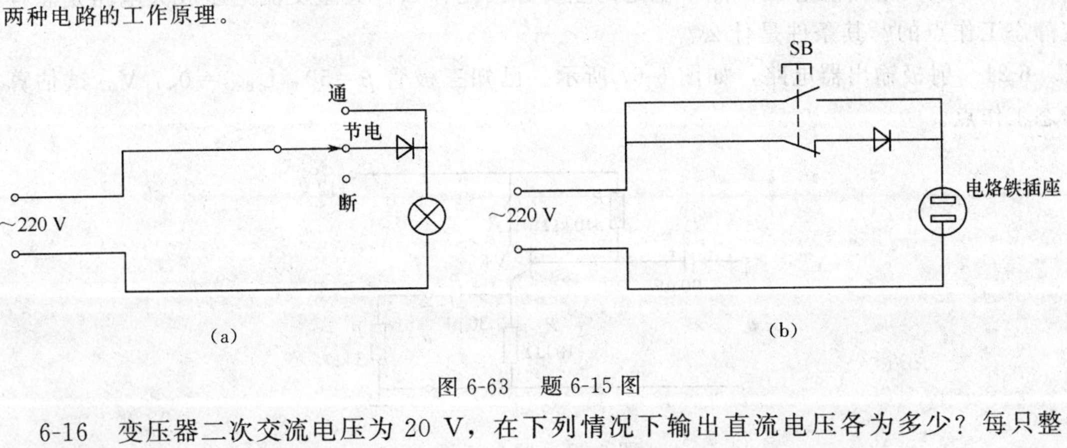

图 6-63　题 6-15 图

6-16　变压器二次交流电压为 20 V，在下列情况下输出直流电压各为多少？每只整流二极管承受的最大反向峰值电压各是多少？

(1) 单相半波整流；(2)单相全波整流；(3)单相桥式整流。

6-17　如图 6-64 所示的电烙铁供电电路中，试分析哪种情况下电烙铁温度最高？哪种情况下电烙铁温度最低？为什么？

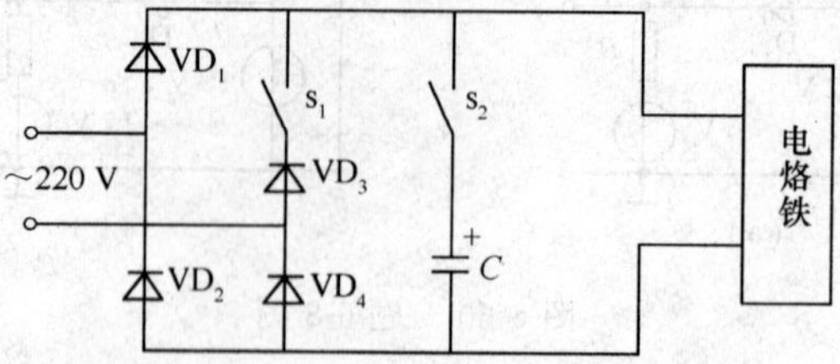

图 6-64　题 6-17 图

6-18　试用连线将图 6-65 中的元器件连接成桥式整流电路。

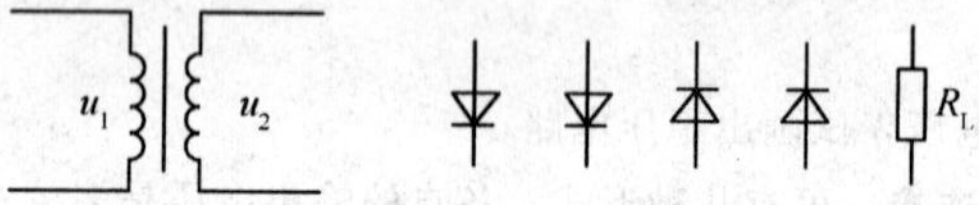

图 6-65　题 6-18 图

6-19　如图 6-66 所示电路，晶体管的 $U_{BEQ}=0.7\ V$，$\beta=50$，试求(1)估算静态时的 I_{CQ}、U_{CEQ}；(2)求 $\dot{A}_u$、R_i、R_o；

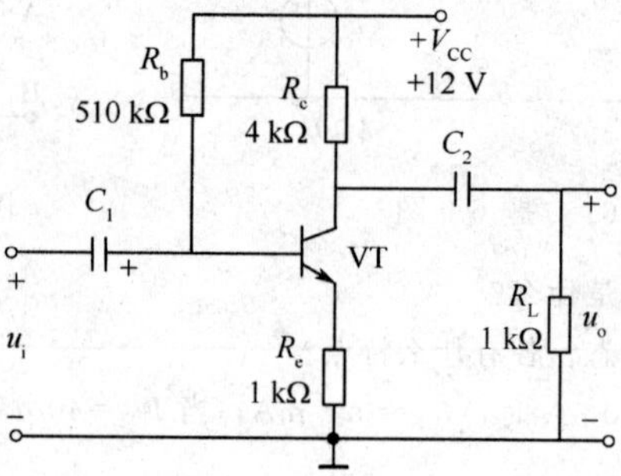

图 6-66　题 6-19 图

6-20　放大电路静态工作点不稳定的主要原因是什么？典型交流电压放大电路是怎样稳定静态工作点的？其条件是什么？

6-21　射极输出器电路，如图 6-67 所示。已知三极管 $\beta=50$，$U_{BEQ}=0.7\ V$。试估算其静态工作点。

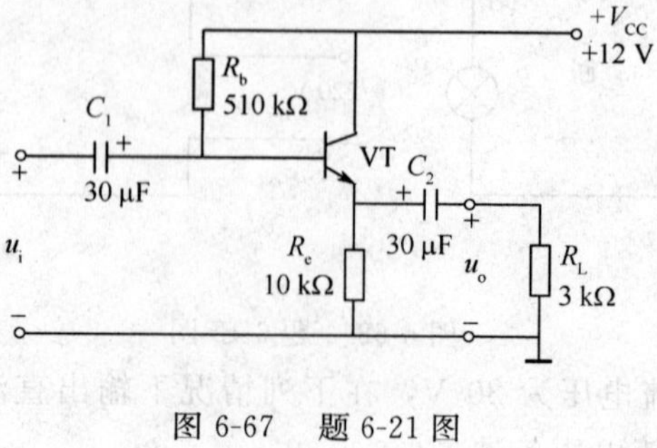

图 6-67　题 6-21 图

第7章 集成运算放大器

知识点

- 集成运算放大器基础知识。
- 放大器中的负反馈。
- 集成运放的应用电路。
- 集成运放的选取和使用。

学习要求

1. 了解
   - 了解集成运算放大器的图形符号及管脚用途。
   - 了解放大电路中的负反馈及深度负反馈的意义。
   - 了解集成运算放大器的非线性应用。
2. 掌握
   - 掌握基本集成运放电路的分析方法。
   - 掌握比例运算电路应用。
   - 掌握集成运算放大器的线性应用电路(即加法、减法、积分和微分电路)的组成、输入和输出的关系。
3. 能力
   - 学会常用集成运算放大器管脚的识别。
   - 会分析和排除简单集成运算电路故障。
   - 学会组装和分析集成运算放大电路。

7.1 集成运算放大器基础

集成运算放大器(简称集成运放)是模拟集成电路中品种最多、应用最广泛的一类组件，它实质上是一个多级直接耦合的高增益放大器。集成运算放大器是利用集成工艺，将运算放大器的所有元件集成在同一块硅片上，封装在管壳内，通常简称为集成运放。在自动控制、仪表、测量等领域，发挥着十分重要的作用。如图7-1所示为集成运算放大器的封装形式图。

7.1.1 集成运放的结构特点

1. 集成运放的特点

作为一个电路元件，集成运放是一种理想的增益器件，它的放大倍数可达10^4～10^7。集

（a）双列直插式塑料封装　　（b）金属封装

图 7-1　集成运算放大器的封装形式图

成运放的输入电阻从几十千欧到几十兆欧，而输出电阻很小，仅为几十欧姆，而且在静态工作时有零输入、零输出的特点。

2．集成运放内部的电路组成

集成运放品种很多，但它们内部都是一个具有很高的放大倍数、直接耦合的多级放大电路。从电路的总体结构上看，集成运放内部电路可分为输入级、中间级、输出级和偏置电路四部分，如图 7-2 所示。

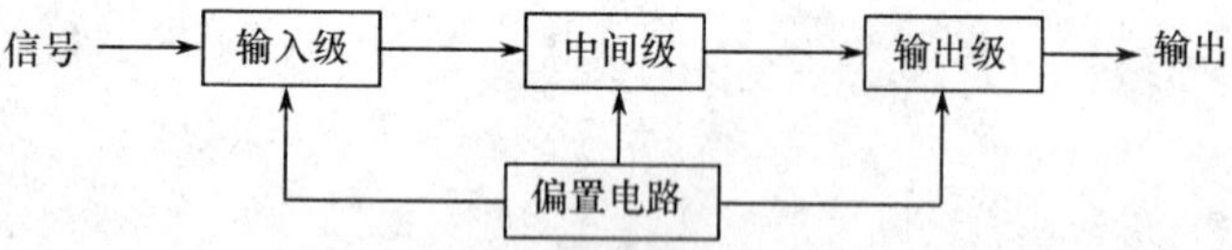

图 7-2　集成运放结构方框图

输入级一般采用具有恒流源的双输入端的差分放大电路，其目的就是消除零漂、提高输入阻抗；中间级主要作用是电压放大，一般由一级共射极放大电路（或共源极放大电路）或组合放大电路组成；输出级大多为互补推挽电路，并附有安全保护电路；偏置电路采用恒流源电路，为各级电路设置稳定的直流偏置。

7.1.2　集成运放的主要性能指标

集成运放的性能指标比较多，具体使用时要查阅有关的产品说明书或资料。下面简单介绍几项主要的性能指标。

1．输入失调电压 U_{OS}

当输入电压为零时，为了使输出电压也为零，两输入端之间所加的补偿电压称输入失调电压 U_{OS}。它反映了差放输入级不对称的程度。U_{OS} 值越小，说明运放的性能越好。通用型运放的 U_{OS} 为毫伏数量级，性能好的可小于 1 mV，差的可达 10 mV 左右。

2．输入失调电流 I_{OS}

当集成运放输出电压 $u_o=0$ 时，流入两输入端的电流之差 $I_{OS}=|I_{B1}-I_{B2}|$ 就是输入失调电流，如图 7-3 所示。I_{OS} 反映了输入级电流参数（如 β）的不对称程度，I_{OS} 越小越好。通用型运放的 I_{OS} 为纳安（nA）数量级，性能好的可小于 1 nA，差的可大到 5 μA。

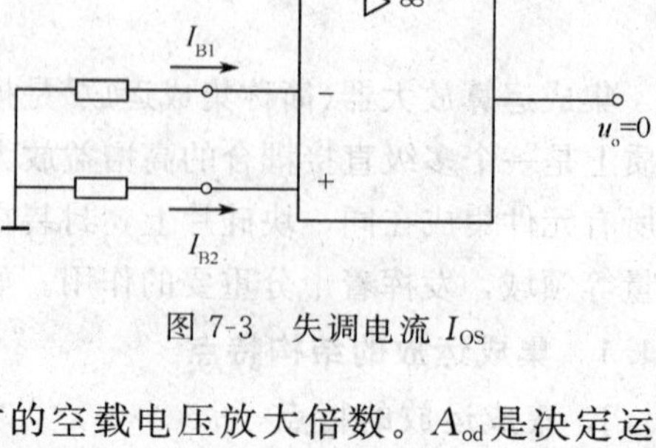

图 7-3　失调电流 I_{OS}

3．开环差模电压放大倍数 A_{od}

开环差模电压放大倍数指运放未外接反馈电路时的空载电压放大倍数。A_{od} 是决定运放精度的重要因素，其值越大越好。通用型运放的 A_{od} 一般在 $10^3\sim10^7$ 范围内。

4. 差模输入电阻 r_{id}

差模信号输入时，运放开环(无反馈)输入电阻一般在几十千欧到几十兆欧范围内。理想运放 $r_{id}=\infty$。

5. 差模输出电阻 r_o

差模输出电阻是运放输入端短路、负载开路时，运放输出端的等效电阻，一般为 20～200 Ω。

6. 最大输出电压 U_{CC}

在额定电源电压(±15 V)和额定输出电流时，运放不失真最大输出电压的峰峰值可达±13 V。由于结构及制造工艺上的许多特点，集成运放的性能非常优异。通常在电路分析中把集成运放作为一个理想化器件来处理，从而使集成运放的电路分析大为简化。

7.1.3　集成运放的理想化条件

1. 理想集成运放的技术指标

(1) 开环差模电压放大倍数 $A_{od}\to\infty$；

(2) 差模输入电阻 $r_{id}\to\infty$；

(3) 输出电阻 $r_o\to 0$；

(4) 共模抑制比 $K_{CMR}\to\infty$；

(5) 输入偏置电流 $I_{B1}=I_{B2}=0$；

(6) 失调电压、失调电流及温漂为零。

利用理想运放分析电路时，由于集成运放接近于理想运放，所以造成的误差很小，本章若无特别说明，均按理想运放处理。

2. 理想集成运放的电路符号

图 7-4 所示为理想集成运放的电路符号，它有两个输入端，一个输出端。在两个输入端中，一个是反相输入端，标有“－”号，它表示输出端的电压 u_o 与该输入端的电压 u_- 相位相反；另一个输入端是同相输入端，标有“＋”号，表示输出端的电压 u_o 与输入端的电压 u_+ 相位相同。

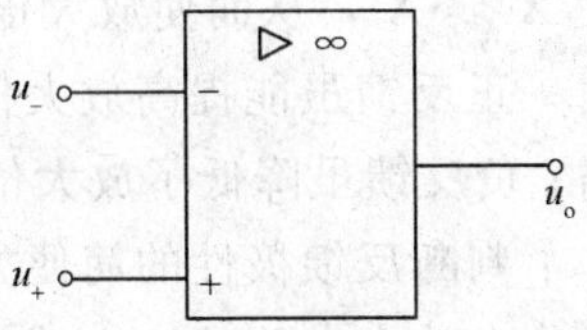

图 7-4　理想运放的电路符号

在应用原理电路中，集成运放的其他引出端对分析电路信号没有作用，因此在应用原理电路中可以不画出来。

7.1.4　集成运放工作在线性区特点

对于工作在线性状态的理想集成运放，具有两个重要特性：

(1) 由于集成运放的差模输入电阻 $r_{id}\to\infty$，输入偏置电流 $I_B\approx 0$，不向外部索取电流，因此两输入端电流为零。即 $I_{i+}=I_{i-}=0$，这就是说，集成运放工作在线性区时，两输入端均无电流，称为“虚断”。

(2) 由于两输入端无电流，则两输入端电位相同，即 $u_-=u_+$。由此可见，集成运放工作在线性区时，两输入端电位相等，称为“虚短”。

7.2　放大电路中的反馈

反馈是将放大电路的输出量(电压或电流)的一部分或全部，通过一定的网络反送到输入回路，如果引入的反馈信号增强了外加输入信号的作用，使放大倍数增大，则称为正反馈；反之，如果它削弱了外加输入信号的作用，使放大电路的放大倍数减少，则称为负反馈。

实际应用中，一个稳定的系统或多或少存在着自动调节过程。前述基本放大电路能稳定工作的前提是应具有静态工作点自动调节功能。这种自动调节过程，实际上就是负反馈过程。集成电路中，由于采用直接耦合，在构成应用电路时，更需要引入反馈。

7.2.1 负反馈的基本概念

如图 7-5 所示，负反馈放大电路由两部分组成：一部分是无反馈的基本放大电路，它可以是单级或多级的；一部分是反馈网络，它是联系输出回路和输入回路的环节，一般由电阻、电容等元件组成。

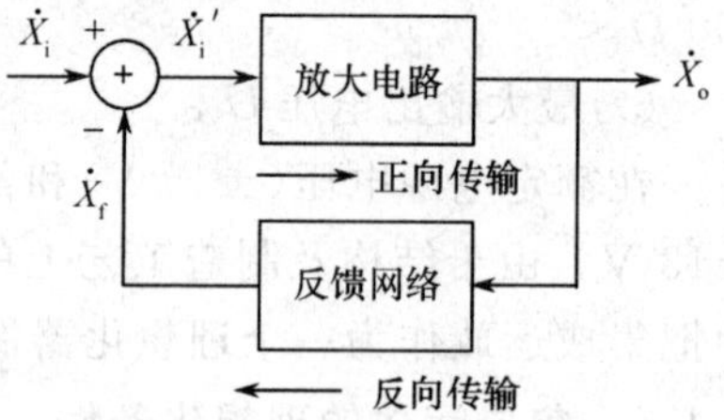

图 7-5 负反馈放大电路框图

图 7-5 中 $\dot{X}_i$是输入信号，$\dot{X}_f$ 是反馈信号，$\dot{X}'_i$ 称为净输入信号。所以有 $\dot{X}'_i=\dot{X}_i-\dot{X}_f$

7.2.2 反馈的分类

1. 正反馈和负反馈

按照反馈对放大电路性能影响的效果，可将反馈分为正反馈和负反馈两种极性。

凡引入反馈后，反馈到放大电路输入回路的信号(称为反馈信号用 $\dot{X}_f$ 表示)与外加激励信号(用 $\dot{X}_i$表示)叠加的结果，使得放大电路的有效输入信号(也称净输入信号，用 $\dot{X}'_i$表示)削弱，即 $\dot{X}_i<\dot{X}_i$，从而使放大倍数降低，这种反馈称为负反馈。凡引入反馈后，比较结果使 $\dot{X}'_i>\dot{X}_i$，从而使放大倍数提高，这种反馈称为正反馈。

正反馈虽能提高放大倍数，但同时也加剧了放大电路性能的不稳定性，主要用于振荡电路；负反馈虽降低了放大倍数，但却换来了放大电路性能的改善。

判断反馈极性的简便方法：瞬时极性法。

在放大电路的输入端，假设一个输入信号的电压极性为“+”。按信号传输方向依次判断相关点的瞬时极性，直至判断出反馈信号的瞬时电压极性。如果反馈信号的瞬时极性使净输入减小，则为负反馈；如果反馈信号的瞬时极性使净输入增加，则为正反馈。

2. 电压反馈和电流反馈

电压反馈，反馈信号的大小与输出电压成比例的反馈称为电压反馈；

电流反馈，反馈信号的大小与输出电流成比例的反馈称为电流反馈。

电压反馈与电流反馈的判断：假设将输出端“短路”，若反馈回来的反馈信号为零，则为电压反馈；如果反馈信号仍然存在，则为电流反馈。

3. 串联反馈和并联反馈

反馈信号与输入信号加在放大电路输入回路的同一个电极上，则为并联反馈，此时反馈信号与输入信号是电流相加减的关系；反之，加在放大电路输入回路的两个电极上，则为串联反馈，此时反馈信号与输入信号是电压相加减的关系。

串联反馈和并联反馈的判断：把输入端短路，如这时反馈信号同样被短路，即净输入信号为零，则为并联反馈；如此时反馈信号没有消失，则为串联反馈。

反馈分类的框图，如图 7-6 所示

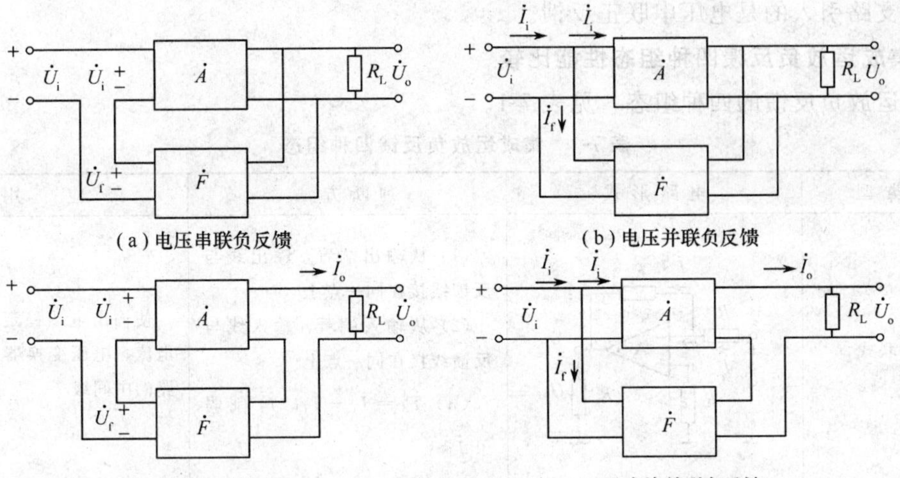

(a) 电压串联负反馈　(b) 电压并联负反馈

(c) 电流串联负反馈　(d) 电流并联负反馈

图 7-6　反馈框图

【例 7-1】 试判断图 7-7 所示电路的反馈组态

解： 1. 分析 VT_1 基极和 VT_2 发射极之间 R_1 引进的是何种反馈类型

(1) 如图 7-7 所示 VT_1 基极极性为"+"，VT_1 集电极极性为"−"，则 VT_2 基极极性为"−"，同时 VT_2 发射极极性也为"−"。通过 R_1 把信号引入到 VT_1 基极，使原有输入信号减小，为负反馈。

(2) 将输出端短路，反馈信号仍然存在，则为电流反馈。

(3) 把输入端短路，这时反馈信号同样被短路，即净输入信号为零，则为并联反馈。

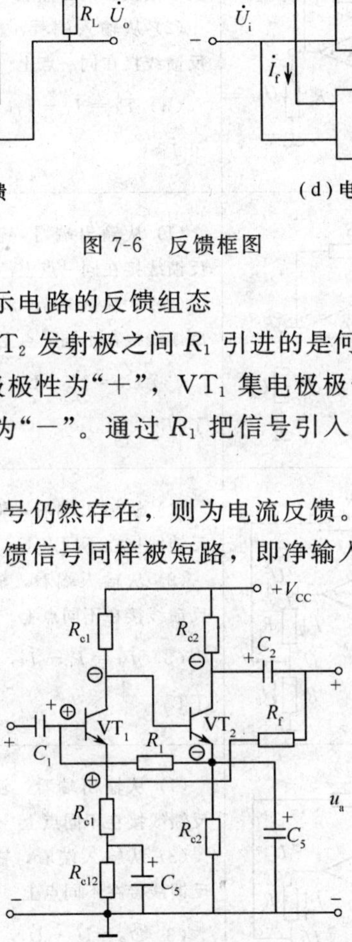

图 7-7　例 7-1 图

可得，此电路引入的是电流并联负反馈。

2. 分析 VT_1 发射极和 VT_2 集电极之间 R_f 引进的是何种反馈类型

(1) 如图所示 VT_1 基极极性为"+"，发射极也为"+"，VT_1 集电极极性为"−"，则 VT_2 基极极性为"−"，则 VT_2 集电极为"+"。通过 R_f 把信号引入到 VT_1 发射极，使原有输入信号增大，为正反馈。

(2) 将输出端短路，反馈信号为零，则为电压反馈。

(3) 把输入端短路，此时反馈信号没有消失，则为串联反馈。

所以，此支路引入的是电压串联正反馈。

7.2.3 集成运放负反馈四种组态性能比较

集成运放负反馈的四种组态，见表 7-1。

表 7-1 集成运放负反馈四种组态

反馈类型	电路形式	判断方法	应用
电压并联式	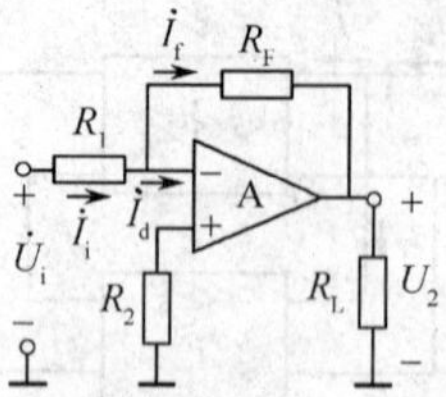	(1) 从输出端看，输出线与反馈线接在同一点上 (2) 从输入端看，输入线与反馈线接在同一点上 (3) $\dot{I}_d=\dot{I}_i-\dot{I}_f$，$\dot{I}_f$ 削弱了 $\dot{I}_i$	使输出电压稳定，常用作电流、电压变换器或放大电路的中间级
电压串联式	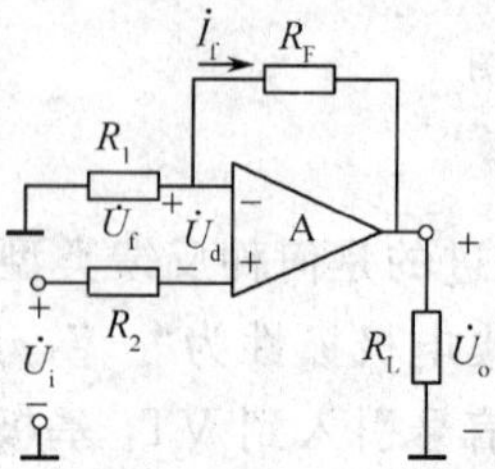	(1) 从输出端看，输出线与反馈线接在同一点上 (2) 从输入端看，输入线与反馈线接在不同一点上 (3) $\dot{U}_d=\dot{U}_i-\dot{U}_f$，$\dot{U}_f$ 削弱了 $\dot{U}_i$	常用于输入级或中间级
电流并联式	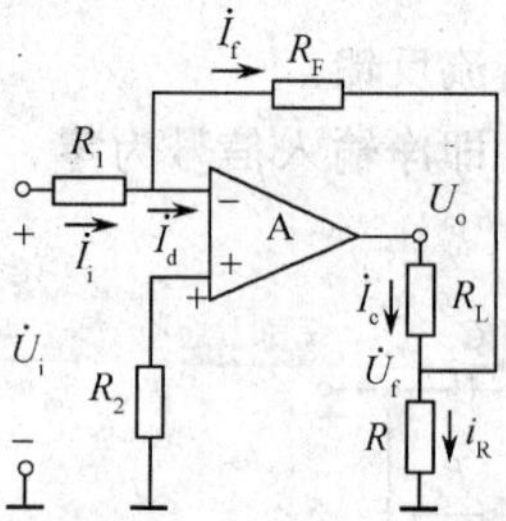	(1) 从输出端看，输出线与反馈线接在不同点上 (2) 从输入端看，输入线与反馈线接在不同点上 (3) $\dot{I}_d=\dot{I}_i-\dot{I}_f$，$\dot{I}_f$ 削弱了 $\dot{U}_i$	使输出电流维持稳定，常用作电流放大电路
电流串联式	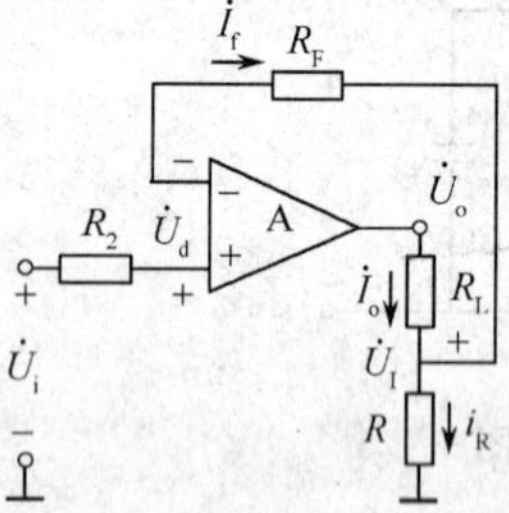	(1) 从输出端看，输出线与反馈线接在不同点上 (2) 从输入端看，输入线与反馈线接在不同点上 (3) $\dot{U}_d=\dot{U}_i-\dot{U}_f$，$\dot{U}_f$ 削弱了 $\dot{U}_i$	使输出电流稳定，常用作电压、电流变换器或放大电路的输入级

7.2.4 负反馈对放大电路性能的影响

1. 负反馈对放大倍数的影响

负反馈使放大倍数下降，提高放大器的稳定性，稳定性是以损失放大倍数为代价的。

2. 负反馈减小非线性失真

非线性失真：在放大电路的输出波形中产生了输入信号原来没有的谐波成分。

如果正弦波输入信号经过放大后产生的失真波形为正半周大，负半周小。经过反馈后，反馈系数为常数的条件下，反馈信号也是正半周大，负半周小。但它和输入信号相减后得到的净输入信号波形就变成了正半周小，负半周大，这样把输出信号的正半周压缩，负半周扩大，结果使正负半周的幅度趋于一致，从而改善输出波形，减小非线性失真。

3. 负反馈改变输入电阻和输出电阻

输入电阻的变化只取决于输入端的连接方式，即取决于是串联反馈还是并联反馈。串联反馈使输入电阻增大，并联反馈使输入电阻减小。

输出电阻的变化，只取决于输出端的连接方式，即取决于是电压反馈还是电流反馈。电流反馈输出电阻增大；电压反馈输出电阻减小。

4. 负反馈影响通频带

存在负反馈时，通频带的下限频率下降，上限频率提高，扩展了通频带。

7.3　集成运放的基本运算电路

7.3.1　比例运算电路

1. 反相比例运算电路

图 7-8 所示，输入信号 u_i 经过外接电阻 R_1 接到集成运放的反相输入端，同相输入端经过电阻 R'接地。输出电压 u_o 经反馈回路 R_f 接回到反相输入端。为了避免运放输入端产生附加的偏差电压。因此，通常选择 R'的阻值为

$$R'=R_1//R_f$$

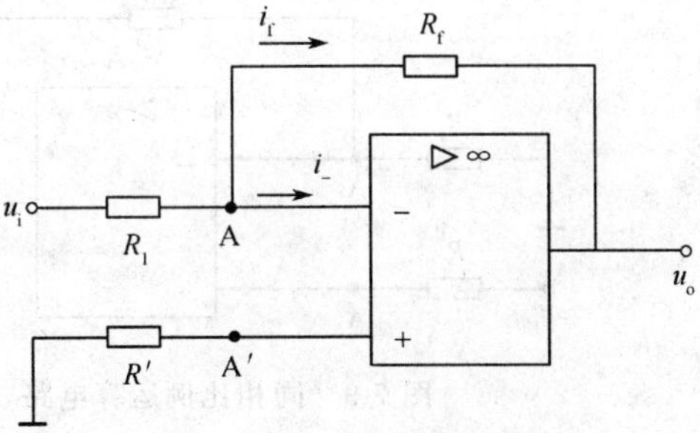

图 7-8　反相比例运算电路

根据运放工作在线性区的特点，$u_-=u_+$，$i_-=i_+$，即流过 R'的电流为零，则 $u_+=0$，$u_-=0$，说明反相输入端虽然没有直接接地，但其电位为“地”电位，而实际上又不是接地，故称为“虚地”。“虚地”是反相比例运算电路的一个重要特点。应用“虚地”来分析反相比例运算电路十分方便。

由于“虚地”，$u_A=u_{A'}=0$，$\dfrac{u_i-u_A}{R_1}=\dfrac{u_A-u_o}{R_f}$

可知，输出电压和输入电压的关系为

$$\frac{u_i}{R_1}=\frac{-u_o}{R_f}\text{或 } u_o=-\frac{R_f}{R_1}u_i$$

电压放大倍数(比例系数)为

$$A_f=\frac{u_o}{u_i}=-\frac{R_f}{R_1}$$

反相比例运算电路特点：其输出电压和输入电压的幅值成正比，但相位相反，也就是说，电路实现了反相比例运算；比例系数$|A_f|$由电阻 R_f 和 R_1决定，而与集成运放内部各项参数无关；只要 R_1和 R_f 的阻值足够精确且稳定，就可以得到准确的比例运算关系；在反相比例运算电路中，若取 $R_f=R_1$，则比例系数为−1，此反相比例运算电路就称为变号运算电路或倒相电路，其输出电压 $u_0=-u_i$。

2. 同相比例运算电路

同相输入时，信号 u_i 接到同相输入端，如图 7-9 所示。为了保证集成运放工作在线性区，输出电压 u_o 通过反馈电阻 R_f 接在反相输入端上。同时，反相输入端通过电阻 R_1 接地。为了使集成运放反相输入端和同相输入端对地电阻一致，R_2 的阻值仍应为

$$R_2 = R_1 // R_f$$

同相输入时，u_i 与 u_o 同相位。u_o 通过 R_f 反馈到 A 点，使 u_A 为某一值，也与 u_o 同相位。由于 $u_{A'} \neq 0$，故不再是“虚地”。

根据“虚断”，$u_A = u_o \dfrac{R_1}{R_1 + R_f}$，又因为 $u_A = u_{A'} = u_i$，而 $u_i = u_o \dfrac{R_1}{R_1 + R_f}$。所以，电路的放大倍数 $A_f = \dfrac{u_o}{u_i} = 1 + \dfrac{R_f}{R_1}$ 或 $u_0 = \left(1 + \dfrac{R_f}{R_1}\right) u_i$。

表示同相比例运算电路，比例系数大于 1，且 u_o 与 u_i 同相位。

同相比例运算电路的特点是：集成运放两输入端 A、A′对地电压相等，只存在虚短现象，不存在虚地现象；在同相比例运算电路中，若 $R_1 = \infty$（开路），或 $R_f = 0$（短路），该电路比例系数 $A_f = +1$，则此电路称为电压跟随器电路，如图 7-10 所示，输出电压 $u_o = u_i$。电压跟随器电路广泛作为输入级使用。

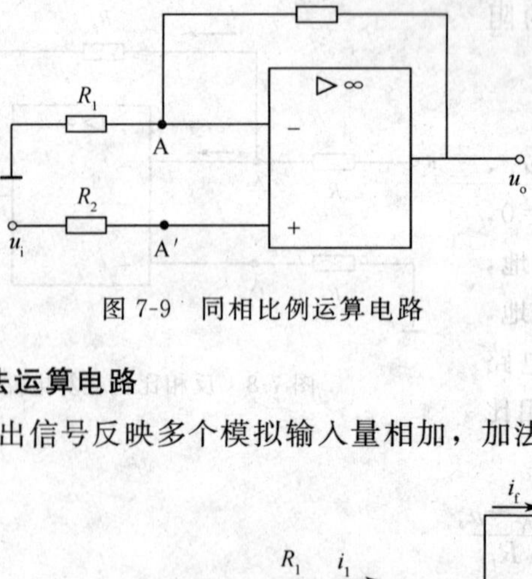

图 7-9 同相比例运算电路

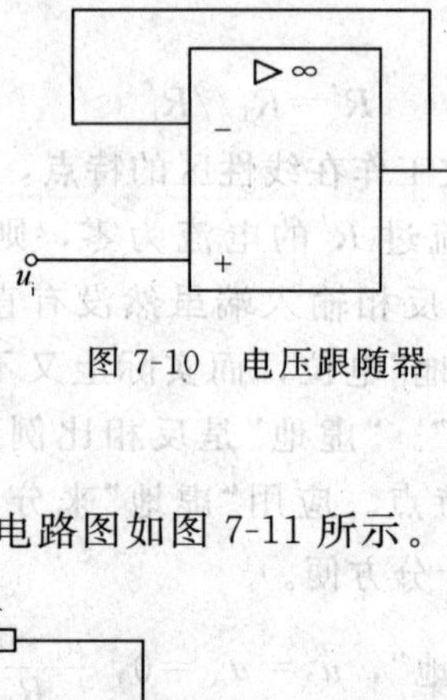

图 7-10 电压跟随器

7.3.2 加法运算电路

要求输出信号反映多个模拟输入量相加，加法运算电路图如图 7-11 所示。

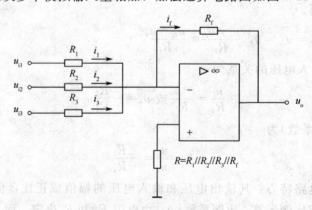

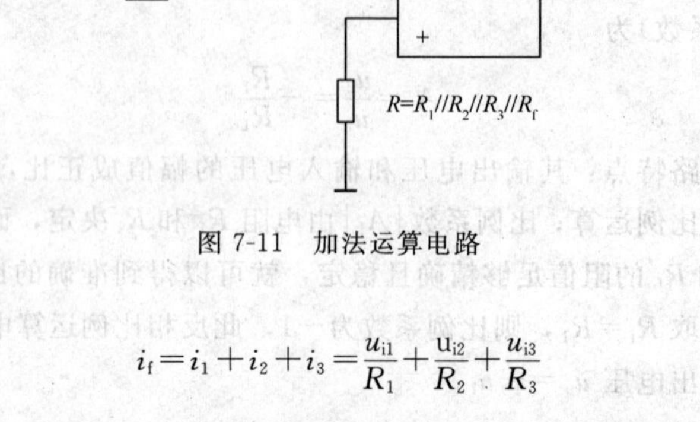

图 7-11 加法运算电路

根据“虚断”可得：

$$i_f = i_1 + i_2 + i_3 = \frac{u_{i1}}{R_1} + \frac{u_{i2}}{R_2} + \frac{u_{i3}}{R_3}$$

因为 $i_f=-\frac{u_o}{R_f}$，所以

$$u_o=-i_fR_f=-\left(\frac{R_f}{R_1}u_{i1}+\frac{R_f}{R_2}u_{i2}+\frac{R_f}{R_3}u_{i3}\right)$$

当 $R_1=R_2=R_3$ 时，

$$u_o=-\frac{R_f}{R_1}(u_{i1}+u_i+u_{i3})$$

7.3.3　减法运算电路

图 7-12 所示是减法运算电路，它是一个双端输入的运放电路。

因为 $$u_{A'}=u_{i2}\frac{R'_f}{R_2+R'_f}$$

取 $R_1=R_2$，$R_f=R'_f$。

当 $u_{i1}=0$ 时，电路为同相输入，输出端

$$u_{o2}=\left(1+\frac{R_f}{R_1}\right)u_{A'}=\left(\frac{R_1+R_f}{R_1}\right)\cdot\frac{R'_f}{R_2+R'_f}\cdot u_{i2}=\frac{R'_f}{R_1}\cdot u_{i2}$$

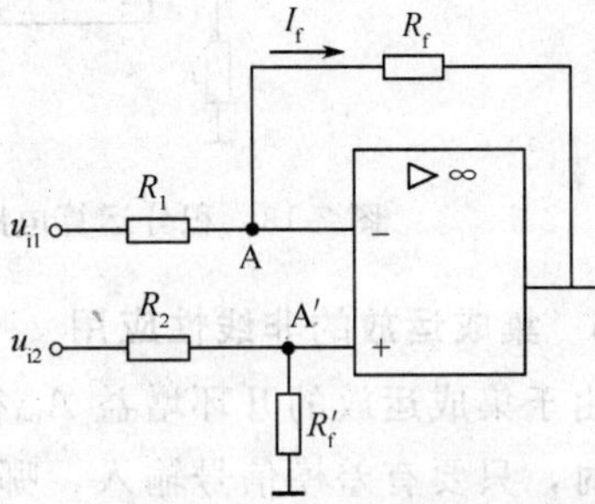

图 7-12　减法运算电路

当 $u_{i2}=0$ 时，电流为反相输入运放。同相输入端虽然没有直接接地，而是通过 $R_2 /\!/ R'_f$ 接地，但仍对点 A 为虚地没有影响。所以输出端

$$u_{o1}=-\frac{R_f}{R_1}u_{i1}$$

根据叠加定理，输出电压为

$$u_0=u_{o1}+u_{o2}=\frac{R_f}{R_1}(u_{i2}-u_{i1})$$

$$A_f=\frac{u_0}{u_{i1}-u_{i2}}=-\frac{R_f}{R_1}$$

电路中电阻是对称的，即 $R_1=R_2$，$R_f=R'_f$。

7.3.4　积分运算电路

如图 7-13 所示积分运算电路，根据集成运放反相输入线性应用的特点：$u_A=0$(虚地)。

因为 $$i_C=i_1=\frac{u_i-u_A}{R_1}=\frac{u_i}{R_1}$$

$$i_C=C\frac{du_C}{dt}$$

又因为 $$u_C=\frac{1}{C}\int i_C\,dt=\frac{1}{C}\int i_1\,dt=\frac{1}{R_1C}\int u_i\,dt$$

所以 $$u_o=-u_C=-\frac{1}{R_1C}\int u_i\,dt$$

7.3.5　微分运算电路

微分运算电路图如图 7-14 所示。

根据集成运放反相输入线性应用特点 $i_-=$(虚断)。即有 $i_1=i_C$ 可得

$$u_o=-i_1R=-i_CR$$

$$= -RC\frac{\mathrm{d}u_C}{\mathrm{d}t}$$

$$= -RC\frac{\mathrm{d}u_i}{\mathrm{d}t}$$

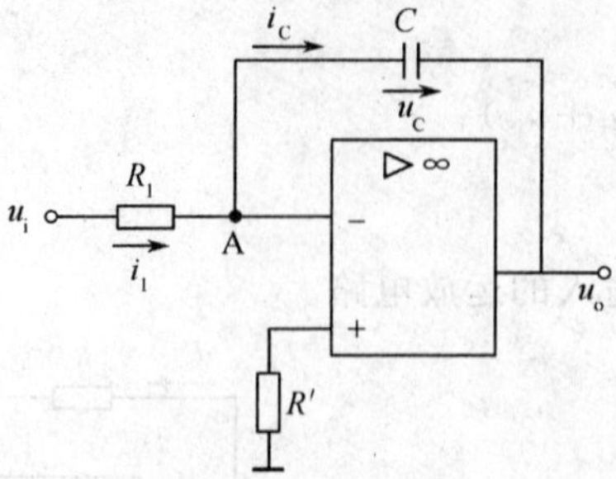

图 7-13　积分运算电路

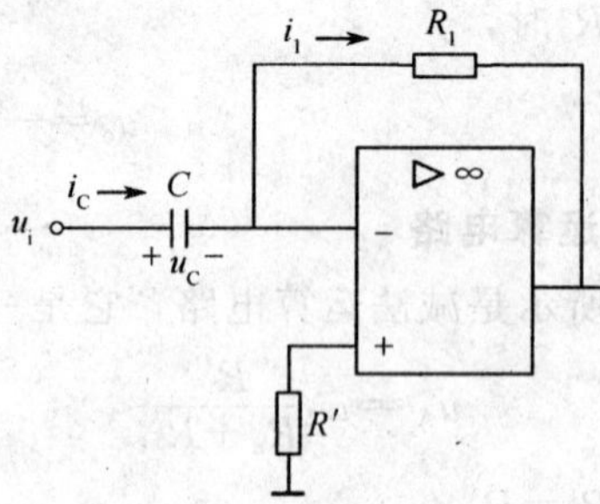

图 7-14　微分运算电路

7.3.6　集成运放的非线性应用

由于集成运放的开环增益 A_{od} 很大，当它工作于开环状态(即未接深度负反馈)或加有正反馈时，只要有差模信号输入，哪怕是微小的电压信号，集成运放都将进入非线性区，其输出电压立即达到正向饱和值 U_{om} 或负向饱和值 $-U_{om}$。如图 7-15 所示。理想运放工作在非线性区时，有以下两条特点：

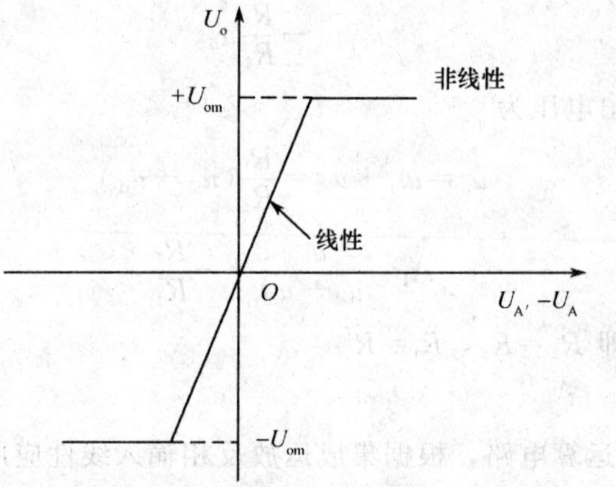

图 7-15　工作在非线性区时的输入、输出特性

① 只要输入电压 u_+ 与 u_- 不相等，输出电压就饱和。因此有

$$u_o = U_{om} \qquad u_+ > u_-$$

$$u_o = -U_{om} \qquad u_+ < u_-$$

② 虚断仍然成立，即

$$i_+ = i_- = 0$$

综上所述，在分析具体的集成运放应用电路时，可将集成运放按理想运放处理，判断它是否工作在线性区。一般来说，集成运放引入了深度负反馈时，将工作在线性区；否则，工作在非线性区。在此基础上，可运用上述线性区或非线性区的特点分析电路的工作原理，使分析过程简化。

电压比较器的基本功能是比较两个或多个模拟输入量的大小，并将比较结果由输出状态反映出来。电压比较器工作在开环状态，即工作在非线性区。

1. 单限比较器

凡只有一个阈值电压的比较器，均称为单限比较器。

图 7-16(a)为单限比较器。图中，反相输入端接输入信号 u_i，同相输入端接基准电压 U_R。集成运放处于开环工作状态，当 $u_i < U_R$时，输出为高电位$+U_{om}$，当 $u_i > U_R$时，输出为低电位$-U_{om}$，其传输特性如图 7-16(b)所示。

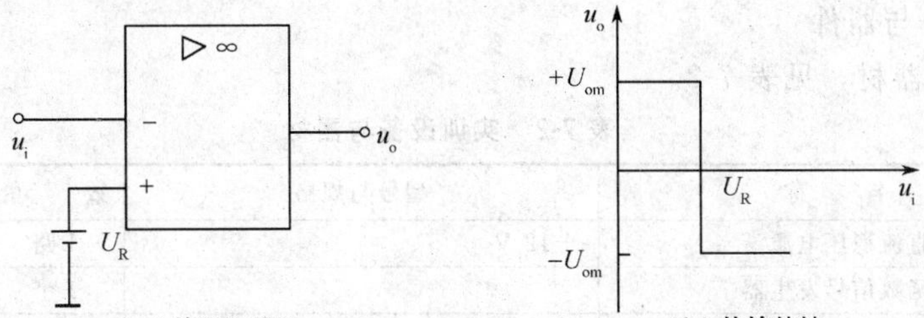

(a) 单限比较器　　(b) 传输特性

图 7-16　电压比较器及其传输特性

由图可见，只要输入电压相对于基准电压 U_R发生微小的正负变化时，输出电压 u_o就在负的最大值到正的最大值之间作相应地变化。

2. 波形变换

比较器也可以用于波形变换。例如，比较器的输入电压 u_i是正弦波信号，若 $U_R=0$，则每过零一次，输出状态就要翻转一次，如图 7-17(a)。对于图 7-16 较器，若 $U_R=0$，u_i在正半周时，由 $u_i>0$，则 $u_o=-U_{om}$，负半周 $u_i<0$，则 $u_o=U_{om}$。若 U_R为一恒压，只要输入电压在基准电压 U_R处稍有正负变化，输出电压 u_o就在负的最大值到正的最大值之间作相应地变化，如图 7-17(b)所示。

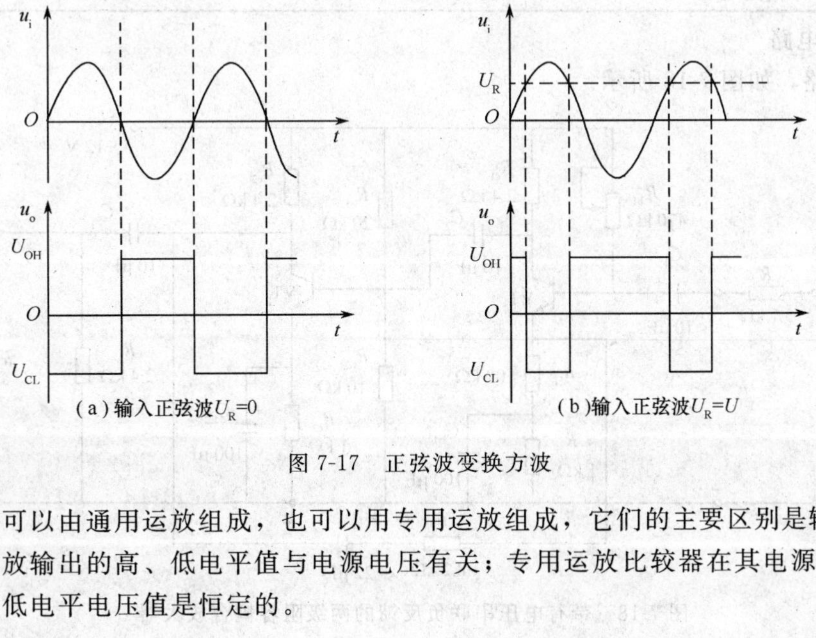

(a) 输入正弦波U_R=0　　(b)输入正弦波U_R=U

图 7-17　正弦波变换方波

比较器可以由通用运放组成，也可以用专用运放组成，它们的主要区别是输出电平有差异。通用运放输出的高、低电平值与电源电压有关；专用运放比较器在其电源电压范围内，输出的高、低电平电压值是恒定的。

7.4 拓展实训

7.4.1 负反馈放大器实训

1. 实训目的

(1) 了解负反馈的实际电路。

(2) 加深理解放大电路中引入负反馈的方法。

2. 实训设备与器件

实训设备与器材，见表 7-2。

表 7-2 实训设备与器材

序 号	名 称	型号与规格	数 量	备 注
1	直流稳压电源	+12 V	1 路	实训台
2	函数信号发生器		1 个	实训台
3	频率计		1 个	实训台
4	双踪示波器		1 台	自备
5	万用表		1 只	自备
6	交流毫伏表		1 只	自备
7	直流电压表		1 只	实训台
8	三极管	3DG6	2 只	DDZ-21
9	电解电容	10 μF	3 个	DDZ-21
10	电解电容	100 μF	2 个	DDZ-21
11	电解电容	22 μF	1 个	
12	电阻	100 Ω、5.1 kΩ、8.2 kΩ、10 kΩ、20 kΩ	各 1 个	
13	电阻	1 kΩ	2 个	
14	电阻	2.4 kΩ	3 个	
15	电位器	470 kΩ	1 个	DDZ-21

3. 实训电路

实训电路，如图 7-18 所示。

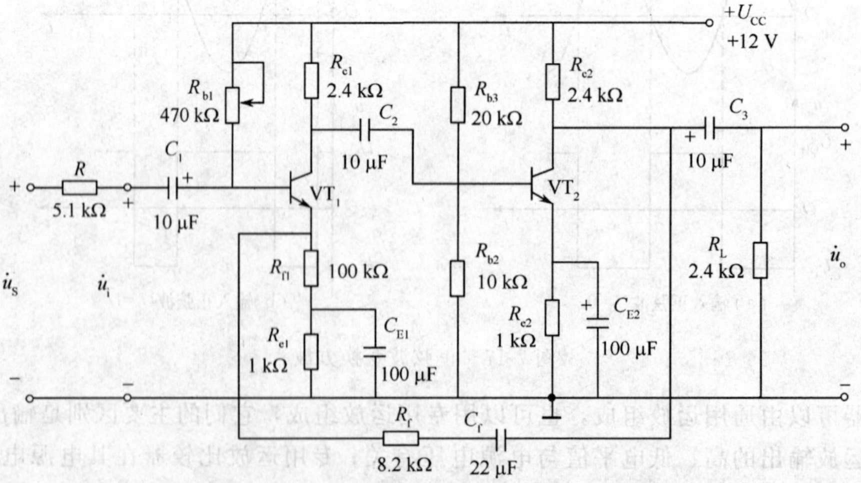

图 7-18 带有电压串联负反馈的两级阻容耦合放大器

4. 实训内容与步骤

(1) 按图 7-18 所示利用实训导线连接好实训电路。

(2) 将 +12 V 直流稳压电源接入实训电路。

(3) 令 $\dot{u}_i=0$，用直流电压表分别测量第一级、第二级的静态工作点并记入表 7-3 中。

表 7-3　静态工作点的测量

静态工作点	U_B/V	U_E/V	U_C/V	I_C/mA
第一级				
第二级				

(4) 测试负反馈放大器的各项性能指标

给放大器输入 $f=1$ kHz，$\dot{U}_i$ 约 10 mV 的正弦波信号，用示波器观察输出电压 u_o 波形，调节信号幅度，使放大器达到最大不失真状态，用交流毫伏表测量 U_S、U_i、U_L，A_{uf}、R_{if} 和 R_{of} 并记入表 7-4 中。

表 7-4　负反馈放大器性能指标的测试

U_S/mV	U_i/mV	U_L/V	U_o/V	A_{uf}	R_{if}/kΩ	R_{of}/kΩ

(5) 断开负反馈电路，测量基本放大器的各项参数，自拟表格记录测量数据。

5. 实训总结

(1) 将基本放大器和负反馈放大器动态参数的实测值和理论估算值进行比较。

(2) 总结放大电路中引入负反馈的方法。

(3) 根据实训结果，总结电压串联负反馈对放大器性能的影响。

7.4.2　集成运算放大器的调零保护电路实训

1. 实训目的

(1) 了解集成运算放大器的调零方法。

(2) 掌握集成运算放大器的各种安全保护电路。

(3) 通过对运算放大器 μA741 实训电路的连接，对集成运算放大器有初步的认识。

2. 实训设备与器材

实训设备与器材，见表 7-5。

表 7-5　实训设备与器材

序　号	名　　称	型号与规格	数　　量	备　　注
1	直流稳压电源	+12 V、−12 V	各 1 路	实训台
2	0～30 V 可调稳压电源		1 路	实训台
3	直流电压表		1 只	实训台
4	二极管	1N4007	2 个	DDZ-21
5	稳压二极管	2DW231	1 个	DDZ-21
6	集成运算放大器	μA741	1 块	
7	电阻	10 kΩ	2 个	
8	电阻	20 kΩ、100 kΩ	各 1 个	
9	电位器	100 kΩ	1 个	DDZ-12

3. 实训电路

实训电路如图 7-19、图 7-20、图 7-21、图 7-22 所示。

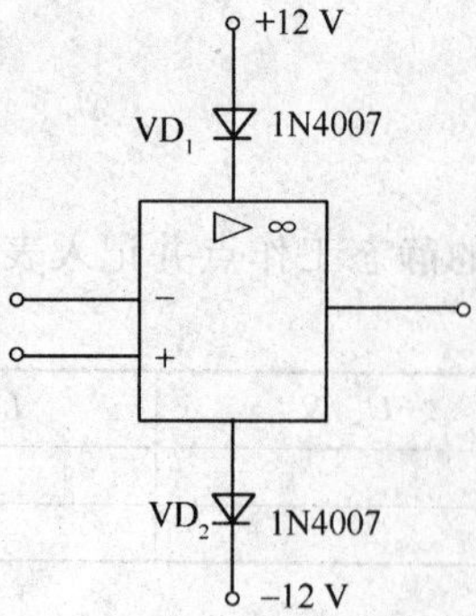

图 7-19 电源极性保护电路

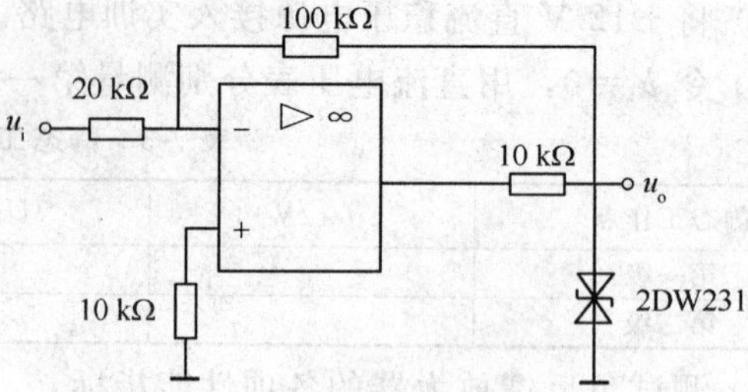

图 7-20 输出保护电路

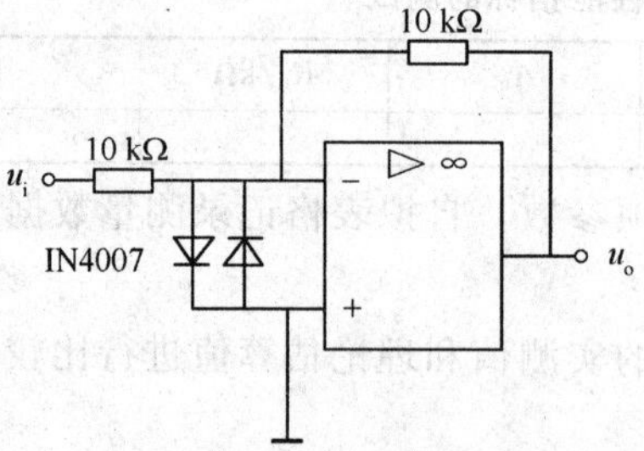

图 7-21 输入保护电路

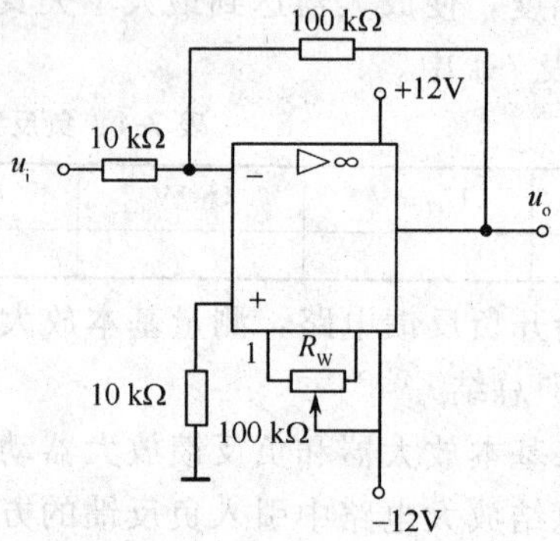

图 7-22 调零电路

4. 实训内容

利用实训挂箱 DDZ-22 上 14P 集成芯片插座，按照芯片方向插好芯片 741，学校也可以自己选择不同型号的运放。实训前要看清运放组件各管脚的位置，切忌正、负电源极性接反和输出端短路，否则将会损坏集成块。

正、负电源的接法：先将实训台上的电源用实训连接线接入实训挂箱，再将实训箱上的＋12 V 接运放的 7 脚，－12 V 接运放的 4 脚。

1）保护电路

(1) 电源极性的保护。利用二极管的单向导电性可防止由于电源极性接反而造成的损坏。如图 7-19 所示，当电源极性错接成上负下正时，两二极管将均不导通，等于电源断路，从而起到保护作用。根据实训电路连接电路，验证实训结果。

(2) 输出保护。如图 7-20 所示，输出端出现高电压时，集成运放电路输出端电压将受到稳压管稳压值的限制，从而避免了器件的损坏。根据实训电路连接电路，验证实训结果。

(3) 输入保护。利用二极管将输入信号幅度加以限制，如图 7-21 所示，无论是信号的正向电压或负向电压超过二极管导通电压，则两个 1N4007 中就会有一个导通，从而限制了输入信号的幅度，起到保护作用。根据实训电路连接电路，验证实训结果。

2）调零电路

(1) 根据图 7-22 所示连接实训电路。

(2) 输入端对地短接，调节 100 kΩ 电位器，使输出为零。

5. 实训总结

(1) 总结集成运算放大器的调零方法。

(2) 掌握集成运算放大器的各种安全保护电路。

7.4.3　集成运算放大器的基本运算电路连接与测试

1. 实训目的

(1) 掌握集成运算放大器正确的使用方法。

(2) 熟悉用线性放大器构成运算比例放大器、加法器、减法器、积分器和微分器电路。

2. 实训设备与器材

实训设备与器材，见表 7-6。

表 7-6　实训设备与器材

序 号	名　称	型号与规格	数量	备注
1	直流稳压电源	+12 V、−12 V	各 1 路	实训台
2	可调直流稳压电源	0～30 V	两路	实训台
3	函数信号发生器		1 个	实训台
4	频率计		1 个	实训台
5	双踪示波器		1 台	自备
6	直流电压表		1 只	实训台
7	电解电容	10 μF	1 个	DDZ-21
8	CBB 电容	1 μF	1 个	
9	运算放大器	741	1 块	
10	电阻	6.2 kΩ、9.1 kΩ、200 kΩ、1 MΩ	各 1 个	
11	电阻	10 kΩ、100 kΩ	各 2 个	
12	电位器	100 kΩ	1 个	DDZ-12

3. 实训电路

实训电路如图 7-23、图 7-24、图 7-25、图 7-26、图 7-27、图 7-28 所示。

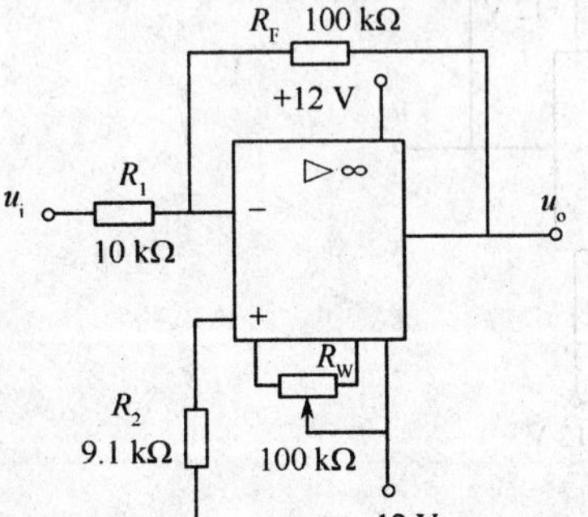

图 7-23　反相比例运算电路

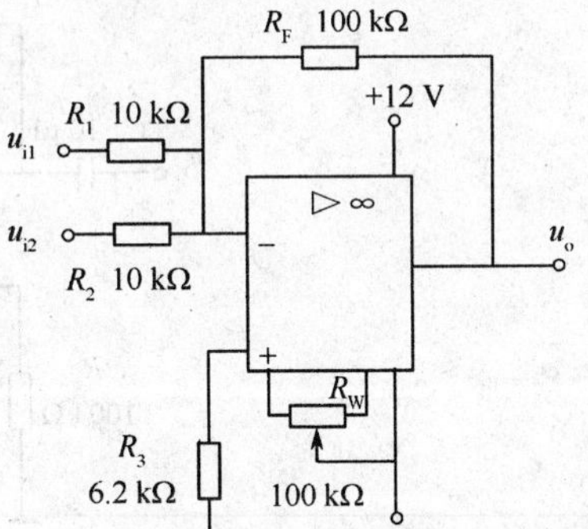

图 7-24　反相加法运算电路

4. 实训内容

利用实训挂箱 DDZ-22 上 14P 集成芯片插座，按照芯片方向插好芯片 741，学校也可以自己选择不同型号的运放。实训前要看清运放组件各管脚的位置，切忌正、负电源极性接反和输出端短路，否则将会损坏集成块。

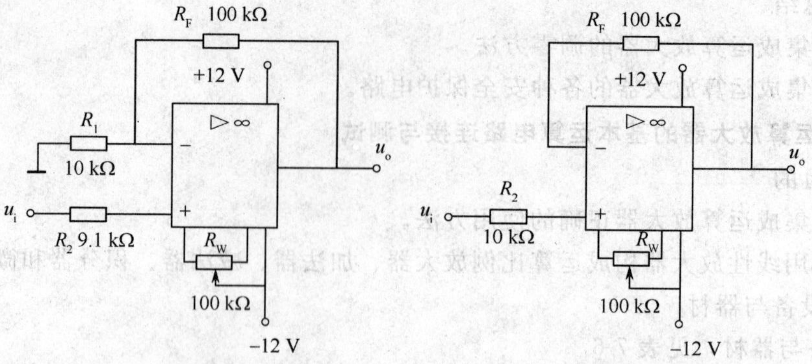

（a）同相比例运算电路 （b）电压跟随器

图 7-25 同相比例运算电路

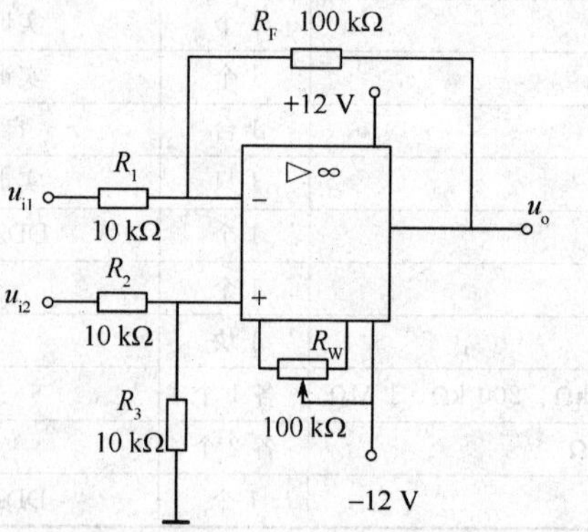

图 7-26 减法运算电路

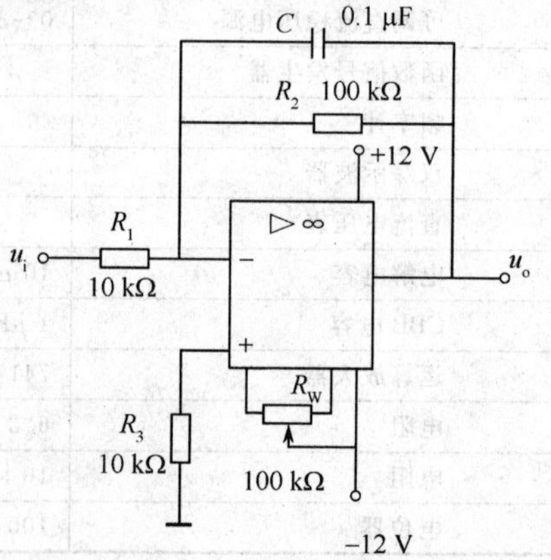

图 7-27 积分运算电路

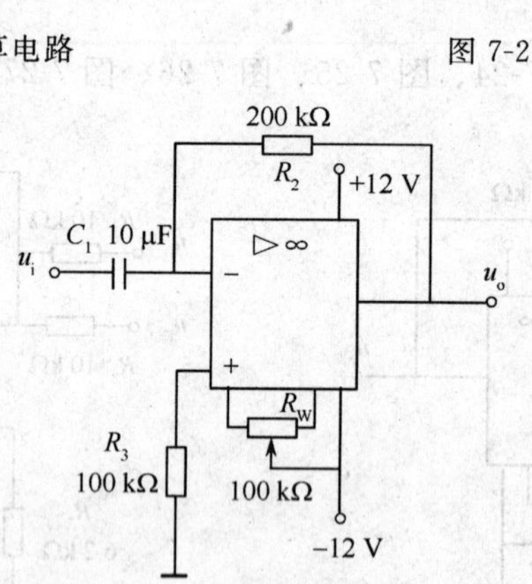

图 7-28 微分运算电路

1）反相比例运算电路

（1）按照图 7-23 连接好反相比例运算实训电路。

（2）接通±12 V 电源，输入端对地短路，进行调零。

（3）输入 $f=100$ Hz，$u_i=0.5$ V 的正弦交流信号，测量相应的 u_o，并用示波器观察 u_o 和 u_i 的相位关系，记入表 7-7 中。

表 7-7　反相比例运算电路电压的测量

u_i/V	u_o/V	u_i波形	u_o波形	$\dot{A}_u$	
		u_i — t	u_o — t	实测值	计算值

2）同相比例运算电路

（1）按照图 7-25(a)连接好同相比例运算实训电路。

（2）接通±12 V 电源，输入端对地短路，进行调零。

（3）输入 f=100 Hz，u_i=0.5 V 的正弦交流信号，测量相应的 u_o，并用示波器观察 u_o 和 u_i 的相位关系，记入表 7-8 中。

（4）将图 7-25(a)中的 R_1 断开，得图 7-25(b)电路，重复上面操作。

表 7-8　同相比例运算电路电压的测量

u_i/V	u_o/V	u_i波形	u_o波形	$\dot{A}_u$	
		u_i — t	u_o — t	实测值	计算值

3）反相加法运算电路

（1）按照图 7-24 连接好反相加法运算实训电路。

（2）接通±12 V 电源，输入端对地短路，进行调零。

（3）输入信号采用直流信号，用两路 0～30 V 直流稳压电源输入。实训时要注意选择合适的直流信号幅度以确保集成运放工作在线性区。用直流电压表测量输入电压 U_{i1}、U_{i2} 及输出电压 u_o，记入表 7-9 中。

表 7-9　反相加法运算电路电压的测量

U_{i1}					
U_{i2}					
u_o					

4）减法运算电路

（1）按照图 7-26 连接好减法运算实训电路。

（2）接通±12 V 电源，输入端对地短路，进行调零。

（3）输入信号采用直流信号，用两路 0～30 V 直流稳压电源输入。实训时要注意选择合适的直流信号幅度以确保集成运放工作在线性区。用直流电压表测量输入电压 U_{i1}、U_{i2} 及输出电压 U_o，记入表 7-10 中。

表 7-10　减法运算电路电压的测量

U_{i1}/V					
U_{i2}/V					
U_o/V					

5）积分运算电路

（1）按照图 7-27 连接好积分运算实训电路。

(2) 接通±12 V电源，输入端对地短路，进行调零。

(3) 输入 $f=1$ kHz，$U_{\mathrm{I}}=100$ mV的方波信号，用双踪示波器观察输入、输出电压波形，并绘制其输入、输出波形。

6) 微分运算电路

(1) 按照图7-28连接好微分运算实训电路。

(2) 接通±12 V电源，输入端对地短路，进行调零。

(3) 输入 $f=1$ kHz，$u_{\mathrm{i}}=500$ mV的三角波信号，用双踪示波器观察输入、输出电压波形，并绘制其输入、输出波形。

5. 实训总结

(1) 整理实训数据，总结集成运算放大器的基本运算电路的特点。

(2) 将理论计算结果和实测数据相比较，分析产生误差的原因。

7.4.4 由集成运算放大器组成的电压比较器电路连接与测试

1. 实训目的

(1) 掌握电压比较器的电路构成及特点。

(2) 学会测试比较器的方法。

2. 实训设备与器材

实训设备与器材，见表7-11。

表7-11 实训设备与器材

序号	名称	型号与规格	数量	备注
1	直流稳压电源	+12 V、−12 V	各1路	实训台
2	可调直流稳压电源	0～30 V	1路	实训台
3	函数信号发生器		1个	实训台
4	频率计		1个	实训台
5	双踪示波器		1台	自备
6	直流电压表		1只	实训台
7	稳压管	2DW231	1个	DDZ-21
8	二极管	1N4148	2个	DDZ-21
9	集成运算放大器	μA741	2块	
10	电阻	5.1 kΩ、100 kΩ	各1个	
11	电阻	10 kΩ	2个	

3. 实训电路

实训电路如图7-29、图7-30、图7-31所示。

4. 实训内容

利用实训挂箱DDZ-22上14P集成芯片插座，按照芯片方向插好芯片741。

(1) 过零比较器，实训电路如图7-29所示，接通±12 V电源。

① 测量 u_{i}悬空时的 u_{o}值。

② u_{i}输入500 Hz、幅值为2 V的正弦信号，观察 $u_{\mathrm{i}} \to u_{\mathrm{o}}$波形并记录。

③ 改变 u_{i}幅值，测量传输特性曲线。

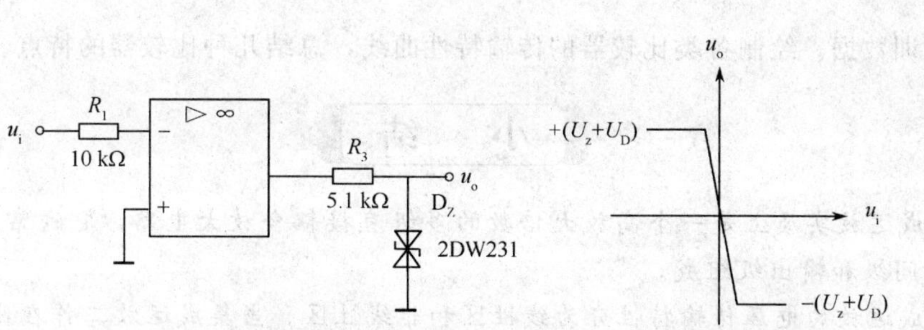

(a) 过零比较器　　　　(b) 电压传输特性

图 7-29　过零比较器

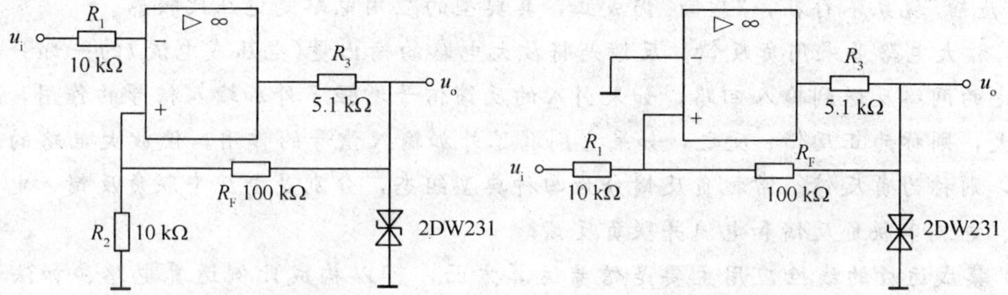

(a) 反相滞回比较器　　　　(b) 同相滞回比较器

图 7-30　滞回比较器

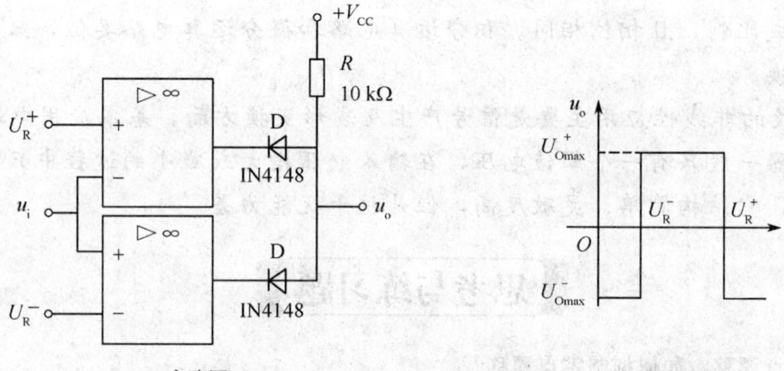

(a) 电路图　　　　(b) 传输特性

图 7-31　由两个简单比较器组成的窗口比较器

(2) 反相滞回比较器，实训电路如图 7-30(a)所示。

① 按图接线，u_i接可调直流电源(电压不要太大)，测出 u_0 由$+U_{omax}\to-U_{omax}$时 u_i的临界值。

② 同上，测出 u_0 由$-U_{omax}\to+U_{omax}$时 u_i的临界值。

③ u_i接 500 Hz，峰值为 2 V 的正弦信号，观察并记录 $u_i\to u_0$ 波形。

(3) 同相滞回比较器，实训电路如图 7-30(b)所示。

① 参照实训步骤 2，自拟实训步骤及方法。

② 将结果与实训步骤 2 进行比较。

(4) 窗口比较器，实训线路如图 7-31 所示，自拟实训步骤和方法测定其传输特性。

5. 实训总结

整理实训数据，绘制各类比较器的传输特性曲线，总结几种比较器的特点。

小　结

(1) 集成运放实质上是一个高放大倍数的多级直接耦合放大电路，它通常由偏置电路、输入级、中间级和输出级组成。

(2) 集成运放的电压传输特性分为线性区和非线性区。当集成运放工作在线性区时，多处于负反馈工作状态，具有"虚短"和"虚断"两个重要特点，它是分析许多集成运放运算电路的出发点，其基本应用电路有比例、加法、积分和微分运算电路；当集成运放工作在非线性区时，"虚短"现象不存在，"虚断"仍成立，其典型的应用电路是电压比较器。

(3) 放大电路多采用负反馈。反馈是将放大电路的输出量(电压或电流)的一部分或全部通过一定的网络反送到输入回路，如果引入的反馈信号增强了外加输入信号的作用，使放大倍数增大，则称为正反馈；反之，如果它削弱了外加输入信号的作用，使放大电路的放大倍数减少，则称为负反馈。常把负反馈分为四种典型组态，分别是电压串联负反馈、电压并联负反馈、电流串联负反馈和电流并联负反馈。

(4) 集成运放的线性应用主要是信号运算方面，可以构成比例运算电路、加法运算电路、积分运算电路和微分运算电路。比例运算电路又分为反相比例、同相比例电路。反相比例电路是一种电压并联负反馈电路，信号从反相输入端输入，输出电压与输入电压成比例，且相位相反；同相比例运算电路是一种电压串联负反馈电路，信号从同相输入端输入，输出电压与输入电压成比例，且相位相同。积分运算电路和微分运算电路类似，只是两者中电容和电阻的位置互换。

(5) 集成运放的非线性应用主要是信号产生及波形变换方面，基本应用电路就是电压比较器。单限比较器一般只有一个阈值电压，在输入电压增大或减小的过程中只要经过，输出电压就产生跃变，它结构简单、灵敏度高，但是抗干扰能力差。

思考与练习题

7-1　什么是零点漂移？如何抑制零点漂移？

7-2　什么是共模抑制比？如何提高共模印制比？

7-3　集成运放由哪些环节组成？

7-4　什么是理想运算放大器？其主要技术指标是什么？

7-5　什么是运算放大器的虚短和虚断？

7-6　电路如图 7-32 所示，图中 $R_1=10\ \text{k}\Omega$，$R_f=30\ \text{k}\Omega$，试估算其电压放大倍数和输入电阻，并估算 R'应取多大。

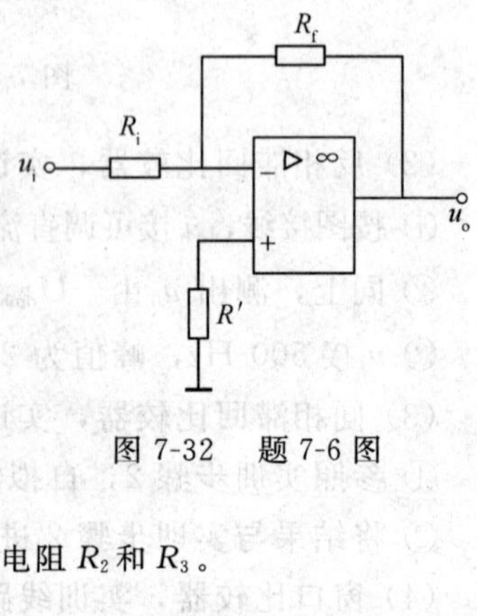

图 7-32　题 7-6 图

7-7　电路如图 7-33 所示，图中 $R_1=3\ \text{k}\Omega$，若要求它的电压放大倍数等于 7，估算 R_f和 R'的值。

7-8　同相输入加法电路如题图 7-34 所示，求输出电压 u_o，当 $R_1=R_2=R_3=R_f$ 时，u_o等于多少？

7-9　在图 7-35 所示电路中，$u_i=1$ V。试求输出电压 u_o、静态平衡电阻 R_2 和 R_3。

7-10　电路如图 7-35 所示，求输出电压 u_o。

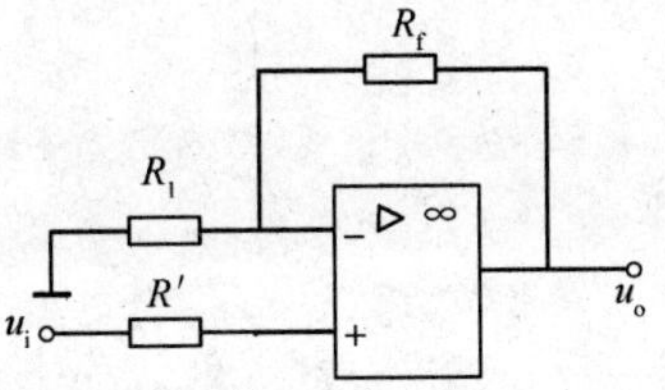

图 7-33　题 7-7 图

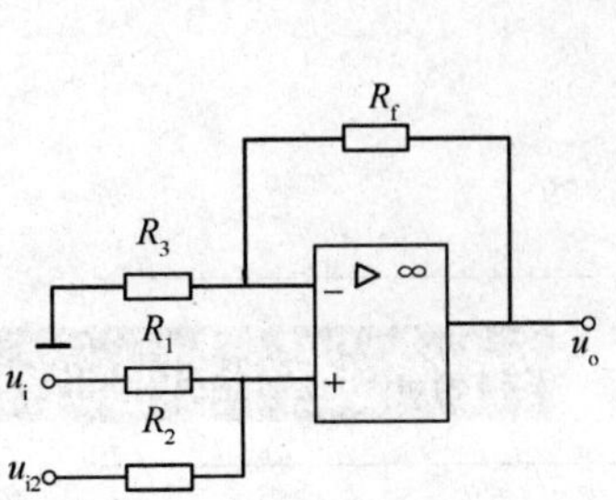

图 7-34　题 7-8 图

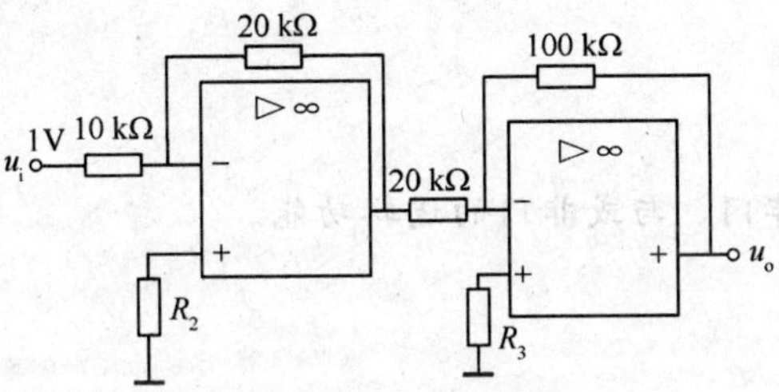

图 7-35　题 7-9 图

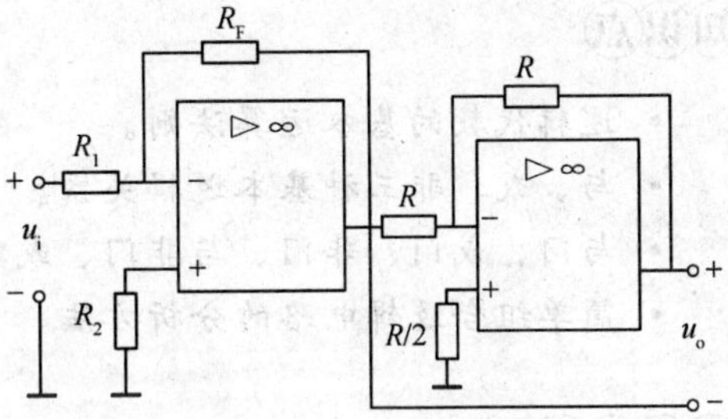

图 7-36　题 7-10 图

7-11　已知运算电路如图 7-37 所示，试求 u_o。

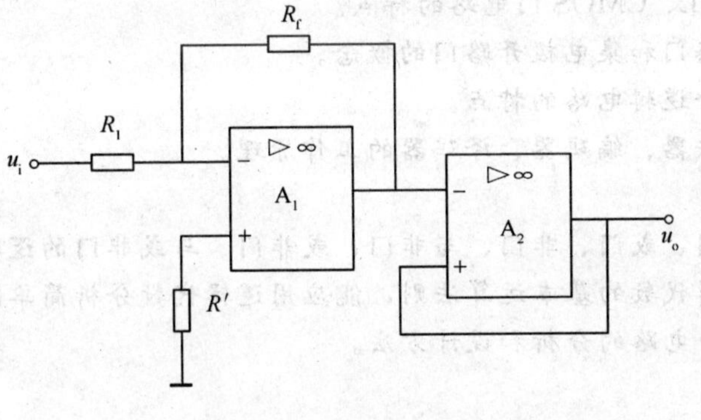

图 7-37　题 7-11 图

7-12　理想运放工作在非线性区时的特点是什么？

7-13　电压比较器的功能是什么？用作比较器的集成运放工作在什么区域？

7-14　如图 7-38 所示电路为由运放组成的比较器(图中 D_1、D_2 为保护二极管)，输入信号 u_i 的波形图如图所示，试画出输出信号 u_o 的波形。

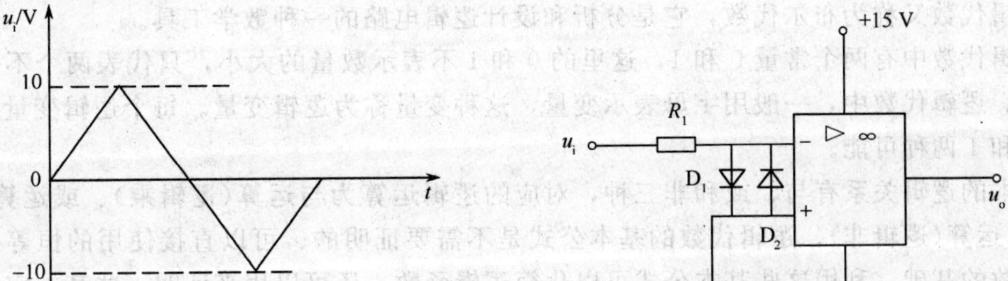

图 7-38　题 7-14 图

第8章 组合逻辑电路

知识点

- 逻辑代数的基本运算法则。
- 与、或、非三种基本逻辑关系。
- 与门、或门、非门、与非门、或非门、与或非门的逻辑功能。
- 简单组合逻辑电路的分析方法。

学习要求

1. 了解
   - 了解 TTL、CMOS 门电路的特点。
   - 了解三态门和集电极开路门的概念。
   - 了解组合逻辑电路的特点。
   - 了解加法器、编码器、译码器的工作原理。
2. 掌握
   - 掌握与门、或门、非门、与非门、或非门、与或非门的逻辑功能。
   - 掌握逻辑代数的基本运算法则，能应用逻辑代数分析简单的组合逻辑电路。
   - 掌握组合电路的分析和设计方法。
3. 能力
   - 学会逻辑代数的基本运算。
   - 学会组合逻辑电路的分析和设计方法。

8.1 逻辑代数及应用

逻辑代数又称为布尔代数，它是分析和设计逻辑电路的一种数学工具。

逻辑代数中有两个常量 0 和 1，这里的 0 和 1 不表示数量的大小，只代表两个不同的逻辑状态。逻辑代数中，一般用字母表示变量，这种变量称为逻辑变量。每个逻辑变量的取值只有 0 和 1 两种可能。

基本的逻辑关系有与、或和非三种，对应的逻辑运算为与运算(逻辑乘)、或运算(逻辑加)、非运算(逻辑非)。逻辑代数的基本公式是不需要证明的、可以直接使用的恒等式，是逻辑代数的基础，利用这些基本公式可以化简逻辑函数，还可以用来证明一些基本定律。

8.1.1 逻辑代数的基本公式

设 A 为逻辑变量。对于常量与常量、常量与变量、变量与变量之间的基本逻辑运算公式如表 8-1 所示。

表 8-1　逻辑代数的基本公式

名　称	与运算	或运算	非运算
逻辑常量	$0\cdot0=0$ $1\cdot0=0$ $0\cdot1=0$ $1\cdot1=1$	$0+0=0$ $0+1=1$ $1+0=1$ $1+1=1$	$\overline{1}=0$ $\overline{0}=0$
逻辑变量	$A\cdot0=0$ $A\cdot1=A$ $A\cdot A=A$ $A\cdot\overline{A}=0$	$A+0=A$ $A+1=1$ $A+A=A$ $A+\overline{A}=A$	$\overline{\overline{A}}=A$

8.1.2　逻辑代数的基本定律

逻辑代数的基本定律是分析和设计逻辑电路，化简和变换逻辑函数式的重要工具。逻辑代数的基本规律如表 8-2 所示。

表 8-2　逻辑代数的基本定律

交换律	结合律	吸收律	分配律	摩根定律
$A+B=B+A$	$A+B+C=(A+B)+C$ $=A+(B+C)$	$AB+A\overline{B}=A$ $A+A\cdot B=A$	$A\cdot(B+C)=$ $A\cdot B+A\cdot C$	$\overline{A\cdot B}=\overline{A}+\overline{B}$
$A\cdot B=B\cdot A$	$A\cdot B\cdot C=(A\cdot B)\cdot C$ $=A\cdot(B\cdot C)$	$A+\overline{A}B=A+B$ $AB+\overline{A}C+BC=AB+\overline{A}C$	$A+B\cdot C=$ $(A+B)\cdot(A+C)$	$\overline{A+B}=\overline{A}\cdot\overline{B}$

8.2　门 电 路

逻辑符号表示的电路功能需要通过具体器件才能实现，各种类型的门电路就是实现逻辑功能的基本单元。门电路通常由 TTL 和 CMOS 集成电路组成。实现与、或、非三种基本逻辑运算以及复合逻辑运算的数字电路称为与门、或门、非门、与非门、或非门等。

门电路是数字电路最为基本的单元电路，应用十分广泛。所谓门电路实际上就是一种开关电路，当满足一定条件时它能允许数字信号通过，条件不满足时数字信号就不能通过。

门电路都由分立组件组成。但由于分立组件电路的种种欠缺，如今广泛使用的是集成门电路。了解分立元件门电路的工作原理，有助于学习和掌握集成门电路。分立元件门电路包括二极管门电路和晶体管门电路两大类。

1. 二极管门电路

1）二极管与门电路

图 8-1 所示的是二极管与门电路，A，B 是它的两个输入端，Y 是输出端。图 8-2 是它的逻辑符号。

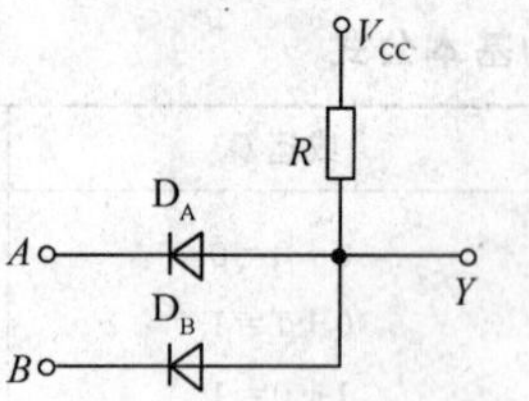

图 8-1　二极管与门电路

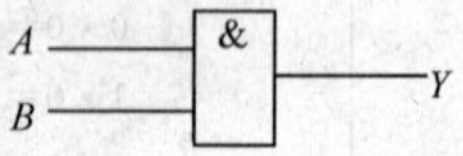

图 8-2　与门逻辑符号

当输入端 A、B 全为 1 时，设电位均为 3 V。二极管均承受正向电压而导通，因为二极管的正向压降较小(硅管约 0.7 V，锗管约 0.3 V)，输出端 Y 的电位则被钳在 3 V 附近，比 3 V 略高，属于高电平。输出端 Y 的逻辑值为 1。

当输入端只要有一个为 0，即电位在 0 V 附近，例如，A 端为 0，另外一个为 1，则 D_A 先导通，输出端 Y 的电位被钳在 0V 附近，属于低电平。输出端 Y 的逻辑值为 0。二极管 D_B 因承受反向电压而截止。

由此可见，只有当输入端 A，B 全为 1 时，输出端 Y 才为 1，否则输出就是 0，这符合与逻辑，所以它是一种与门。与逻辑关系表达式为 $Y=A\cdot B$。两个逻辑变量的与门逻辑真值表如表 8-3 示。

表 8-3　与门逻辑真值表

A	B	Y
0	0	0
0	1	0
1	0	0
1	1	1

2）二极管或门电路

如图 8-3 所示，只要输入端中只要有一个为 1，输出就为 1。例如，只有 A 端为 1(设其电位为 3 V)，则 A 端的电位比 B 高。D_A 优先导通，Y 端电位比 A 端略低(D_A 正向压降约为 0.3 V)，仍属于 3 V 附近这个高电平，故输出端 Y 的逻辑值为 1。由于 Y 端的电位比输入端 B 高，D_B 承受反向电压而截止。只有当 A、B 输入端全为 0 时，输出端 Y 为 0。这符合或逻辑，所以它是一种或门。或逻辑关系表达式表示为 $Y=A+B$。图形符号如图 8-4 所示。逻辑变量的或门逻辑真值表如表 8-4。

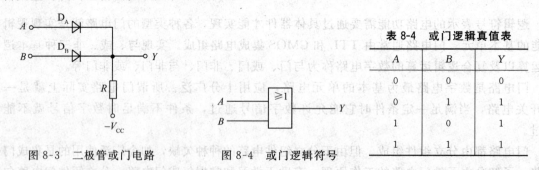

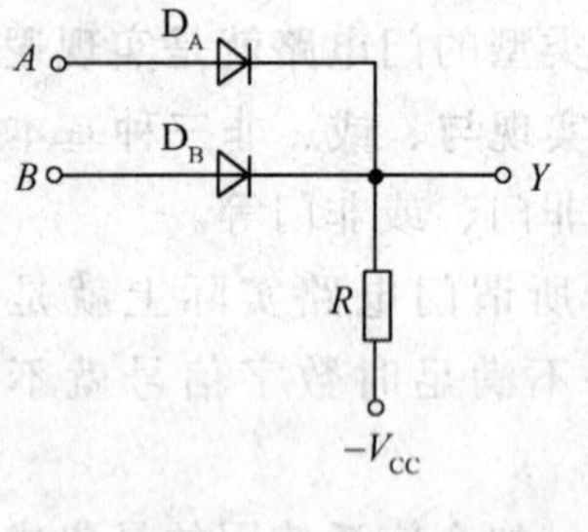

图 8-3　二极管或门电路

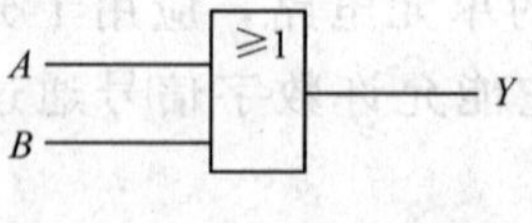

图 8-4　或门逻辑符号

表 8-4　或门逻辑真值表

A	B	Y
0	0	0
0	1	1
1	0	1
1	1	1

2. 三极管非门

图 8-5 所示为晶体管非门电路及其逻辑符号。非门电路只有一个输入端 A。当 A 为 1(设其电位为 3 V)时，晶体管饱和，其集电极即输出端 Y 为 0；当 A 为 0 时，晶体管截止，输出端 Y 为 1。所以非门电路也称为反相器。加负电源 V_{SS} 是为了当 A 为 0 时使晶体管截止。非逻辑关系表达式为 $Y=\overline{A}$。

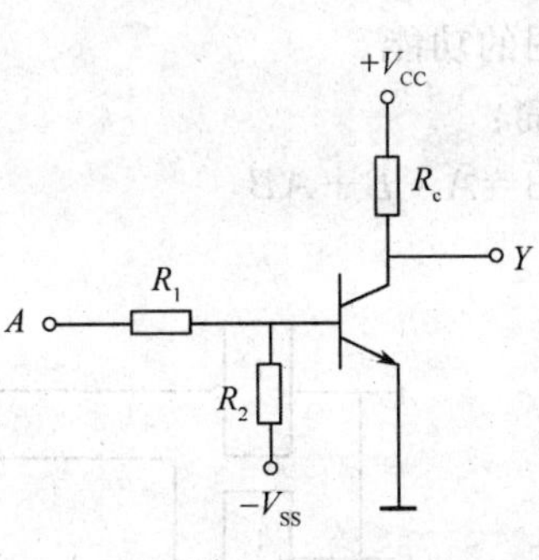

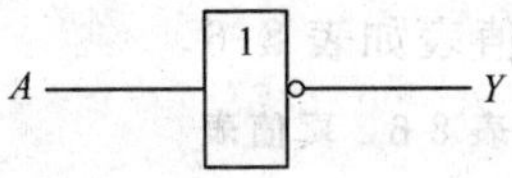

图 8-5　三极管非门电路

如果把上述三种基本逻辑电路按需要组合起来，可构成新的逻辑功能。例如，二极管与门和晶体管非门组合起来构成的与非门就是一种常用的门电路，如图 8-6 所示。

与非门的逻辑功能是：当输入端全为 1 时，输出为 0；否则，输出为 1。与非逻辑表达式为 $Y=\overline{A \cdot B}$。表 8-5 为与非门逻辑真值表。

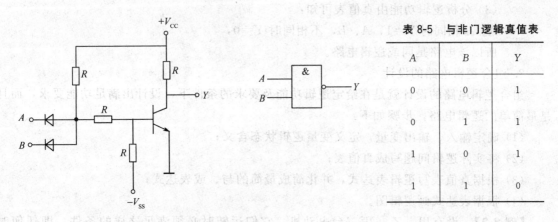

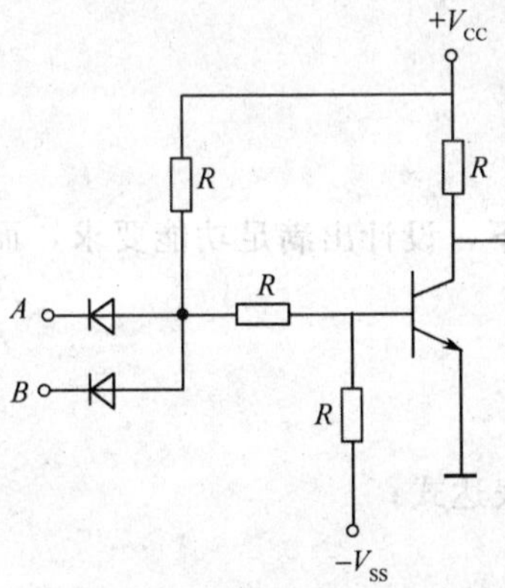

图 8-6　与非门电路

表 8-5　与非门逻辑真值表

A	B	Y
0	0	1
0	1	1
1	0	1
1	1	0

8.3　组合逻辑电路

数字电路一般可分为组合逻辑电路和时序逻辑电路。组合逻辑电路的特点是输出逻辑状态完全由当前输入状态决定。门电路是组合逻辑电路的基本逻辑单元。

8.3.1　组合逻辑电路的分析与设计

1. 组合逻辑电路的分析

组合逻辑电路的分析：从给定的逻辑电路图求出输出函数的逻辑功能。即求出逻辑表达式和真值表。步骤一般为：

(1) 推导输出函数的逻辑表达式并化简。首先将逻辑图中各个门的输出都标上字母，然后从输入级开始，逐级推导出各个门的输出函数。

(2) 由逻辑表达式建立真值表。作真值表的方法是首先将输入信号的所有组合列表，然后将各组合代入输出函数得到输出信号值。

(3) 分析真值表，判断逻辑电路的功能。

【例 8-1】 试分析图 8-7 所示的逻辑电路图的功能。

解：(1) 根据逻辑图写出逻辑函数式并化简：

$$Y=\overline{\overline{\overline{A}\cdot\overline{B}}\cdot\overline{AB}}=\overline{A}\cdot\overline{B}+AB$$

(2) 列真值表如表 8-6。

表 8-6 真值表

A	B	Y
0	0	1
0	1	0
1	0	0
1	1	1

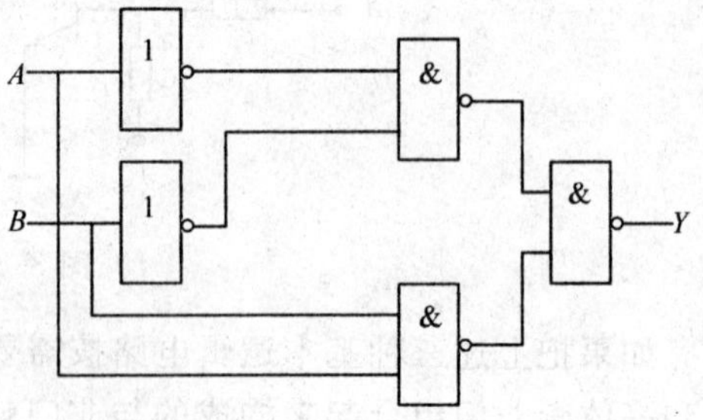

图 8-7 逻辑电路图

(3) 分析逻辑功能由真值表可知：

A、B 相同时 $Y=1$，A、B，不相同时 $Y=0$，

所以该电路是同或逻辑电路。

2. 组合逻辑电路的设计

组合逻辑电路的设计就是在给定逻辑功能及要求的条件下，设计出满足功能要求，而且是最简单的逻辑电路，步骤如下：

(1) 确定输入、输出变量，定义变量逻辑状态含义；

(2) 将实际逻辑问题写成真值表；

(3) 根据真值表写逻辑表达式，并化简成最简的与、或表达式；

(4) 根据表达式画逻辑图。

【例 8-2】 设有甲、乙、丙三台电动机，它们运转时必须满足这样的条件，即任何时间必须有且仅有一台电动机运行，如不满足该条件，就输出报警信号。试设计此报警电路。

解：

(1) 取甲、乙、丙三台电动机的状态为输入变量，分别用 A、B 和 C 表示，并且规定电动机运转为 1，停转为 0，取报警信号为输出变量，用 Y 表示，$Y=0$ 表示正常状态，否则为报警状态。

(2) 根据题意可列出表 8-7 所示真值表。

(3) 写逻辑表达式：其一是对 $Y=1$ 的情况写，其二是对 $Y=0$ 的情况写，用方法一写出的是最小项表达式，用方法二写出的是最大项表达式，若 $Y=0$ 的情况很少时，也可对 $\overline{Y}$ 等于 1 的情况写，然后再对 $\overline{Y}$ 求反。以下是对 $Y=1$ 的情况写出的表达式：

$$Y=\overline{A}\overline{B}\overline{C}+\overline{A}BC+A\overline{B}C+AB\overline{C}+ABC$$

化简后得到：

$$Y=\overline{A}\overline{B}\overline{C}+AC+AB+BC$$

(4) 由逻辑表达式可画出图 8-8 所示的逻辑电路图，一般为由出向入的过程。

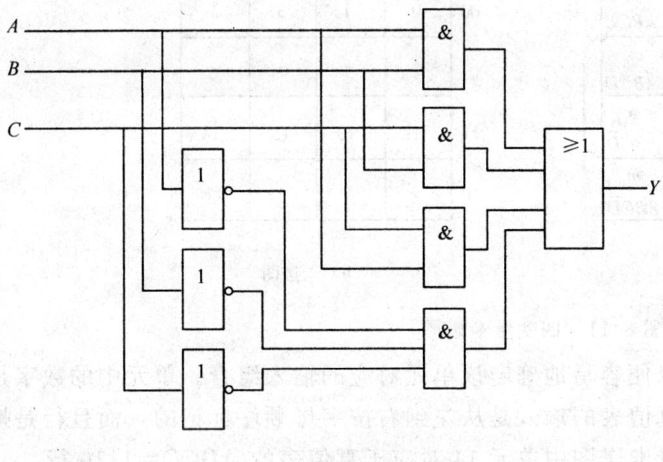

图 8-8　逻辑电路图

表 8-7　真值表

A	B	C	Y
0	0	0	1
0	0	1	0
0	1	0	0
0	1	1	1
1	0	0	0
1	0	1	1
1	1	0	1
1	1	1	1

3. 卡诺图化简方法

1)卡诺图化简所应用的逻辑代数原理

卡诺图是逻辑函数真值表的图形表示。图 8-9～图 8-11 分别是有 2、3、4 个变量的逻辑函数的卡诺图。

(1)二变量卡诺图，如图 8-9 所示。

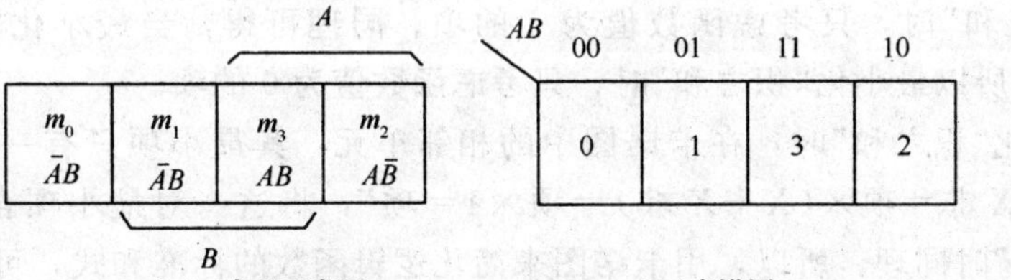

(a) 字母示意图　　(b)卡诺图

图 8-9　二变量卡诺图

(2)三变量卡诺图，如图 8-10 所示。

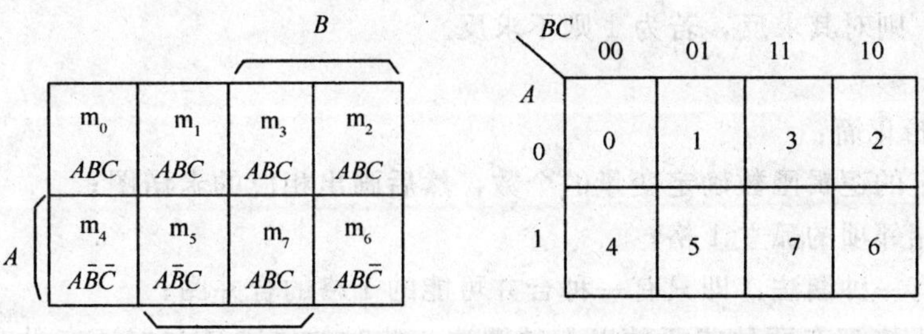

(a) 字母示意图　　(b) 卡诺图

图 8-10　三变量卡诺图

(3)四变量卡诺图，如图 8-11 所示。

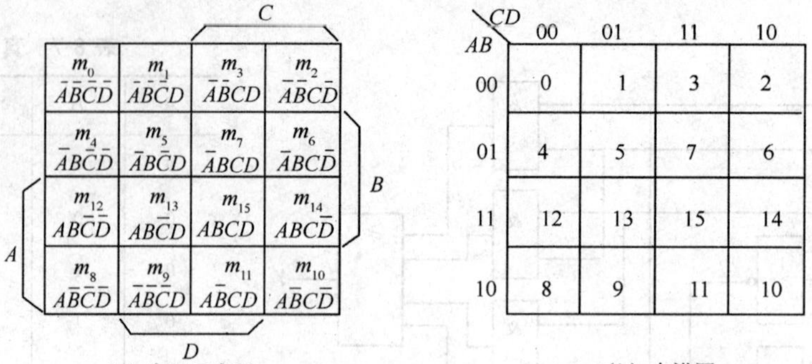

(a) 字母示意图　　(b) 卡诺图

图 8-11　四变量卡诺图

卡诺图的行和列都做了标记，以便容易地确定该单元对应的输入组合。单元中的数字是真值表中相应的最小项编号，假设真值表的输入是从左到右按字母顺序标记的，而且行是按二进制计数顺序计数的. 例如四变量卡诺图中单元 14 对应于真值表的 $ABCD=1110$ 行。

卡诺图中每个单元都包含函数真值表对应行的信息。如果对应输入组合的函数值为 0 时，图中单元内也是 0，否则为 1。

卡诺图的行号和列号采用的是格雷码，采用这种编码的原因是格雷码的任意两个相邻的代码之间只有一位不同，而且格雷码是循环码。例如，四变量图的单元 13 和 15 是相邻的，它们只有 C 值不同。在最小化“积之和”时，因为“项＋0＝项”，所以“积之和”时函数值为 0 的项对逻辑函数是没有作用的，只会增加逻辑函数表达式的项，从而增加电路制造成本。故在最小化“积之和”时，只考虑函数值为 1 的项。同理可得，当最小化“和之积”时，因为“项×1＝项”，所以最小化“积之和”时，只考虑函数值为 0 的项。

对于最小化“积之和”时，在卡诺图中的相邻单元，其最小项只有一个变量不同。根据“项×X＋项×X 非＝项×(X＋X 非)＝项×1＝项”，将这一对最小项合并成单个乘积项。最小化“和之积”时同理。所以，用卡诺图来简化逻辑函数的标准和式，可降低数字电路制造成本。

在最小化“积之和”时，如果逻辑函数的 i 个变量具有所有 2 的 i 次方，则 2 的 i 次方个“1”单元可被合并，而剩余的 $n-i$ 个变量值不变。相应的乘积项有 $n-i$ 个变量，若变量在“1”单元中为 0，则对其求反，若为 1 则不求反。

2)化简方法

(1)与或逻辑化简：

① 根据给定的逻辑函数确定变量的个数，然后画出相应的卡诺图；

② 圈出无相邻项的孤立 1 格；

③ 圈出只有一种圈法，即只有一种合并可能的 1 格的合并圈；

④ 余下的 1 格都有两种或两种以上的圈法，此时的原则是在保证有没有圈到 1 格的前提下，合并圈越大越好，圈的数目越少越好，所有 1 格至少被圈过一次；

⑤ 将所有合并圈对应的乘积项相加，即得到化简后的最简与或式。

【例 8-3】　化简 $F=\overline{B}CD+B\overline{C}+\overline{A}\,\overline{C}D+A\,\overline{B}C$。

解：第一步：用字母示意图表示该逻辑函数。

$\overline{B}CD$ ：对应 m_3、m_{11}

$B\overline{C}$：对应 m_4、m_5、m_{12}、m_{13}

$A\overline{B}D$：对应 m_1、m_5

$A\overline{B}C$：对应 m_{10}、m_{11}

在字母示意图中，上述方格填入“1”，其他方格可不填。

第二步：画卡诺图如图 8-12 所示，圈住全部“1”方格如图 8-13 所示。

第三步：组成新函数。

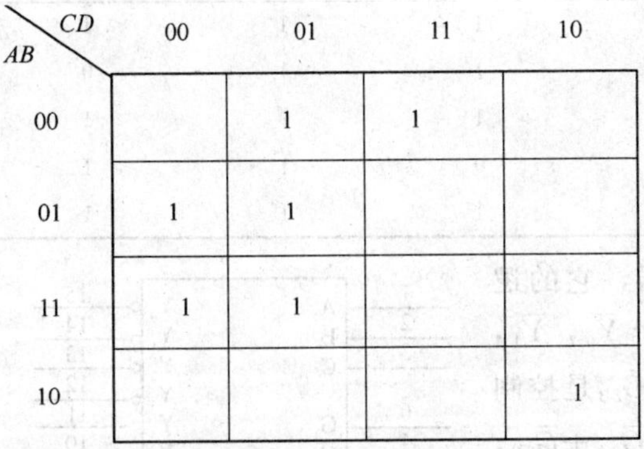

图 8-12　卡诺图

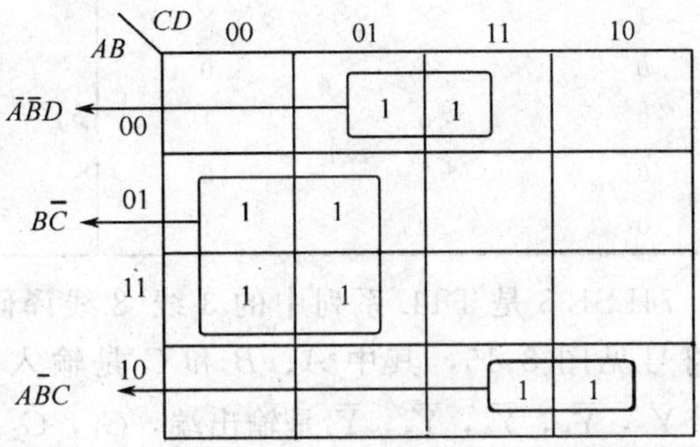

图 8-13　圈“1”

每一个圈对应一个与项，然后将各与项“或”起来得新函数。

故化简结果为：$F=B\overline{C}+A\overline{B}C+\overline{A}\overline{B}D$

(2)与非逻辑化简。所谓与非式，就是全由与非门实现该逻辑，将与或式两次求反即得与非式。

(3)或与逻辑化简。首先从卡诺图上求其反函数，其方法是圈“0”方格，然后再用摩根定律取反即得或与式。

(4)或非逻辑化简。将或与逻辑两次求反即得或非表示式。

(5)与或非逻辑化简。与或非逻辑形式可以从两种途径得到：一种是从与或式得到，将与或式两次求反，即得与或非式；另一种是求得反函数后，再求一次反，即用摩根定律处理，也可得与或非式。

8.3.2　译码器

将二进制代码(或其他确定信号或对象的代码)“翻译”出来，变换成另外的对应的输出信号(或另一种代码)的逻辑电路称为译码器。

1. 二进制译码器

N 位二进制译码器有 N 个输入端和 2^N 个输出端，即将 N 位二进制代码的组合状态翻译成对应的 2^N 个最小项，一般称为 N 线-2^N 线译码器。2 线-4 线译码器的逻辑图如图 8-14 所示。

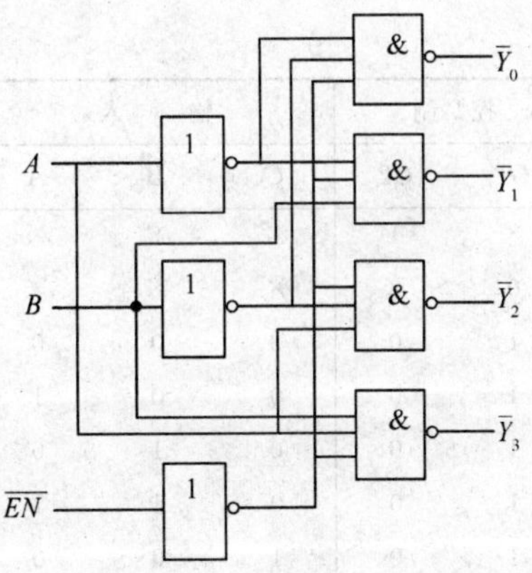

图 8-14　2 线-4 线译码器

电路有 2 个输入端 A、B，4 个输出端 $\overline{Y}_3\sim\overline{Y}_0$，在任何时刻最多只有一个输出端为有效电平(低电平有效)，其真值表见表 8-8，$\overline{EN}=1$(无效)时，译码器处于禁止工作状态，此时，全部输出端都输出高电平(无效状态)。

常用的中规模集成电路译码器有双 2 线-4 线译码器 74139，3 线-8 线译码器 74138，4 线-16 线译码器 74154 和 4 线-16 线译码器 7442 等。

表 8-8　2 线-4 线译码器真值表

输入			输出			
$\overline{EN}$	A	B	$\overline{Y}_3$	$\overline{Y}_2$	$\overline{Y}_1$	$\overline{Y}_0$
1	×	×	1	1	1	1
0	0	0	1	1	1	0
0	0	1	1	1	0	1
0	1	0	1	0	1	1
0	1	1	0	1	1	1

74LS138 是 TTL 系列中的 3 线-8 线译码器，它的逻辑符号见图 8-15，其中 A、B 和 C 是输入端，$\overline{Y}_0$，$\overline{Y}_1$，$\overline{Y}_2$，$\overline{Y}_3$，$\overline{Y}_4$，$\overline{Y}_5$，$\overline{Y}_6$，$\overline{Y}_7$是输出端，G_1，$\overline{G}_{2A}$，$\overline{G}_{2B}$是控制端。它的译码真值表见表 8-9。在真值表中 $G_2=\overline{G}_{2A}+\overline{G}_{2B}$，从真值表可以看出当 $G_1=1$、$G_2=0$ 时该译码器处于工作状态，否则输出被禁止，输出高电平。这三个控制端又称为片选端，利用它们可以将多片连接起来扩展译码器的功能。

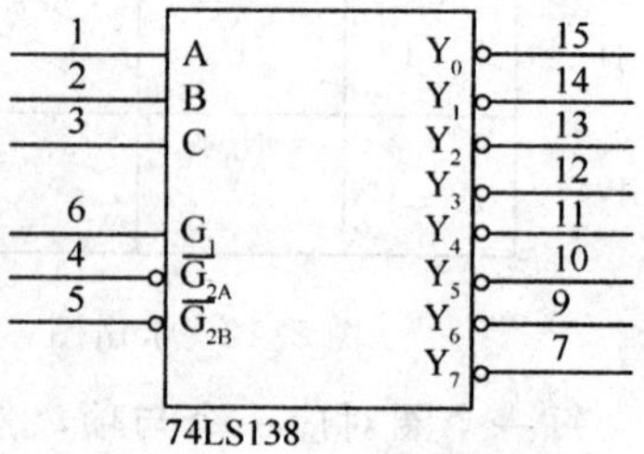

图 8-15　3 线-8 线译码器的逻辑符号

从真值表可知每一个输出端的函数为：

$$Y_i = m_i(\overline{G_1\ \overline{\overline{G}_{2A}}\ \overline{\overline{G}_{2B}}})$$

其中 m_i为输入 C、B、A 的最小项。

如果把 G_1作为数据输入端(同时使$\overline{G}_{2A}+\overline{G}_{2B}=0$)，把 CBA 作为地址端，则可以把 G_1信号送到一个由地址指定的输出端，例如，$CBA=101$，则 Y_5等于 G_1的反码。这种使用称为数据分配器使用。

表 8-9　74138 真值表

控制		输入			输出							
$G1$	$G2$	C	B	A	Y_0	Y_1	Y_2	Y_3	Y_4	Y_5	Y_6	Y_7
×	1	×	×	×	1	1	1	1	1	1	1	1
0	×	×	×	×	1	1	1	1	1	1	1	1
1	0	0	0	0	0	1	1	1	1	1	1	1
1	0	0	0	1	1	0	1	1	1	1	1	1
1	0	0	1	0	1	1	0	1	1	1	1	1
1	0	0	1	1	1	1	1	0	1	1	1	1
1	0	1	0	0	1	1	1	1	0	1	1	1
1	0	1	0	1	1	1	1	1	1	0	1	1
1	0	1	1	0	1	1	1	1	1	1	0	1
1	0	1	1	1	1	1	1	1	1	1	1	0

2. 显示译码器

在一些数字系统中，不仅需要译码，而且需要把译码的结果显示出来。所以显示译码器是对 4 位二进制数码译码并推动数码显示器的电路。

1）显示器件

目前广泛使用的显示器件是七段数码显示器，由 a～g 等 7 段可发光的线段拼合而成，通过控制各段的亮或灭，就可以显示不同的字符或数字。七段数码显示器有半导体数码显示器和液晶显示器两种。

半导体数码管(或称 LED 数码管)由发光二极管组成。一般情况下，单个发光二极管的管压降为 1.5～3 V 左右，电流不超过 30 mA。发光二极管的阳极连在一起并连接到电源正极的称为共阳数码管，阴极接低电平的二极管发光；发光二极管的阴极连在一起连接到电源负极的称为共阴数码管，阳极接高电平的二极管发光。图 8-16 所示是七段数码管的外形图及共阴、共阳等效电路。有的数码管在右下角还增设了一个小数点，形成八段显示。

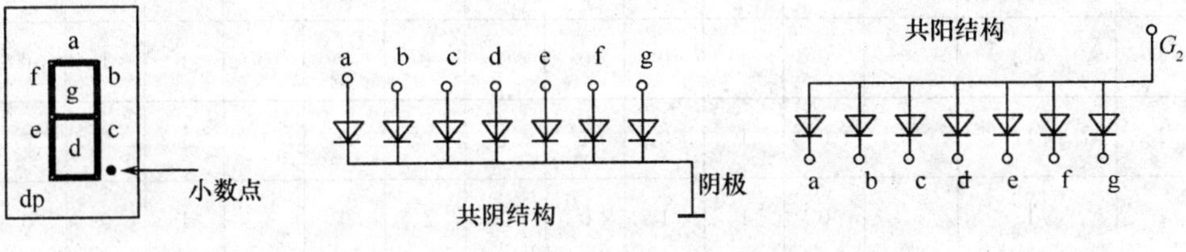

图 8-16　七段数码管的外形图及共阴共阳等效电路

常用 LED 数码管显示的数字和字符是 0、1、2、3、4、5、6、7、8、9、A、B、C、D、E、F。

2）七段显示译码器

七段显示译码器的功能是把“8421”二-十进制代码译成对应于数码管的七个字段信号，驱动数码管，显示出相应的十进制代码。

显示译码器有很多集成产品，如用于共阳数码管的译码电路 7446/47 和用于共阴数码管的译码电路 7448 等。

① 用于共阳数码管的译码电路 7446/47

该电路采用集电极开路输出，具有试灯输入、上升/下降沿灭灯控制、灯光调节能力和有效低电平输出，驱动输出最大电压：7446A、74L46 为 30 V，7447A、74L47、74LS47 为 15 V，吸收电流：7446A、74L46 为 40 mA，7447A、74L47 为 30 mA，74LS47 为 24 mA，7446 与 74246，7447 与 74247 区别是字型不同，其他相同，可以互换。共阳数码管的译码电路的符号如图 8-17 所示，真值表见表 8-10。

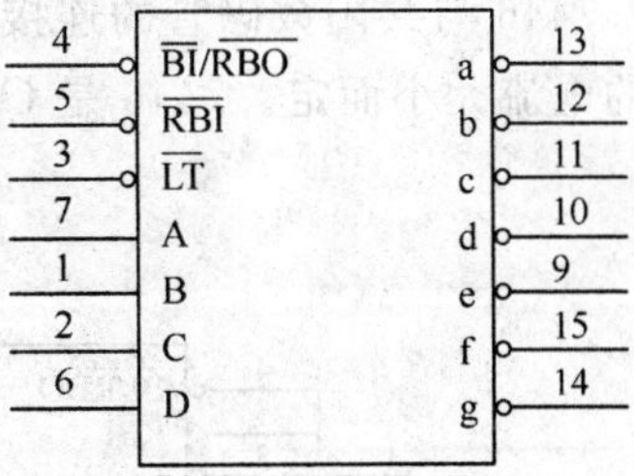

图 8-17　7446 的符号图

该译码器有 4 个控制信号：

灯测试端 $\overline{LT}$，$\overline{LT}=0$ 数码管各段都亮，除试灯外 $\overline{LT}=1$。

动态灭零输入端 $\overline{RBI}$，当 $\overline{RBI}=0$，同时 $ABCD$ 信号为 0，而 $\overline{LT}=1$ 时，所有各段都灭，同时 $\overline{RBO}$ 输出 0，该功能是灭 0。

表 8-10　7446 真值表

功能	控制端			数据输入				输出							显示字形
	$\overline{LT}$	$\overline{BI}/\overline{RBO}$	$\overline{RBI}$	D	C	B	A	a	b	c	d	e	f	g	
灭灯	×	0/	×	×	×	×	×	1	1	1	1	1	1	1	全暗
试灯	0	1/	×	×	×	×	×	0	0	0	0	0	0	0	8
灭零	1	/0	0	0	0	0	0	1	1	1	1	1	1	1	全暗
显示	1	/1	1	0	0	0	0	0	0	0	0	0	0	1	0
	1	/1	×	0	0	0	1	1	0	0	1	1	1	1	1
	1	/1	×	0	0	1	0	0	0	1	0	0	1	0	2
	1	/1	×	0	1	0	0	0	0	0	0	1	1	0	3
	1	/1	×	0	1	0	1	1	0	0	1	1	0	0	4
	1	/1	×	0	1	1	0	0	1	0	0	1	0	0	5
	1	/1	×	0	1	1	1	0	1	0	0	0	0	0	6
	1	/1	×	1	0	0	0	0	0	0	1	1	1	1	7
	1	/1	×	1	0	0	1	0	0	0	0	0	0	0	8
	1	/1	×	1	0	1	0	0	0	0	0	1	0	0	9

灭灯输入/动态灭灯输出端$\overline{BI}/\overline{RBO}$，当$\overline{BI}/\overline{RBO}$作为输入端使用时，若$\overline{BI}=0$，则不管其他输入信号，输出各段都灭。当$\overline{BI}/\overline{RBO}$作为输出端使用时，若$\overline{RBO}$输出 0，表示各段已经熄灭。

7446 与共阳数码管的连接如图 8-18 所示。图中电阻 RP 为限流电阻，具体阻值视数码管的电流大小而定。7446 是 OC 输出，电源电压可以达到 30 V，吸收电流为 40 mA，对于

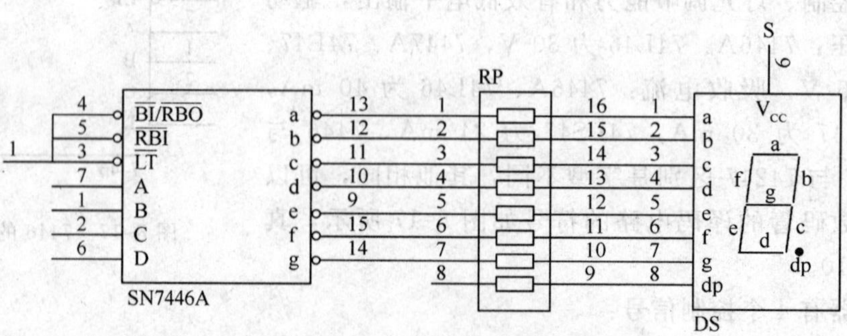

图 8-18　共阳数码管与译码

一般的驱动是可以满足需求的，但是若数码管太大，就需要更高的电压和更大的电流，这就需要在译码器与数码管之间增加高电压、高电流驱动器。例如，达林顿驱动电路 DS2001/2/

3/4，该电路由 7 个高增益的达林顿管组成，集电极-发射极间电压可达到 50 V，集电极电流 350 mA，输入与 TTL、CMOS 兼容，输出高电压 50 V，输出低电压 1～6 V。

② 用于共阴数码管电路 7448

本电路采用有效高电平输出，具有试灯输入、上升/下降沿灭灯控制、输出最大电压为 5.5 V，吸收电流为 6.4 mA，74LS48 为 6 mA。7448 的电路符号如图 8-19 所示。7448 除输出高电平有效外，其他功能与 7446 相同。

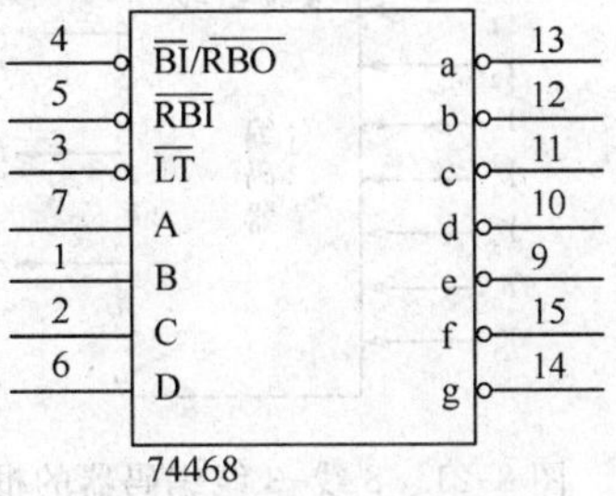

图 8-19　7448 符号图

由于共阴数码管的译码电路 7448 内部有限流电阻，故接数码管时不需外接限流电阻。由于 7448 拉电流能力小(2 mA)，灌电流能力大(6.4 mA)，所以一般都要外接电阻推动数码管，7448 译码器的典型使用电路如图 8-20 所示。

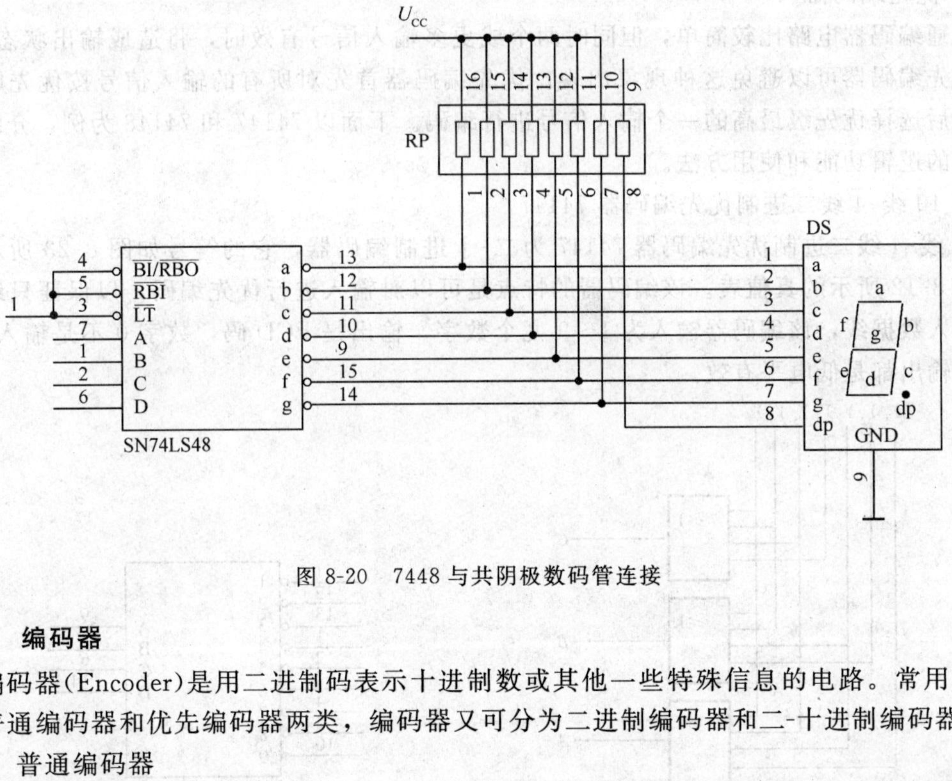

图 8-20　7448 与共阴极数码管连接

8.3.3　编码器

编码器(Encoder)是用二进制码表示十进制数或其他一些特殊信息的电路。常用的编码器有普通编码器和优先编码器两类，编码器又可分为二进制编码器和二-十进制编码器。

1. 普通编码器

N 位二进制符号有 2^N 种不同的组合，因此有 N 位输出的编码器可以表示 2^N 个不同的输入信号，一般把这种编码器称为 2^N 线-N 线编码器。图 8-21 是三位二进制编码器的原理框图。

它有 8 个输入端 $Y_0 \sim Y_7$，有 3 个输出端 C、B、A，所以称为 8 线-3 线编码器。对于普通编码器来说，在任何时刻输入 $Y_0 \sim Y_7$ 只允许一个信号为有效电平。高电平有效的 8 线-3 线普通编码器的编码表见表 8-11。由编码表得到输出表达式为

$$\begin{cases} C = Y_4 + Y_5 + Y_6 + Y_7 \\ B = Y_2 + Y_3 + Y_6 + Y_7 \\ A = Y_1 + Y_3 + Y_5 + Y_7 \end{cases}$$

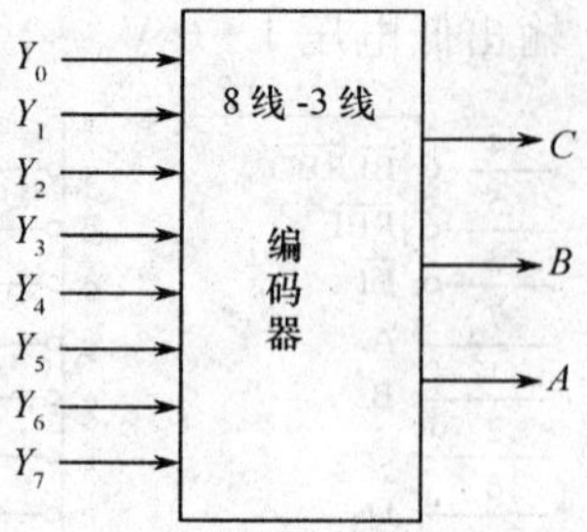

图 8-21　8 线-3 线编码器的框图

表 8-11　8 线-3 线编码器编码表

输　入	C	B	A
Y_0	0	0	0
Y_1	0	0	1
Y_2	0	1	0
Y_3	0	1	1
Y_4	1	0	0
Y_5	1	0	1
Y_6	1	1	0
Y_7	1	1	1

实现上述功能的逻辑图如图 8-22 所示。

2. 优先编码器

普通编码器电路比较简单，但同时两个或更多输入信号有效时，将造成输出状态混乱，采用优先编码器可以避免这种现象出现。优先编码器首先对所有的输入信号按优先顺序排列，然后选择优先级最高的一个输入信号进行编码。下面以 74147 和 74148 为例，介绍优先编码器的逻辑功能和使用方法。

1）10 线-4 线二进制优先编码器 74147

10 线-4 线二进制优先编码器 74147 为二-十进制编码器，它的符号如图 8-23 所示，编码见表 8-12 所示的真值表。该编码器的特点是可以对输入进行优先编码，以保证只编码最高位输入数据线，该编码器输入为 1～9 九个数字，输出是 BCD 码，数字 0 不是输入信号。输入与输出都是低电平有效。

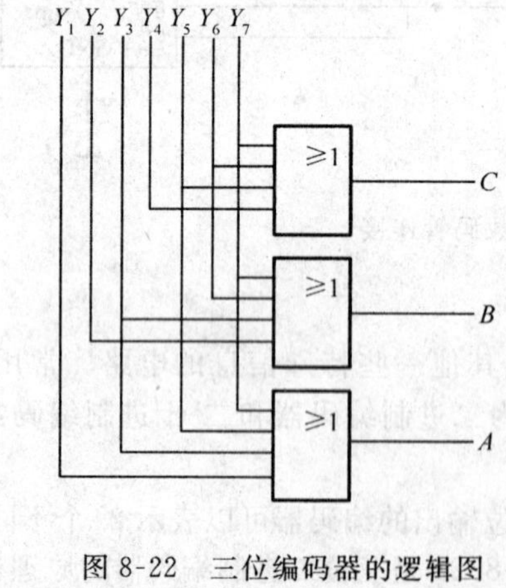

图 8-22　三位编码器的逻辑图

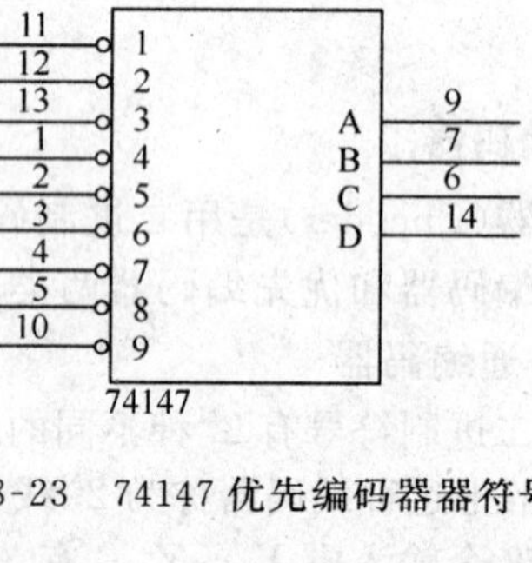

图 8-23　74147 优先编码器器符号

图 8-24 所示电路是 74147 的典型应用电路，该电路可以将 0～9 十个按钮信号转换成编码。当没有按钮按下时，按钮按下信号 $Y=0$。若有按钮按下，则按钮按下信号 $Y=1$。虽然 0 信号未进入 74147，但是当 0 按钮按下时，按钮按下信号 $Y=1$，同时编码输出 1111，这就相当于 0 的编码是 1111。

表 8-12　74147 真值表

输入									输出			
1	2	3	4	5	6	7	8	9	*D*	*C*	*B*	*A*
1	1	1	1	1	1	1	1	1	1	1	1	1
×	×	×	×	×	×	×	×	0	0	1	1	0
×	×	×	×	×	×	×	0	1	0	1	1	1
×	×	×	×	×	×	0	1	1	1	0	0	0
×	×	×	×	×	0	1	1	1	1	0	0	1
×	×	×	×	0	1	1	1	1	1	0	1	0
×	×	×	0	1	1	1	1	1	1	0	1	1
×	×	0	1	1	1	1	1	1	1	1	0	0
×	0	1	1	1	1	1	1	1	1	1	0	1
0	1	1	1	1	1	1	1	1	1	1	1	0

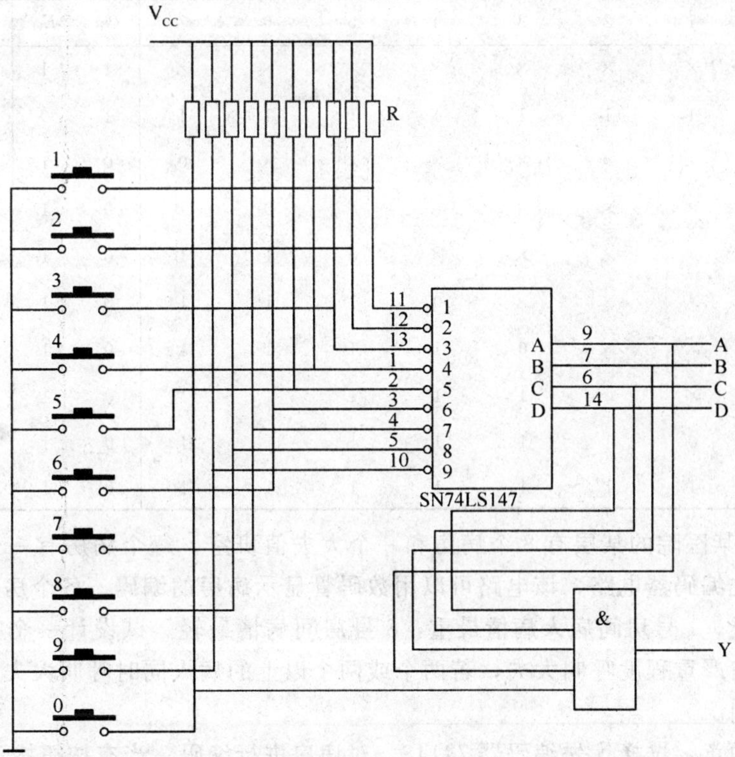

图 8-24　将 0～9 数字按钮信号转换成 BCD 码的编码电路

2）8 线-3 线二进制优先编码器 74148

二进制编码器是用 N 位二进制码对 2^n 个信号进行编码的电路。74148 的符号图如图 8-25所示。该编码器的输入与输出都是低电平有效。从真值表 8-13 可以看出，输入端 E_I 是片选端，当 $E_I=0$ 时，编码器正常工作，否则编码器输出全为高电平。输出信号 $G_S=0$ 表

示编码器工作正常，而且有编码输出。输出信号 $E_O=0$ 表示编码器正常工作但是没有编码输出，
它常用于编码器级联。

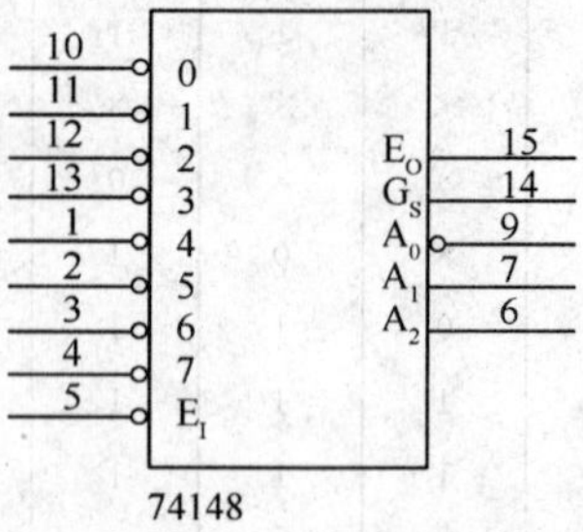

图 8-25　优先编码器 74148

表 8-13　74148 真值表

输	入								输	出			
E_I	0	1	2	3	4	5	6	7	G_I	E_O	A_2	A_1	A_0
1	×	×	×	×	×	×	×	×	1	1	1	1	1
0	1	1	1	1	1	1	1	1	1	0	1	1	1
0	×	×	×	×	×	×	×	0	0	1	0	0	0
0	×	×	×	×	×	×	0	1	0	1	0	0	1
0	×	×	×	×	×	0	1	1	0	1	0	1	0
0	×	×	×	×	0	1	1	1	0	1	0	1	1
0	×	×	×	0	1	1	1	1	0	1	1	0	0
0	×	×	0	1	1	1	1	1	0	1	1	0	1
0	×	0	1	1	1	1	1	1	0	1	1	1	0
0	0	1	1	1	1	1	1	1	0	1	1	1	1

【例 8-4】 某医院的某层有 8 个病房和一个大夫值班室，每个病房有一个按扭，在大夫值班室有一优先编码器电路，该电路可以用数码管显示病房的编码。各个房间按病人病情严重程度不同分类，1 号房间病人病情最重，8 号房间病情最轻。试设计一个呼叫装置，该装置按病人的病情严重程度呼叫大夫，若两个或两个以上的病人同时呼叫大夫，则只显示病情最重病人的呼叫。

解：根据题意，选择优先编码器 74148，对病房进行编码。当有按扭按下时 74148 的 G_S 端输出低电平，经过反相器推动三极管使蜂鸣器发声，以提醒有病房按下了按扭。具体电路见图 8-26，图中的 DS 和 7446A 是将编码器的输出 A_0、A_1、A_2 变换成我们习惯的显示方式——十进制数，称为译码和显示。在后面我们将详细讨论。图中由于 74148 输出低电平有效，而 7446 输入高电平有效，所以两个芯片之间串联反相器。

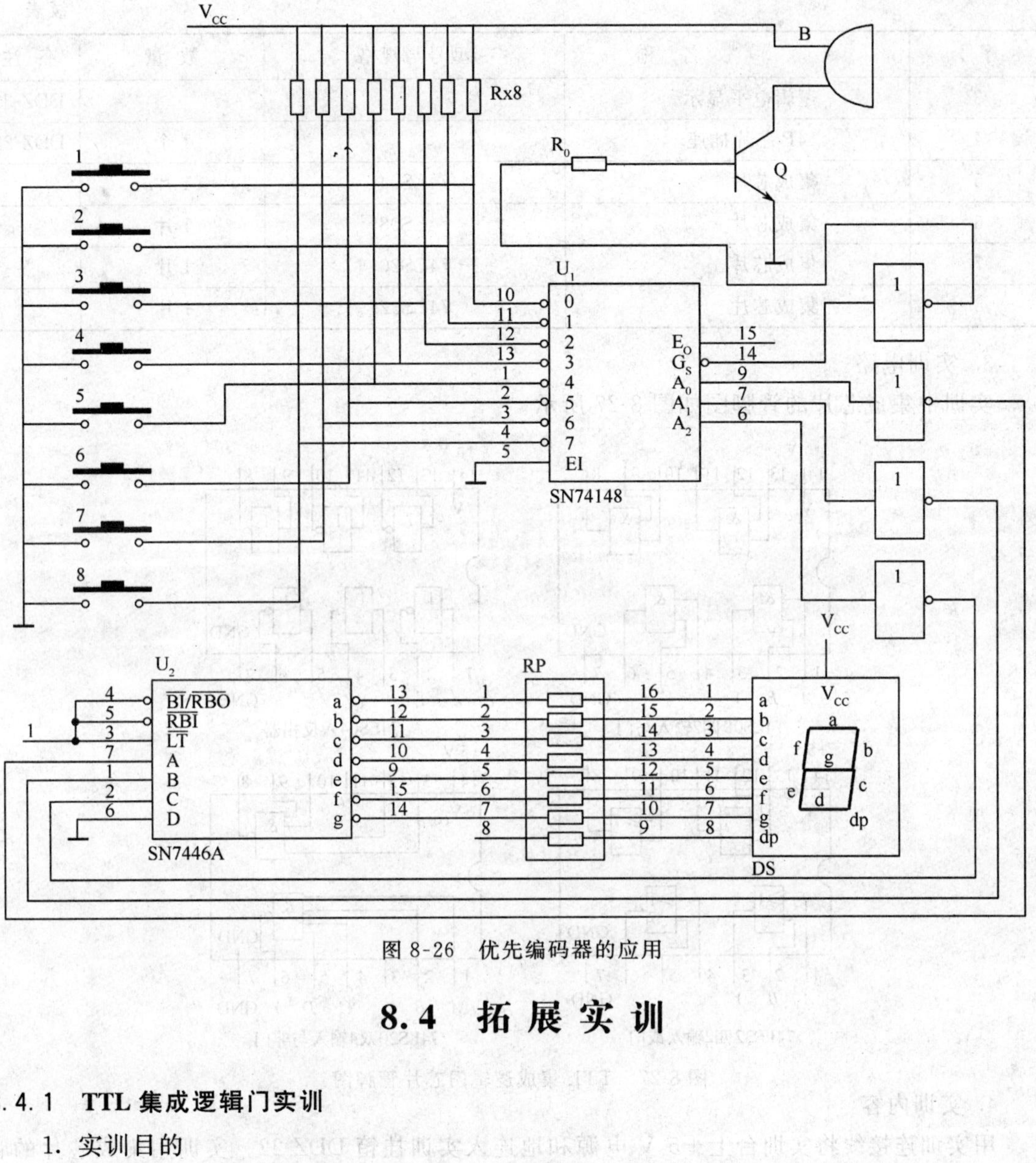

图 8-26　优先编码器的应用

8.4　拓展实训

8.4.1　TTL 集成逻辑门实训

1．实训目的

(1) 掌握 TTL 集成逻辑门的逻辑功能及其测试方法。

(2) 掌握 TTL 器件的使用规则。

(3) 熟悉电工电子技术实训装置的结构、基本功能和使用方法。

2．实训设备与器材

实训设备与器材，见表 8-14。

表 8-14　实训设备与器材

序　号	名　称	型号与规格	数　量	备 注
1	直流稳压电源	+5 V	1 路	实训台
2	逻辑电平输出			DDZ-22

续表

序号	名　称	型号与规格	数 量	备 注
3	逻辑电平显示			DDZ-22
4	14P 芯片插座		1 个	DDZ-22
5	集成芯片	74LS04	1 片	
6	集成芯片	74LS08	1 片	
7	集成芯片	74LS20	1 片	
8	集成芯片	74LS32	1 片	

3. 实训电路

实训中集成芯片的管脚图如图 8-27 所示。

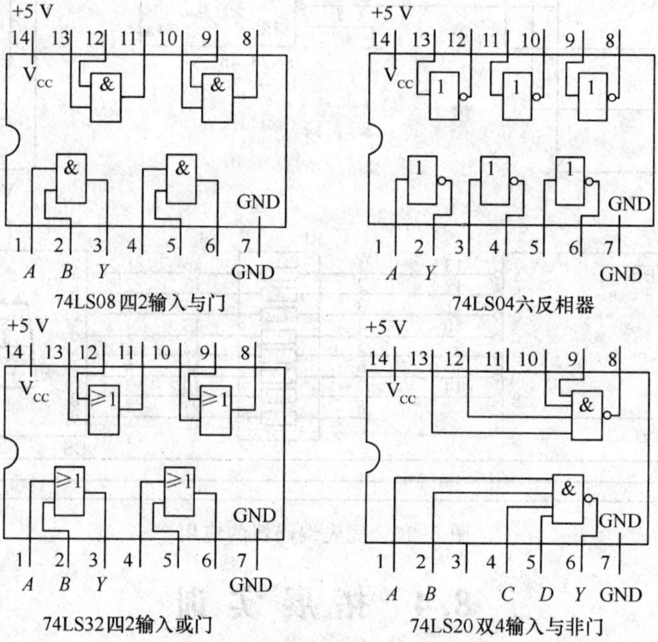

图 8-27　TTL 集成逻辑门芯片管脚图

4. 实训内容

用实训连接线将实训台上＋5 V 电源和地连入实训挂箱 DDZ-22。实训用集成芯片的管脚图如图 8-27 所示。

1）TTL 与门 74LS08 逻辑功能测试

(1) 在 DDZ-22 上选取一个 14P 插座，按定位标记插好 74LS08 集成块。

(2) 根据图 8-27 的管脚图，将实训挂箱上＋5 V 直流电源接 74LS08 的 14 脚，地接 7 脚。

(3) 用实训连接线将逻辑电平输出口和 74LS08 两个输入端 A、B(1 脚和 2 脚)相连，以提供 0 与 1 电平信号，开关向上，输出逻辑 1；开关向下，输出逻辑 0。门的输出端 Y(3 脚)接由 LED 发光二极管组成的逻辑电平显示的输入口，LED 亮为逻辑 1，不亮为逻辑 0。

(4) 按表 8-15 在两输入端输入相应电平，测量并记录相应输出。

表 8-15　TTL 与门 74LS08 逻辑功能测试

输入	A	1	0	1	0
	B	0	1	1	0
输出	Y				

2)TTL 非门 74LS04 逻辑功能测试

(1) 在 DDZ-22 上选取一个 14P 插座，按定位标记插好 74LS04 集成块。

(2) 按照 74LS04 的管脚图，用实训连接线连接好输入和输出，接通＋5 V 直流稳压电源。

(3) 按表 8-16 在输入端输入相应电平，测量并记录相应输出。

表 8-16　TTL 非门 74LS04 逻辑功能测试

输　入	A	0	1
输　出	Y		

3) TTL 或门 74LS32 逻辑功能测试

(1) 在 DDZ-22 上选取一个 14P 插座，按定位标记插好 74LS32 集成块。

(2) 按照 74LS32 的管脚图，用实训连接线连接好输入和输出，接通＋5 V 直流稳压电源。

(3) 按表 8-17 在输入端输入相应电平，测量并记录相应输出。

表 8-17　TTL 或门 74LS32 逻辑功能测试

输入	A	0	0	1	1
	B	0	1	0	1
输出	Y				

4) TTL 与非门 74LS20 逻辑功能测试

(1) 在 DDZ-22 上选取一个 14P 插座，按定位标记插好 74LS20 集成块。

(2) 按 74LS20 的管脚图，用实训连接线连接好输入和输出，接通＋5 V 直流稳压电源。

(3) 按表 8-18 在输入端输入相应电平，测量并记录相应输出。

表 8-18　TTL 与非门逻辑功能测试

输入	A	1	0	1	1	1
	B	1	1	0	1	1
	C	1	1	1	0	1
	D	1	1	1	1	0
输出	Y					

5. 集成电路芯片简介

数字电路实训中所用到的集成芯片都是双列直插式的。识别方法是：正对集成电路型号(如 74LS20)或看标记(左边的缺口或小圆点标记)，从左下角开始按逆时针方向以 1，2，3，……依次排列到最后一脚(在左上角)。在标准 TTL 集成电路中，电源端 V_{CC}一般排在左上端，接地端 GND 一般排在右下端。如 74LS20 为 14 脚芯片，14 脚为 V_{CC}，7 脚为 GND。若集成芯片引脚上的功能标号为 NC，则表示该引脚为空脚，与内部电路不连接。

6. TTL 集成电路使用规则

(1) 接插集成块时，要认清定位标记，不得插反。

(2) 电源电压使用范围为＋4.5～＋5.5 V 之间，实训中要求使用 V_{CC}＝＋5 V。电源极性绝对不允许接错。

(3) 闲置输入端处理方法：

① 悬空，相当于正逻辑 1，对于一般小规模集成电路的数据输入端，实训时允许悬空处理。但易受外界干扰，导致电路的逻辑功能不正常。因此，对于接有长线的输入端，中规模以上的集成电路和使用集成电路较多的复杂电路，所有控制输入端必须按逻辑要求接入电路，不允许悬空。

② 直接接电源电压 V_{CC}（也可以串入一只 1～10 kΩ 的固定电阻）或接至某一固定电压（2.4≤V≤4.5 V）的电源上，或与输入端为接地的多余与非门的输出端相接。

③ 若前级驱动能力允许，可以与使用的输入端并联。

(4) 输入端通过电阻接地，电阻值的大小将直接影响电路所处的状态。当 R≤680 Ω 时，输入端相当于逻辑 0；当 R≥4.7 kΩ 时，输入端相当于逻辑 1。对于不同系列的器件，要求的阻值不同。

(5) 输出端不允许并联使用（集电极开路门（OC）和三态输出门电路（3S）除外）。否则不仅会使电路逻辑功能混乱，并会导致器件损坏。

(6) 输出端不允许直接接地或直接接＋5 V 电源，否则将损坏器件，有时为了使后级电路获得较高的输出电平，允许输出端通过电阻 R 接至 V_{CC}，一般取 R 为 3～5.1 kΩ。

8.4.2 集成逻辑电路连接和驱动

1. 实训目的

(1) 掌握 TTL、CMOS 集成电路输入电路与输出电路的性质。

(2) 掌握集成逻辑电路相互连接时应遵守的规则和实际连接方法。

2. 实训设备与器材

实训设备与器材，见表 8-19。

表 8-19 实训设备与器材

序号	名称	型号与规格	数量	备注
1	直流稳压电源	＋5 V	1 路	实训台
2	直流数字电压表		1 只	实训台
3	直流毫安表		1 只	实训台
4	逻辑电平输出			DDZ-22
5	逻辑电平显示			DDZ-22
6	逻辑笔		1 只	DDZ-22
7	14P 芯片插座		2 个	DDZ-22
8	集成芯片	74LS00	2 片	

续表

序　　号	名　　称	型号与规格	数　量	备　注
9	集成芯片	CC4001	1 片	
10	电阻	100 Ω、470 Ω、3 kΩ	各 1 个	DDZ-21
11	电位器	10 kΩ	1 个	DDZ-12
12	电位器	4.7 kΩ、47 kΩ	各 1 个	

3. 实训电路

实训电路如图 8-28、图 8-29、图 8-30 所示。

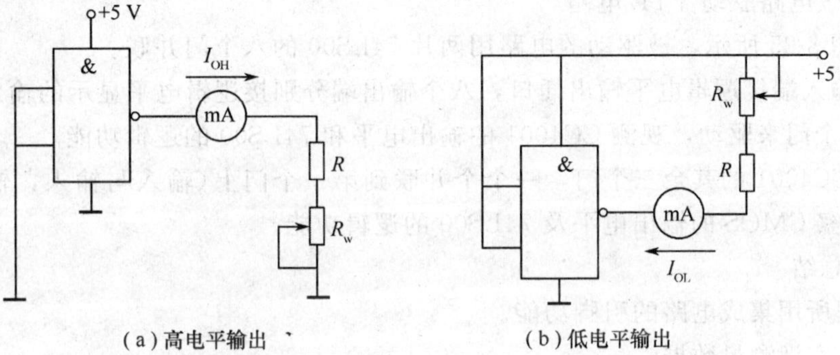

(a) 高电平输出　　(b) 低电平输出

图 8-28　与非门电路输出特性测试电路

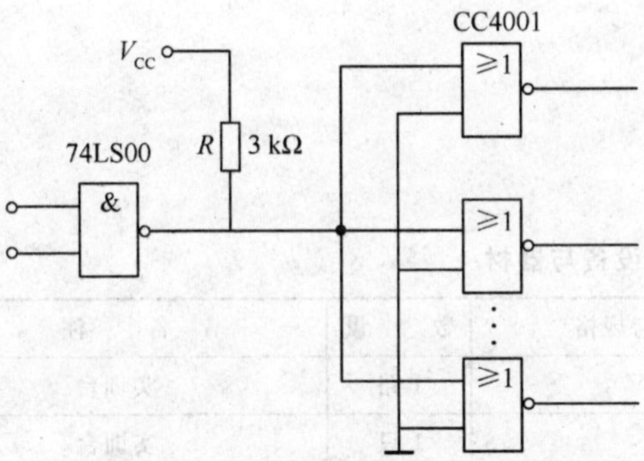

图 8-29　TTL 电路驱动 CMOS 电路

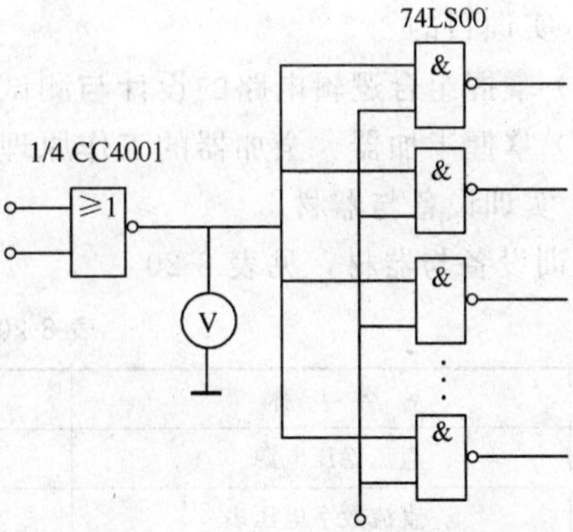

图 8-30　CMOS 驱动 TTL 电路

4. 实训内容

1）测试 TTL 电路 74LS00 及 CMOS 电路 CC4001 的输出特性

测试电路如图 8-28 所示，图中以与非门 74LS00 为例画出了高、低电平两种输出状态下输出特性的测试电路图。改变电位器 R_w 的阻值，从而获得输出特性曲线，R 为限流电阻。

① 测试 TTL 电路 74LS00 的输出特性。

在实训装置的合适位置选取一个 14P 插座。插入 74LS00，R 取为 100 Ω，高电平输出时，R_w 取 47 kΩ，低电平输出时，R_w 取 10 kΩ，高电平测试时应测量空载到最小允许高电平(2.7 V)之间的一系列点；低电平测试时应测量空载到最大允许低电平(0.4 V)之间的一系列点。

② 测试 CMOS 电路 CC4001 的输出特性。

测试时 R 取为 470 Ω，R_w 取 4.7 kΩ。

高电平测试时应测量从空载到输出电平降到 4.6 V 为止的一系列点；低电平测试时应测量从空载到输出电平升到 0.4 V 为止的一系列点。

2）TTL 电路驱动 CMOS 电路

用 74LS00 的一个门来驱动 CC4001 的四个门，实训电路如图 8-24 所示，R 取 3 kΩ。测量连接 3 kΩ 与不连接 3 kΩ 电阻时 74LS00 的输出高低电平及 CC4001 的逻辑功能，测试逻辑功能时，可用实训装置上的逻辑笔进行测试，将逻辑笔的输入口通过一根导线接至所需要的测试点。

3）CMOS 电路驱动 TTL 电路

电路如图 8-25 所示，被驱动的电路用两片 74LS00 的八个门并联。

电路的输入端接逻辑电平输出插口，八个输出端分别接逻辑电平显示的输入插口。先用 CC4001 的一个门来驱动，观测 CC4001 的输出电平和 74LS00 的逻辑功能。

然后将 CC4001 的其余三个门，一个个并联到第一个门上（输入与输入，输出与输出并联），分别观察 CMOS 的输出电平及 74LS00 的逻辑功能。

5. 实训总结

（1）掌握所用集成电路的引脚功能。

（2）记录实训测量数据。

8.4.3 组合逻辑电路实训

1. 实训目的

（1）掌握组合逻辑电路的设计与测试方法。

（2）掌握半加器、全加器的工作原理。

2. 实训设备与器材

实训设备与器材，见表 8-20。

表 8-20 实训设备与器材

序号	名称	型号与规格	数量	备注
1	直流稳压电源	+5 V	1 路	实训台
2	直流数字电压表		1 只	实训台
3	逻辑电平输出			DDZ-22
4	逻辑电平显示			DDZ-22
5	14P 芯片插座		3 个	DDZ-22
6	集成芯片	CC4012	3 片	
7	集成芯片	CC4030	1 片	
8	集成芯片	CC4081	1 片	

3. 实训电路

（1）使用中、小规模集成电路来设计组合电路是最常见的逻辑电路设计方法。设计组合电路的一般步骤如图 8-31 所示。

根据设计任务的要求建立输入、输出变量，并列出真值表。然后用逻辑代数或卡诺图化

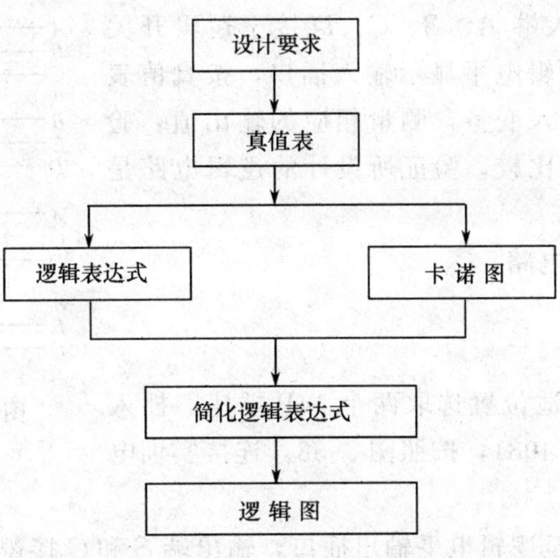

图 8-31　组合逻辑电路设计流程图

简法求出简化的逻辑表达式。并按实际选用逻辑门的类型修改逻辑表达式。根据简化后的逻辑表达式，画出逻辑图，用标准器件构成逻辑电路。最后，用实验来验证设计的正确性。

(2) 组合逻辑电路设计举例。用与非门 n 设计一个表决电路。当四个输入端中有三个或四个为 1 时，输出端才为 1。

设计步骤：根据题意列出真值表如表 8-21(a)中所示，再填入表 8-21(b)中。

表 8-21(a)　真值表

D	0	0	0	0	0	0	0	0	1	1	1	1	1	1	1	1
A	0	0	0	0	1	1	1	1	0	0	0	0	1	1	1	1
B	0	0	1	1	0	0	1	1	0	0	1	1	0	0	1	1
C	0	1	0	1	0	1	0	1	0	1	0	1	0	1	0	1
Z	0	0	0	0	0	0	0	1	0	0	0	1	0	1	1	1

表 8-21(b)　卡诺图表

DA \ BC	00	01	11	10
00				
01			1	
11		1	1	1
10			1	

由卡诺图得出逻辑表达式，并化简为“与非”的形式

$$Z = ABC + BCD + ACD + ABD = \overline{\overline{ABC} \cdot \overline{BCD} \cdot \overline{ACD} \cdot \overline{ABC}}$$

根据逻辑表达式画出用“与非门”构成的逻辑电路如图 8-32所示。

用实训验证逻辑功能，在实训装置适当位置选定三个 14P 插座，按照集成块定位标记插好集成块 CC4012。

按图 8-32 接线，输入端 A、B、C、D 接至逻辑开关输出插口，输出端 Z 接逻辑电平显示输入插口，按真值表(自拟)要求，逐次改变输入变量，测量相应的输出值，验证逻辑功能，与表 b 进行比较，验证所设计的逻辑电路是否符合要求。

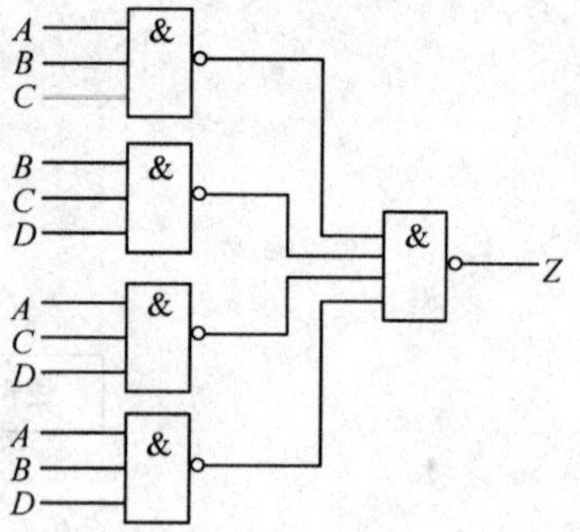

图 8-32　表决电路逻辑图

(3) 半加器与全加器电路。

4. 实训内容

1) 半加器电路

(1) 在实训装置的合适位置选取两个 14P 插座。插入异或门 CC4030 和与门 CC4081，按照图 8-33，连接实训电路。

(2) 输入端 A、B 接至逻辑电平输出插口，输出端 S 和 C 接逻辑电平显示输入插口，按表 8-22 要求，逐次改变输入变量 A、B，测量相应的输出值并记录，验证逻辑功能。

表 8-22　半加器电路逻辑功能验证

输　入		理论输出		实际输出	
A	B	C(进位)	S(和)	C(进位)	S(和)
0	0				
0	1				
1	0				
1	1				

2)全加器电路

(1) 在实训装置的合适位置选取两个 14P 插座。插入异或门 CC4030 和与门 CC4081，用实训导线按照图 8-34，连接实训电路。

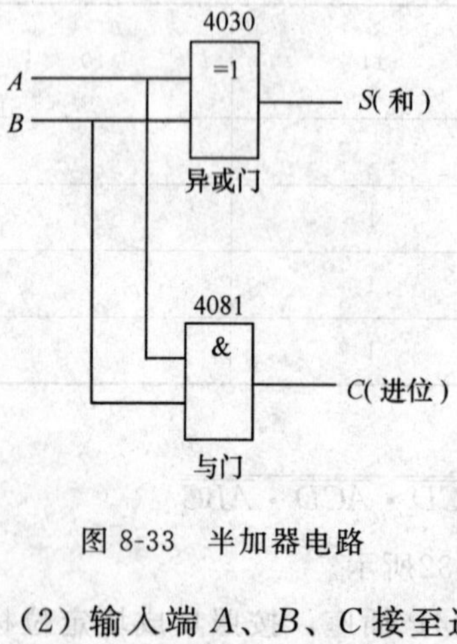

图 8-33　半加器电路

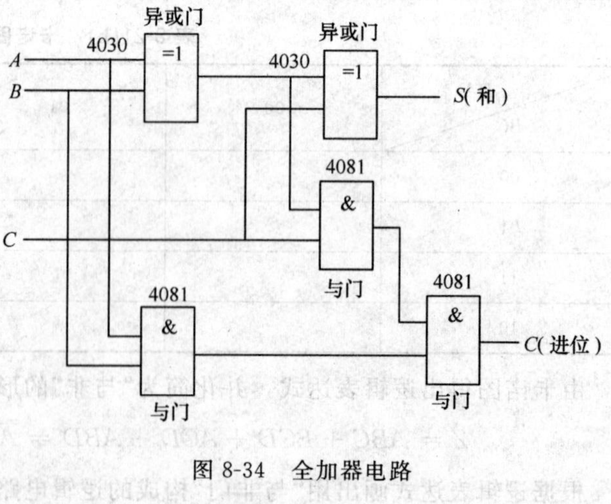

图 8-34　全加器电路

(2) 输入端 A、B、C 接至逻辑电平输出插口，输出端 S 和 C 接逻辑电平显示输入插口，按表 8-23 要求，逐次改变输入变量 A、B、C，测量相应的输出值并记录，验证逻辑功能。

表 8-23　全加器电路逻辑功能验证

输　入		理论输出		实际输出	
A	B	C(进位)	S(和)	C(进位)	S(和)
0	0	0			
0	0	1			
0	1	0			
0	1	1			
1	0	0			
1	0	1			
1	1	0			
1	1	1			

5. 实训总结

(1) 掌握实训用各集成电路引脚功能。

(2) 列写实训任务的设计过程，画出设计的电路图。

(3) 对所设计的电路进行实训测试，记录测试结果。

8.4.4　译码器实训

1. 实训目的

(1) 掌握译码器的工作原理和特点。

(2) 掌握常用中规模集成译码器的逻辑功能和使用方法。

2. 实训设备与器材

实训设备与器材，见表 8-24。

表 8-24　实训设备与器材

序号	名称	型号与规格	数量	备注
1	直流稳压电源	+5 V	1 路	实训台
2	直流数字电压表		1 只	实训台
3	逻辑电平输出			DDZ-22
4	逻辑电平显示			DDZ-22
5	16P 芯片插座		1 个	DDZ-22
6	集成芯片	74LS138	1 片	

3. 实训电路

实训电路，如图 8-35 所示。

4. 实训内容

3 线-8 线译码器

用实训连接线将实训台上+5 V 电源和地连入实训挂箱 DDZ-22。实训用集成芯片的管脚图见图 8-35。

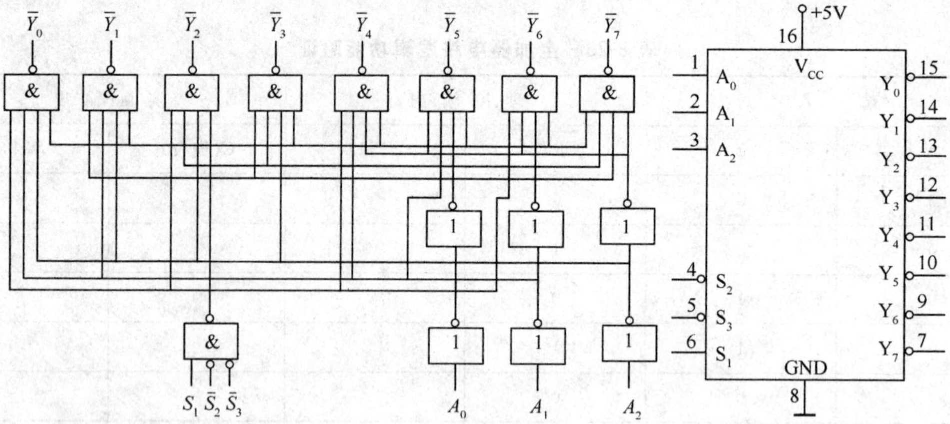

图 8-35　3 线-8 线译码器 74LS138 逻辑图及引脚排列

① 在 DDZ-22 上选取一个 16P 插座，按定位标记插好 74LS138 集成块。

② 根据图 8-35 的管脚图，将实训挂箱上＋5 V 直流电源接 74LS138 的 16 脚，地接 8 脚。

③ 用实训连接线将译码器地址端 A_0、A_1、A_2（即 1、2、3 脚）和使能端 S_1、$\overline{S}_2$、$\overline{S}_3$（即 6、4、5 脚）分别接至逻辑电平开关输出口，八个输出端接逻辑电平显示的输入口。

④ 按表 8-25 在 A_0、A_1、A_2 三输入端输入高、低电平，检测并记录输出端的电平。

表 8-25　3 线-8 线译码器逻辑功能验证

输　入					输　出							
S_1	$\overline{S}_2+\overline{S}_3$	A_2	A_1	A_0	$\overline{Y}_0$	$\overline{Y}_1$	$\overline{Y}_2$	$\overline{Y}_3$	$\overline{Y}_4$	$\overline{Y}_5$	$\overline{Y}_6$	$\overline{Y}_7$
1	0	0	0	0								
1	0	0	0	1								
1	0	0	1	0								
1	0	0	1	1								
1	0	1	0	0								
1	0	1	0	1								
1	0	1	1	0								
1	0	1	1	1								

5. 实训总结

（1）掌握实训所用集成电路引脚功能。

（2）列出实训任务的设计过程，画出设计的电路图。

小　结

1. 在数字电路中，由于电信号是脉冲信号，因此可以用二进制数码 1 和 0 表示。此时脉冲信号也叫做数字信号。

2. 在数字电路中，门电路起着控制数字信号的传递作用。它根据一定的条件（“与”、“或”条件）决定信号的通过与不通过。

3. 基本的门电路有与门、或门和非门三种，它们的共同特点是利用二极管和三极管的导通和截止作为开关来实现逻辑功能。由与门和非门可以组成常用的与非门电路。目前在数字电路中所用的门电路全部是集成逻辑门电路。

4. 在数字电路中，有正、负逻辑之分，用逻辑 1 表示高电平，逻辑 0 表示低电平，为正逻辑；若用逻辑 0 表示高电平，逻辑 1 表示低电平，为负逻辑。

5. 逻辑代数和卡诺图是分析和设计数字逻辑电路的重要数学工具和化简手段，应用它们可以将复杂的逻辑函数式进行化简，以便得到合理的逻辑电路。

6. 对于组合逻辑电路的分析，首先写出逻辑表达式，然后利用逻辑代数及卡诺图进行化简，列出真值表，分析其逻辑功能。

7. 对于组合逻辑电路的设计，则应首先根据逻辑功能和要求，列出真值表，然后写出逻辑函数表达式，再利用逻辑代数和卡诺图将其化简为最简式，最后画出相应的逻辑电路。

8. 译码器由组合逻辑电路组成，它可将给定的数码转换成相应的输出电平，推动数字显示电路工作。应用最普遍的是二-十进制译码器、七段显示译码器及其显示电路。

思考与练习题

8-1　什么是数字信号？什么是模拟信号？各有什么特点？

8-2　什么是正脉冲？什么是负脉冲？

8-3　简述二极管、三极管的开关条件。

8-4　晶体管在数字电路中为什么需要工作在饱和区和截止区？

8-5　晶体管工作在饱和区或截止区时，为什么相当于一个开关的闭合或断开？

8-6　写出与门、或门、非门、与非门、或非门的输入输出逻辑表达式、画出真值表及逻辑符号。

8-7　有一个两输入端的或门，其中一端接输入信号，另一端应接什么电平时或门才允许信号通过？

8-8　在实际应用中，能否将与非门用作非门？为什么？举例说明。

8-9　逻辑代数有哪些基本定律？与普通代数相比它有哪些特有定律？

8-10　写出图 8-36 所示两图的逻辑式。

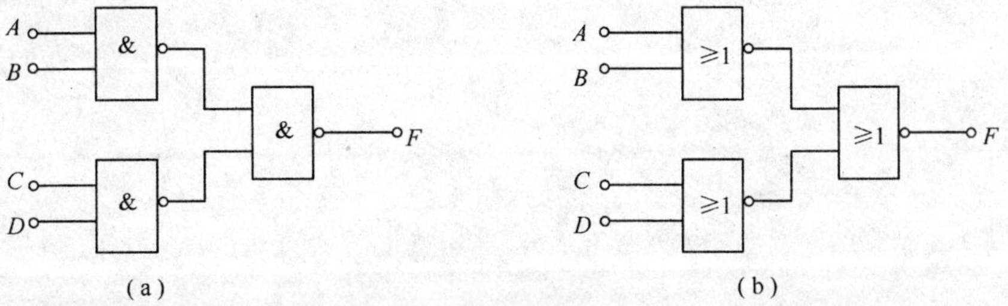

图 8-36　题 8-10 图

8-11　如图 8-37 所示两图的逻辑功能是否相同？试证明之。

8-12　1+1=10，1+1=1 两式的含义是什么？

8-13　什么叫半加？什么叫全加？

8-14　在多位二进制数相加时，最低位全加器的进位端 C_{i-1} 应如何处理？

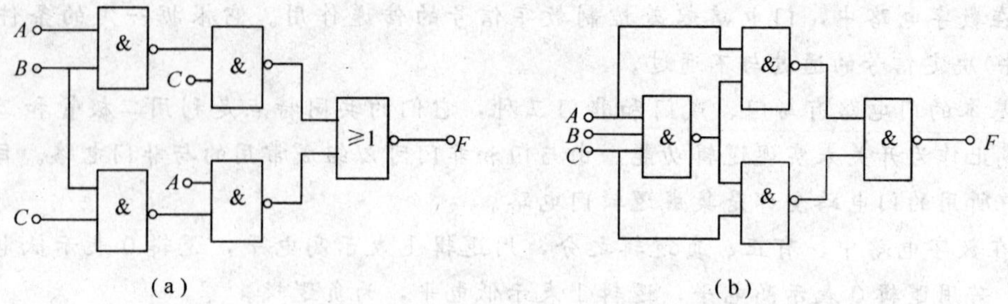

图 8-37　题 8-11 图

8-15　什么叫译码？什么叫二进制译码器？什么叫二-十进制译码器？什么叫 8421 BCD 吗？

8-16　什么叫译码器的使能输入端？CT4139 译码器的使能输入端 $\overline{S}$ 上的非号是什么含义？

8-17　有一个二-十进制的译码器，输出高电平有效，如要显示数据，试问配接的数码管(LED)应是共阳极型的还是共阴极型的？

8-18　用卡诺图化简下列函数，并用与非门画出逻辑电路图。

$$F(A, B, C, D)=\Sigma(0, 2, 6, 7, 8, 9, 10, 13, 14, 15)$$

第9章 时序逻辑电路

知识点

- 触发器。
- 计数器。
- 数码寄存器与移位寄存器。
- 555 定时器。

学习要求

1. 了解
   - 时序逻辑电路的特点。
   - 时序逻辑电路与组合逻辑电路的区别。
2. 掌握
   - *RS* 触发器、*JK* 触发器和 *D* 触发器的逻辑功能及应用。
   - 中规模集成移位寄存器的引脚排列图、电路功能及应用。
   - 中规模集成计数器的引脚排列图、电路功能及应用。
   - 555 定时器的原理和应用。
3. 能力
   - 时序逻辑电路逻辑功能的描述。
   - 绘制时序图。
   - 能够分析同步计数器的计数规律。
   - 555 定时器的应用。

组合逻辑电路特点：

(1) 任何给定时刻的稳定输出仅仅决定于该时刻电路的输入，而与以前各时刻电路的输入状况无关；

(2) 输入与输出之间没有反馈。

时序逻辑电路特点：

(1) 电路中含有存储单元，它的输出状态不仅与同一时刻的输入状态有关，而且还取决于原有的状态；

(2) 输入与输出之间至少有一条反馈路径。

时序逻辑电路和组合逻辑电路的区别：

时序逻辑电路由组合逻辑电路和存储电路两部分组成。组合逻辑电路在任一时刻的输出信号仅与当时的输入信号有关；而时序逻辑电路还与电路原来的状态有关。时序电路可分为同步时序逻辑电路和异步时序逻辑电路两大类。

9.1 触发器

触发器对数字信号具有记忆和存储的功能，是构成时序逻辑电路存储部分的基本单元，也是数字电路的基本逻辑单元。

触发器的功能：形象地说，它具有“一触即发”的功能。在输入信号的作用下，它能够从一种稳态(0 或 1)转变到另一种稳态(1 或 0)。

触发器的特点：有记忆功能的逻辑部件。输出状态不只与现时的输入有关，还与原来的输出状态有关。

触发器的分类：按功能分，有 *RS* 触发器、*D* 触发器、*JK* 触发器、*T* 触发器等；按触发方式分，有电平触发方式、脉冲触发方式和边沿触发方式。

触发器有两个互为相反的逻辑输出端 Q、$\bar{Q}$；也有两种不同类型的输入端，一种是时钟脉冲输入端 *CP*，只有一路；另一种是逻辑变量输入端，可以有多路，如图 9-1 所示

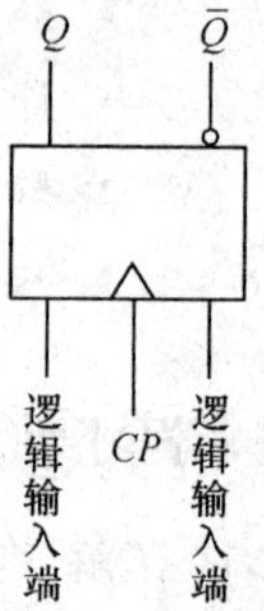

图 9-1 触发器的输入/输出端

9.1.1 *RS* 触发器

1. 基本 *RS* 触发器

图 9-2 (a)为基本 *RS* 触发器的示意图。$\bar{R}$、$\bar{S}$ 为触发器信号输入端，Q、$\bar{Q}$ 为输出端。与非门 1 的输出端 Q 接到与非门 2 的输入端，与非门 2 的输出端 $\bar{Q}$ 接到与非门 1 的输入端。设两个与非门输出端的初始状态分别为 $Q=0$，$\bar{Q}=1$。

当输入端 $\bar{R}=1$，$\bar{S}=0$ 时，与非门 1 的输出端 Q 将由低电平转变为高电平，由于 Q 端被接到与非门 2 的输入端，与非门 2 的两个输入端均处于高电平状态，使输出端 $\bar{Q}$ 由高电平转变为低电平状态。因 $\bar{Q}$ 被接到与非门 1 的输入端，使与非门 1 的输出状态仍为高电平。即触发器被“置位”，$Q=1$，$\bar{Q}=0$。

触发器被置位后，若输入端 $\bar{R}=0$，$\bar{S}=1$，与非门 2 的输出端 $\bar{Q}$ 将由低电平转变为高电平，由于 $\bar{Q}$ 端被接到与非门 1 的输入端，与非门 1 的两个输入端均处于高电平状态，使输出端 Q 由高电平转变为低电平状态。因 Q 被接到与非门 2 的输入端，使与非门 2 的输出状态仍为高电平。即触发器被“复位”，$Q=0$，$\bar{Q}=1$。

触发器被复位后，若输入端 $\bar{R}=1$，$\bar{S}=1$，与非门 1 的两个输入端均处于高电平状态，输出端 Q 仍保持为低电平状态不变，由于 Q 端被接到与非门 2 的输入端，使 $\bar{Q}$ 端仍保持为高电平状态不变。即触发器处于“保持”状态。

将触发器输出端状态由 1 变为 0 或由 0 变为 1 称为“翻转”。当 $\bar{R}=1$，$\bar{S}=1$ 时，触发器输出端状态不变，该状态将一直保持到有新的置位或复位信号到来为止。

不论触发器处于何种状态，若 $\bar{R}=0$，$\bar{S}=0$，与非门 1、2 的输出状态均变为高电平，即 $Q=1$，$\bar{Q}=1$。此状态破坏了 Q 与 $\bar{Q}$ 间的逻辑关系，属非法状态，这种情况应当避免。

基本 *RS* 触发器特征表如表 9-1 所示，其中 Q^n 表示接收信号之前触发器的状态，称为现态；Q^{n+1} 表示接收信号之后的状态，称为次态。式(9-1)是描述基本 *RS* 触发器输入与输出

信号间逻辑关系的特征方程。由特征方程可以看出，基本 RS 触发器当前的输出状态 Q^{n+1} 不仅与当前的输入状态有关而且还与其原来的输出状态 Q^n 有关。这是触发器的一个重要特点。

基本 RS 触发器的逻辑符号如图 9-2(b)所示。

表 9-1　基本 *RS* 触发器特征表

$\bar{R}$	$\bar{S}$	Q^{n+1}
0	1	0
1	0	1
1	1	Q^n
0	0	禁用

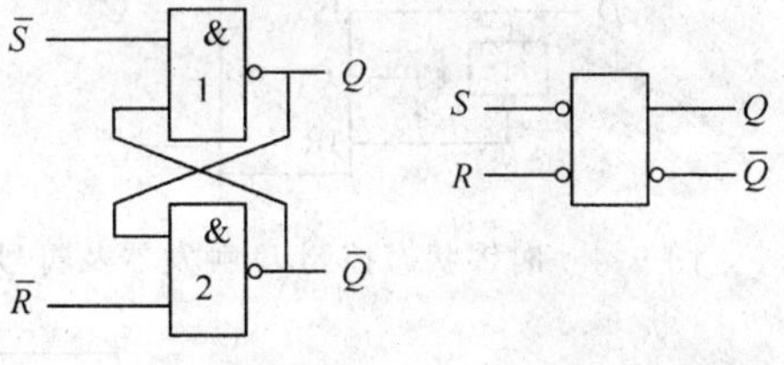

(a) 基本RS触发器　　(b) 逻辑符号

图 9-2　基本 RS 触发器符号表

特征方程：

$$\begin{cases} Q^{n+1} = S + \bar{R}Q^n \\ S \cdot R = 0 \end{cases} \tag{9-1}$$

2. 可控 RS 触发器

实现电平控制的方法很简单。如图 9-3 (a)所示，在上述基本 RS 触发器的输入端各串接一个与非门，便得到电平控制的 RS 触发器。只有当控制输入端 $CP=1$ 时，输入信号 S、R 才起作用(置位或复位)，否则输入信号 S、R 无效，触发器输出端将保持原状态不变。

图 9-3(b)为电平控制 RS 触发器的表示符号，其特征表如表 9-2 所示。电平控制触发器克服了非时钟控制触发器对输出状态直接控制的缺点，采用选通控制，即只有当时钟控制端 CP 有效时触发器才接收输入数据，否则输入数据将被禁止。电平控制有高电平触发与低电平触发两种类型。

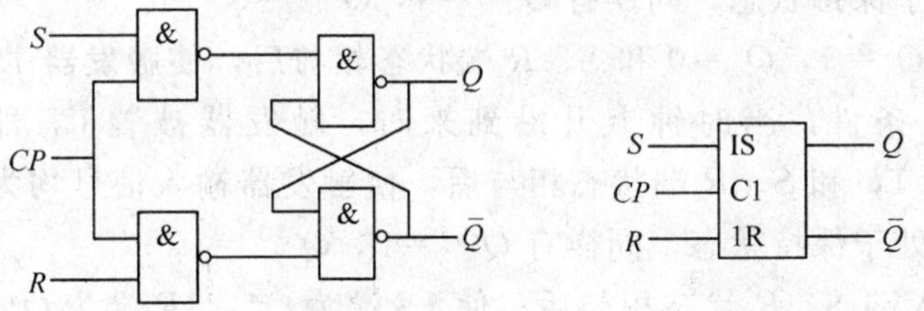

(a) 电平控制 RS 触发器　　(b) 逻辑符号

图 9-3　电平控制 RS 触发器及符号

表 9-2　电平控制 *RS* 触发器特征表

CP	S	R	Q^{n+1}
0	0	0	Q^n(保持)
0	0	1	Q^n(保持)
0	1	0	Q^n(保持)
0	1	1	Q^n(保持)
1	0	0	Q^n(保持)
1	0	1	0
1	1	0	1
1	1	1	非法状态

9.1.2　*D* 触发器

在各种触发器中，D 触发器是一种应用比较广泛的触发器。D 触发器可由图 9-3 所示的 RS 触发器获得。如图 9-4 所示，D 触发器将加到 S 端的输入信号经非门后再加到 R 输入端，即 R 端不再由外部信号控制。

当时钟端 $CP=1$ 时，若 $D=1$，使触发器输入端 $S=1$，$R=0$，根据 RS 触发器的特性可知，触发器被置 1，即 $Q=D=1$；若 $D=0$，使 $S=0$，$R=1$，触发器被复位，即 $Q=D=0$。当时钟端 $CP=0$ 时，电路与图 9-3 电平控制 RS 触发器相同，输出端保持原状态不变。其

波形如图 9-5 所示。其特征方程为

$$Q^{n+1} = D$$

D 触发器的特征表如表 9-3 所示。

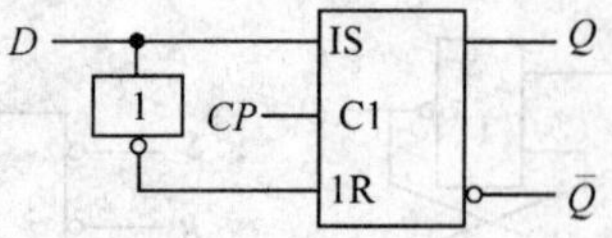

图 9-4　时钟状态控制 D 触发器及符号

表 9-3　D 触发器特征表

D	Q^{n+1}
0	0
1	1

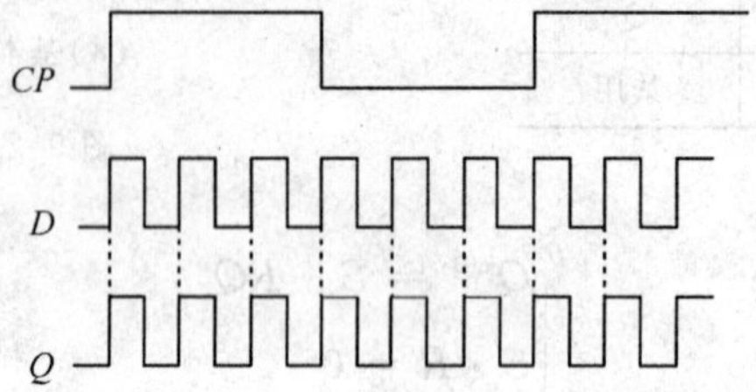

图 9-5　D 触发器波形图

9.1.3　*JK* 触发器

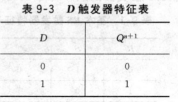

图 9-6(a)所示是边沿触发的 JK 触发器逻辑符号，下面分析 JK 触发器的状态变化。

(1) 输入信号 $J=0$，$K=0$ 和输入端 S、R 状态相与后，使触发器输入信号均为低电平，根据 RS 触发器特性，触发器处于保持状态，当时钟上升沿到来时，触发器输出状态保持不变。

(2) 输入信号 $J=1$，$K=0$。①设 $Q^n=0$，$\bar{Q}^n=1$ 和 S、R 端状态相与后，使触发器 $1S$ 端为 1，$1R$ 端为 0，触发器满足置 1 条件，当时钟上升沿到来时，触发器被置 1，即 $Q^{n+1}=1, \bar{Q}^{n+1}=0$；②若设 $Q^n=1$，$\bar{Q}^n=0$ 和 S、R 端状态相与后，使触发器输入信号均为低电平，根据 RS 触发器特性，触发器处于保持状态，同样有 $Q^{n+1}=1$，$\bar{Q}^{n+1}=0$。

(3) 输入信号 $J=0$，$K=1$。①设 $Q^n=1$，$\bar{Q}^n=0$ 和 S、R 端状态相与后，使触发器 $1S$ 端为 0，$1R$ 端为 1，触发器满足置 0 条件，当时钟上升沿到来时，触发器被置 0，即 $Q^{n+1}=0, \bar{Q}^{n+1}=1$；②若设 $Q^n=0$，$\bar{Q}^n=1$，和 S、R 端状态相与后，使触发器输入信号均为低电平，根据 RS 触发器特性，触发器处于保持状态，同样有 $Q^{n+1}=0$，$\bar{Q}^{n+1}=1$。

(4) 输入信号 $J=1$，$K=1$，和输入端 S、R 状态相与后，使 $1S$ 端为 $\bar{Q}^n$，$1R$ 端为 Q^n，触发器处于翻转状态，当时钟上升沿到来时，触发器输出状态发生变化。

边沿触发的 JK 触发器的特征表如表 9-4 所示。

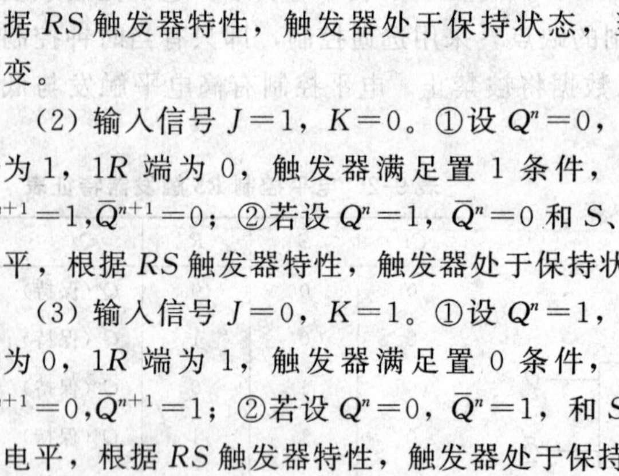

(a) JK触发器　　(b)逻辑符号

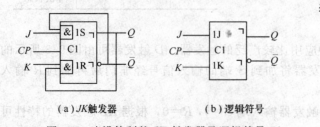

图 9-6　边沿控制的 JK 触发器及逻辑符号

表 9-4　边沿触发的 JK 触发器特征表

J	K	Q^{n+1}
0	0	Q^n(保持)
0	1	0
1	0	1
1	1	$\overline{Q^n}$(翻转)

9.2 时序逻辑电路的一般分析方法

1. 分析时序逻辑电路的一般步骤

(1) 根据给定的时序电路图写出下列各逻辑方程式：

① 各触发器的时钟方程。

② 时序电路的输出方程。

③ 各触发器的驱动方程。

(2) 将驱动方程代入相应触发器的特征方程，求得各触发器的次态方程，也就是时序逻辑电路的状态方程。

(3) 根据状态方程和输出方程，列出该时序电路的状态转换真值表，画出状态转换图或时序波形图。

(4) 根据电路的状态转换真值表或状态转换图说明给定时序逻辑电路的逻辑功能。

下面举例说明时序逻辑电路的具体分析方法。

2. 异步时序逻辑电路的分析举例

由于在异步时序逻辑电路中，没有统一的时钟脉冲，因此，分析时必须写出时钟方程。

【例 9-1】 试分析图 9-7 所示的时序逻辑电路

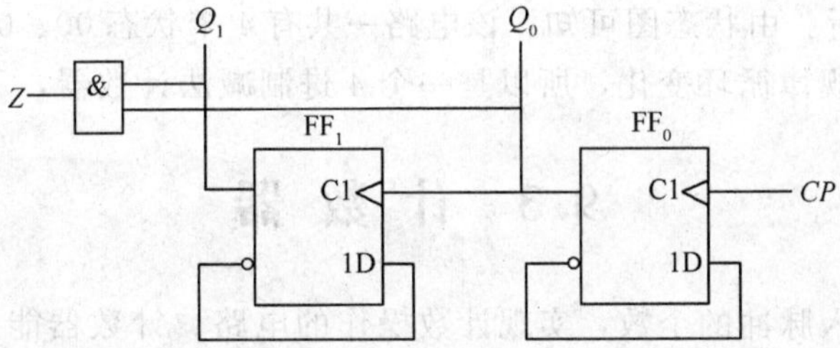

图 9-7 例 9-1 的逻辑电路图

解：

(1) 写出各逻辑方程式。

① 时钟方程：

$CP_0 = CP$（时钟脉冲源的上升沿触发。）

$CP_1 = Q_0$（当 FF_0 的 Q_0 由 0→1 时，Q_1 才可能改变状态，否则 Q_1 将保持原状态不变。）

② 输出方程： $Z = \overline{Q_1^n Q_0^n}$

③ 各触发器的驱动方程：

$$D_0 = \overline{Q_0^n} \quad D_1 = \overline{Q_1^n}$$

(2) 将各驱动方程代入 D 触发器的特征方程，得各触发器的次态方程：

$$Q_0^{n+1} = D_0 = \overline{Q_0^n} \text{（}CP\text{ 由 } 0 \to 1 \text{ 时此式有效）}$$

$$Q_1^{n+1} = D_1 = \overline{Q_1^n} \text{（}Q_0\text{ 由 } 0 \to 1 \text{ 时此式有效）}$$

(3) 作状态转换表如图 9-5 所示、状态图如图 9-8 所示、时序图如图 9-9 所示。

表 9-5　例 9-1 电路的状态转换表

现态		次态		输出	时钟脉冲	
Q_1^n	Q_0^n	Q_1^{n+1}	Q_0^{n+1}	Z	CP_1	CP_0
0	0	1	1	1	↑	↑
1	1	1	0	0	0	↑
1	0	0	1	0	↑	↑
0	1	0	0	0	0	↑

根据状态转换表可得状态转换图如图 9-8 所示，时序图如图 9-9 所示。

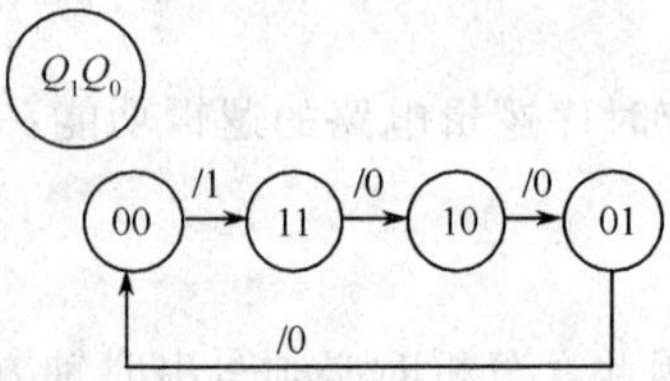

图 9-8　例 9-1 电路的状态图

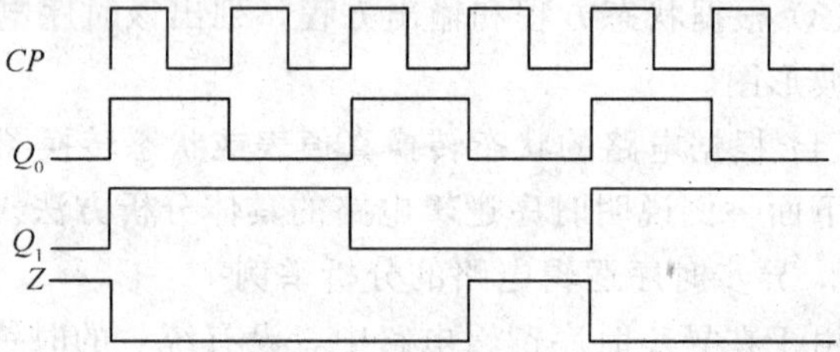

图 9-9　例 9-1 电路的时序图

(4) 逻辑功能分析。由状态图可知：该电路一共有 4 个状态 00、01、10、11，在时钟脉冲作用下，按照减 1 规律循环变化，所以是一个 4 进制减法计数器，Z 是借位信号。

9.3 计 数 器

计数器是累计输入脉冲的个数，实现计数操作的电路。计数器能累计输入脉冲的个数，可以进行加法、减法或者两者兼有的计数，可以分为二进制计数器、十进制计数器及任意进制计数器。计数器的基本组成单元是各类触发器，属于典型的时序逻辑电路，在数字系统中应用十分广泛。

9.3.1 二进制计数器

数字系统是以二进制为计数体制的，以二进制规律计数是计数器的基本特征。触发器有两种输出状态，这与二进制的 0、1 相对应，可作为计数器的基本单元电路。将多个触发器级联，便可构成简单的二进制计数器。

下面以三位二进制异步加法计数器为例进行说明。

三位二进制异步加法计数器的电路图如图 9-10。它由三个 D 触发器构成，每个 D 触发器接成 T' 触发器。每一级触发器有两个状态，三级共有 2^3 个状态，所以可以记下八个脉冲，第八个脉冲来到后电路返回初始状态。如果设初始状为 $Q_2=Q_1=Q_0=0$，那么电路在计数脉冲作用下将按状态转换表(表 9-6)的顺序变化。

如果 D 触发器是下降沿触发的，那么电路波形与计数脉冲(在这里就是 CP 脉冲)的关系见图 9-11。由状态转换表和波形图都可以看出，计数器的状态与计数脉冲是相加的关系。如果用 n 表示触发器的级数，那么二进制计数器的计数长度 $N=2^3$。

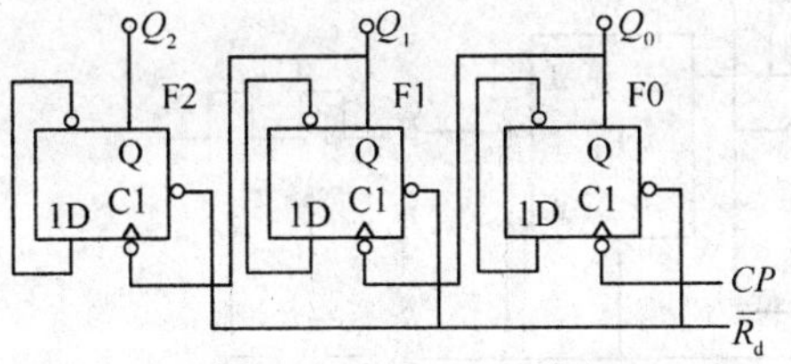

图 9-10　二进制异步加法计数器

表 9-6　状态转换表

态序	Q_2	Q_1	Q_0	说明
0	0	0	0	
1	0	0	1	Q_0 给出进位
2	0	1	0	
3	0	1	1	Q_0Q_1 给出进位
4	1	0	0	
5	1	0	1	Q_0 给出进位
6	1	1	0	$Q_0Q_1Q_2$ 给出进位
7	1	1	1	
8	0	0	0	

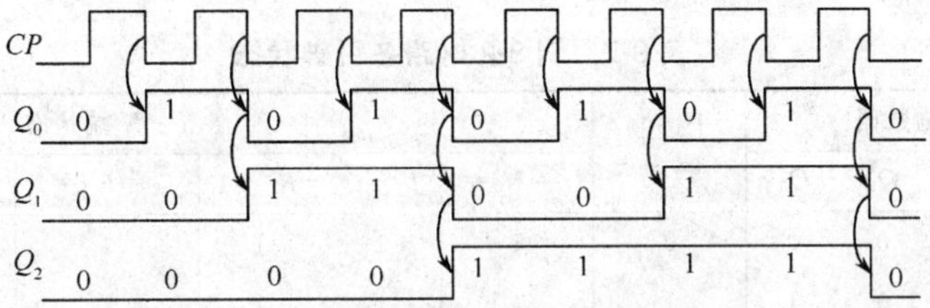

图 9-11　异步二进制加法计数器波形图

电路的波形图可由状态转换表直接转换而来。将态序与 CP 对应，按时间轴展开，Q_2、Q_1、Q_0 按 0、1 的高低电平对准 CP 的下降沿一一画出即可。

9.3.2　十进制计数器

除二进制计数器外，生活中还会用到其他进制的计数器，但最常用的是十进制计数器。如果用 n 表示触发器级数，那么 n 级触发器则 $N=2^n$ 个状态，可累计 2^n 个计数脉冲。例如，$n=4$，则 $N=2^4=16$，计数器的状态循环一次可累计 16 个脉冲数，因此这种二进制计数器也可称为十六进制计数器。

若 $2^{n-1}<N<2^n$，就构成其他进制的计数器，称为 N 进制计数器。例如，十进制计数器，$N=10$，而 $2^3<10<2^4$。若用三级触发器，只有 8 种状态，不够用；若用四级触发器，又多余 6 个状态，应设法舍去。因此在 N 进制计数电路中，必须设法舍去多余的状态。N 进制中的十进制计数器有广泛的实际应用，下面举例分析十进制计数器的逻辑功能。

【例 9-2】　试分析如图 9-12 所示的异步十进制计数电路的计数原理。

解：(1) 写出各触发器输入端的表达式。

$$J_0 = K_0 = 1 \qquad C_0 = C$$

$$J_1 = \bar{Q}_3 \quad K_1 = 1 \qquad C_1 = Q_0$$

$$J_2 = K_2 = 1 \qquad C_2 = Q_1$$

$$J_3 = Q_1Q_2 \quad K_3 = 1 \qquad C_3 = Q_0$$

(2) 根据输入端的表达式列出状态表(表 9-7)。设计数器的初始状态为 0000，当第一个时钟脉冲 C 下降沿到时，由于 $J_0=K_0=1$，因此 F_0 翻转，$Q_0=1$。由于 $C_1=Q_0$，此时 Q_0 从

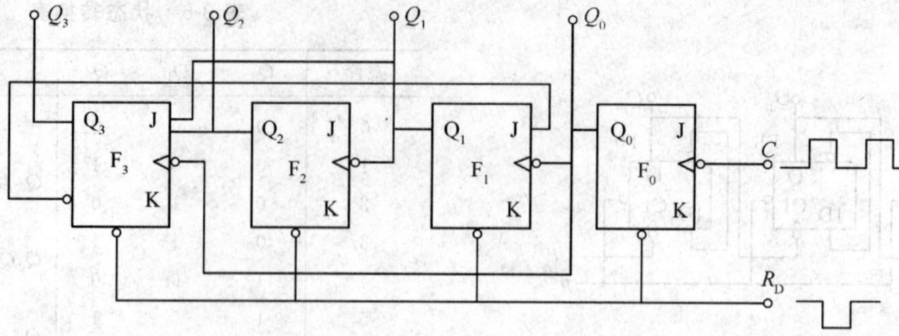

图 9-12　例 9-2 的图

0 跳变到 1 是时钟脉冲 C 的上升沿，因此第二个触发器 F_1 状态不变，F_2、F_3 的状态也不变。计数器的状态为 0001。

表 9-7　例 9-2 电路各引脚状态

计数脉冲数	二进制数码				十进制数码	各 J、K 端状态				
	Q_3	Q_2	Q_1	Q_0		$J_0=K_0=1$	$J_1=\overline{Q}_3=K_1=1$	$J_2=K_2=1$	$J_3=Q_1Q_2$	$K_3=1$
0	0	0	0	0	0	1	1　1	1	0	1
1	0	0	0	1	1	1	1　1	1	0	1
2	0	0	1	0	2	1	1　1	1	0	1
3	0	0	1	1	3	1	1　1	1	0	1
4	0	1	0	0	4	1	1　1	1	0	1
5	0	1	0	1	5	1	1　1	1	0	1
6	0	1	1	0	6	1	1　1	1	1	1
7	0	1	1	1	7	1	1　1	1	1	1
8	0	1	0	0	8	1	0　1	1	0	1
9	1	0	0	1	9	1	0　1	1	0	1
10	1	0	0	0	0	1	1　1	1	0	1

由于 $J_0=K_0$ 和 $J_2=K_2$ 总是 1，所以，来一个脉冲，F_0 就翻转一次；Q_1 的下降沿一到，F_2 就翻转。当第二个时钟脉冲 C 下降沿到时，Q_0 从 1 跳变到 0，此时，对于 F_1 和 F_3 触发器来说，时钟脉冲下降沿来到，即 C_1 脉冲是下降沿（$C_1=Q_0$），C_3 脉冲是下降沿（$C_3=Q_0$），F_1 和 F_3 具备翻转条件，即 F_1 翻转，Q_1 从 0 跳变到 1；由于 $J_3=0$，$K_3=1$，所以 $Q_3=0$。由于 $C_2=Q_1$，此时对于 F_2 来说，C_2 脉冲是上升沿，F_2 不具备翻转条件，因此 F_2 的状态不变。计数器的状态为 0010。

当第三个时钟脉冲 C 下降沿到达时，F_0 从 0 翻转为 1，而 $C_1=Q_0$ 和 $C_3=Q_0$ 脉冲是上升沿，则 F_1 和 F_3 的状态不变。$C_2=Q_1$，此时 Q_1 保持为 1，因此 F_2 的状态也不变。计数器的状态为 0011。

当第四个时钟脉冲 C 下降沿到达时，F_0 从 1 翻转为 0，而 $C_1=Q_0$、$C_3=Q_0$ 脉冲是下降沿，则 F_1 翻转，$Q_1=0$，由于 $J_3=0$，$K_3=1$，则 F_3 的状态不变。由于 Q_1 从 1 翻转为 0，C_2 脉冲下降沿到来（$C_2=Q_1$），F_2 翻转，Q_2 从 0 翻转为 1。计数器的状态为 0100。

如此继续下去，在第九个时钟脉冲 C 下降沿到达之前，计数器的状态为 1000，当第九

个时钟脉冲 C 下降沿到达时，F_0 翻转，Q_0 从 0 跳变到 1，F_1、F_2、F_3 的状态不变。计数器的状态为 1001。在第十个时钟脉冲 C 下降沿到达之前，$J_0=K_0=1$，$J_1=0$，$K_1=1$，$J_2=K_2=1$，$J_3=0$，$K_3=1$，当第十个时钟脉冲 C 下降沿到达时，F_0 翻转，Q_0 从 1 跳变到 0，C_1 和 C_2 脉冲下降沿来到，F_1 和 F_3 具备翻转条件。由于 $J_1=0$，$K_1=1$，则 $Q_1=0$ 不变。由于 $J_3=0$，$K_3=1$，F_3 翻转，Q_3 从 1 跳变到 0，计数器的状态为 0000 返回初始状态，逻辑图如图 9-13 所示。

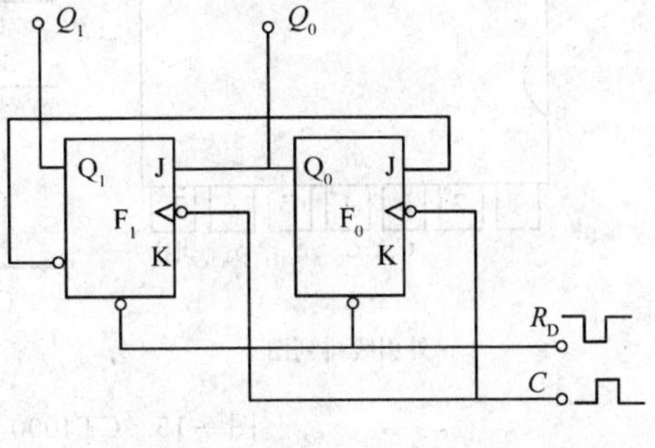

图 9-13　例 9-2 的逻辑图

从状态表可以看出，十进制计数器只能计十个状态，多余的六种状态被舍去。这种十进制计数器计的是二进制码的前十个状态(0000～1001)，表示十进制 0～9 的十个数码。$Q_3Q_2Q_1Q_0$ 四位二进制数，从高位至低位，每位代表的十进制数码分别为 8、4、2、1，这种编码称之为 8421 码。十进制计数器编码方式有多种，这里只对 8421 码的编码作简要介绍。

9.3.3　集成计数器

目前我国已系列化生产多种集成计数器。即将整个计数电路全部集成在一个芯片上，因而使用起来极为方便。下面以 CT4090(74LS90)，CT4093(74LS93)型计数器为例，说明其引脚功能及使用方法。

CT4090 是一片 2-5-10 进制的计数器，由主从 JK 触发器和附加门组成。其外形、逻辑图、管脚排列和功能表如图 9-14、图 9-15 所示。在功能表中，"×"表示任意状态。

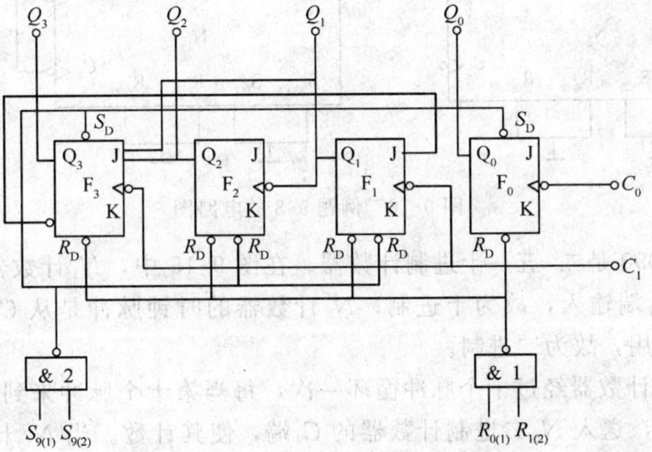

图 9-14　CT4090 计数器逻辑图

由功能表可知：$R_{0(1)}$ 和 $R_{0(2)}$ 是清零输入端，当两端全为"1"，而 $S_{9(1)}$ 和 $S_{9(2)}$ 中至少有一端为"0"时，计数器清零；$S_{9(1)}$ 和 $S_{9(2)}$ 是置 9 输入端，当两端全为"1"而 $R_{0(1)}$ 和 $R_{0(2)}$ 中至少有一端为"0"时，$Q_3Q_2Q_1Q_0=1001$，即表示十进制数 9。C_0 和 C_1 是两个时钟脉冲输入端。下面我们分析其计数功能。将 Q_0 端与 C_1 端连接，在 C_0 端输入计数脉冲，则构成十进制计数器，其计数原理的分析方法可参考例题 9-1。

只从 C_1 端输入计数脉冲，F_0 触发器不用，由 $Q_3Q_2Q_1$ 输出则构成五进制计数器。只从 C_0

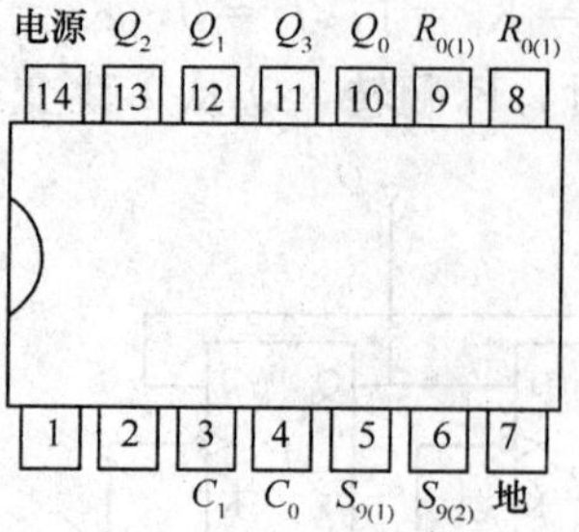

外引线排列图

$R_{9(1)}$	$R_{9(2)}$	$S_{9(1)}$	$S_{9(2)}$	Q_3	Q_2	Q_1	Q_0
1	1	0 ×	× 0	0	0	0	0
0 ×	× 0	1	1	1	0	0	1
×	0	×	0	计数			
0	×	0	×	计数			
0	×	×	0	计数			
×	0	×	×	计数			

（×表示任意态）

功能表

图 9-15　CT4090 计数器外引线排列图、功能表

端输入计数脉冲，F_1、F_2、F_3三位触发器不用，由 Q_0 输出则构成二进制计数器。

【例 9-3】 图 9-16 是由两片 CT4090 计数器组成的 N 进制计数器。试分析：

(1) 两片 CT4090 各自接成几进制计数器？

(2) 两片 CT4090 共同组成几进制计数器？

(3) 画出 Q_{31} 和 Q_{02} 的波形图。

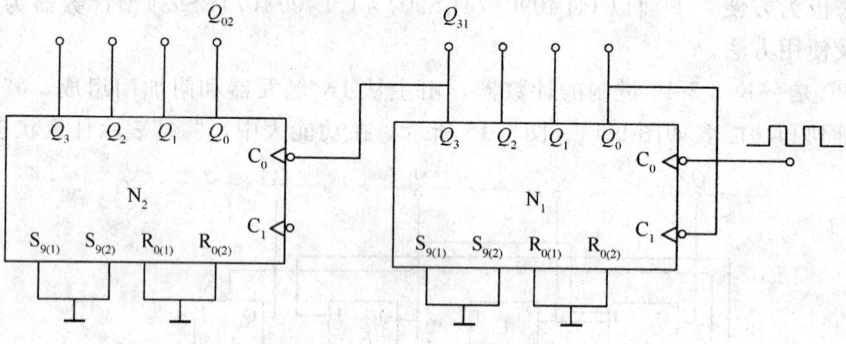

图 9-16　例题 9-3 的电路图

解：(1) CT4090 是二-五—十进制计数器。在图 9-15 中，N_1 计数器的 C_1 端与 Q_0 端连接，时钟脉冲从 C_0 端输入，故为十进制；N_2 计数器的时钟脉冲是从 C_0 输入，由 Q_0 输出，其他三位触发器不用，故为二进制。

(2) N_1 十进制计数器经过十个脉冲循环一次，每当第十个脉冲来到后，Q_3 从 1 变为 0，相当于一个下降沿，送入 N_2 二进制计数器的 C_0 端，使其计数。当 N_1 十进制计数器经过第一次 10 个脉冲后，N_2 二进制计数器 Q_0 从 0 变为 1，计数为 1；当 N_1 十进制计数器经过第二次 10 个脉冲后，N_2 二进制计数器 Q_0 从 1 变为 0 恢复到原状态，N_1 十进制计数器也恢复到原状态 0000。从上分析可知，每来 20 个时钟脉冲，计数器的状态循环一次，计数进制为：$N=N_1\times N_2=10\times 2=20$。故此计数器为二十进制计数器。

(3) N_1 计数器中的 Q_{31} 和 N_2 计数器中的 Q_{02} 波形如图 9-17 所示。

按上面的接法使用 CT4090，每个计数器只有 3 种进制，构成 N 进制计数器的进制种类不多。为了增加 CT4090 进制的种类，常采用"反馈归零法"，可使 CT4090 得到二至十之间的任意进制计数器。采用"反馈归零法"可得到多种进制的计数器。

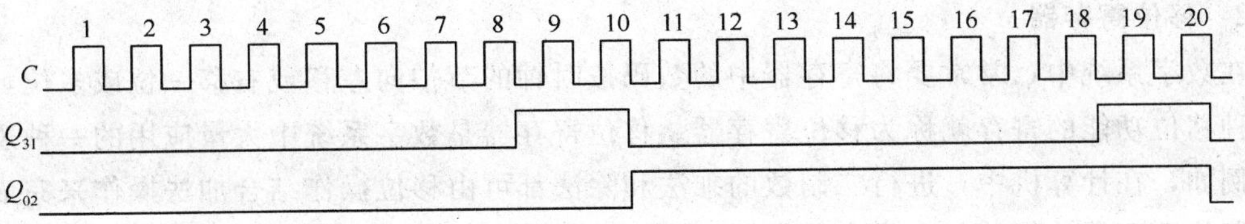

图 9-17　例题 9-3 的波形图

目前，集成计数器种类很多，使用时可根据实际应用的需要灵活选取。

9.4　数码寄存器与移位寄存器

在数字电路中，常常需要将一些数码、指令或运算结果暂时存放起来，这些暂时存放数码或指令的部件就是寄存器。由于寄存器具有清除数码、接收数码、存放数码和传送数码的功能，因此，它必须具有记忆功能，所以寄存器都由触发器和门电路组成的。一般说来，需要存入多少位二进制码就需要多少个触发器。寄存器中可分为数码寄存器(也简称为数存器)和移位寄存器两种。它们共同之处是都具有暂时存放数码的记忆功能，不同之处是后者具有移位功能而前者却没有。

9.4.1　数码寄存器

数码寄存器的逻辑图如图 9-18 所示，它的存储部分由 D 触发器构成。

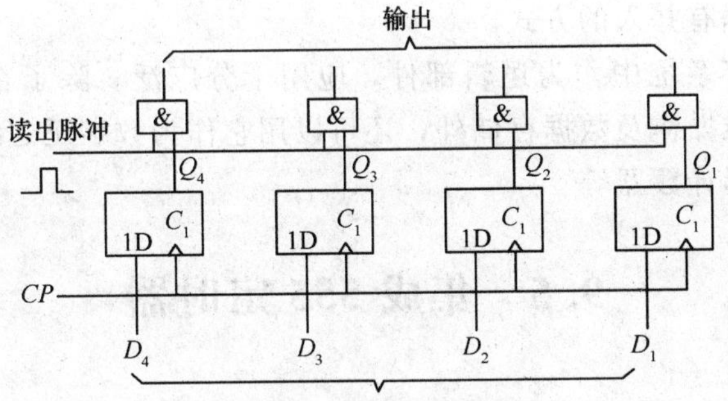

图 9-18　数码寄存器

当接收脉冲 CP 的高电平到来后，输入数据 $D_1 \sim D_4$ 就并行存入寄存器。因为输入数据加于触发器的 D 端，数码若为 1，D 也为 1。由 D 触发器的特性表可知，CP 作用后，D 触发器的输出端 $Q^{n+1}=D=1$；若输入数码为 0，$Q^{n+1}=D=0$。可见，不管各位触发器的原状态如何，在 CP 脉冲作用后。输入数码 $D_1 \sim D_4$ 就存入寄存器，而不需要预先"清零"。

这种寄存器每次接收数码时，只需要一个接收脉冲，故称单拍接收方式。显然，从传送速度来看，单拍接收方式要快一些。在数字式仪表中，为了节省复位时间，往往采用单拍接收方式。

如图 9-17 所示的寄存器在接收数码时，各数码是同时输入到寄存器中去的。输出时也是各位同时输出的。因此，称这种输入、输出方式为并行输入并行输出。寄存器也可以用 JK 触发器构成，它的工作原理也很简单，在此就不再分析了。

9.4.2 移位寄存器

在数字系统中，常常要将寄存器中的数码按时钟的节拍向左移或右移一位或多位，能实现这种移位功能的寄存就称为移位寄存器。移位寄存器是数字系统中大量应用的一种逻辑部件。例如，在计算机中，进行二制数的乘法和除法都可由移位操作结合加法操作来完成。

移位寄存器的每一位也是由触发器组成的，但由于它需要有移位功能，所以每位触发器的输出端与下一位触发器的数据输入端相连接，所有触发器共用一个时钟脉冲，使它们同步工作。一般规定右移是向高位移，左移是向低位移，而不管看上去的方向如何。例如，一个移位寄存器中的数码是

			高位			低位	
	原数据		1	0	0	1	
右移：	串出 1	→	0	0	1	×	←串入
	原数据		1	0	0	1	
左移：	串入	→	×	1	0	0	→1 串出

在移位的过程中，移出方向端口处触发器的数据将移出寄存器，称为串行输出，简称串出；在寄存器另一端口处的触发器将有数据 X 移入寄存器，称为串行输入，简称串入。如果连续来几个时钟脉冲，寄存器中数据就会从串行输出端一个一个送出，于是可以将寄存器中的数据取出，同时有新的数据从串入端一个一个进入寄存器。从寄存器中取出数据还有另一种方式，前面已经提过，就是从每位触发器的输出端引出，这种输出方式称并行输出，简称并出，同理送入数据有并入的方式。

移位寄存器在数字系统中作为逻辑部件，应用十分广泛。除了在计算机中大量应用于乘、除法所必须的移位操作及数据存储外，还可以用它作为数字延迟线，串行、并行数码转换器以及构成各种环形计数器等。

9.5 集成 555 定时器

9.5.1 555 定时器

555 定时器按单片电路中包括定时器的个数分为单时基定时器和双时基定时器。常用的单时基定时器有双极型定时器 5G555 和单极型定时器 CC7555。双时基定时器有双极型定时器 5G556 和单极型定时器 CC7556。555 定时器是一种功能强大的模拟-数字混合集成电路，其组成电路框图如图 9-19 所示。555 定时器有二个比较器 A_1 和 A_2，有一个 RS 触发器，R 和 S 高电平有效。三极管 VT_1 对清零起跟随作用，起缓冲作用。三极管 VT_2 是放电管，将对外电路的元件提供放电通路。比较器的输入端有一个由三个 5 kΩ 电阻组成的分压器，由此可以获得 $\frac{2}{3}V_{CC}$ 和 $\frac{1}{3}V_{CC}$ 两个分压值，一般称为阈值。555 定时器的 1 脚是接地端 GND、2 脚是低触发端 TL、3 脚是输出端 OUT、4 脚是清除端 R_d、5 脚是电压控制端 CV、6 脚是高触发端 TH、7 脚是放电端 DISC、8 脚是电源端 V_{CC}。555 定时器的输出端电流可以达到 200 mA，因此可以直接驱动与这个电流数值相当的负载，如继电器、扬声器、发光二极管等。

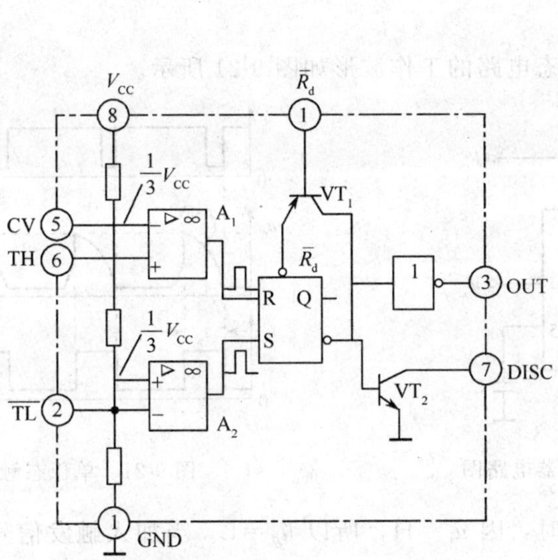

图 9-19　555 定时器

当 TH 高触发端 6 脚加入的电平大于$\frac{2}{3}V_{CC}$，TL 低触发端 2 脚的电平大于$\frac{1}{3}V_{CC}$时，比较器 A_1 输出高电平，比较器 A_2 输出低电平，触发器置 0，放电管饱和，7 脚为低电平。

当 TH 高触发端加入的电平小于$\frac{2}{3}V_{CC}$，TL 低触发端的电平大于$\frac{1}{3}V_{CC}$时，比较器 A_1 输出低电平，比较器 A_2 输出低电平，触发器状态不变，仍维持前一行的电路状态，输出低电平，放电管饱和，7 脚为低电平。

当 TH 高触发端 6 脚加入的电平小于$\frac{2}{3}V_{CC}$，TL 低触发端的电平小于$\frac{1}{3}V_{CC}$时，比较器 A_1 输出低电平，比较器 A_2 输出高电平，触发器置 1，输出高电平，放电管截止，7 脚为高电平。因 7 脚为集电极开路输出，所以工作时应有外接上拉电阻，故 7 脚为高电平。

当从功能表的最后一行向倒数第二行变化时，电路的输出将保持最后一行的状态，即输出为高电平，7 脚高电平。只有高触发端和低触发端的电平变化到倒数第三行的情况时，电路输出的状态才发生变化，即输出为低电平，7 脚为低电平。

由电路框图和功能表可以得出如下结论：

① 555 定时器有两个阈值，分别是$\frac{1}{3}V_{CC}$和$\frac{2}{3}V_{CC}$。

② 输出端 3 脚和放电端 7 脚的状态一致，输出低电平对应放电管饱和，在 7 脚外接有上拉电阻时，7 脚为低电平。输出高电平对应放电管截止，在有上拉电阻时，7 脚为高电平。

③ 输出端状态的改变有滞回现象，回差电压为$\frac{1}{3}V_{CC}$。

④ 输出与触发输入反相。

掌握这四条，对分析 555 定时器组成的电路十分有利。

9.5.2　555 定时器的典型应用电路

1. 单稳态触发器

555 定时器构成单稳态触发器如图 9-20 所示，该电路的触发信号在 2 脚输入，R 和 C

是外接定时电路。单稳态电路的工作波形如图 9-21 所示。

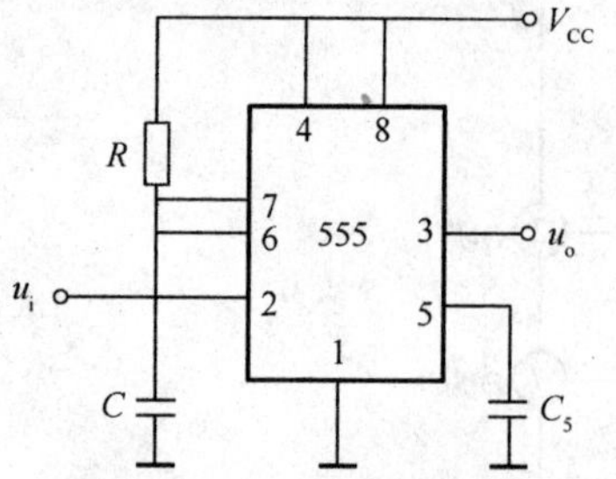

图 9-20　单稳态触发器电路图

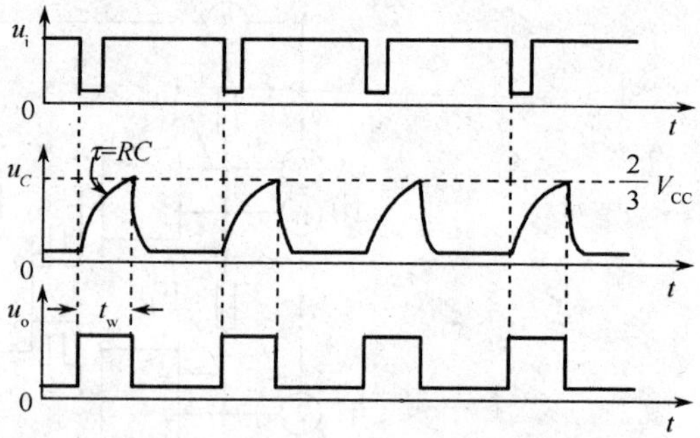

图 9-21　单稳态触发器的波形图

在未加入触发信号时，因 $u_i=\mathrm{H}$，所以 $u_o=\mathrm{L}$。当加入触发信号时，$u_i=\mathrm{L}$，所以 $u_o=\mathrm{H}$，7 脚内部的放电管关断，电源经电阻 R 向电容 C 充电，u_C 按指数规律上升。当 u_C 上升到 $\frac{2}{3}V_{CC}$ 时，相当输入是高电平，555 定时器的输出 $u_o=\mathrm{L}$。同时 7 脚内部的放电管饱和导通时，电阻很小，电容 C 经放电管迅速放电。从加入触发信号开始，到电容上的电压充到 $\frac{2}{3}V_{CC}$ 为止，单稳态触发器完成了一个工作周期。输出脉冲高电平的宽度称为暂稳态时间，用 t_w 表示。

暂稳态时间的求取可以通过过渡过程公式，根据图 9-21 可以用电容器 C 上的电压曲线确定三要素，初始值为 $u_C(0)=0\ \mathrm{V}$，无穷大值 $u_C(\infty)=V_{CC}$，$\tau=RC$，设暂稳态的时间为 t_w，当 $t=t_w$ 时，$u_C(t_w)=\frac{2}{3}V_{CC}$ 时。代入过渡过程公式：

$$u_C(t)=u_C(\infty)+[u_C(0)-u_C(\infty)]e^{\frac{1}{\tau}}$$

$$\frac{2}{3}V_{CC}=V_{CC}+(0-V_{CC})e^{-\frac{t_w}{\tau}}=V_{CC}-V_{CC}e^{-\frac{t_w}{\tau}}$$

$$\frac{2}{3}1-e^{-\frac{t_w}{\tau}}$$

$$e^{-\frac{t_w}{\tau}}=\frac{1}{3}$$

$$t_w=1.1\,RC$$

2. 多谐振荡器

555 定时器构成多谐振荡器的电路如图 9-22 所示，其工作波形如图 9-23 所示。

与单稳态触发器比较，它是利用电容器的充放电来代替外加触发信号。所以，电容器上的电压信号应该在两个阈值之间按指数规律转换。充电回路是 R_A、R_B 和 C，此时相当输入是低电平，输出是高电平；当电容器充电达到 $\frac{2}{3}V_{CC}$ 时，即输入达到高电平时，电路的状态发生翻转，输出为低电平，电容器开始放电。当电容器放电达到 $\frac{2}{3}V_{CC}$ 时，电路的状态又开始翻转。如此不断循环。电容器之所以能够放电，是由于有放电端 7 脚的作用，因 7 脚的状态与输出端一致，7 脚为低电平电容器即放电。

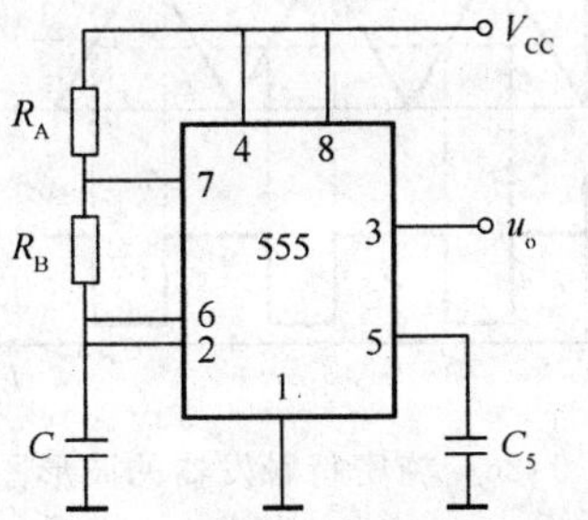

图 9-22　多谐振荡器电路图

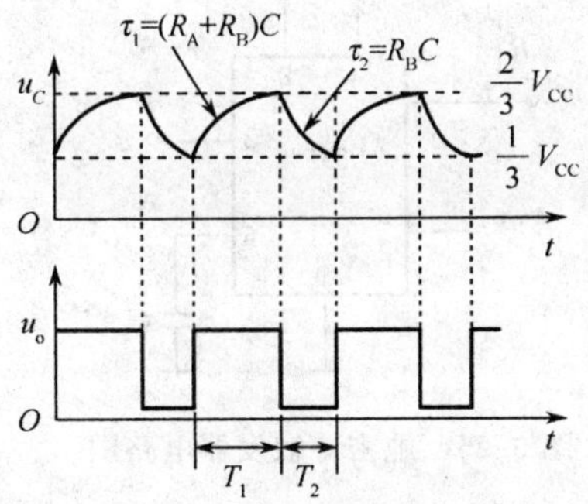

图 9-23　多谐振荡器的波形图

振荡周期的确定：根据 $u_C(t)$ 的波形图可以确定振荡周期，$T=T_1+T_2$

先求 T_1。T_1 对应充电时间常数 $\tau_1=(R_A+R_B)C$，初始值为 $u_C(0)=\frac{1}{3}V_{CC}$，无穷大值 $u_C(\infty)=V_{CC}$，当 $t=T_1$ 时，$u_C(T_1)=\frac{2}{3}V_{CC}$，代入过渡过程公式，可得

$$T_1=\ln 2(R_A+R_B)C\approx 0.7(R_A+R_B)C$$

再求 T_2。T_2 对应放电时间常数 $\tau_2=R_BC$，初始值为 $u_C(0)=\frac{2}{3}V_{CC}$，无穷大值 $u_C(\infty)=0\ \mathrm{V}$，当 $t=T_2$ 时，$u_C(T_2)=\frac{1}{3}V_{CC}$，代入过渡过程公式，可得 $T_2=\ln 2R_BC\approx 0.7R_BC$

振荡周期：　　$T=T_1+T_2\approx 0.7(R_A+2R_B)C$

振荡频率：　　$f=\frac{1}{T}\approx\frac{1}{0.7(R_A+2R_B)C}$

占空比：

$$D=\frac{T_1}{T}=\frac{T_1}{T_1+T_2}\times 100\%=\frac{R_A+R_B}{R_A+2R_B}\times 100\%$$

对于图 9-22 所示的多谐振荡器，因 $T_1>T_2$，它的占空比大于 50%，要想使占空比可调，当然应该从能调节充、放电通路上想办法。图 9-24 是一种占空比可调的电路方案，该电路因加入了二极管，使电容器的充电和放电回路不同，可以调节电位器使充、放电时间常数相同。如果调节电位器使 $R_A=R_B$，可以获得 50% 的占空比。

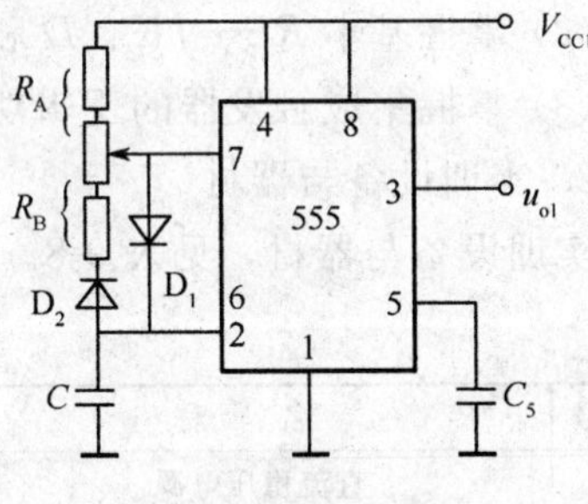

图 9-24　占空比可调的多谐振荡器

3. 施密特触发器

555 定时器构成施密特触发器的电路图如图 9-25 所示，波形图如图 9-26 所示。

施密特触发器的工作原理和多谐振荡器基本一致，无原则不同。只不过多谐振荡器是靠电容器的充放电去控制电路状态的翻转，而施密特触发器是靠外加电压信号去控制电路状态的翻转。所以，在施密特触发器中，外加信号的高电平必须大于 $\frac{2}{3}V_{CC}$，低电平必须小于 $\frac{1}{3}V_{CC}$，否则电路不能翻转。

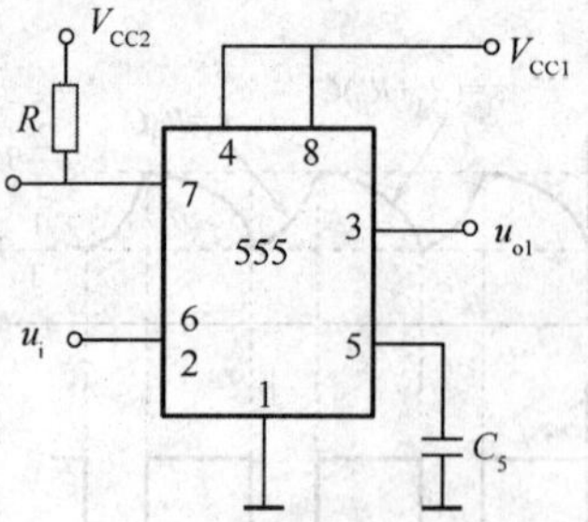

图 9-25　施密特触发器电路图

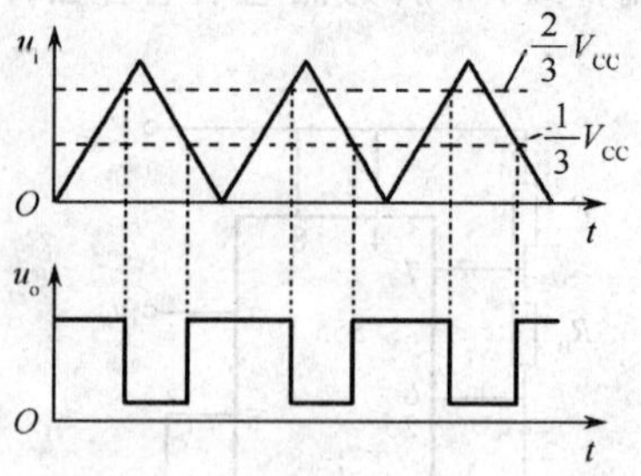

图 9-26　施密特触发器的波形图

由于施密特触发器采用外加信号，所以放电端 7 脚就空闲了出来。利用 7 脚加上上拉电阻，就可以获得一个与输出端 3 脚一样的输出波形。如果上拉电阻接的电源电压不同，7 脚输出的高电平与 3 脚输出的高电平在数值上会有所不同。

施密特触发器主要用于对输入波形的整形。图 9-26 表示的是将三角波整形为方波，其他形状的输入波形也可以整形为方波。从图中可以看出对应输出波形翻转的 555 定时器的二个阈值，一个是对应输出下降沿的 3.375 V，另一个是对应输出上升沿的 1.688 V，施密特触发器的回差电压是 3.375－1.688＝1.688 V。从图示波形可以看出，与理论值一致(电源电压 5 V)。在放电端 7 脚加一个上拉电阻，接 10 V 电源，可以获得一个高、低电平与 3 脚输出不同，但波形的高、低电平宽度完全一样的第二个输出波形，这个波形可以用于不同逻辑电平的转换。当输入信号的幅度太小时，施密特触发器将不能工作。

9.6　拓展实训

9.6.1　触发器实训

1. 实训目的

(1) 掌握基本触发器的电路组成及其功能。

(2) 掌握基本 RS、JK、D 和 T 触发器的逻辑功能。

(3) 掌握集成触发器的逻辑功能及使用方法。

2. 实训设备与器材

实训设备与器材，见表 9-8。

表 9-8　实训设备与器材

序　号	名　　称	型号与规格	数　　量	备　　注
1	直流稳压电源	＋5 V	1 路	实训台
2	逻辑电平输出			DDZ-22
3	逻辑电平显示			DDZ-22
4	单次脉冲源			DDZ-22
5	14P 芯片插座		1 个	DDZ-22
6	16P 芯片插座		1 个	DDZ-22
7	集成芯片	74LS00	1 片	
8	集成芯片	74LS112	1 片	

3．实训电路

实训电路如图 9-27、图 9-28、图 9-29、图 9-30 所示。

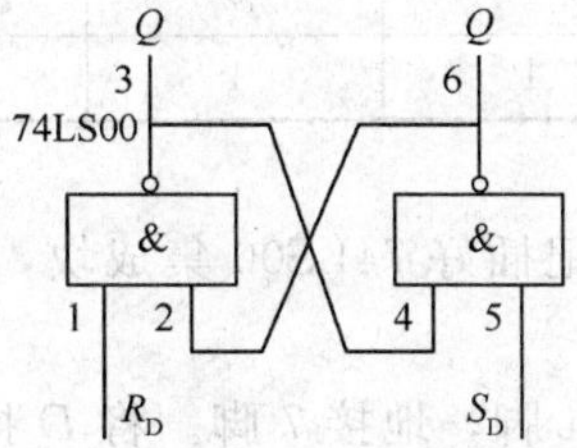

图 9-27　基本 *RS* 触发器

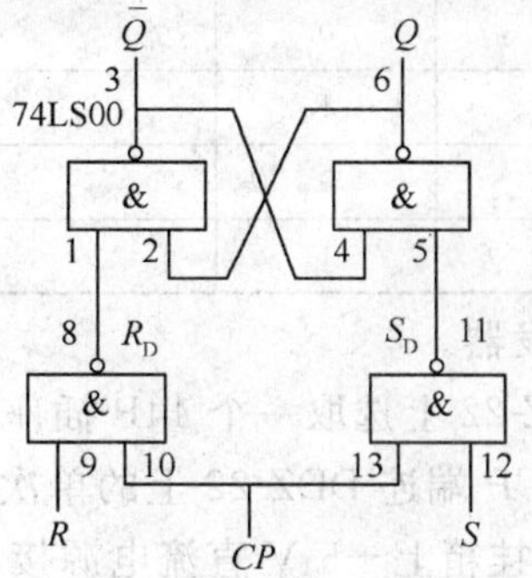

图 9-28　钟控 *RS* 触发器

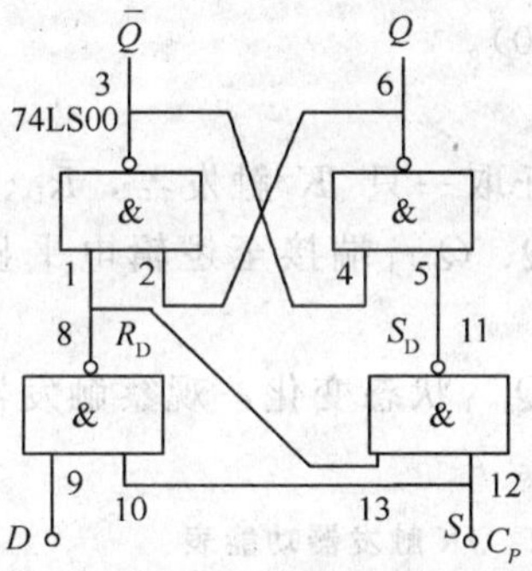

图 9-29　*D* 触发器

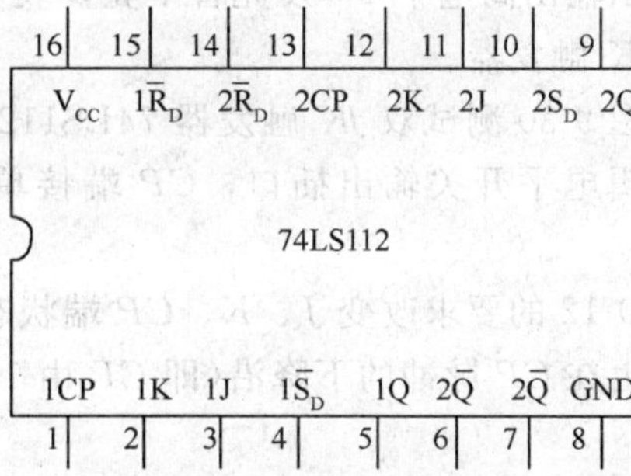

图 9-30　74LS112 双 *JK* 触发器引脚

4．实训内容与步骤

(1) 基本 *RS* 触发器。

① 在 DDZ-22 上选取一个 14P 插座，按定位标记插好 74LS00 集成块，根据图 9-27 连接实训电路。

② 将实训挂箱上＋5 V 直流电源接 74LS00 的 14 脚，地接 7 脚。将 R_D、S_D 接逻辑电平输出口，输出 Q 接逻辑电平显示输入口。

③ 按表 9-9 所示，在输入端输入相应电平，观察并记录输出逻辑电平显示情况(发光管亮，表示输出高电平 1，发光管不亮，表示输出低电平 0)。

(2)钟控 RS 触发器。

① 在 DDZ-22 上选取一个 14P 插座，按定位标记插好 74LS00 集成块，根据图 9-28 连接实训电路。*CP* 端连 DDZ-22 上的单次脉冲源。

② 将实训挂箱上＋5 V 直流电源接 74LS00 的 14 脚，地接 7 脚。将 *R*、*S* 接逻辑电平输出口，输出 Q 接逻辑电平显示输入口。

③ 按表 9-10 所示，在输入端输入相应电平，观察并记录输出逻辑电平显示情况(发光管亮，表示输出高电平 1，发光管不亮，表示输出低电平 0)。

表 9-9　基本 *RS* 触发器功能表

R_D	S_D	Q
0	0	
0	1	
1	0	
1	1	

表 9-10　同步 *RS* 触发器功能表

R	S	Q_{n+1}
0	0	
0	1	
1	0	
1	1	

(3) *D* 触发器。

① 在 DDZ-22 上选取一个 14P 插座，按定位标记插好 74LS00 集成块，根据图 9-29 连接实训线路。*CP* 端连 DDZ-22 上的单次脉冲源。

② 将实训挂箱上＋5 V 直流电源接 74LS00 的 14 脚，地接 7 脚。将 *D* 接逻辑电平输出口，输出 *Q* 接逻辑电平显示输入口。

③ 按表 9-11 所示，在输入端输入相应电平，观察并记录输出逻辑电平显示情况(发光管亮，表示输出高电平 1，发光管不亮，表示输出低电平 0)。

(4) *JK* 触发器。

根据图 9-30 测试双 *JK* 触发器 74LS112 逻辑功能。任取一只 *JK* 触发器，$\overline{R}_D$、$\overline{S}_D$、*J*、*K* 端接逻辑电平开关输出插口，*CP* 端接单次脉冲源，*Q*、Q_{n+1} 端接至逻辑电平显示输入插口。

按表 9-12 的要求改变 *J*、*K*、*CP* 端状态，观察 *Q*、Q_{n+1} 状态变化，观察触发器状态更新是否发生在 *CP* 脉冲的下降沿(即 *CP* 由 1→0)，并记录。

表 9-11　*D* 触发器功能表

D	Q_{n+1}
0	
1	

表 9-12　*JK* 触发器功能表

J	K	CP	Q_{n+1}	
			$Q_n=0$	$Q_n=1$
0	0	0→1		
		1→0		
0	1	0→1		
		1→0		
1	0	0→1		
		1→0		
1	1	0→1		
		1→0		

5. 实训总结

(1) 总结基本触发器的电路组成及其功能。

(2) 列表整理各类触发器的逻辑功能。

(3) 总结集成触发器的逻辑功能及使用方法。

9.6.2　计数器实训

1. 实训目的

(1) 学习用集成触发器构成计数器的方法。

(2) 掌握常用中规模集成电路计数器的使用及功能测试方法。

2. 实训设备与器材

实训设备与器材，见表 9-13。

表 9-13　实训设备与器材

序号	名 称	型号与规格	数 量	备 注
1	直流稳压电源	+5 V	1 路	实训台
2	逻辑电平输出			DDZ-22
3	逻辑电平显示器			DDZ-22
4	单次脉冲源			DDZ-22
5	14P 芯片插座		2 个	DDZ-22
6	16P 芯片插座		1 个	DDZ-22
7	集成芯片	74LS74	2 片	
8	集成芯片	74LS192	1 片	

3. 实训电路

实训电路，如图 9-31、图 9-32 所示。

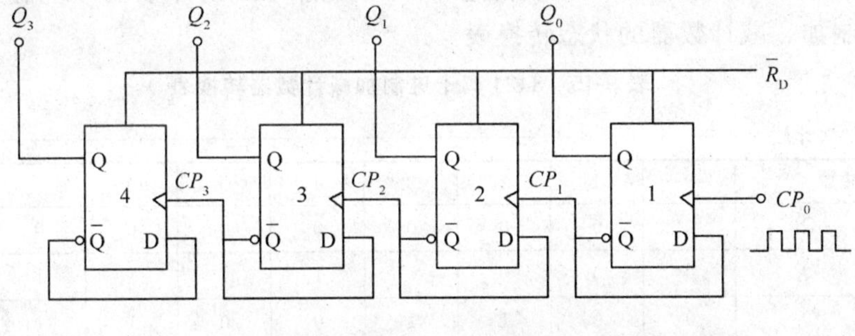

图 9-31　四位二进制异步加法计数器(74LS74)

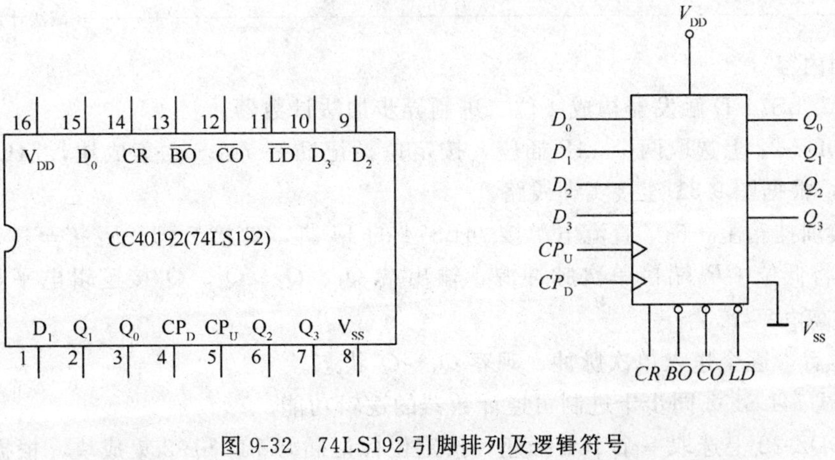

图 9-32　74LS192 引脚排列及逻辑符号

$\overline{LD}$—置数端；CP_U—加计数端；CP_D—减计数端；$\overline{CO}$—非同步进位输出端；

$\overline{BO}$—非同步借位输出端；D_0、D_1、D_2、D_3—计数器输入端；

Q_0、Q_1、Q_2、Q_3—数据输出端；CR—清除端

74LS192 同步十进制可逆计数器功能表如表 9-14 所示。

表 9-14 74LS192 同步十进制可逆计数器功能表

输入								输出			
CR	$\overline{LD}$	CP_U	CP_D	D_3	D_2	D_1	D_0	Q_3	Q_2	Q_1	Q_0
1	×	×	×	×	×	×	×	0	0	0	0
0	0	×	×	d	c	b	a	d	c	b	a
0	1	↑	1	×	×	×	×	加计数			
0	1	1	↑	×	×	×	×	减计数			

当清除端 CR 为高电平 1 时，计数器直接清零；CR 为低电平 0 时则执行其他功能。

当 CR 为低电平，置数端$\overline{LD}$也为低电平时，数据直接从置数端 D_0、D_1、D_2、D_3 置入计数器。

当 CR 为低电平，$\overline{LD}$为高电平时，执行计数功能。

执行加计数时，减计数端 CP_D 接高电平，计数脉冲由 CP_U 输入；在计数脉冲上升沿进行 8421 码十进制加法计数。

执行减计数时，加计数端 CP_U 接高电平，计数脉冲由减计数端 CP_D 输入，表 9-15 为 8421 码十进制加、减计数器的状态转换表。

表 9-15 8421 码十进制加减计数器转换表

加法计数→

输入脉冲数		0	1	2	3	4	5	6	7	8	9
输出	Q_3	0	0	0	0	0	0	0	0	1	1
	Q_2	0	0	0	0	1	1	1	1	0	0
	Q_1	0	0	1	1	0	0	1	1	0	0
	Q_0	0	1	0	1	0	1	0	1	0	1

←减法计数

4. 实训内容

(1) 用 74LS74 D 触发器构成 4 位二进制异步加法计数器。

① 在 DDZ-22 上选取两个 14P 插座，按定位标记插好 74LS74 集成块，74LS74 的管脚图见附录 3，根据图 9-31 连接实训线路。

② 将实训挂箱上+5 V 直流电源接 74LS74 的 14 脚，地接 7 脚。$\overline{R}_D$接至逻辑电平开关输出插口，将低位 CP_0 端接单次脉冲源，输出端 Q_3、Q_2、Q_3、Q_0 接逻辑电平显示输入插口，各$\overline{S}_D$接高电平 1。

③ 清零后，逐个送入单次脉冲，观察 Q_3～Q_0状态。

(2) 测试 74LS192 同步十进制可逆计数器的逻辑功能。

① 在 DDZ-22 上选取一个 16P 插座，按定位标记插好 74LS192 集成块，根据图 9-31 连接实训线路。

② 将实训挂箱上+5 V 直流电源接 74LS192 的 16 脚，地接 8 脚。计数脉冲由单次脉冲源提供，清除端 CR、置数端$\overline{LD}$、数据输入端 D_3、D_2、D_1、D_0 分别接逻辑电平开关，输出端 Q_3、Q_2、Q_1、Q_0 接逻辑电平显示输入插口；$\overline{CO}$和$\overline{BO}$接逻辑电平显示插口。

③ 改变清除端 CR、置数端$\overline{LD}$、数据输入端 D_3、D_2、D_1、D_0 的逻辑电平，观察 Q_3～Q_0 状态。

5. 实训总结

(1) 总结集成触发器构成计数器的方法。

(2) 总结中规模集成电路计数器的使用及功能测试方法。

9.6.3　移位寄存器实训

1. 实训目的

(1) 熟悉寄存器、移位寄存器的电路结构和工作原理。

(2) 掌握中规模 4 位双向移位寄存器逻辑功能及使用方法。

(3) 熟悉移位寄存器的应用。

2. 实训设备与器材

实训设备与器材，见表 9-16。

表 9-16　实训设备与器材

序　号	名　　称	型号与规格	数　量	备　　注
1	直流稳压电源	+5 V	1 路	实训台
2	逻辑电平输出			DDZ-22
3	逻辑电平显示			DDZ-22
4	单次脉冲源			DDZ-22
5	16P 芯片插座		1 个	DDZ-22
6	集成芯片	CC40194	1 片	

3. 实训电路

实训电路如图 9-33 所示。

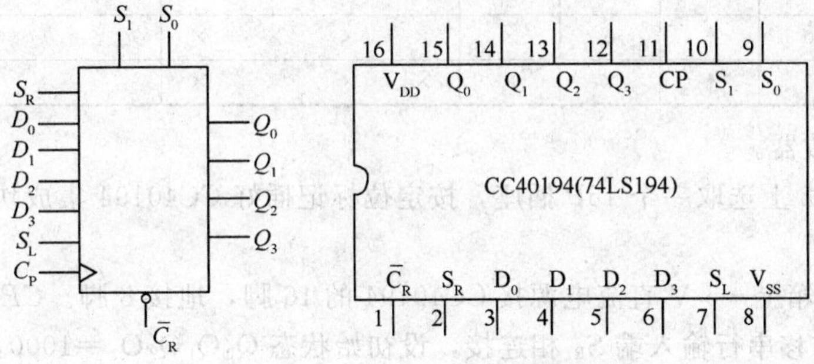

图 9-33　40194 的逻辑符号及引脚功能

D_0、D_1、D_2、D_3为并行输入端；Q_0、Q_1、Q_2、Q_3 为并行输出端；S_R为右移串行输入端，S_L为左移串行输入端；S_1、S_0为操作模式控制端；$\overline{CR}$为直接无条件清零端；C_P为时钟脉冲输入端。

4. 实训内容

(1) 测试 CC40194 的逻辑功能：

① 在 DDZ-22 上选取一个 16P 插座，按定位标记插好 40194 集成块，根据图 9-34 连接实训线路。

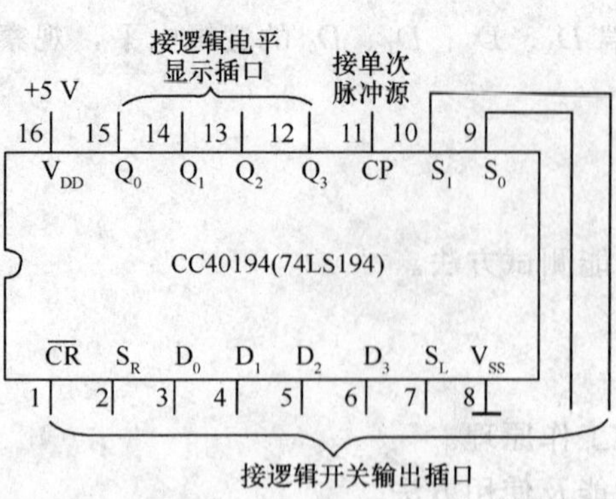

图 9-34　CC40194　逻辑功能测试

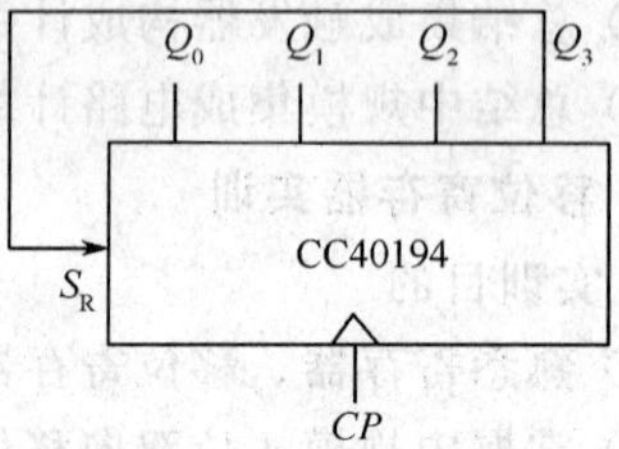

图 9-35　环形计数器

② 将实训挂箱上＋5 V 直流电源接 CC40194 的 16 脚，地接 8 脚。$\overline{CR}$、S_1、S_0、S_L、S_R、D_0、D_1、D_2、D_3分别接至逻辑电平开关的输出插口；Q_0、Q_1、Q_2、Q_3 接至逻辑电平显示输入插口。CP 端接单次脉冲源。

③ 改变不同的输入状态，逐个送入单次脉冲，观察并记录 $Q_3 \sim Q_0$ 状态，填入表 9-17中。

表 9-17　CC40194 状态表

清除	模　式		时钟	串　行		输　入				输　出				功能
$\overline{CR}$	S_1	S_0	CP	S_L	S_R	D_0	D_1	D_2	D_3	Q_0	Q_1	Q_2	Q_3	
0	×	×	×	×	×	×	×	×	×					
1	1	1	↑	×	×	a	b	c	d					
1	0	1	↑	×	0	×	×	×	×					
1	0	1	↑	×	1	×	×	×	×					
1	1	0	↑	1	×	×	×	×	×					
1	1	0	↑	0	×	×	×	×	×					
1	0	0	↑	×	×	×	×	×	×					

（2）环形计数器。

① 在 DDZ-22 上选取一个 16P 插座，按定位标记插好 CC40194 集成块，根据图 9-35 连接实训线路。

② 将实训挂箱上＋5 V 直流电源接 CC40194 的 16 脚，地接 8 脚。CP 端接单次脉冲源。把输出端 Q_3 和右移串行输入端 S_R 相连接，设初始状态 $Q_0Q_1Q_2Q_3$＝1000，然后进行右移循环，观察寄存器输出端状态的变化，记入表 9-18 中。

表 9-18　功　能　表

CP	Q_0	Q_1	Q_2	Q_3
0	1	0	0	0
1				
2				
3				
4				

5. 实训总结

(1) 使寄存器清零，除采用 $\overline{CR}$ 输入低电平外，可否采用右移或左移的方法？可否使用并行送数法？若可行，如何操作？

(2) 若进行左移循环移位，图 9-33 接线应如何改接？

(3) 画出用两片 CC40194 构成的七位右移串/并行转换器电路。

9.6.4　555 定时器实训

1. 实训目的

(1) 熟悉 555 型集成时基电路结构、工作原理及其特点。

(2) 掌握 555 型集成时基电路的基本应用。

2. 实训设备与器材

实训设备与器材，见表 9-19。

表 9-19　实训设备与器材

序　号	名　　称	型号与规格	数 量	备　　注
1	直流稳压电源	+5 V	1 路	实训台
2	信号源			实训台
3	频率计			实训台
4	双踪示波器		1 台	自备
5	逻辑电平输出			DDZ-22
6	逻辑电平显示			DDZ-22
7	单次脉冲源			DDZ-22
8	计数脉冲			DDZ-22
9	14P 芯片插座		1 个	DDZ-22
10	电容	0.01 μF	2 个	DDZ-21
11	电容	0.1 μF	1 个	DDZ-21
12	电容	47 μF	1 个	DDZ-21
13	二极管	1N4148	1 个	DDZ-21
14	电阻	1 kΩ、10 kΩ、5.1 kΩ	各 1 个	DDZ-21
15	电阻	100 kΩ	1 个	
16	电阻	5.1 kΩ	1 个	
17	集成芯片	555	1 片	

3. 实训电路

实训电路如图 9-36、图 9-37 所示。

4. 实训内容

(1) 单稳态触发器。

① 按图 9-36 连线，取 R=100 kΩ，C=47 μF，输入信号 V_i 由单次脉冲源提供，用双踪示波器观测 V_i，V_c，V_o 波形。

② 将 R 改为 1 kΩ，C 改为 0.1 μF，输入端加 1 kHz 的连续脉冲，观测 V_i，V_c，V_o 波形。

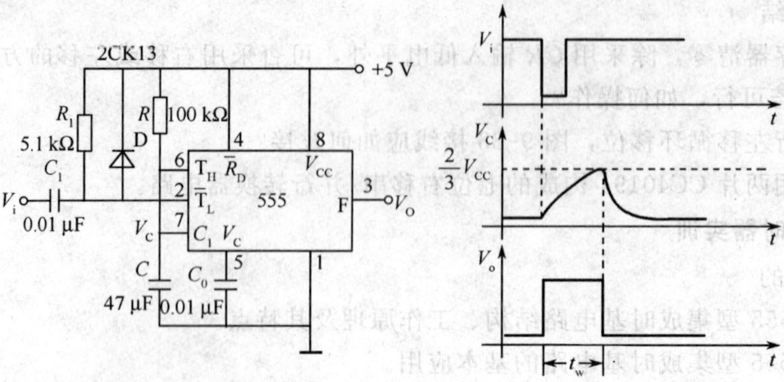

图 9-36　单稳态触发器

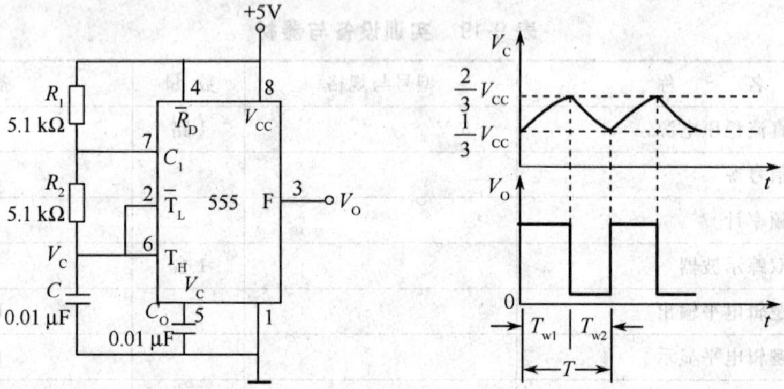

图 9-37　多谐振荡器

(2) 多谐振荡器。

按图 9-37 接线，用双踪示波器观测 V_c 与 V_o 的波形，测定频率。

(3) 施密特触发器。

按图 9-38 接线，V_s 接实训台上的正弦波，预先调好 V_s 的频率为 1 kHz，接通电源，逐渐加大 V_s 的幅度，观测输出波形。

5. 实训报告

(1) 总结 555 定时器的工作原理及其应用。

(2) 分析、总结实训结果。

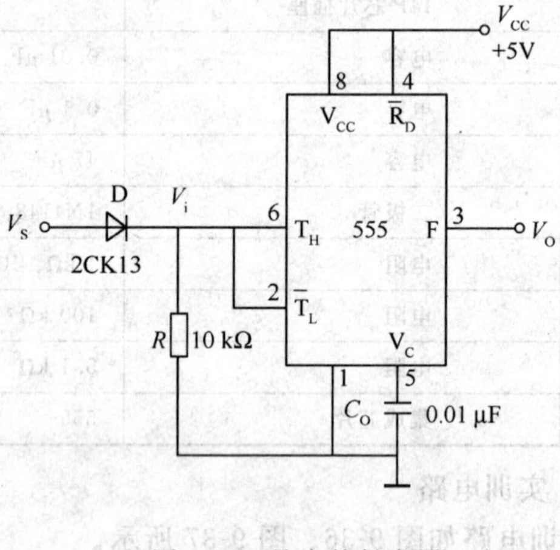

图 9-38　施密特触发器

小　结

1. 常用的双稳态触发器有 RS 触发器，JK 触发器及 D 触发器。

2. 基本 RS 触发器是各种触发器的基本组成部分，它具有置 1、置 0，保持不变三种逻辑功能。可控 RS 触发器的逻辑功能与基本 RS 触发器的逻辑功能大体相同，只是可控 RS 触发器输出状态受时钟脉冲 C 的控制。

3. JK 触发器具有置 0、置 1、计数、保持四种逻辑功能。主从 JK 触发器是在时钟脉冲的下降沿翻转。

4. D 触发器具有置 0、置 1 两种逻辑功能。维持阻塞型 D 触发器是在时钟脉冲的上升沿翻转，触发器输出状态只取决于时钟脉冲上升沿到来之前的 D 输入端状态。

5. 触发器的应用很广，常常用来组成寄存器、计数器等逻辑部件。

6. 寄存器是用来存放数码或指令的基本部件。它具有清除数码、接收数码、存放数码和传送数码的功能。寄存器可分为数码寄存器和移位寄存器。移位寄存器除了有寄存数码的功能外，还具有移位的功能。

7. 计数器是能累计脉冲个数的部件。从进位制来分，有二进制计数器和 N 进制计数器两大类；从计数脉冲是否同时加到各个触发器来分，又有异步计数器和同步计数器。

8. 二进制加法计数器能计下 2^N 个脉冲数。其中 N 为触发器的级数。异步二进制加法计数器的时钟脉冲只加到最低位触发器上，高位触发器的触发脉冲由相邻的低位触发器供给。异步二进制加法计数器是逐级翻转的。同步二进制加法计数器的时钟脉冲同时加到各位触发器的时钟脉冲输入端，触发器是同时翻转的，因而提高了计数速度。

9. N 进制计数器能计下 N 个脉冲数。十进制计数器是常用的 N 进制计数器之一。

10. 各种计数器分析的步骤是：

(1) 写出各个触发器输入信号的逻辑表达式，对于异步计数器，还应写出高位触发器的时钟脉冲 C 表达式。

(2) 列出状态表。

(3) 分析逻辑功能。

11. 555 定时器是一种功能强大的模拟数字混合集成电路，可实现单稳态触发器、多谐振荡器、施密特触发器等常用电路。

思考与练习题

9-1　RS 触发器、JK 触发器、D 触发器各有何逻辑功能？

9-2　基本 RS 触发器的两个输入端为什么不能同时加低电平？

9-3　在 JK 触发器和 D 触发器中，R_D、S_D 端起什么作用？

9-4　将 JK 触发器的 J 和 K 端悬空，试分析逻辑功能。

9-5　简述数码寄存器的工作过程？

9-6　举例说明移位寄存器的工作过程。

9-7　同步二进制加法计数器和异步二进制加法计数器的不同点是什么？

9-8　若用 CT4090 组成七进制计数器，应如何使用清零端？

9-9　555 定时器由哪几个部分组成的？

9-10　说明 555 定时器构成的单稳态触发器是如何工作的。

9-11　说明 555 定时器构成的施密特触发器是如何工作的。

9-12　555 定时器构成的施密特触发器对输入信号有何要求？

9-13　试分析图 9-39 时序电路的逻辑功能，写出电路的驱动方程、状态方程和输出方程，画出电路的状态转换图。A 为输入逻辑变量。

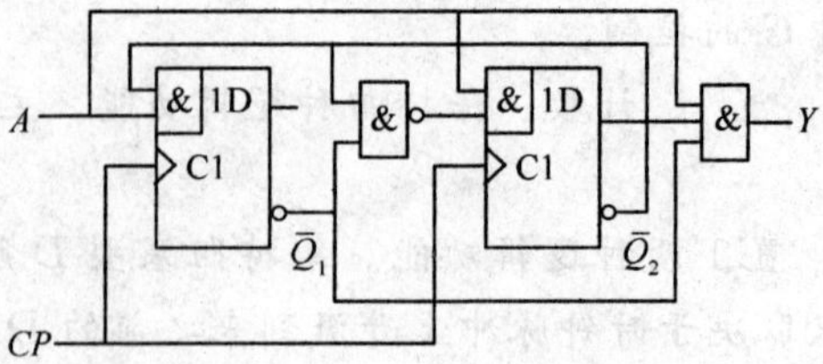

图 9-39　题 9-13 图

9-14　试画出用 2 片 74LS194 组成 8 位双向移位寄存器的逻辑图。

9-15　电路如图 9-40(a)所示，在图 9-40(b)所示的 D 输入信号和时钟脉冲 C 作用下，画出触发器输出端 Q 的波形。

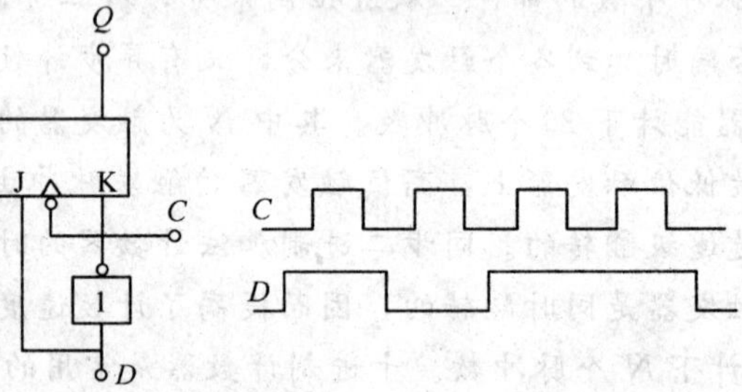

图 9-40　题 9-15 图

9-16　已知某数字监控系统如图 9-41 所示，试分析：

(1) CT4090 接成几进制计数器？

(2) 画出在 15 个时钟脉冲作用下，Q_3 与监控灯 LED 信号的波形图。

(3) 计算监控灯的监控时间。

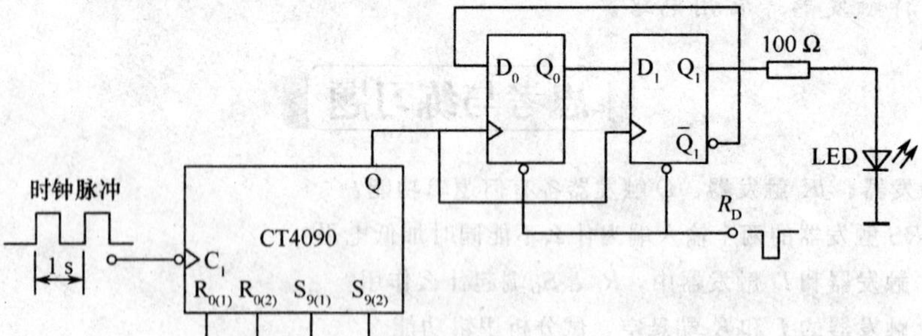

图 9-41　题 9-16 图

第10章 模拟量与数字量的转换

知识点

- 数-模转换。
- 模-数转换。

学习要求

1. 了解
   - 常用数-模与模-数转换集成芯片的使用方法。
2. 掌握
   - 数-模转换的基本原理；
   - 模-数转换的基本原理；
   - 数-模和模-数转换的应用。
3. 能力
   - 典型 D/A、A/D 转换器电路的应用；
   - 绘制 D/A、A/D 转换器电路图。

随着集成技术和数字电子技术的发展，用数字系统处理模拟信号的数字处理技术已有了广泛的应用。在数字处理技术中不仅需要将模拟信号转换数字信号，而且需要将处理过的数字信号再转换为模拟信号。

本章将讲授数-模转换和模-数转换的基本原理、常见的典型电路及 D/A、A/D 转换器的主要参数。

10.1 数-模转换技术

数字(Digital)信号转换成模拟(Analog)信号，简称为 D/A 转换。在很多系统中，D/A 转换是不能缺少的重要组成部分，本节将介绍三种常用的 D/A 转换器。

数-模转换器是将一组输入的二进制数转换成相应的模拟电压或电流输出的电路，工作原理是将每一位二进制数按其权的大小转换成相应的模拟量，然后将代表各位的模拟量相加，使所得的总模拟量与数字量成正比。数模转换器实质上是由二进制数字量控制模拟电子开关，再由模拟电子开关控制电阻网络与运算放大器组成的模拟加法运算电路。

10.1.1 权电阻 D/A 转换器

权电阻 D/A 转换器如图 10-1 所示。

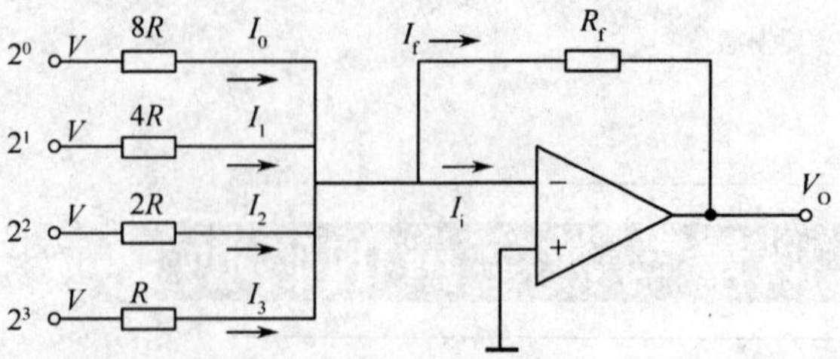

图 10-1　位权电阻数-模转换器

因为运算放大器同相端接地，所以反相端为虚地，电位为 0，从而有

$$I_0 = \frac{V}{8R}$$

$$I_1 = \frac{V}{4R}$$

$$I_2 = \frac{V}{2R}$$

$$I_3 = \frac{V}{R}$$

由于运放输入阻抗很大，$I_i = 0$，从而有

$$I_f = I_0 + I_1 + I_2 + I_3$$

而运放的输出电压为

$$V_o = -I_f R_f$$

10.1.2 *R*/2*R* 倒 T 形电阻网络 D/A 转换器

图 10-2 是 $R/2R$ 倒 T 形电阻 D/A 转换器。由于该转换器中的电阻值不是 R 就是 $2R$，所以克服了权电阻转换器中电阻值多的缺点。该转换器输入数字量与输出模拟量之间的关系，可以用在该转换器的输入端输入数字量 1000、0100、0010 和 0001，然后计算出对应各个数字量的模拟量的方法获得。

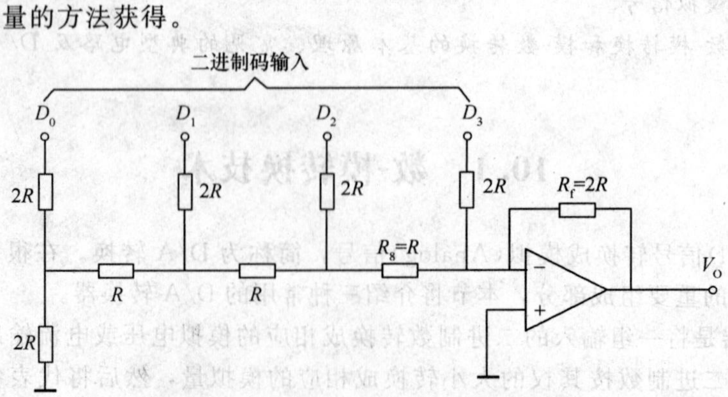

图 10-2　$R/2R$ 倒 T 形电阻 D/A 转换器

1）数字量为 1000 的情况

数字量为 1000，也就是除 $D_3 = 1$ 外，D_2、D_1、D_0 都是 0，这种情况如图 10-3 所示。

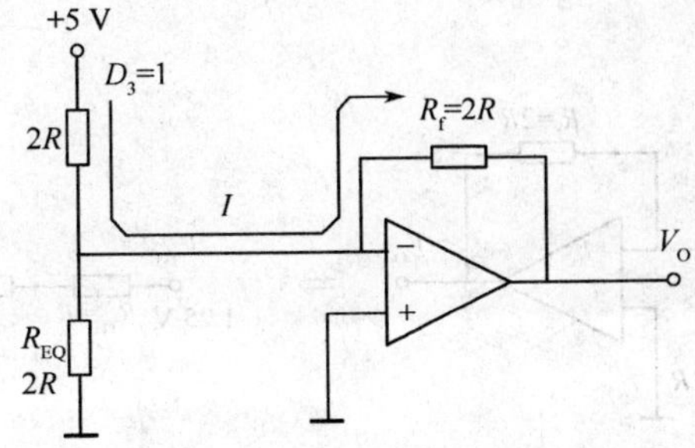

图 10-3 $D_3=1$、D_2、D_1、D_0 都是 0 的情况

由于 $D_2=D_1=D_0=0$，根据电阻串、并联的规律，有 $R_{EQ}=2R$。由于运放的反相端是虚地，所以实际上没有电流流过 R_{EQ}。由此有电流

$$I=\frac{5}{2R}$$

由此可以得到对应数字量 1000 的模拟量输出电压

$$V_O=-IR_f=-\left(\frac{5}{2R}\right)2R=-5\ \text{V}$$

2）数字量为 0100 的情况

如果数字量为 0100，就是说 $D_3=0$、$D_2=1$、$D_1=0$、$D_0=0$，这种情况如图 10-4 所示。

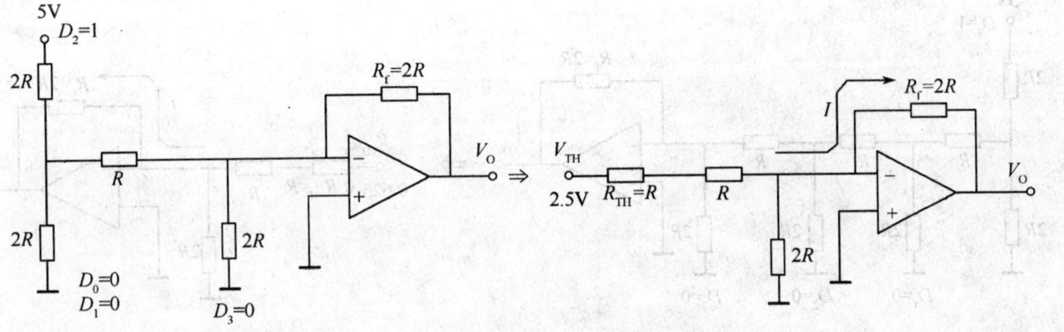

图 10-4 $D_3=0$、$D_2=1$、$D_1=0$、$D_0=0$ 的情况

这种情况下流过电阻 R_f 的电流 I 为

$$I=\frac{2.5}{2R}$$

则输出的模拟量为

$$V_O=-IR_f=-\left(\frac{2.5}{2R}\right)2R=-2.5\ \text{V}$$

3）数字量为 0010 的情况

如果数字量为 0010，就是说 $D_3=0$、$D_2=0$、$D_1=1$、$D_0=0$，这种情况如图 10-5 所示。

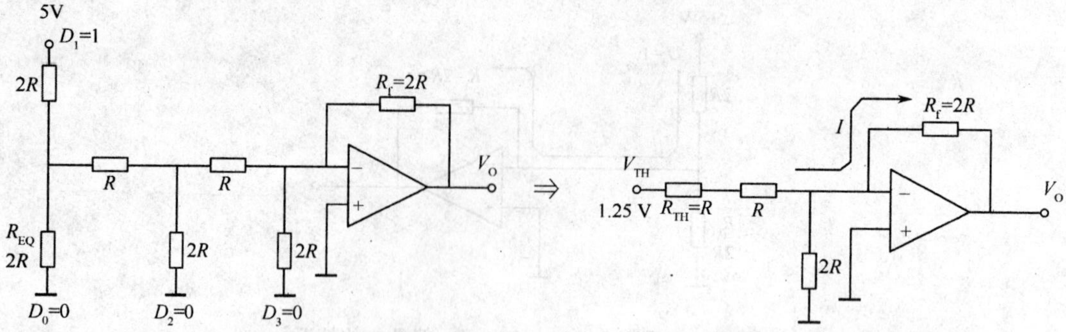

图 10-5　$D_3=0$、$D_2=0$、$D_1=1$、$D_0=0$ 的情况

这种情况下流过电阻 R_f 的电流 I 为

$$I=\frac{1.25}{2R}$$

则输出的模拟量为

$$V_O=-IR_f=-\left(\frac{1.25}{2R}\right)2R=-1.25\ \text{V}$$

4）数字量为 0001 的情况

如果数字量为 0001，就是说 $D_3=0$、$D_2=0$、$D_1=0$、$D_0=1$，这种情况如图 10-6 所示。

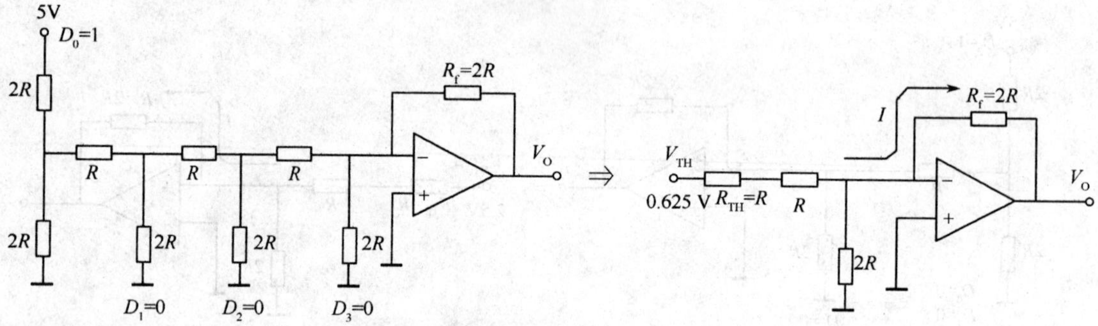

图 10-6　$D_3=0$、$D_2=0$、$D_1=0$、$D_0=1$ 的情况

这种情况下流过电阻 R_f 的电流 I 为

$$I=\frac{0.625}{2R}$$

则输出的模拟量为

$$V_O=-IR_f=-\left(\frac{0.625}{2R}\right)2R\ \text{V}=-0.625\ \text{V}$$

若是数字量不是上述四种情况，则肯定是上述四种情况的叠加，这时输出模拟量也是上述 4 种输出模拟量的叠加。例如，若数字量是 1101，则输出的模拟量是

$$V_O=[(-5)+(-2.5)+(-0.625)]\text{V}=-8.125\ \text{V}$$

10.1.3　R/2R T 形电阻网络 D/A 转换器

图 10-7 是 $R/2R$ T 形电阻网络 D/A 转换器电路。图中，运放输入端 V_- 的电位总是接近于 0 V(虚地)，所以无论数字量 D_3、D_2、D_1、D_0 控制的开关是连接虚地还是真地，流过各个支路的电流都保持不变。为计算流过各个支路的电流，可以把电阻网络等效成图 10-8 的形式。

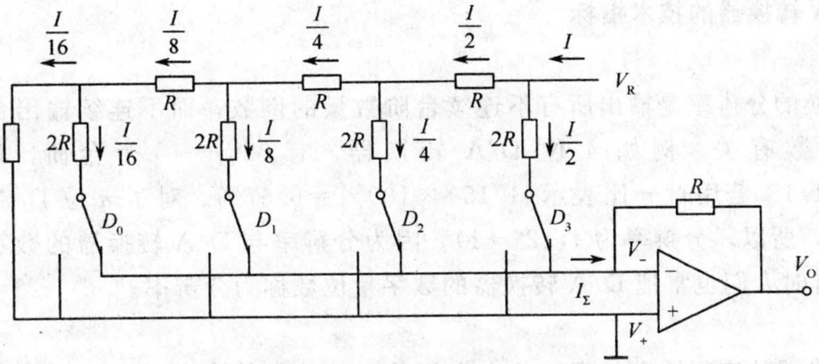

图 10-7　$R/2R$ T 形电阻网络 D/A 转换器

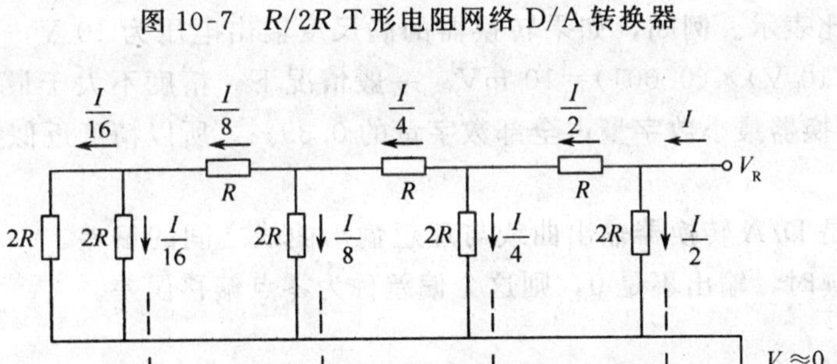

图 10-8　计算各个支路电流的等效网络

可以看出，从 A、B、C 和 D 点向左看的等效电阻都是 R，因此从参考电源流向电阻网络的电流为 $I=V_R/R$，而每个支路电流依次为 $I/2$，$I/4$，$I/8$，$I/16$。各个支路电流在数字量 D_3、D_2、D_1 和 D_0 的控制下流向运放的反相端或地，若数字量为 1，则流入运放的反相端，若数字量为 0，则流入地。

例如，若 $D_3=1$，则有电流 $I/2$ 流入运放的反相端；若 $D_2=1$，则有 $I/4$ 的电流流入运放的反相端；若 $D_1=1$，则有 $I/8$ 的电流流入运放的反相端；若 $D_0=1$，则有 $I/16$ 的电流流入运放的反相端。将流入运放反相端的电流写成表达式：

$$I_\Sigma=\frac{I}{2}D_3+\frac{I}{4}D_2+\frac{I}{8}D_1+\frac{I}{16}D_0$$

这里 $I=V_R/R$，而运放输出的模拟电压为

$$V_O=-I_\Sigma R=-\left(\frac{V_R}{2R}D_3+\frac{V_R}{4R}D_2+\frac{V_R}{8R}D_1+\frac{V_R}{16R}D_0\right)R$$

$$=-V_R\left(\frac{1}{2}D_3+\frac{1}{4}D_2+\frac{1}{8}D_1+\frac{1}{16}D_0\right)$$

这里数字量 D_3、D_2、D_1、D_0 为 1 表示开关连通运放的反相端，则该项保留；为 0 表示开关连通地，则该项不保留。

例如，数字量为 1001，参考电压为 5 V，则运放的输出电压为

$$V_o = -5\left[\frac{1}{2}(1) + \frac{1}{4}(0) + \frac{1}{8}(0) + \frac{1}{16}(1)\right] = -(2.5 + 0.3125)\ \text{V} = -2.8125\ \text{V}$$

10.1.4 D/A 转换器的技术指标

1. 分辨率

D/A 转换的分辨率是输出所有不连续台阶数量的倒数，而不连续输出台阶数量和输入数字量的位数有关。例如 4 位 D/A 转换器，有 (2^4-1) 个台阶，所以分辨率为 $1/(2^4-1)=1/15$，若用百分比表示 $(1/15)\times100\%=6.67\%$。对于 n 位 D/A 转换器，则有 2^n-1 个台阶，所以，分辨率为 $1/(2^n-1)$。因为分辨率与 D/A 转换器的数字量位数成固定关系，所以有时人们也常把 D/A 转换器的数字量位数称为分辨率。

2. 精度

D/A 转换器的实际输出与理想输出之间的误差就是精度，可以用转换器最大输出电压或满尺度的百分比表示。例如，如果转换器的满尺度输出电压为 10 V，而误差为 ±0.1%，那么最大误差是 (10 V)×(0.001)=10 mV。一般情况下，精度不大于最小数字量的 ±1/2。对于 8 位 D/A 转换器最小数字量占全部数字量的 0.39%，所以精度近似为 ±0.2%。

3. 线性度

线性度误差是 D/A 转换器输出曲线与理想输出曲线之间的偏差。一个特殊的情况就是当所有数字量为 0 时，输出不是 0，则这个偏差称为零点偏移误差。

4. 建立时间

建立时间是完成一次转换需要的时间，就是从数字量加到 D/A 转换器的输入端到输出稳定的模拟量需要的时间。建立时间一般由手册给出。

10.1.5 典型 D/A 转换芯片及应用

DAC0808 是基于 $R/2R$ 电阻网络的 D/A 转换器，该转换器的符号如图 10-9 所示，该器件的正电源 V_{CC} 的范围是从 +4.5 V 到 +5.5 V，负电源 V_{EE} 的范围是从 −4.5 V 到 −16.5 V。分辨率是 8 位，转换时间为 150 ns。该芯片可以和 TTL 和 CMOS 电路直接连接，精度为 +0.19%。

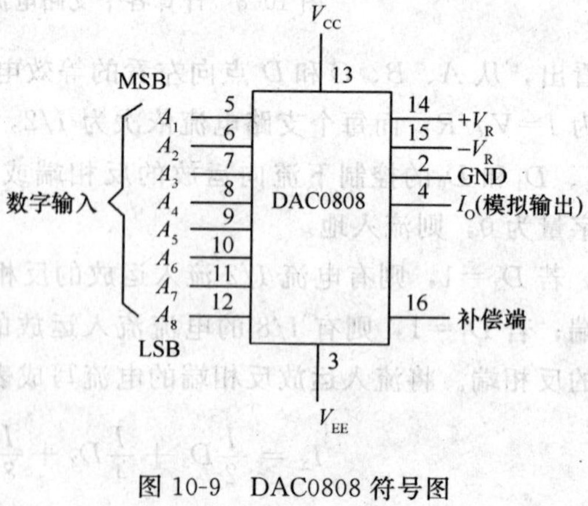

图 10-9 DAC0808 符号图

图 10-10 所示的是 DAC0808 的典型应用图。图中 D/A 转换的参考电压 $+V_R$ 是 10 V，$-V_R$ 是 0 V 所以该运放的输出电压为

$$V_O = 10\left(\frac{A_1}{2} + \frac{A_2}{4} + \cdots + \frac{A_8}{256}\right)$$

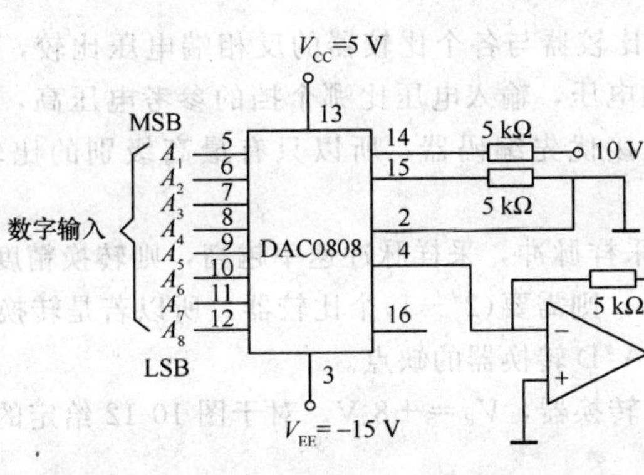

图 10-10　DAC0808 的应用电路

10.2　模-数转换技术

模拟信号转换成数字信号，简称为 A/D 转换。在很多系统中，A/D 转换是不能缺少的重要组成部分，本节将介绍三种常用的 A/D 转换器。

模-数转换器是将输入的模拟信号转换成一组多位的二进制数字输出的电路，结构类型很多。常用的逐次逼近型模数转换器的分辨率较高、转换误差较低、转换速度较快，一般由顺序脉冲发生器、逐次逼近寄存器、模数转换器和电压比较器等几部分组成。

10.2.1　并行 A/D 转换器

利用比较器和优先编码器可以组成速度最快的模数转换器，图 10-11 所示是 3 位并行

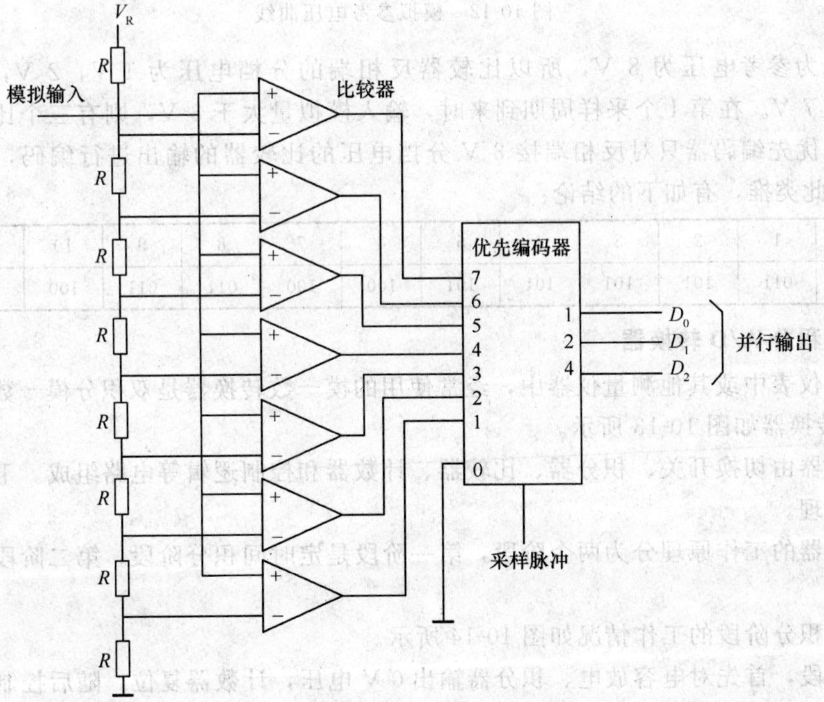

图 10-11　并行 A/D 转换器

A/D 转换器。输入电压通过比较器与各个比较器的反相端电压比较，比较器反相端电压是参考电压 V_R 通过电阻分档的电压，输入电压比哪个挡的参考电压高，则哪个比较器就输出高电平，但是由于比较器后接优先编码器，所以只有最高级别的比较器输出的高电平被编码。

该转换器工作时，需要采样脉冲，采样脉冲速率越高，则转换精度就越高。

若需要 n 位 A/D 转换器，则需要(2^n-1)个比较器，所以若是转换器位数大，则需要比较器的数量就多，这是并行 A/D 转换器的缺点。

【例】 某 3 位并行 A/D 转换器，$V_R=+8$ V。对于图 10-12 给定的模拟输入电压，试确定输出数字量。

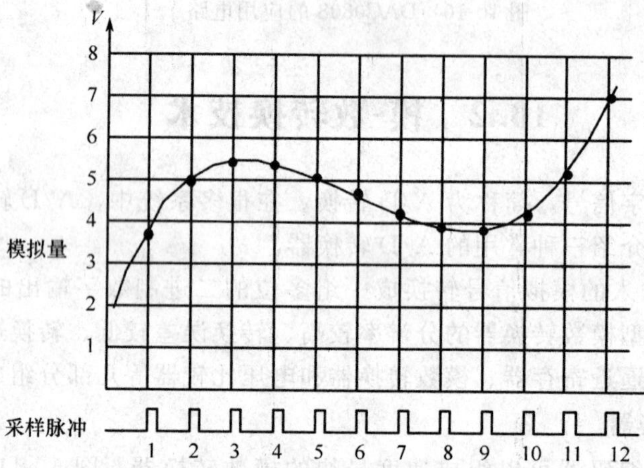

图 10-12 模拟参考电压曲线

解：因为参考电压为 8 V，所以比较器反相端的分档电压为 1 V，2 V，3 V，4 V，5 V，6 V，7 V。在第 1 个采样周期到来时，输入模拟量大于 3 V，则有三个比较器都输出高电平，但优先编码器只对反相端接 3 V 分挡电压的比较器的输出进行编码，输出数字量为 011。以此类推，有如下的结论：

采样脉冲	1	2	3	4	5	6	7	8	9	10	11	12
数字编码	011	101	101	101	101	100	100	011	011	100	101	111

10.2.2 双积分 A/D 转换器

在数字仪表中或其他测量仪器中，经常使用的模－数转换器是双积分模－数转换器。双积分模-数转换器如图 10-13 所示。

该转换器由切换开关、积分器、比较器、计数器和控制逻辑等电路组成。下面分析该转换器工作原理。

该转换器的工作原理分为两个阶段，第一阶段是定时间积分阶段，第二阶段是定电压积分阶段。

定时间积分阶段的工作情况如图 10-14 所示。

在该阶段，首先对电容放电、积分器输出 0 V 电压，计数器复位。随后控制逻辑发出信号使开关 SW 接通，输入模拟正电压 V_{in}，由于积分器的反相端是虚地，所以电容器 C 的充电电流 I 是常数，积分器的输出电压按照某个斜率向负方向线性变化。在积分器输出负电压

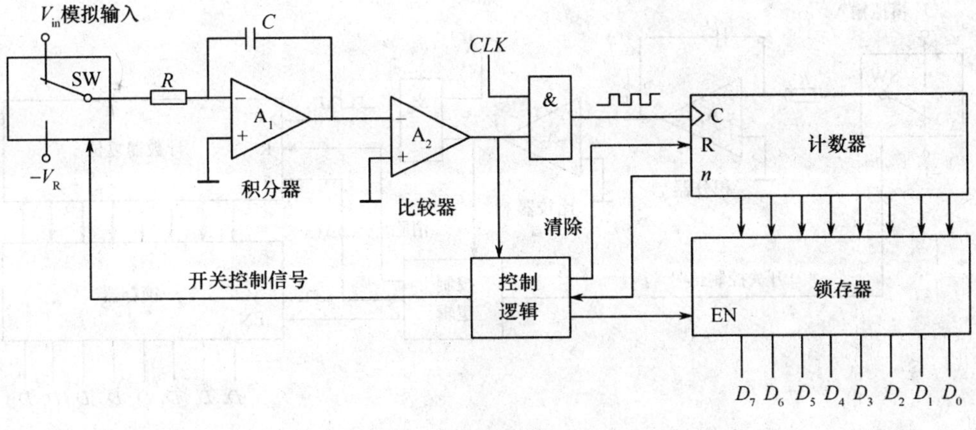

图 10-13 双积分 A/D 转换器

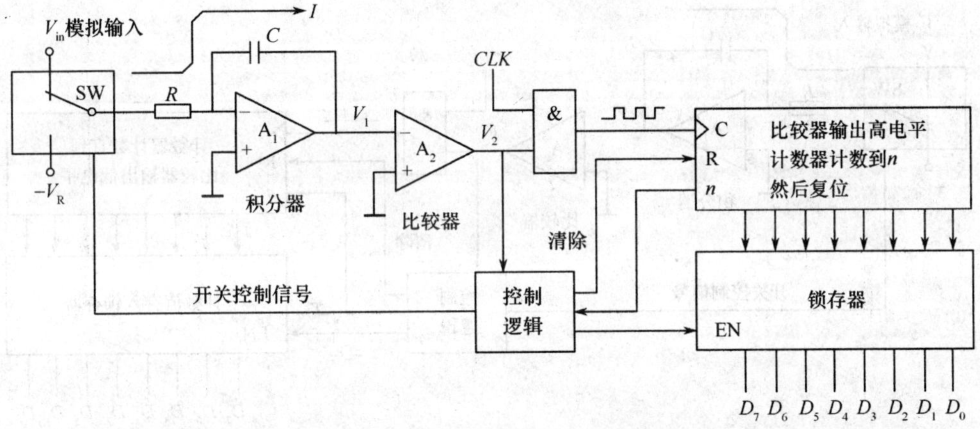

图 10-14 第一阶段的工作情况

期间，比较器输出高电平，与门打开，计数器开始计数。

当计数器达到某个数 n 时，则控制逻辑计数器复位。这一阶段的时间为

$$T_1 = nT_C$$

这里 T_C是计数脉冲的周期。

在这段时间结束时，积分器的输出电压为

$$V_1 = \frac{1}{C}\int_0^{T_1} -\frac{V_{in}}{R}\mathrm{d}t = -\frac{T_1}{RC}V_{in}$$

这时的工作情况如图 10-15 所示。

当控制逻辑使开关 SW 接通参考负电压，第二阶段开始。由于比较器还输出高电平，所以计数器复位后接着计数。这时积分器对负参考电压 V_R积分，积分器的输出电压 V_1不断升高，当积分器的输出大于 0 V 时，比较器输出低电平，与门关闭，计数器停止计数，控制逻辑给出使能脉冲使计数器的计数值 n_x存入锁存器，然后复位计数器开始下一次转换。第二阶段的工作情况如图 10-16 所示。

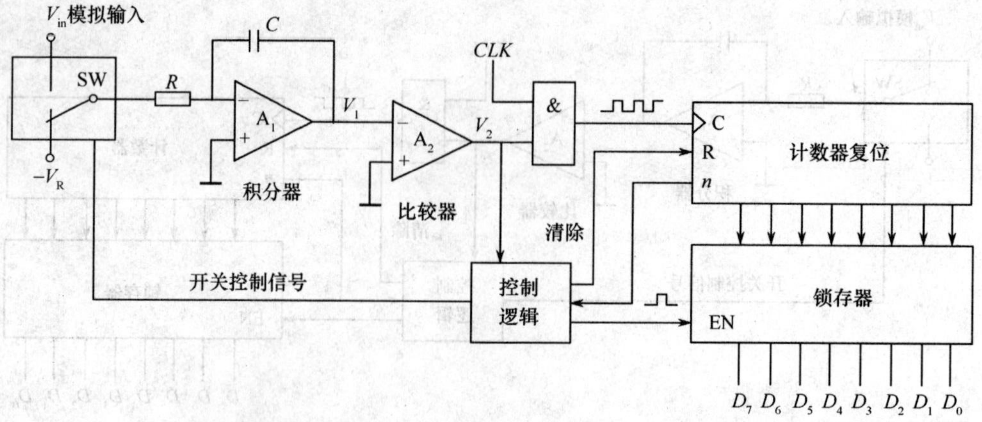

图 10-15　第一阶段结束、第二阶段开始时的状态

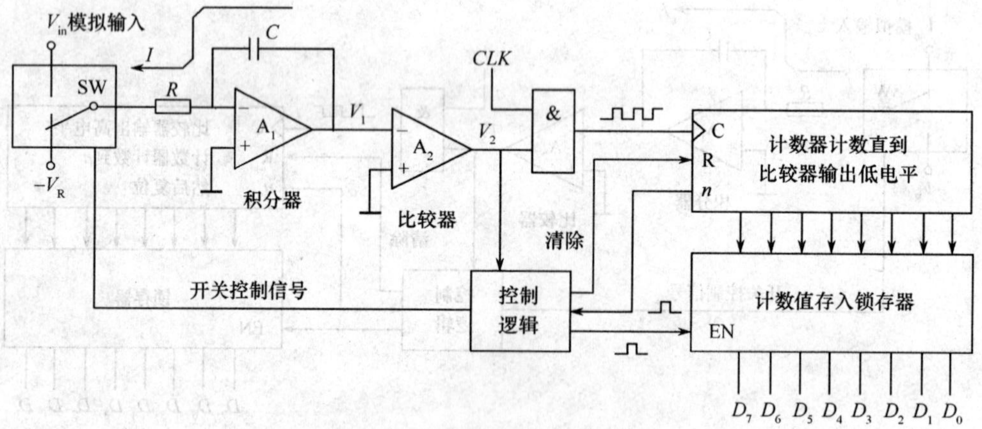

图 10-16　对参考电压积分的阶段

当积分器在对负参考电压 V_R 积分时，如果积分器的输出电压上升到 0 V 时所需的时间为 T_2，则有

$$V_1=\frac{1}{C}\int_0^{T_2}\frac{V_R}{R}\mathrm{d}t-\frac{T_1}{RC}V_{in}$$

该电压为 0 V 时计数器停止计数，所以有

$$\frac{T_2}{RC}V_R=\frac{T_1}{RC}V_{in}$$

由上式有

$$T_2=\frac{T_1}{V_R}V_{in}$$

由于第二阶段，计数器的计数值是 n_x，所以令 $T_2=n_xT_C$，并有

$$n_xT_C=\frac{nT_C}{V_R}V_{in}$$

最后得到
$$n_x=\frac{V_{in}}{V_R}n$$

可见 n_x 是与输入电压 V_{in} 成正比的数。

两个阶段的积分器输出电压波形图如图 10-17 所示。

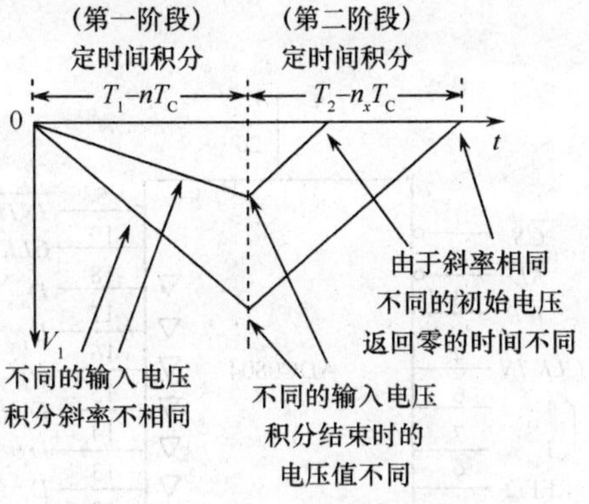

图 10-17　积分器的输出电压 V_1

双积分转换器具有抑制交流噪声干扰、结构简单和精度高的特点，其转换精度取决于参考电压和时钟周期的精度，双积分转换的不足之处是转换速度慢且时间不固定。

10.2.3　逐次比较式 A/D 转换器

逐次比较式 A/D 转换器是现在较为普遍使用的 A/D 转换技术。该转换方式的转换速度是除并行转换外最快的一种，而且转换时间固定不变。

四位逐次比较式 A/D 转换器如图 10-18 所示。

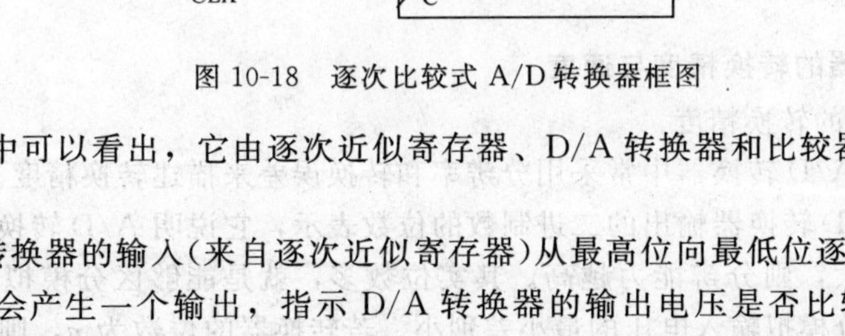

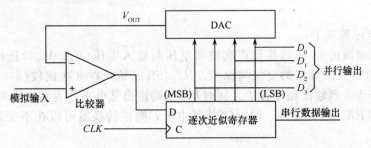

图 10-18　逐次比较式 A/D 转换器框图

从图 10-18 中可以看出，它由逐次近似寄存器、D/A 转换器和比较器组成。该转换器的工作原理如下。

首先 D/A 转换器的输入（来自逐次近似寄存器）从最高位向最低位逐次置 1，当每次置 1 完毕，比较器就会产生一个输出，指示 D/A 转换器的输出电压是否比输入的模拟电压大。如果 D/A 转换器的输出电压大于输入的模拟电压，则比较器输出低电平，使存储该位的逐次近似寄存器复位（清零）；若是 D/A 转换器的输出电压小于输入的模拟电压，比较器输出高电平，则保留存储该位的逐次近似寄存器数据（置 1）。转换器从最高位开始，按此方法逐次比较，直至最低位后，转换结束。

一个转换周期完成后，将逐次近似寄存器清 0，开始下一次转换。

逐次比较式 A/D 转换器的转换时间取决于转换中数字位数 n 的多少，完成每位数字的转换需要一个时钟周期，由前面分析可知，第 n 个时钟脉冲作用后，转换完成，所以该转换器的转换最小时间是 nT_C，这里 T_C是时钟脉冲的周期。

10.2.4 A/D 转换器 ADC0804

A/D 转换器 ADC0804 就是一个 8 位逐次比较式 A/D 转换器，该芯片的符号图如图 10-19所示。

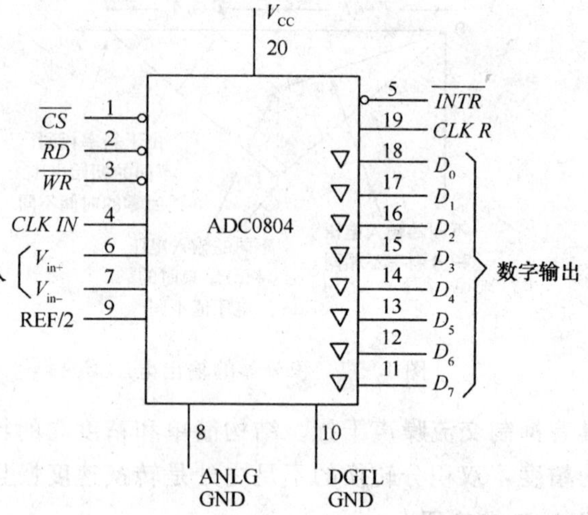

图 10-19　A/D 转换器 ADC0804 的符号图

该转换器的工作电压为 5 V，分辨率为 8 位，转换时间 100 μs，芯片自带时钟发生电路(需要外接电阻器和电容器)。为了与微处理器的总线进行连接，该芯片的数据输出端具有三态输出功能。

该芯片工作原理如下：

256 个电阻组成的 D/A 转换器逐次输出电压与输入电压(V_{in+}-V_{in-})进行比较以决定逐次近似寄存器中每一位数据的复位与保留。从 MSB 开始，在 8 次比较(64 个时钟周期)后，8 位二进制数据传送到输出锁存器中，同时$\overline{INTR}$端输出低电平，表示转换完成。

若是把$\overline{INTR}$端与$\overline{WR}$连接，同时$\overline{CS}$接低电平，则该转换器可以在不受外部信号的控制之下进行转换。

10.2.5 A/D 转换器的转换精度与速度

1. A/D 转换器的转换精度

在单片集成的 A/D 转换器中常采用分辨率和转换误差来描述转换精度。

分辨率常以 A/D 转换器输出的二进制数的位数表示，它说明 A/D 转换器对输入信号的分辨能力，位数越大，则分辨能力越高。其实位数多，就是能够区分模拟输入电压的等级多，或者是能够区分模拟输入电压的最小差别小。若转换器的位数为 n，则可以区分输入电压的等级为 2^n，而每个等级能够区分的最小电压差别为满量程输入电压除以 2^n。例如 A/D 转换器的输出为 10 位二进制数，最大输入模拟电压为 5 V，那么这个转换器的输出应能区分输入模拟信号的最小差别为 $5\ V/2^{10}=4.88\ mV$。

转换误差通常以输出误差的最大形式给出，它表示实际输出的数字量与理论上应该输出的数字量之间的差别，一般以最低有效位的倍数给出。例如转换误差$\leqslant\pm\frac{1}{2}$LSB，表示实际输出的数字量与理论输出的数字量之间的误差小于最低有效位的 1/2 倍。

有时转换误差也用满量程的百分数给出。例如 A/D 转换器的输出为十进制的 $3\frac{1}{2}$位(称为 3 位半)，若该转换器的转换误差为满量程的±0.005%，如果满量程为 1 999，则最大输出误差小于 1。

通常手册中给出的集成 A/D 转换器的转换误差已经综合地反映了在一定使用条件下对转换精度的影响，所以只要理解误差的含义，会使用给出的误差评估转换精度就可以了。

2. A/D 转换器的转换速度

A/D 转换器的转换速度主要取决于转换器的类型，不同的转换器的转换速度相差很多。

并联型 A/D 转换器的转换速度最快，例如 8 位二进制输出的并联型 A/D 转换器的转换速度可达 50 ns 以内。

逐次比较式 A/D 转换器的转换速度排第二，多数产品的转换速度都在 10～100 μs 以内。个别 8 位转换器转换时间小于 1 μs。

双积分 A/D 转换器、跟踪 A/D 转换器和斜坡 A/D 转换器的转换速度都很慢，一般在数十毫秒至数百毫秒之间。

小　结

自电子管面世以来，经历了分立半导体、集成电路数据转换器的发展历程。ADC 和 DAC 的生产已进入全集成化阶段，同时在转换速度和转换精度等主要指标上有了重大突破，还开发了一些具有与计算机直接接口功能的芯片。在集成技术中，又发展了模块、混合和单片机集成数据转换器技术。对高速 ADC 和 DAC 的发展策略是在性能不受影响的前提下尽量提高集成度，为最终用户提供产品的解决方案。对 ADC 和 DAC 的需求大量增加，而且要求性能指标有较宽覆盖面，以便适应不同场合应用的要求。ADC 主要的应用领域不断拓宽，广泛应用于多媒体、通信、自动化、仪器仪表等领域。对不同的领域有不同要求。例如接口、电源、通道、内部配置的要求，每一类 ADC 都有相应的优化设计方法，用户不仅要考虑到 ADC 本身的工艺和电路结构，而且还应考虑到 ADC 的外围电路，如相应的信号调理电路等模拟电路的设计。

随着通信事业、多媒体技术和数字化设备的飞速发展，信号处理越来越趋向数字化，促进了高速 DAC 的发展，促使了 DAC 制造商研制出许多新结构、新工艺及各种特殊用途的高速 DAC。高速 DAC 的应用领域主要有三个方面：数字化仪器，包括波形重建和任意波形发生器；直接数合成(DDS)，包括接收器本机振荡器、跳频无线电设备、通信系统、正交调制(QAM)系统和雷达系统；图形显示系统，包括失量扫描和光栅扫描。

数据转换器技术是模拟信号和数字信号之间的重要桥梁。低电压、大电流、高效率、小尺寸、低成本是 ADC/DAC 转换器发展的趋势。同时，ADC/DAC 转换器的效率和密度也在不断增加。除此以外，通信与网络设备的集成化趋势需要 ADC/DAC 转换器集成更多的功能，同时具有更宽的输出电压或多路输出。近年来转换器产品已达到数千种，ADC 和 DAC 的市场呈稳步增长的发展趋势，它们在现代军用和民用电子系统中均显示出了它们的重要性。

思考与练习题

10-1　8 位 DAC 的分辨率是多少？

10-2　A/D 转换器中转换速度最快的是哪一种？

10-3　$R/2R$ DAC 转换器中的电阻值有几种？

10-4　时钟周期为 T_C 的 8 位逐次比较式 A/D 转换器的最小转换速度是多少？

10-5　两种 $R/2R$ 电阻 DAC 转换网络结构上有何不同，各有什么不同？

10-6　如图 10-20 所示的电路中，输入信号 D_0、D_1、D_2、D_3 的电压幅值为 5 V，试用电压表测量输出电压 V_O 在 $D_0=5$ V、$D_1=0$ V、$D_2=5$ V、$D_3=0$ V 的值；用电流表测量各路电流值并观察各路电流之间的关系。

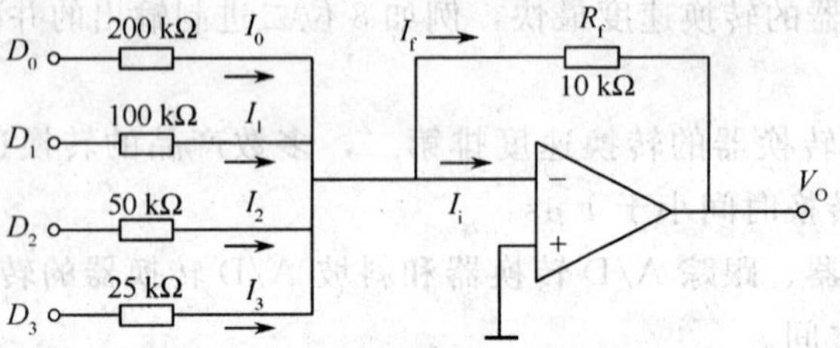

图 10-20　题 10-6 图

10-7　如图 10-21 所示的电路中，输入信号 D_0、D_1、D_2、D_3 的电压幅值为 5 V，试用电压表测量输出电压 V_O 在 $D_0=5$ V、$D_1=0$ V、$D_2=5$ V、$D_3=5$ V 的值。图中 $R=1$ kΩ，用电流表测量各路电流并观察各路电流值之间的关系。

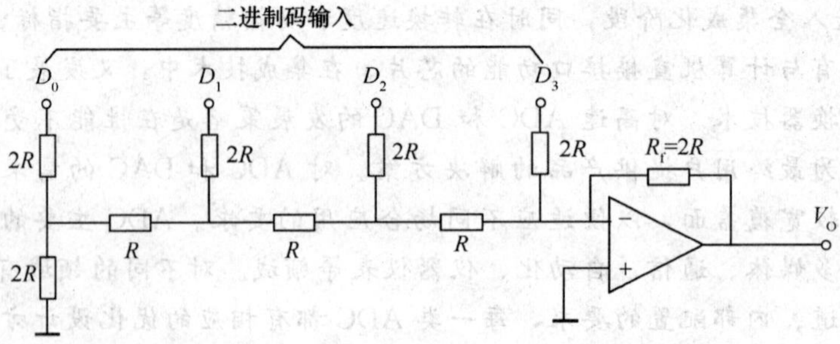

图 10-21　题 10-7 图

10-8　如图 10-22 所示的电路中，若是输入 D_0、D_1、D_2、D_3 的值为 1 就相当于开关动触点接通运放反相端，为 0 相当于连接运放同相端。试用电压表测量输出电压 V_O 在 $D_0=1$、$D_1=0$、$D_2=1$、$D_3=0$ 的值。图中 $R=1$ kΩ，参考电压为 5 V。用电流表测量各路电流值并观察各路电流之间的关系。

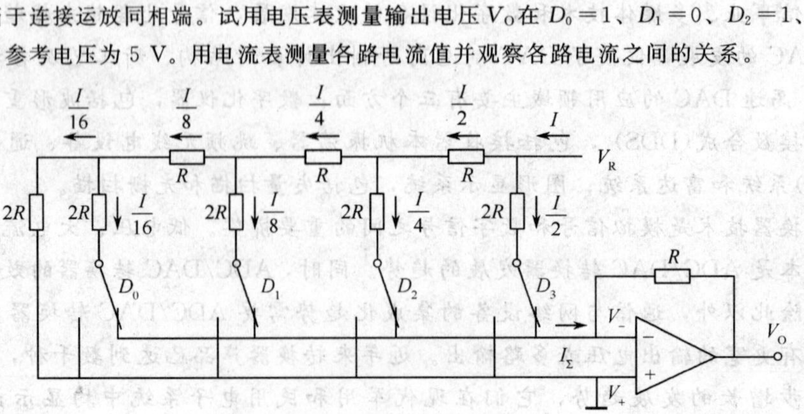

图 10-22　题 10-8 图

附　　录

附录 1　集成逻辑门电路新旧图形符号对照

名称	新国标图形符号	旧图形符号	逻辑表达式
与门	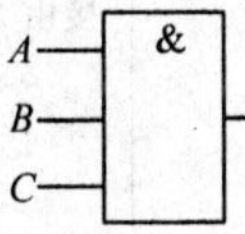	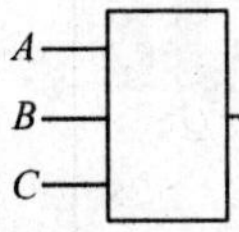	$Y=ABC$
或门	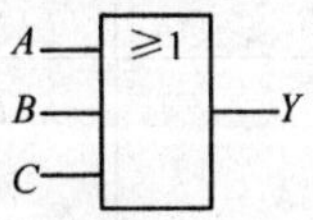	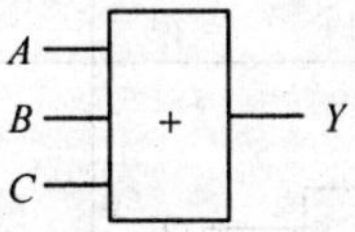	$Y=A+B+C$
非门	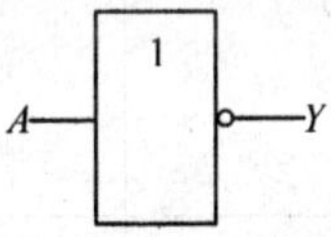	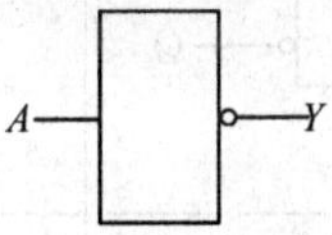	$Y=\overline{A}$
与非门	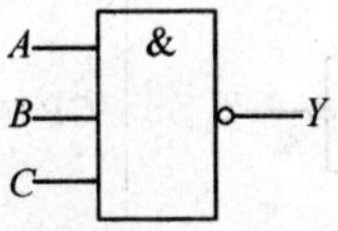	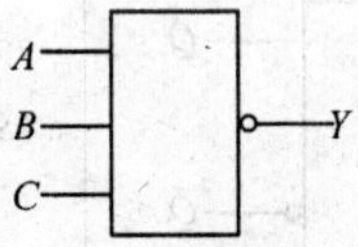	$Y=\overline{ABC}$
或非门	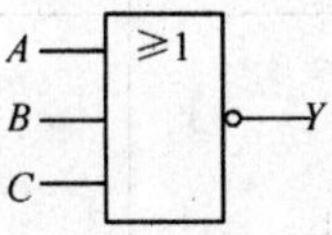	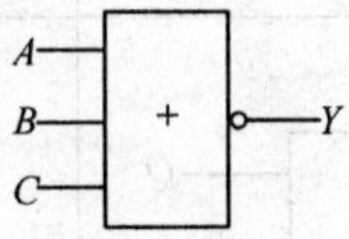	$Y=\overline{A+B+C}$
与或非门	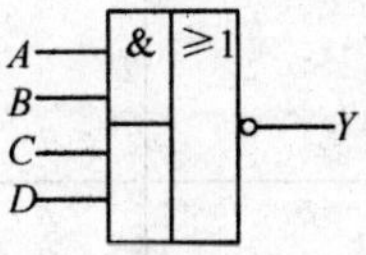	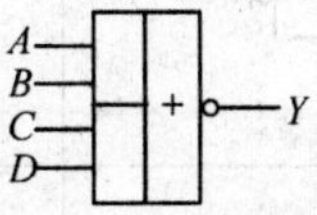	$Y=\overline{AB+CD}$
异或门	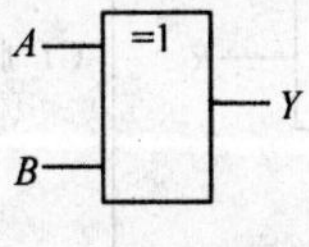	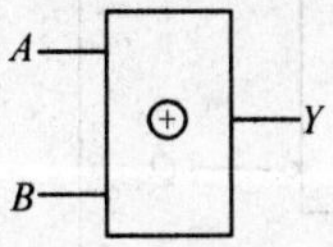	$Y=A\overline{B}+\overline{A}B$

附录 2　集成触发器新旧图形符号对照

名称	新国标图形符号	旧图形符号	触发方式
由与非门构成的基本 *RS* 触发器	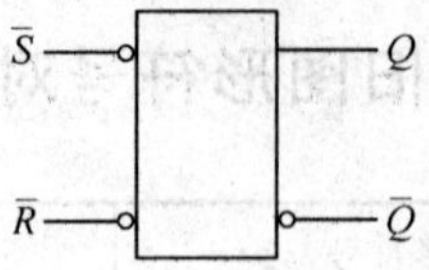	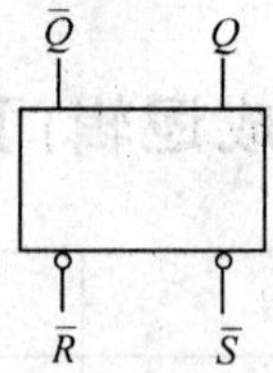	无时钟输入，触发器状态直接由 *S* 和 *R* 的电平控制
由或非门构成的基本 *RS* 触发器	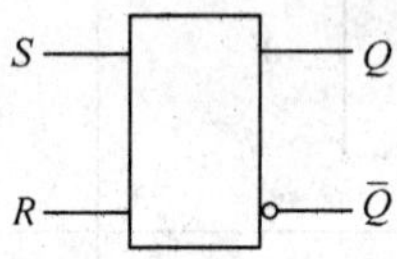	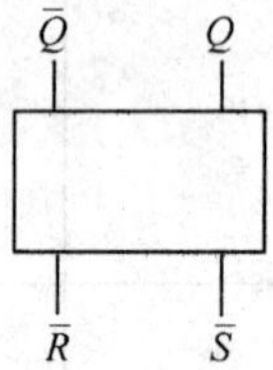	
TTL 边沿型 *JK* 触发器	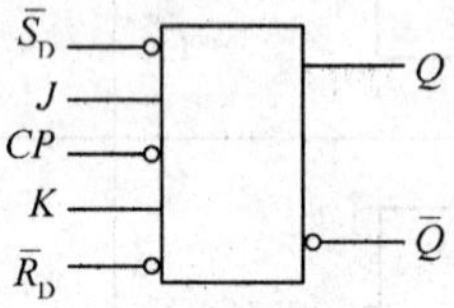	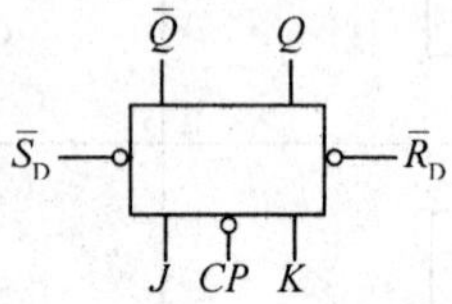	*CP* 脉冲下降沿
TTL 边沿型 *D* 触发器	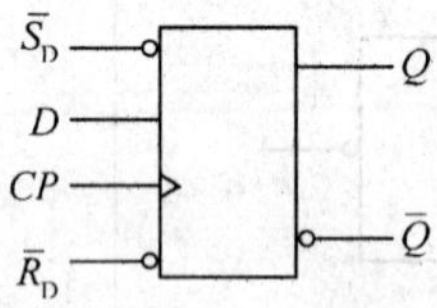	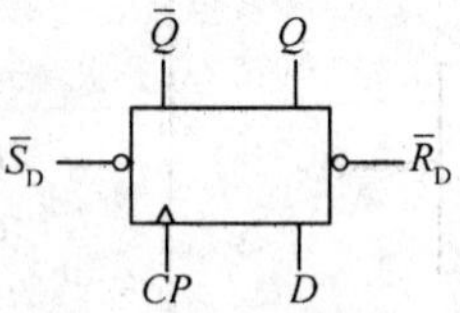	*CP* 脉冲上升沿
CMOS 边沿型 *JK* 触发器	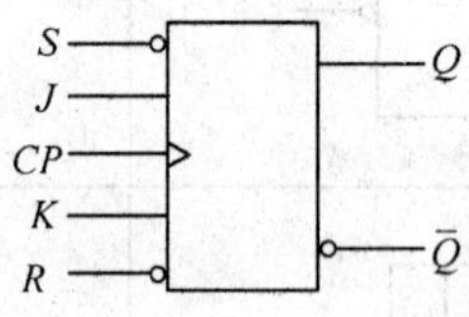	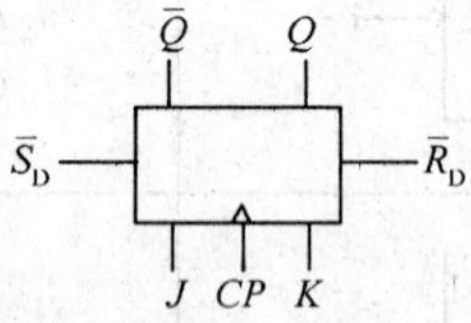	*CP* 脉冲上升沿
CMOS 边沿型 *D* 触发器	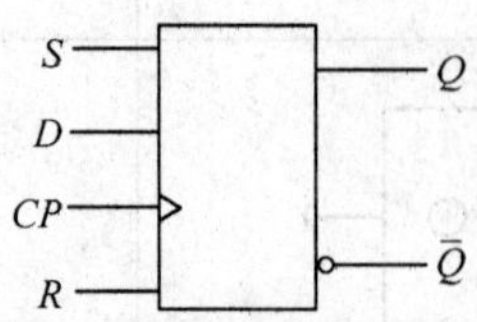	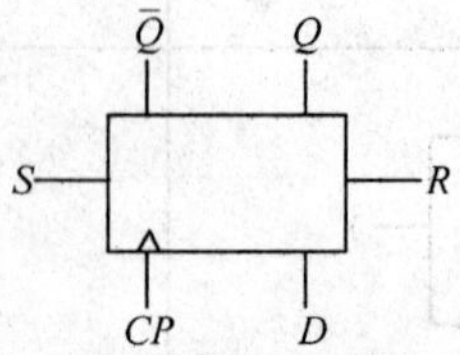	*CP* 脉冲上升沿

附录 3 部分集成电路引脚排列

双 D 触发器

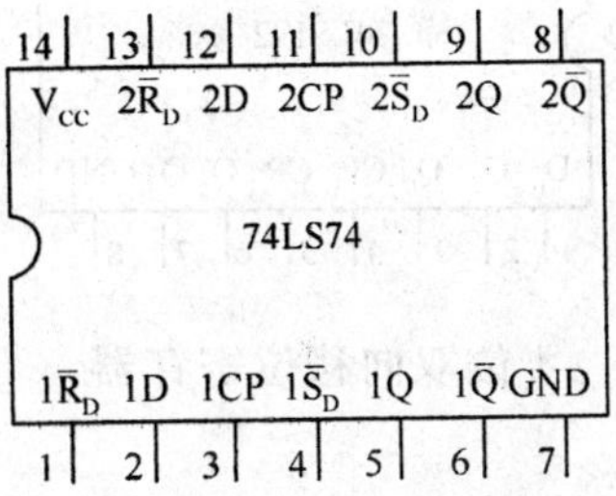
14 13 12 11 10 9 8
V_{CC} $2\overline{R}_D$ 2D 2CP $2\overline{S}_D$ 2Q $2\overline{Q}$
74LS74
$1\overline{R}_D$ 1D 1CP $1\overline{S}_D$ 1Q $1\overline{Q}$ GND
1 2 3 4 5 6 7

四 2 输入或非门

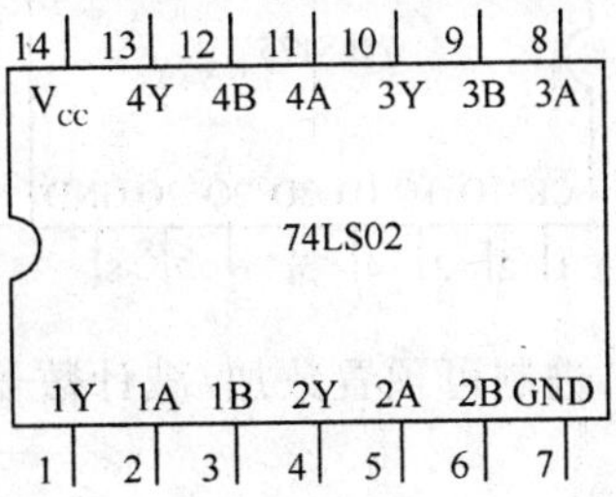
14 13 12 11 10 9 8
V_{CC} 4Y 4B 4A 3Y 3B 3A
74LS02
1Y 1A 1B 2Y 2A 2B GND
1 2 3 4 5 6 7

二-五-十进制异步加法计数器

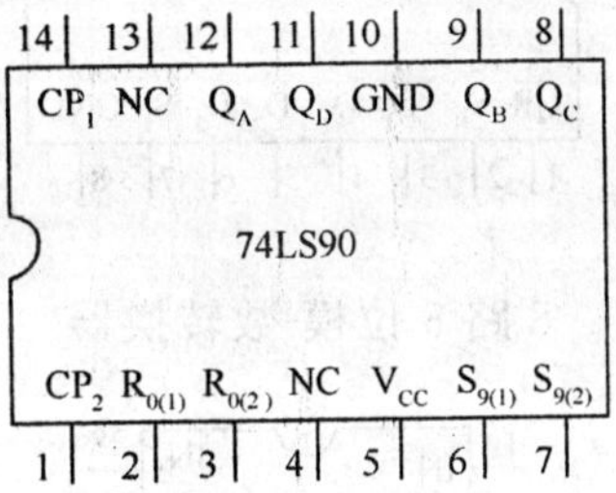
14 13 12 11 10 9 8
CP_1 NC Q_A Q_D GND Q_B Q_C
74LS90
CP_2 $R_{0(1)}$ $R_{0(2)}$ NC V_{CC} $S_{9(1)}$ $S_{9(2)}$
1 2 3 4 5 6 7

双 JK 触发器

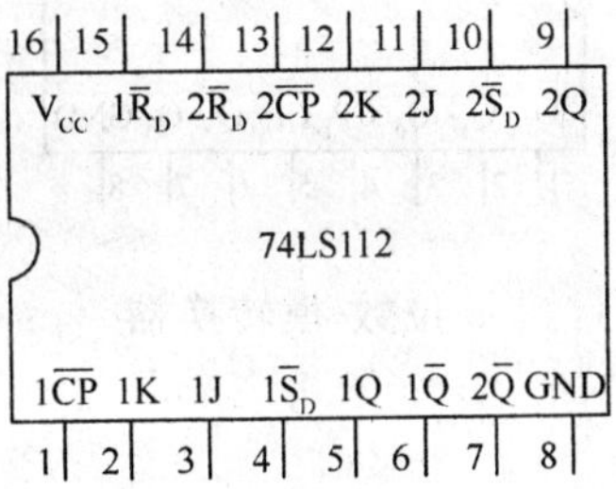
16 15 14 13 12 11 10 9
V_{CC} $1\overline{R}_D$ $2\overline{R}_D$ $2\overline{CP}$ 2K 2J $2\overline{S}_D$ 2Q
74LS112
$1\overline{CP}$ 1K 1J $1\overline{S}_D$ 1Q $1\overline{Q}$ $2\overline{Q}$ GND
1 2 3 4 5 6 7 8

三态输出四总线缓冲器

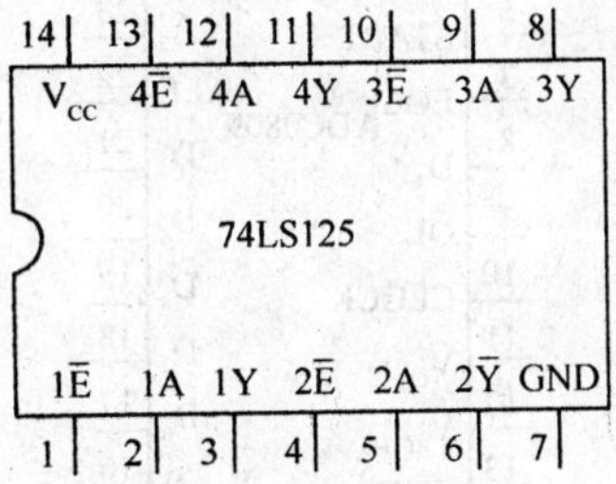
14 13 12 11 10 9 8
V_{CC} $4\overline{E}$ 4A 4Y $3\overline{E}$ 3A 3Y
74LS125
$1\overline{E}$ 1A 1Y $2\overline{E}$ 2A 2Y GND
1 2 3 4 5 6 7

3 线-8 线译码器

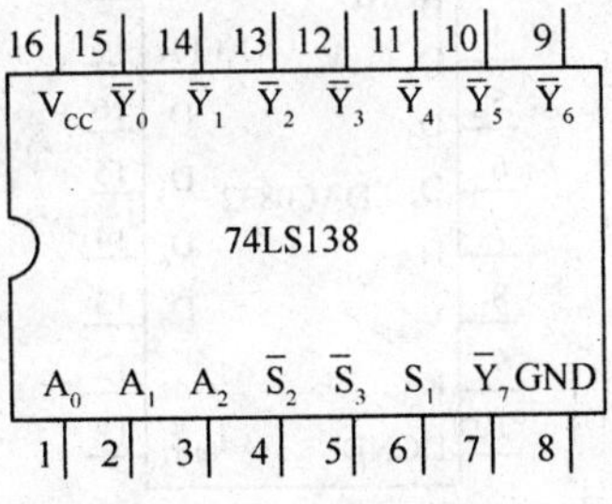
16 15 14 13 12 11 10 9
V_{CC} $\overline{Y}_0$ $\overline{Y}_1$ $\overline{Y}_2$ $\overline{Y}_3$ $\overline{Y}_4$ $\overline{Y}_5$ $\overline{Y}_6$
74LS138
A_0 A_1 A_2 $\overline{S}_2$ $\overline{S}_3$ S_1 $\overline{Y}_7$ GND
1 2 3 4 5 6 7 8

8 选 1 数据选择器

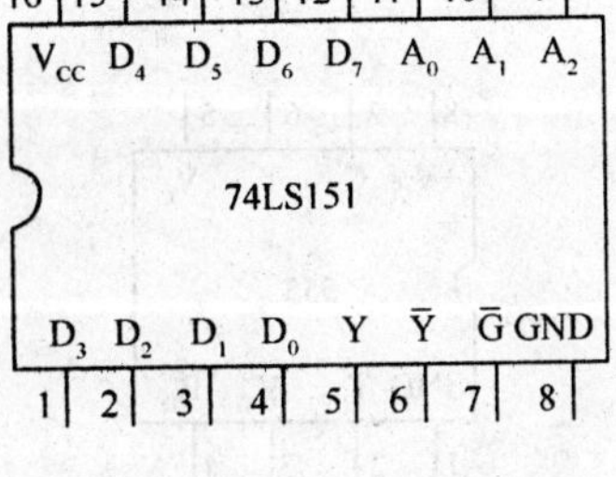
16 15 14 13 12 11 10 9
V_{CC} D_4 D_5 D_6 D_7 A_0 A_1 A_2
74LS151
D_3 D_2 D_1 D_0 Y $\overline{Y}$ $\overline{G}$ GND
1 2 3 4 5 6 7 8

双 4 选 1 数据选择器

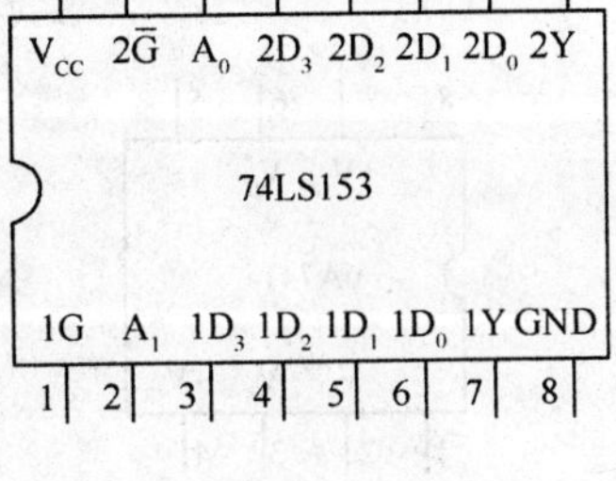
16 15 14 13 12 11 10 9
V_{CC} $2\overline{G}$ A_0 $2D_3$ $2D_2$ $2D_1$ $2D_0$ 2Y
74LS153
1G A_1 $1D_3$ $1D_2$ $1D_1$ $1D_0$ 1Y GND
1 2 3 4 5 6 7 8

四 D 触发器

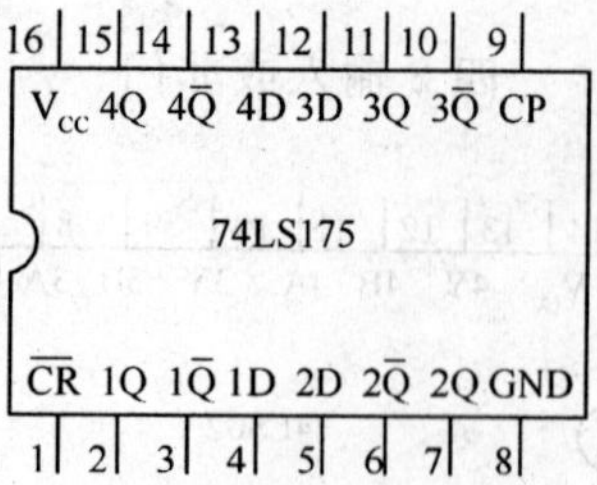
16 15 14 13 12 11 10 9
V_{CC} 4Q $4\overline{Q}$ 4D 3D 3Q $3\overline{Q}$ CP
74LS175
$\overline{CR}$ 1Q $1\overline{Q}$ 1D 2D $2\overline{Q}$ 2Q GND
1 2 3 4 5 6 7 8

同步十进制双时钟可逆计数器

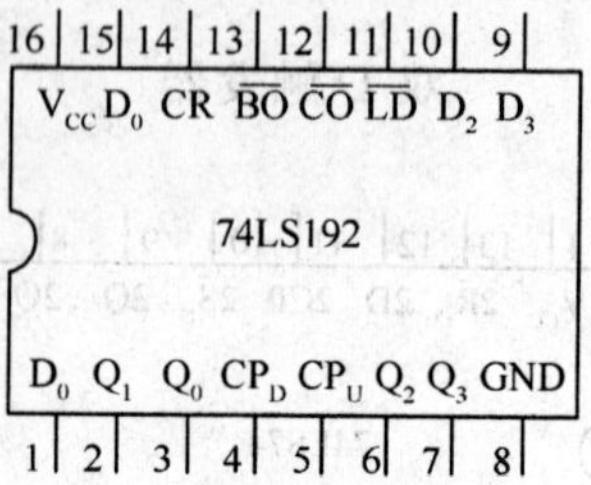
16 15 14 13 12 11 10 9
V_{CC} D_0 CR $\overline{BO}$ $\overline{CO}$ $\overline{LD}$ D_2 D_3
74LS192
D_0 Q_1 Q_0 CP_D CP_U Q_2 Q_3 GND
1 2 3 4 5 6 7 8

二进制可预置数加/减计数器

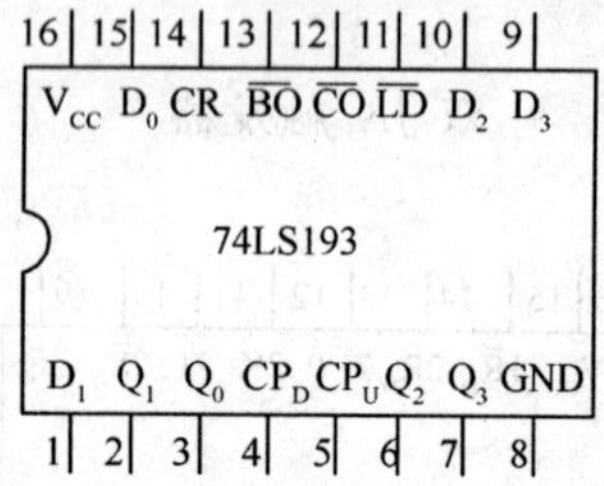
16 15 14 13 12 11 10 9
V_{CC} D_0 CR $\overline{BO}$ $\overline{CO}$ $\overline{LD}$ D_2 D_3
74LS193
D_1 Q_1 Q_0 CP_D CP_U Q_2 Q_3 GND
1 2 3 4 5 6 7 8

4 位双向移位寄存器

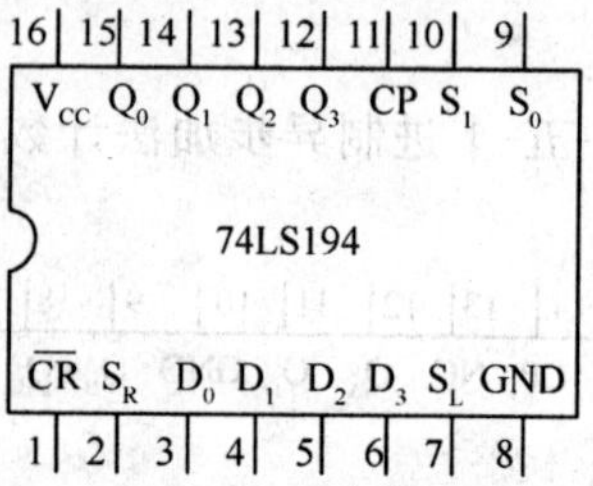
16 15 14 13 12 11 10 9
V_{CC} Q_0 Q_1 Q_2 Q_3 CP S_1 S_0
74LS194
$\overline{CR}$ S_R D_0 D_1 D_2 D_3 S_L GND
1 2 3 4 5 6 7 8

8 位数-模转换器

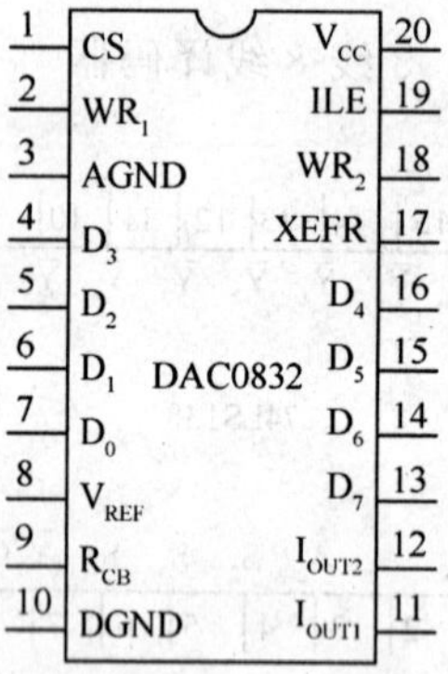
1 CS
2 WR_1
3 AGND
4 D_3
5 D_2
6 D_1
7 D_0
8 V_{REF}
9 R_{CB}
10 DGND
DAC0832
V_{CC} 20
ILE 19
WR_2 18
XEFR 17
D_4 16
D_5 15
D_6 14
D_7 13
I_{OUT2} 12
I_{OUT1} 11

8 路 8 位模-数转换器

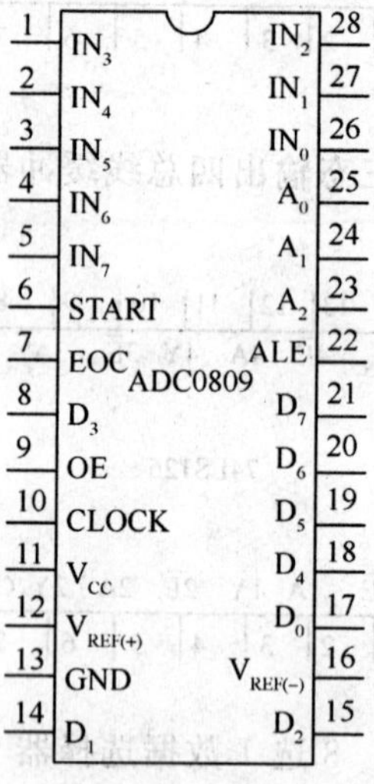
1 IN_3
2 IN_4
3 IN_5
4 IN_6
5 IN_7
6 START
7 EOC
8 D_3
9 OE
10 CLOCK
11 V_{CC}
12 $V_{REF(+)}$
13 GND
14 D_1
ADC0809
IN_2 28
IN_1 27
IN_0 26
A_0 25
A_1 24
A_2 23
ALE 22
D_7 21
D_6 20
D_5 19
D_4 18
D_0 17
$V_{REF(-)}$ 16
D_2 15

运算放大器

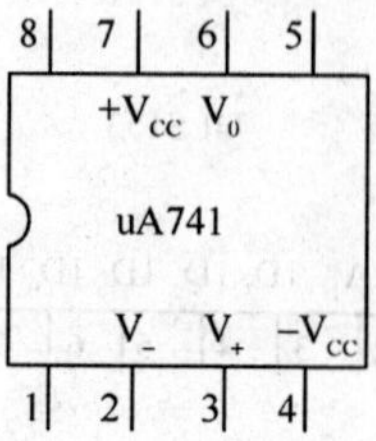
8 7 6 5
$+V_{CC}$ V_0
uA741
V_- V_+ $-V_{CC}$
1 2 3 4

时基电路

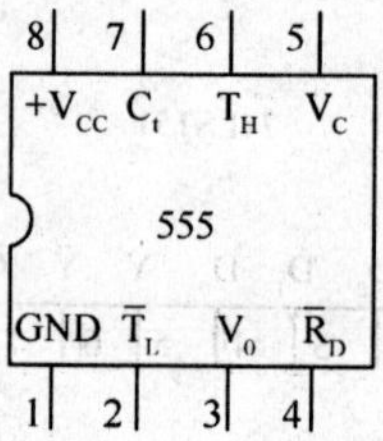
8 7 6 5
$+V_{CC}$ C_t T_H V_C
555
GND $\overline{T}_L$ V_0 $\overline{R}_D$
1 2 3 4

4 位二进制同步计数器

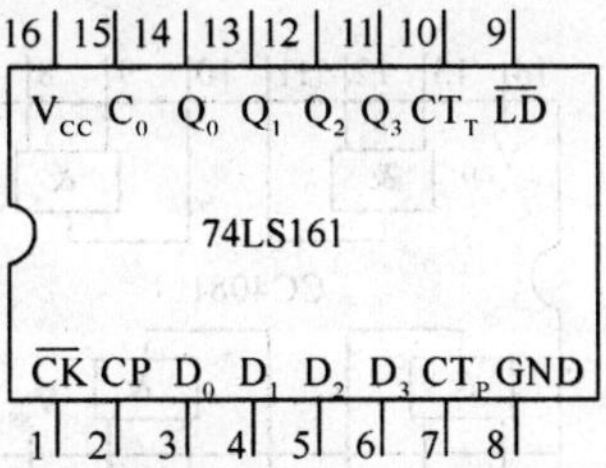

8 线-3 线优先编码器

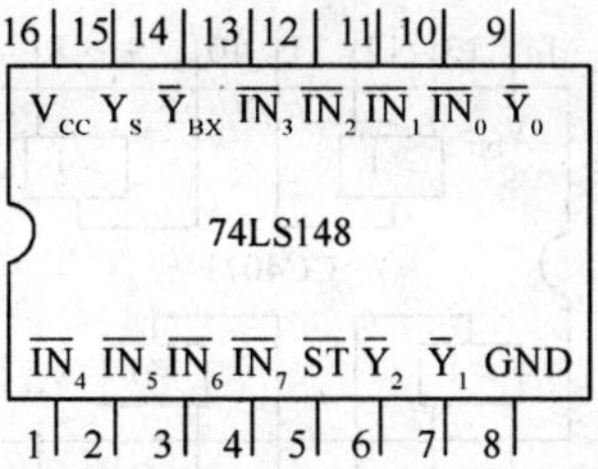

8 输入与非门

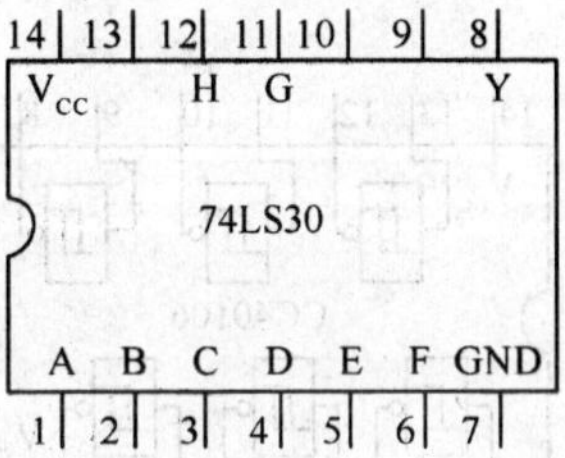

8 缓冲器/线驱动器/线接收器

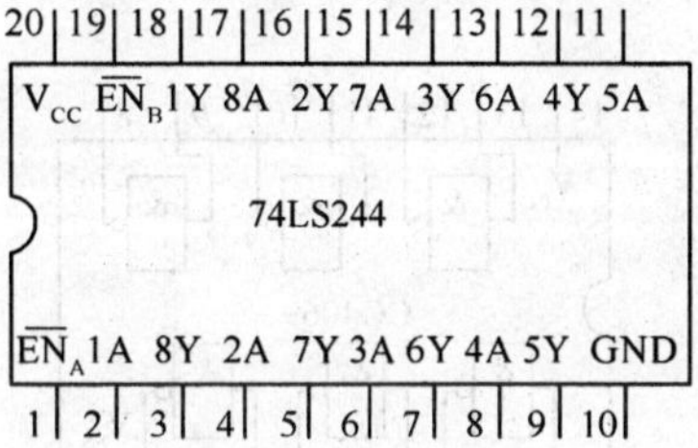

CC4000 系列

CC4001 4 路 2 输入或非门

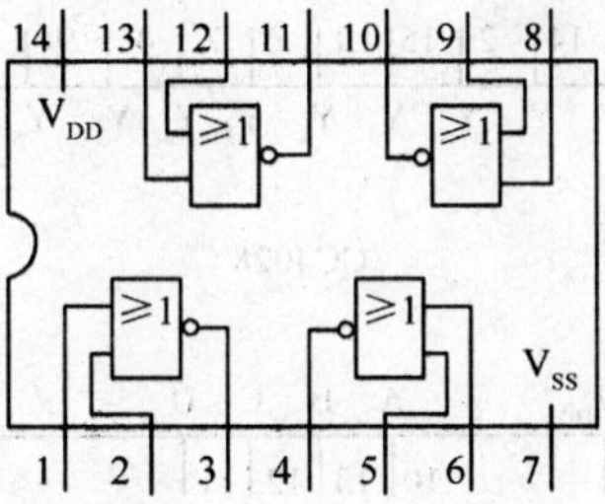

CC4011 4 路 2 输入与非门

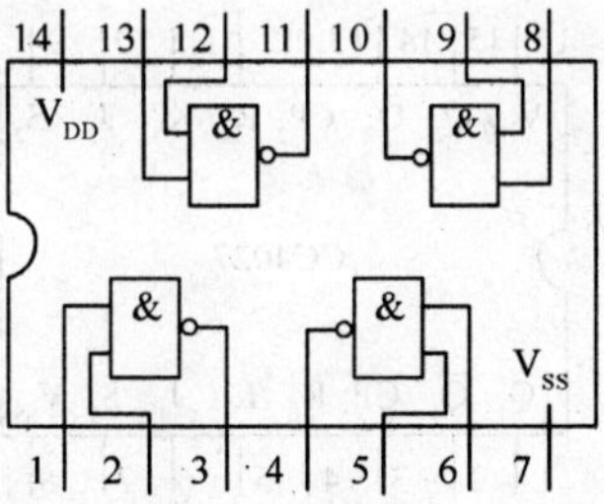

CC4012 双 4 输入与非门

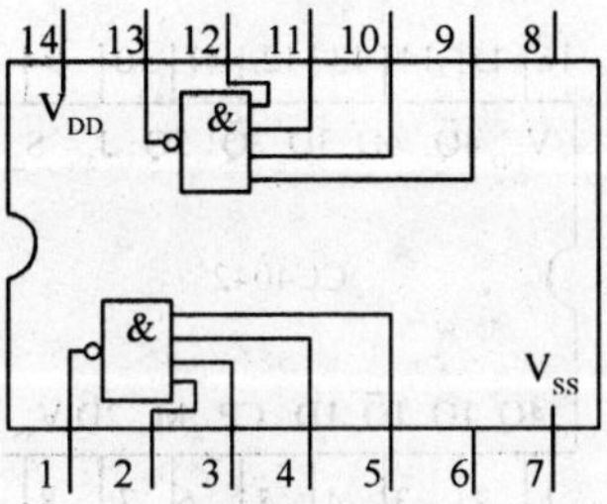

CC4030 4 路异或门

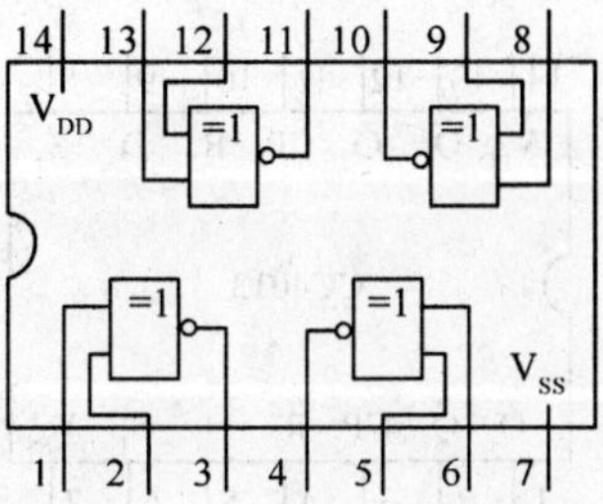

4 路 2 输入或门

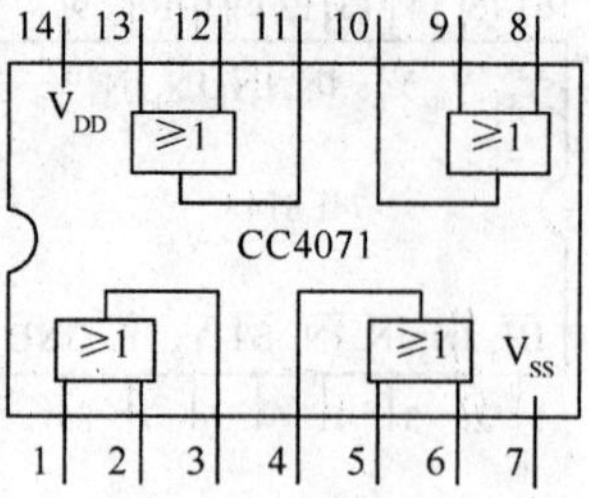

4 路 2 输入与门

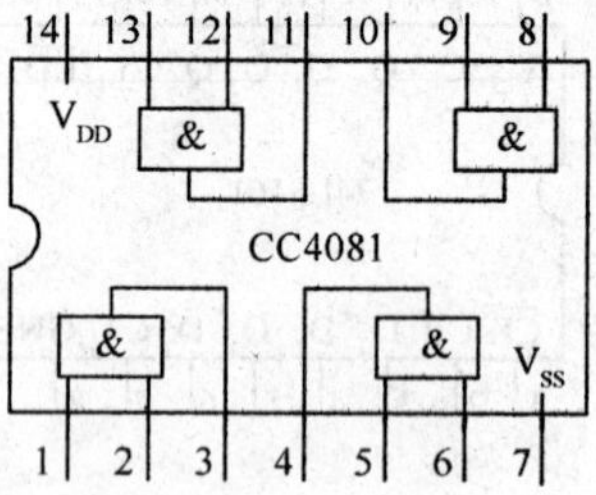

6 路反相器

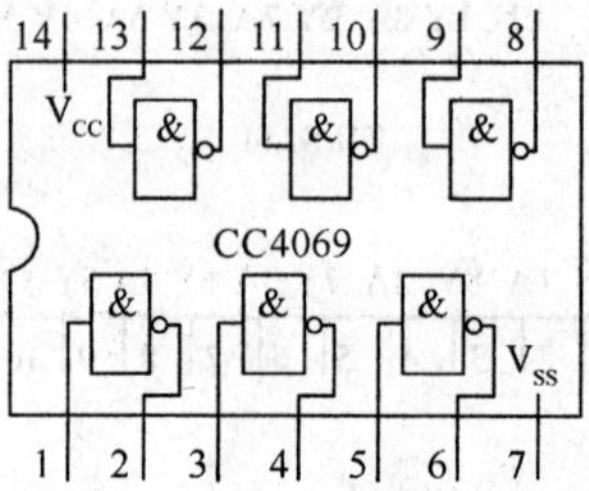

6 路施密特触发器

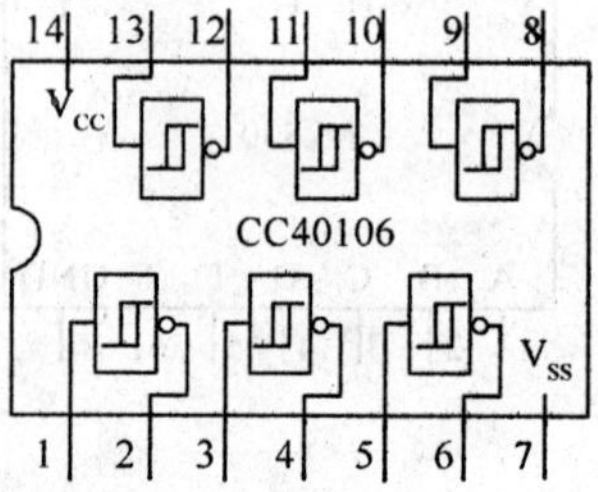

双 *JK* 触发器

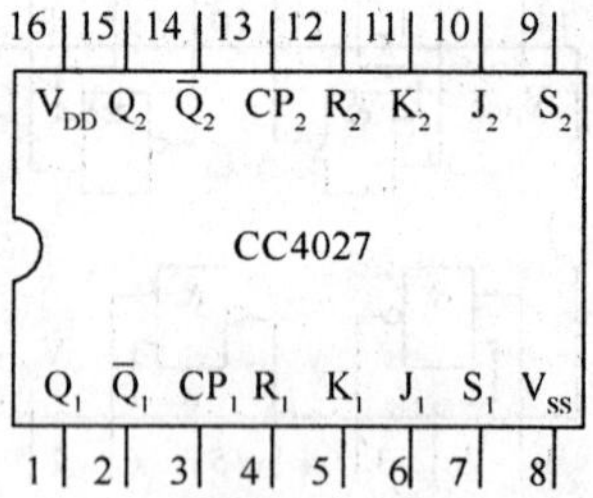

BCD-十进制译码器

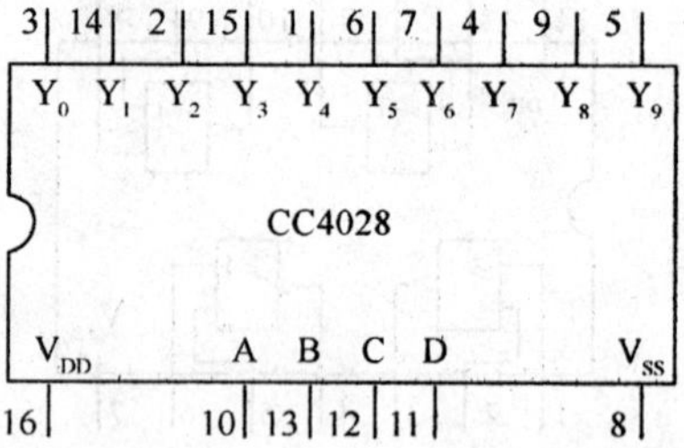

双 *D* 触发器

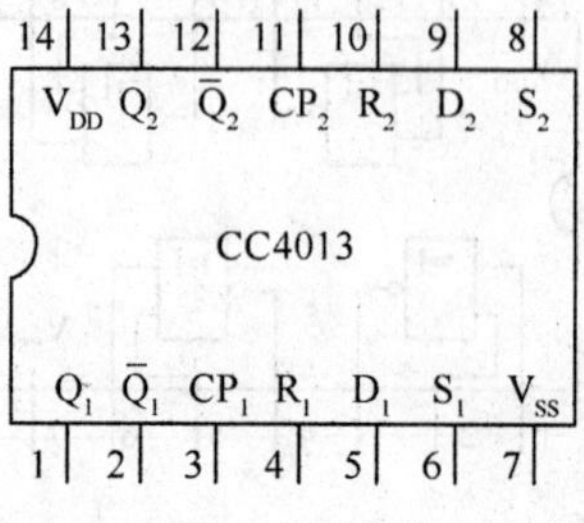

四 *D* 锁存器

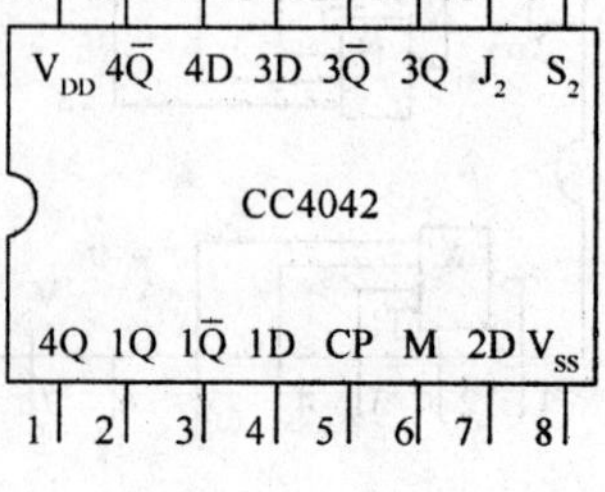

8 输入与非门/与门

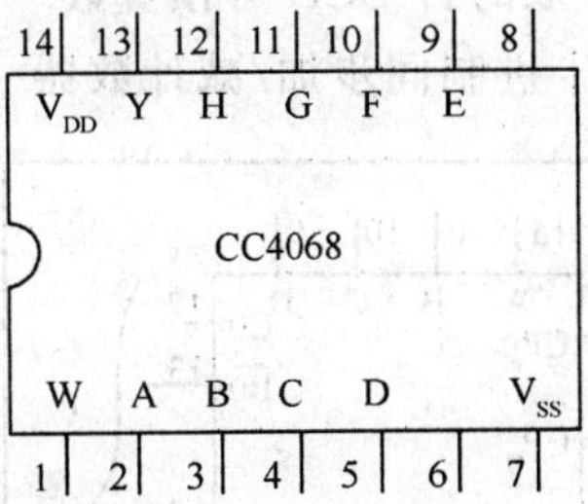

14 级二进制计数器

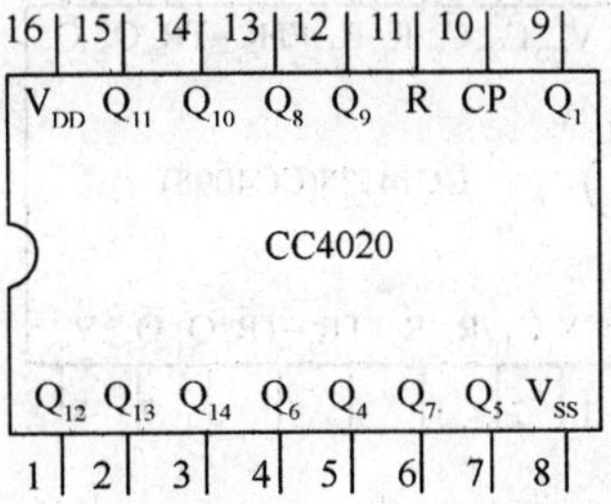

十进制计数器/脉冲分配器

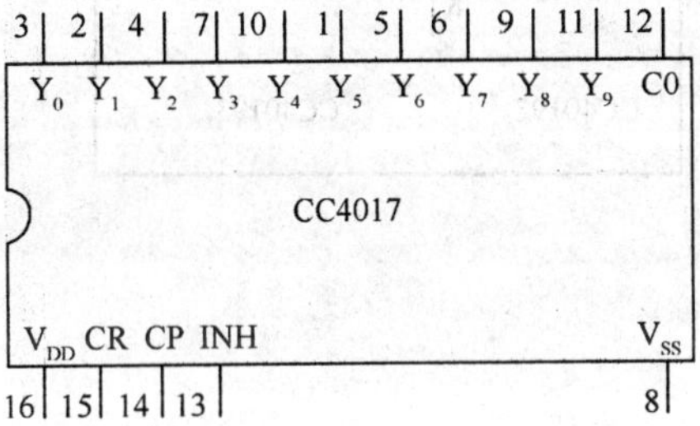

八进制计数器/脉冲分配器

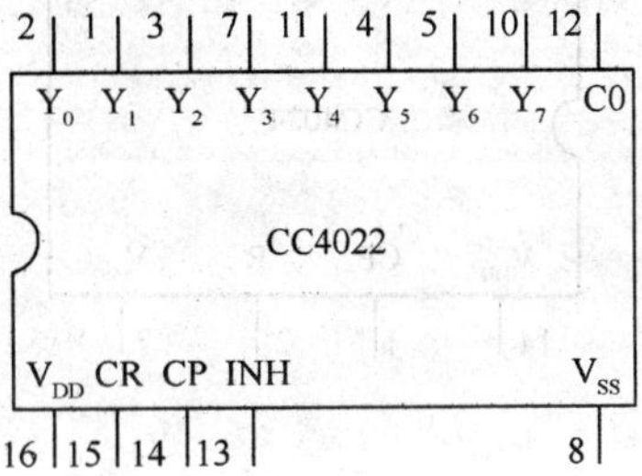

双 4 输入与门

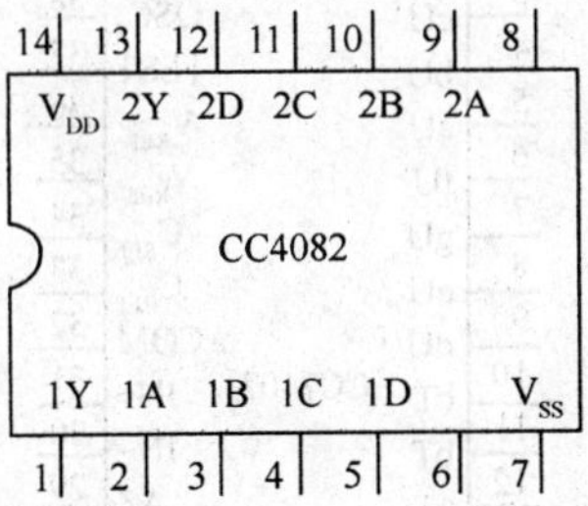

双 2-2 输入与或非门

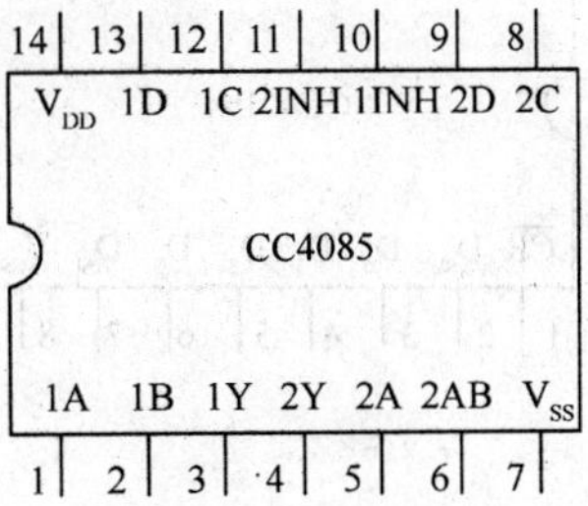

4 路 2-2-2-2 输入与或非门

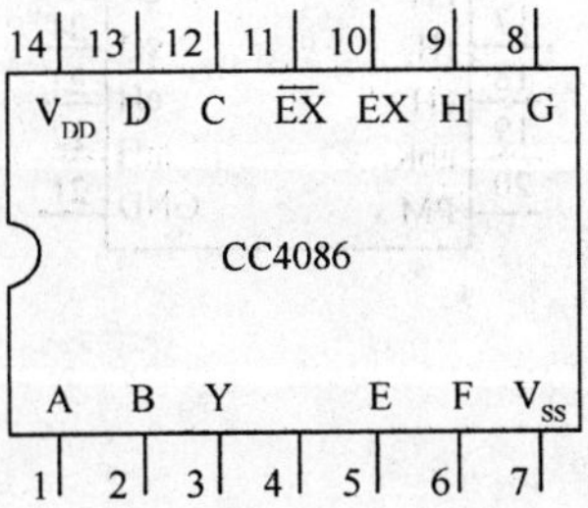

施密特触发器

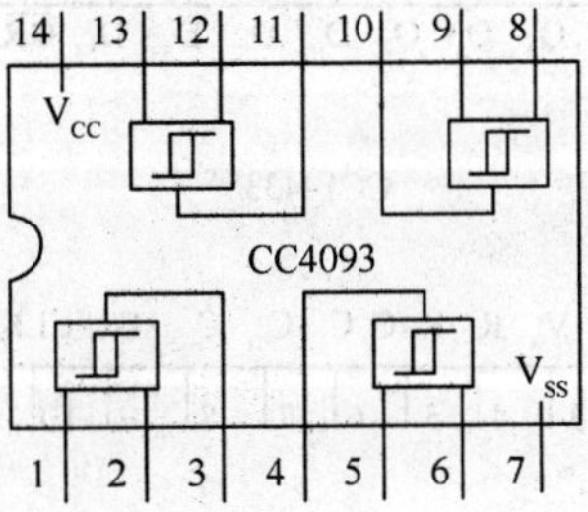

双单稳态触发器

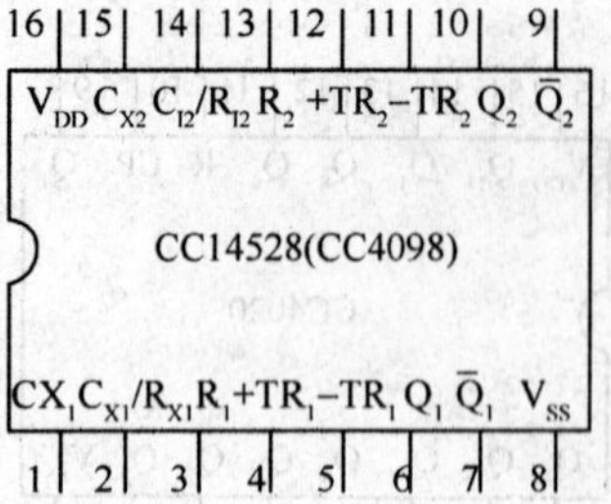

7级二进制计数器/分频器

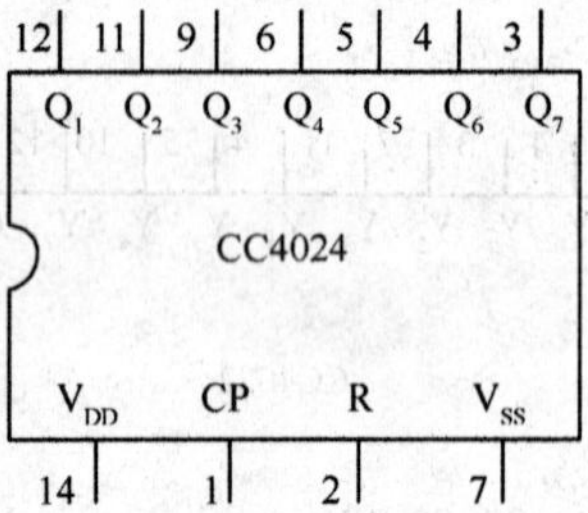

4位双向移位寄存器

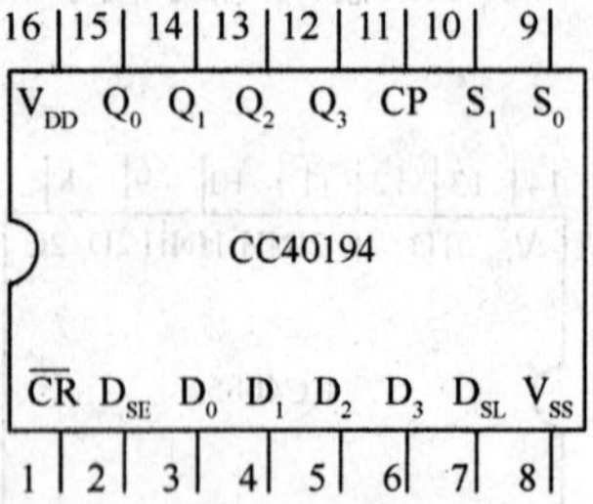

三位半双积分模-数转换器(A/D)

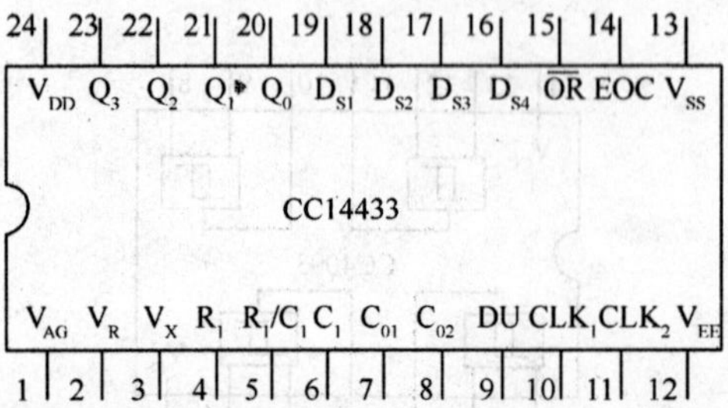

双时钟 BCD 可预置数十进制同步加/减计数器

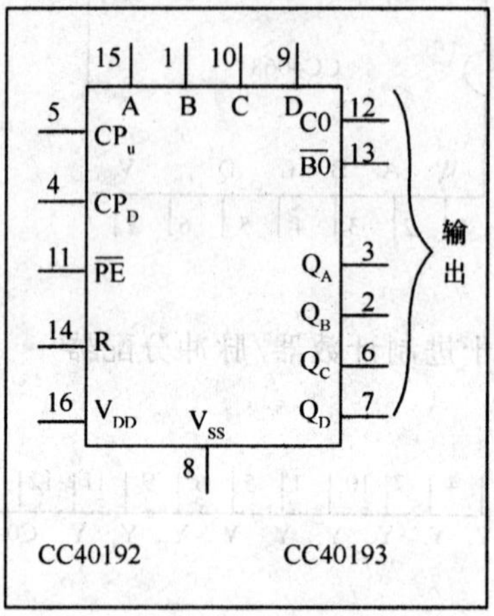

三位半双积分式模-数转换器(A/D)

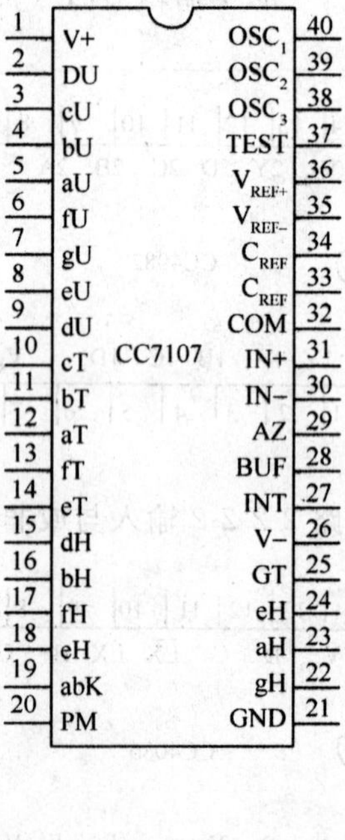

CC4500 系列

BCD 码锁存 7 段译码器

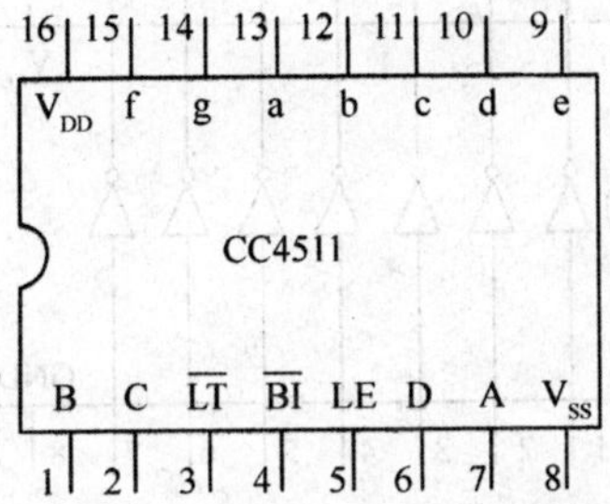

4 位锁存 4 线-16 线译码器

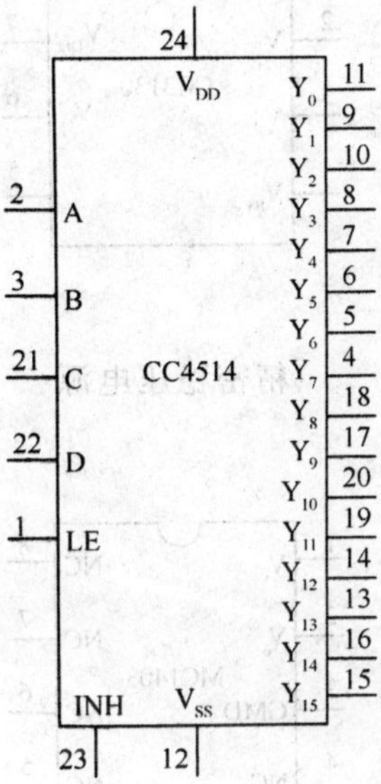

4 位二进制可预置加/减计数器

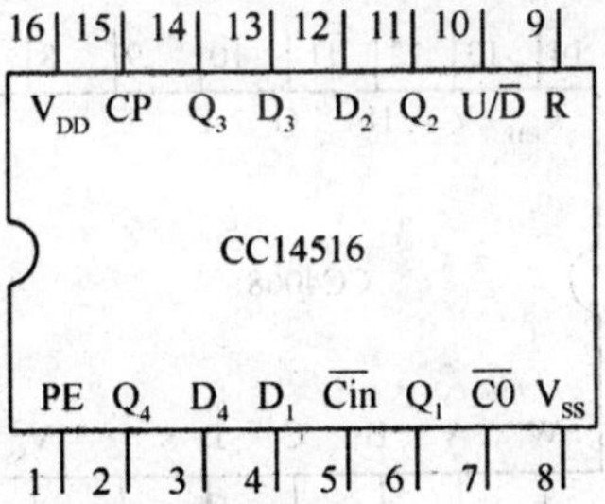

双十进制同步计数器

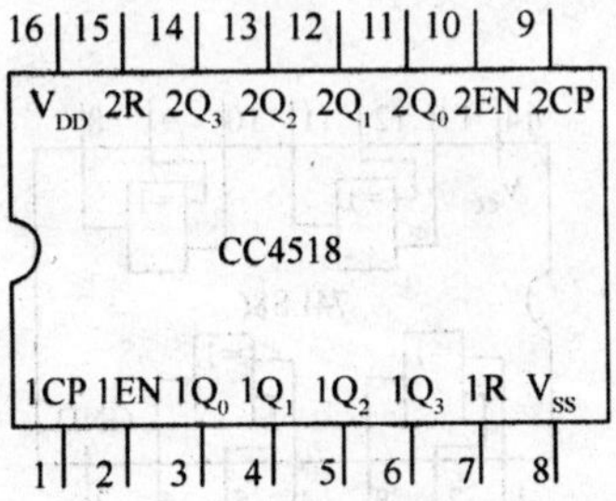

3 位十进制计数器

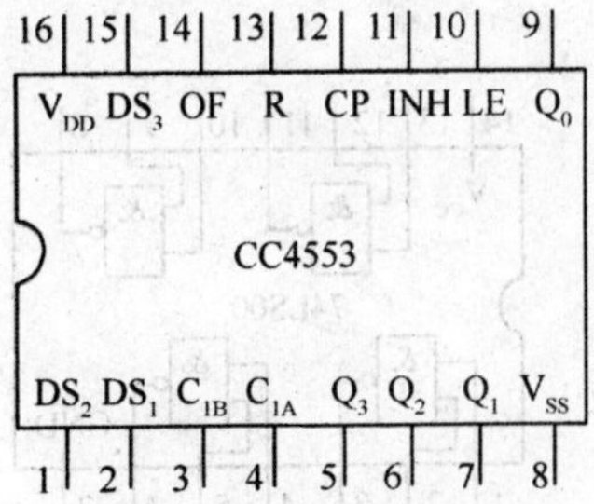

8 选 1 数据选择器

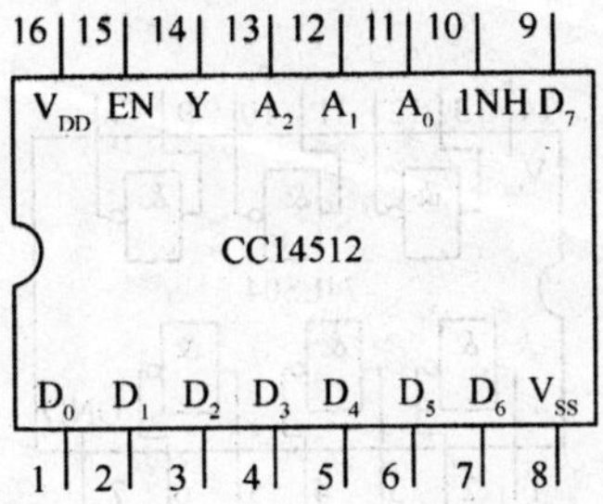

双 4 选 1 数据选择器

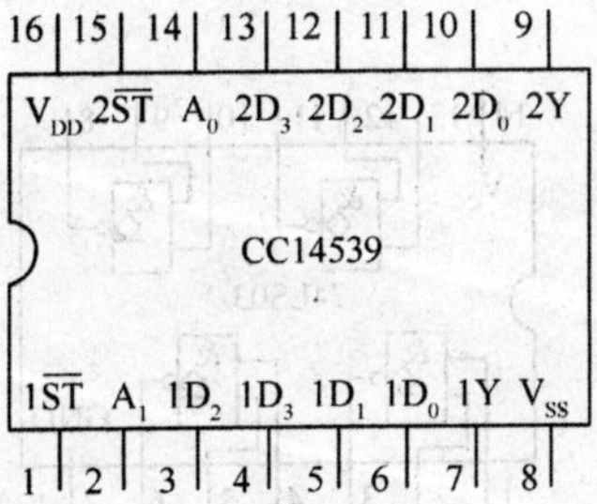

运算放大器

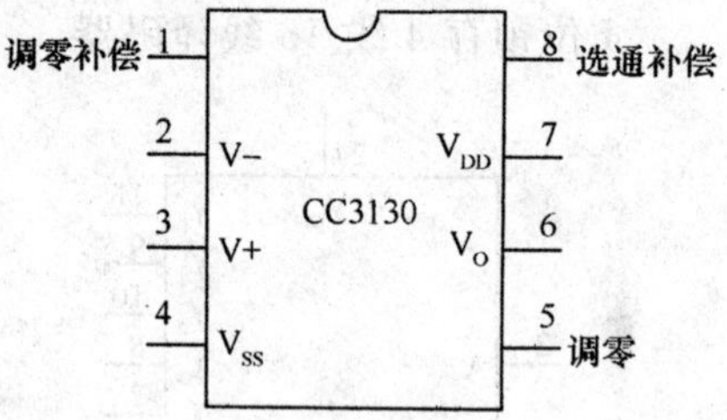

MC1413(ULN2003)7 路 NPN 达林顿列阵

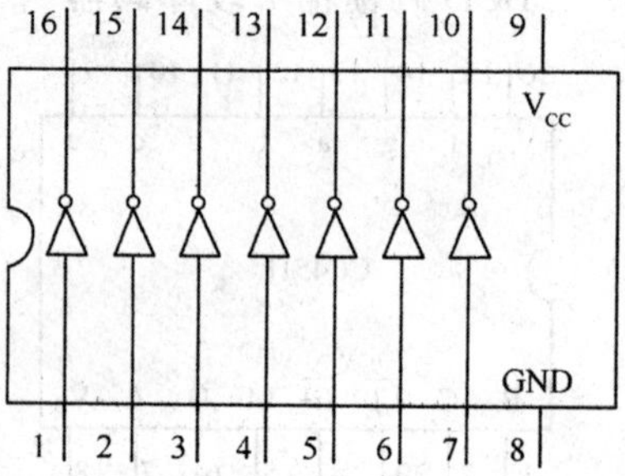

精密稳压电源

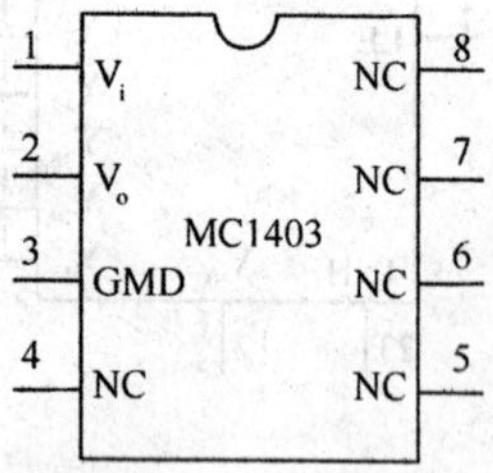

8 输入与非门/与门

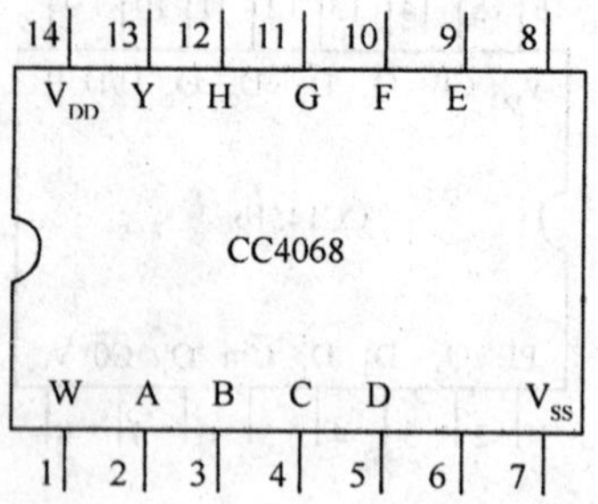

4 路 2 输入与非门

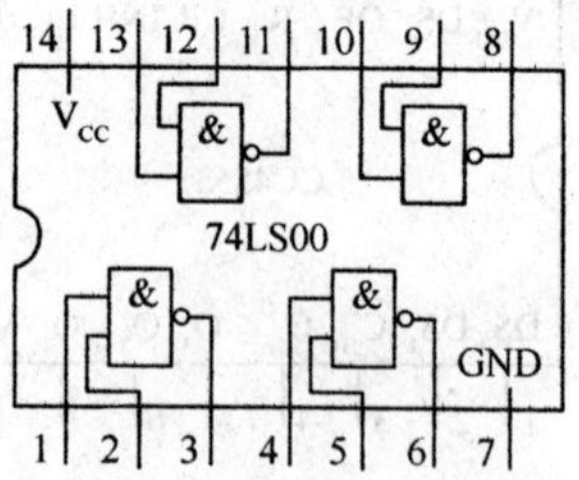

4 路 2 输入异或门

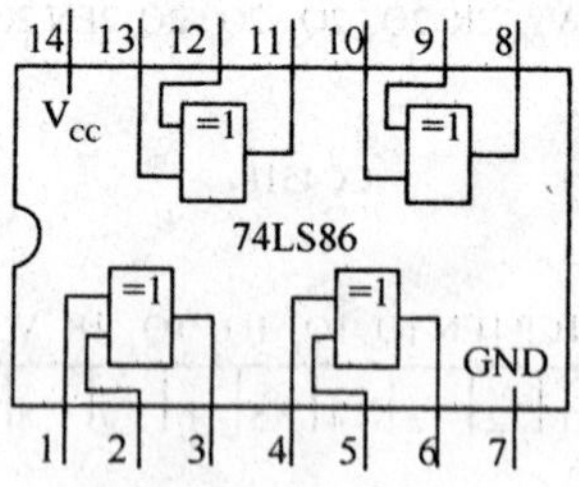

4 路 2 输入 OC 与非门

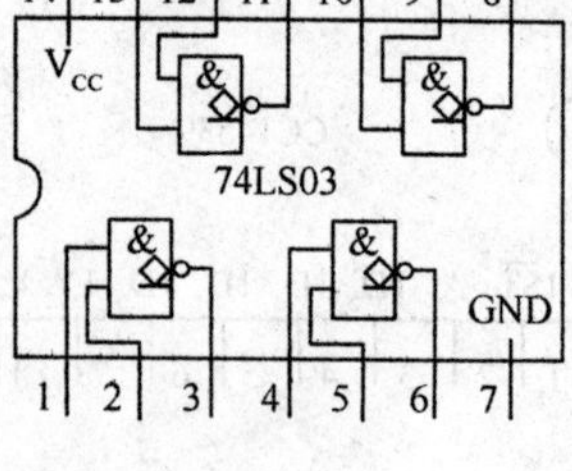

6 路反相器

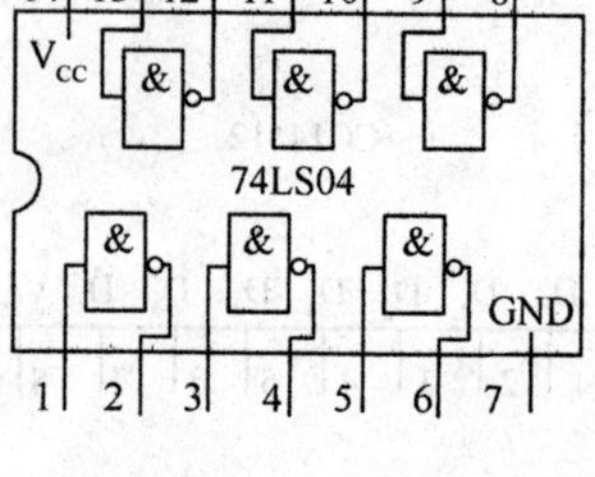

4 路 2 输入与门

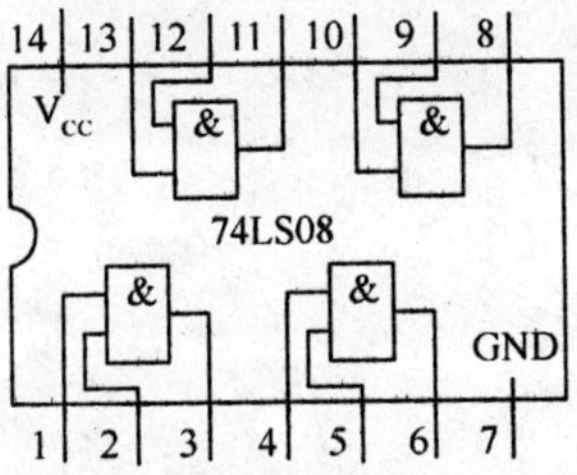

双 4 输入与非门

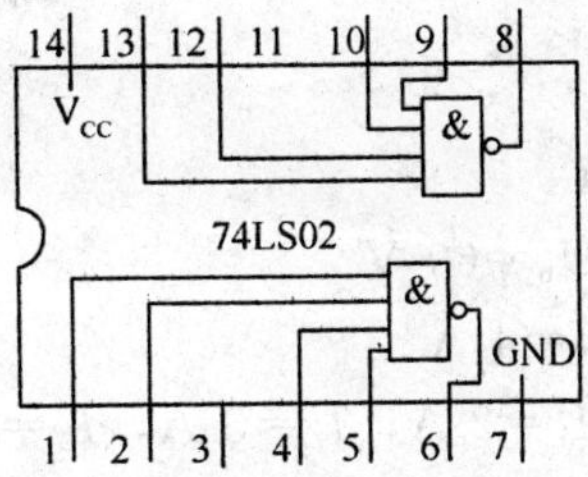

4 路 2 输入或门

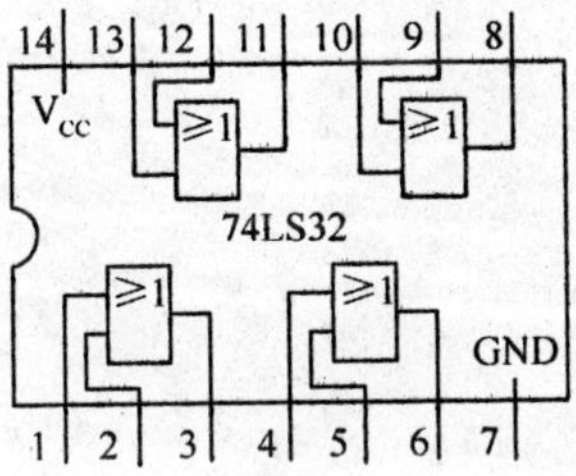

4 路 2-3-3-2 输入与或非门

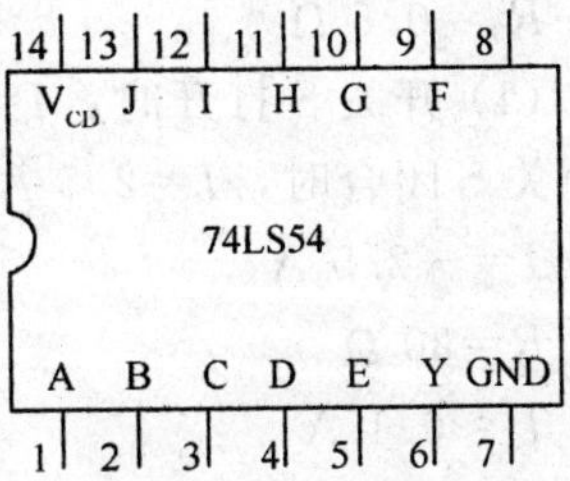

部分习题参考答案

第 1 章

1-7　$U_b=60$ V

1-8　$I=4$ A

1-9　$I_1=2$ A，$I_2=5$ A，$I_3=3$ A

1-10　5 V，5 mA

1-11　$V_A=6$ V，$V_B=10$ V，$V_C=(-5+10)$ V$=5$ V

1-12　$I_4=13$ mA，$I_5=-3$ mA

1-13　$R_3=0.6\ \Omega$

1-14　(1) 开关 S 打开时，$I=0.6$ A，$V_A=6.8$ V

(2) 开关 S 闭合时，$I=2.5$ A$V_A=3$ A

1-15　$I=-2.5$ A

1-16　$R=30\ \Omega$

1-17　$I_5\approx 0.1$ A

第 3 章

3-2　不能

3-3　15 A，22.5 A

3-4　(1)$\dot{I}=5\angle-53.1°$A，$\dot{U}_{ab}=152\angle-102°$ V

(2) $P=750$ W，$Q=1000$ var，S$=1250$ V·A

3-5　1.6×10^8度

3-6　(1) Ⓥ表读数为 380 V

Ⓐ表读数为$\sqrt{3}\times\frac{380}{100}$ A$=6.58$ A

(2) $P=3\times\left(\frac{380}{100}\right)^2\times100$ W$=4332$ W

3-7　$R=\frac{32}{4}\ \Omega=8\ \Omega$，$|Z|=\frac{60}{6}\ \Omega=10\ \Omega$，$L=19.1$ mH

3-8　$L=30$ mH

3-9　$I_l=\sqrt{3}I_p=4.4\sqrt{3}$ A

3-10　(1) $\dot{I}=4.4\angle 83.1°$ A，$i=4.4\sqrt{2}\sin(314t+83.1°)$ A

(2) $P=581$ W

3-11　$I_0=0.33$ A

有效值灯管电压为：$U_1=66$ V

镇流器电压为：$U_2=207$ V

3-12　$I=0.34$ A，$R=518\ \Omega$，$X_L=438\ \Omega$

3-13　相(线)电流 $I_P=I_l=\frac{U_P}{|Z|}=\frac{220}{\sqrt{3^2+4^2}}$ A$=44$ A

有功功率：$P=3U_PI_P\cos\varphi=3\times220\times44\times0.6\ \text{kW}=17.4\ \text{kW}$

3-14 （1）$\dot{I}_A=44\angle0°\ \text{A}$

$\dot{I}_B=22\angle-120°\ \text{A}$

$\dot{I}_C=22\angle120°\ \text{A}$

根据电路图中电流的参考方向，中性线电流：

$$\dot{I}_N=\dot{I}_A+\dot{I}_B+\dot{I}_C=22\ \text{A}$$

（2）C线发生断线故障，即C相开路，A相和B相不受影响，能正常工作。各相负载的相电压仍是对称的，其有效值为220 V。

$$\dot{I}_A=44\angle0°\ \text{A},\dot{I}_B=22\angle-120°\ \text{A},\dot{I}_C=0$$

$$\dot{I}_N=\dot{I}_A+\dot{I}_B+\dot{I}_C=38.1\angle-29.8°\ \text{A}$$

3-15 $U_A=126.7\ \text{V}$，$U_B=253.3\ \text{V}$，$I_A=I_B=25.3\ \text{A}$

3-16 $I_A=\frac{10}{\sqrt{3}}\ \text{A}$，$I_B=I_L=10\ \text{A}$，$I_C=I_{BC}=\frac{10}{\sqrt{3}}\ \text{A}$

第4章

4-5 (1)$I_1=1.67\ \text{A}$；(2)3 667 W；(3)$P=367\ \text{W}$

4-6 825盏

4-7 $N_2=90$；$N_3=30$；$I_1=0.27\ \text{A}$

4-8 $N_2/N_3=1/2$

第5章

5-7

（1）$I_N=19.9\ \text{A}$；$I_{N\triangle}=34.4\ \text{A}$；$T_N\approx65.4\ \text{N}\cdot\text{m}$；

（2）$I_{st}=6.5I_N=6.5\times19.9\ \text{A}=129.35\ \text{A}$；$T_{st}=1.5I_N=1.5\times65.4\ \text{N}\cdot\text{m}=98.1\ \text{N}\cdot\text{m}$

（3）$I_{st\triangle}=6.5I_{N\triangle}=6.5\times34.4\ \text{A}=224\ \text{A}$；$T_{st\triangle}=1.5T_{N\triangle}=1.5\times65.4\ \text{N}\cdot\text{m}=224\ \text{N}\cdot\text{m}$；

5-13 （1）353.6 A，212.2 A；(2)189.6 N·m；(3)不能

5-14 （1）2；（2）0.047；（3）2.3 Hz；(4)70 r/min。

第6章

6-6 （a）流过二极管电流为20 mA；（b)二极管截止电流为0。

6-7 D_2导通，D_1截止；R中的电流为3 mA，电压为18 V。

6-8 （a）D_1截止，D_2导通，$U_O=12\ \text{V}$；（b)D_1截止，D_2导通，$U_O=-10\ \text{V}$

6-10 (1)$U_F=0.7\ \text{V}$；(2)$U_F=0.7\ \text{V}$；(3)$U_F=-2.3\ \text{V}$

6-11 （1）6 V的接法为D_{Z1}反接，D_{Z1}正向连接；14 V的接法为D_{Z2}和D_{Z1}反接串联；（2）有四种接法，输出电压分别为14 V、6 V、1.2 V和9.2 V。

6-14 $\beta=70$

6-16 (1)9 V，$20\sqrt{2}$ V；(2)18 V，$40\sqrt{2}$ V；（3)18 V，$20\sqrt{2}$ V；

6-19 （1）$I_C=1\ \text{mA}$，$U_{CE}=7\ \text{V}$；（2)$A_u=-61.5$，$R_i=52.6\ \text{k}\Omega$，$R_0=2\ \Omega$。

6-21 $I_B=0.011\ \text{mA}$，$I_E=0.561\ \text{mA}$，$U_{CE}=6.39\ \text{V}$

第 7 章

7-6　$A_u=-3$，$r_i=10\ k\Omega$，$R'=R_1//R_f=7.5\ \Omega$

7-7　$R_f=18\ k\Omega$，$R'=2.57\ k\Omega$

7-8　$u_o=u_{i1}+u_{i2}$

7-9　$u_o=10\ V$，$R_2=6.7\ k\Omega$，$R_3=6\ k\Omega$

7-10　$u_o=2\dfrac{R_f}{R_1}u_i$

7-11　$u_o=\dfrac{R_f}{R_1}u_i$

第 8 章

8-10　$F=AB+CD$

8-11　相同。

参考文献

[1] 李艳新，等．电工电子技术[M]．2 版．北京：北京大学出版社，2007.

[2] 劳动和社会保障部教材办公室组织编写．电力拖动控制线路与技能训练[M]．3 版．北京：中国劳动社会保障出版社，2008.

[3] 韩顺杰，等．电气控制技术[M]．北京：中国林业出版社，北京大学出版社，2006.

[4] 夏国辉，等．新编电工手册[M]．延吉：延边人民出版社，2001.

[5] 张琳，等．电工电子技术[M]．北京：北京大学出版社，2008.

[6] 林平勇，等．电工电子技术[M]．3 版．北京：高等教育出版社，2008.

[7] 曹建林．电工学[M]．北京：高等教育出版社，2004.

[8] 兰如波，等．电子工艺实训教程[M]．北京：北京理工大学出版社，2008.

[9] 牟志华，等．电工电子技术[M]．青岛：中国海洋大学出版社，2011.

[10] 冯奕红．电子技术实验实训指导[M]．青岛：中国海洋大学出版社，2011.

[11] 韩学政，等．电工电子技术基础[M]．北京：清华大学出版社，2009.